高水平中等职业学校系列教材

数控车铣加工技术应用

SHUKONG CHEXI JIAGONG JISHU YINGYONG

何方孟　王 浩　米贤忠　主编

化学工业出版社

·北京·

内容简介

《数控车铣加工技术应用》是中等职业教育装备制造类、汽车类专业实训课程教材，主要内容包括数控车削加工、数控铣削加工、数控车铣复合加工3个模块。本书通过30个工作任务训练了数控车床操作，编程基础与维护保养，轴套类零件数控车削加工，普通三角形螺纹零件车削加工，数控车复合零件编程及加工，数控铣床操作、编程基础与维护保养，轮廓类零件铣削加工，孔及孔系零件铣削加工，数控铣复合零件编程及加工以及偏心导杆机构数控车铣复合加工与装配。本书结合数控车工职业标准和"1+X"证书制度要求，以任务为驱动，将数控专业理论知识和思政教育融入操作技能训练的任务中，培养学生的职业能力和综合素养。本书由重庆新金课教育科技有限公司校核。

本书可供中等职业教育专业教学和数控加工社会培训使用，也可供机械加工技术人员参考。

图书在版编目（CIP）数据

数控车铣加工技术应用/何方孟，王浩，米贤忠主编. —北京：化学工业出版社，2022.2
高水平中等职业学校系列教材
ISBN 978-7-122-40333-9

Ⅰ.①数… Ⅱ.①何… ②王… ③米… Ⅲ.①数控机床-车床-加工工艺-中等专业学校-教材②数控机床-铣床-加工工艺-中等专业学校-教材 Ⅳ.①TG519.1 ②TG547

中国版本图书馆CIP数据核字（2021）第241961号

责任编辑：李玉晖　金　杰　宋泉江　　　　装帧设计：王晓宇
责任校对：李雨晴

出版发行：化学工业出版社（北京市东城区青年湖南街13号　邮政编码100011）
印　　装：中煤（北京）印务有限公司
787mm×1092mm　1/16　印张23　字数465千字　2022年8月北京第1版第1次印刷

购书咨询：010-64518888　　　　售后服务：010-64518899
网　　址：http://www.cip.com.cn
凡购买本书，如有缺损质量问题，本社销售中心负责调换。

定　　价：52.00元

《高水平中等职业学校系列教材　数控车铣加工技术应用》编写人员

主　　编　　何方孟　王　浩　米贤忠

副 主 编　　毛兴燕　胡洪铭　杨　锐

参编人员　　孙杜娟　崔　佳　王堂祥　罗昌尧　张　燕

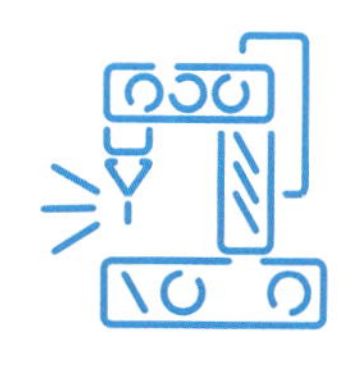

前言

国家创新驱动发展战略催生的制造业转型升级以及跨越式发展，对职业教育提出了迫切的创新型、复合化人才培养需求。与新型制造业发展战略相适应的、与时俱进的“校企合作、工学结合、理实一体、学做合一”的创新型课程开发是创新型人才培养的基础。

《数控车铣加工技术应用》是以典型数控车铣加工工作任务为载体，以“工作过程导向（W）、一体化（I）、适于学生自主学习（A）”为编写原则，集“教、学、管、评”为一体，有利于真教实训“1+ x”的创新型活页式教材。本书对数控技术应用专业“高素质、高技术、高技能、复合型”技能人才培养将发挥积极作用。

本书在使用过程中，应遵循“学生主体、能力本位、合作学习、过程导向、理实一体、学做合一”的教学原则，以“知识学习应用、工艺程序编审、设备规范操作、进程规划掌控、过程真测实评” 的创新教学形式，以“学、做、写、说，思、析、辩、升”的创新教学方法，切实提高学生的综合职业能力，实现学生全面发展。

本书主要内容包括：数控车削加工、数控铣削加工、数控车铣复合加工 3 个模块 30 个工作任务，同时将思政教育的内容融入了教学过程中。本书既可作为中职学校数控技术应用专业的专业课程教材，亦可作为制造业企业员工、技术及管理人员继续教育培训的教材和参考用书。

本书由重庆市黔江区民族职业教育中心学校何方孟、王浩、米贤忠担任主编，毛兴燕、胡洪铭、杨锐为副主编，参编人员有孙杜娟、崔佳、王堂祥、罗昌尧、张燕。本书由重庆新金课教育科技有限公司校核。本书在编撰过程中得到了重庆市能源技师学院戴刚老师、重庆市黔江区民族职业教育中心刘德友老师的悉心指导与大力支持，重庆机械高级技工学校（重庆市机械技师学院）秦维刚老师提出了许多宝贵的编写与审稿意见，提升了本书的品质。在此特别致谢！

由于编者水平有限，书中疏漏之处在所难免，敬请批评指正。

编　者

2021 年 10 月

目录

模块一　数控车削加工

模块二　数控铣削加工

模块三　数控车铣复合加工——偏心导杆机构

附录

参考文献

数控车削加工

数控车床的使用

任务一　数控车床操作与编程基础

活动一　认识数控车床

一、任务描述

任务名称	数控车床的基本操作		任务时间	
学习目标	知识目标	1. 能正确认识数控车床车削加工原理 2. 能正确进行数控车床的基本操作学习与应用 3. 能正确分析数控车床的结构原理 4. 能完成对数控铣床安全操作规章的熟悉		
	技能目标	1. 能完成对数控车床操作面板的熟悉 2. 能完成对数控车床加工方式和结构原理的熟悉		
	职业素养	1. 能严格遵守和执行数控车削加工场地的规章制度和劳动管理制度 2. 能主动学习数控车床的结构原理 3. 能在规定时间内完成工作任务 4. 能从容分析和处置在操作数控车床过程中出现的问题与突发事件		
重点难点	重点	1. 掌握数控车床的基本的操作 2. 掌握数控车床的结构原理 3. 熟悉数控车床的安全操作规章制度	突破手段	
	难点	1. 数控车床基本操作的规范 2. 数控车床的安全操作规章制度的熟记		

二、认识数控车床

（一）数控机床与数控车床

数控（Numerical Control，NC）机床是由数字程序控制的机床。它是将事先编好的程序输入机床的专用计算机，由计算机指挥机床各坐标轴的伺服电动机，从而控制机床各运动部件的先后动作、速度和位移量，并与选定的主轴转速相配合，最终加工出各种不同工件的设备。

数控车床（如图 1-1 所示）是在数字程序控制下能自动完成轴类及盘类零件

内外圆柱面、圆锥面、圆弧面、螺纹等各种回转体的切削加工机床。它是目前国内使用最广、数量最多的一种数控机床。

（二）数控车床的结构及工作原理

1. 数控车床的结构

如图 1-1 所示的是目前国内用于生产加工和技术培训的 CA6132 型数控车床。

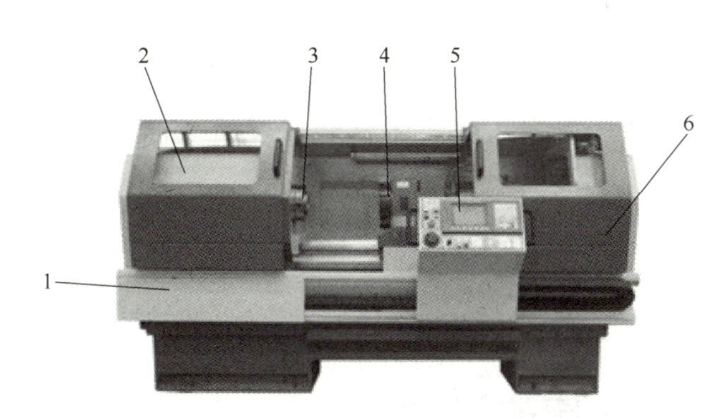

图 1-1　CA6132 型数控车床结构

1—床身；2—主轴箱；3—卡盘；4—刀架；5—控制面板；6—防护板

(1) 床身　机床的床身是整个机床的基础支承件，用于放置主轴箱、导轨等重要部件，同时承受切力作用。对数控机床床身的基本要求有：足够的静刚度，较好的动态特性，较小的热变，易安装调整。

(2) 主轴箱　主轴箱用于布置机床工作主轴及其传动零件和相应的附加机构。主轴箱是一个复杂的传动部件，包括主轴组件、换向机构、传动机构、制动装置、操纵机构和润滑装置等。其主要作用是支承主轴并使其旋转，实现主轴启动、制动、变速和换向等功能。

(3) 卡盘　卡盘是机床上用来夹紧工件的机械装置，是利用均布在卡盘体上的活动卡爪的径向移动，把工件夹紧和定位的机床附件。卡盘一般由卡盘体、活动卡爪和卡爪驱动机构 3 部分组成。

(4) 刀架　数控车床根据其功能，刀架上可安装的刀具数量一般为 4 把、6 把、8 把、10 把、12 把、20 把、24 把，有些数控车床可以安装更多的刀具。刀架的结构形式一般为回转式，刀具沿圆周方向安装在刀架上，可以安装径向车刀、轴向车刀、钻头、镗刀。车削加工中心还可安装轴向铣刀、径向铣刀。少数数控车床的刀架为直排式，刀具沿一条直线安装。

(5) 控制面板　数控机床操作面板是操作人员与数控机床（系统）进行交互的工具，主要由显示装置、NC 键盘、MCP、状态灯、手持单元等部分组成。

(6) 防护板　数控机床防护板是用来保护机床的，有很多种类，如风琴防护罩，铝帘、钢板防护罩。

2. 数控车床的工作原理

数控车床是由数控装置内的计算机对通过输入装置以数字和字符编码方式所记录的信息进行一系列处理后，再通过伺服系统及可编程序控制器向机床主轴及进给等执行机构发出指令，机床主体则按照这些指令，从而完成工件的加工。

3. 数控车床的特点

① 加工精度高，产品质量稳定。数控车床是按程序指令进行加工的。

② 适应性强，适合加工单件或小批量复杂工件。在数控车床上改变加工工件时，只需要重新编制（更换）程序，就能实现新工件的加工。

③ 自动化程度高，劳动强度低。数控车床对工件的加工是按事先编好的程序自动完成的，工件加工过程中不需要人的干预，加工完毕后自动停车，使操作者的劳动强度与紧张程度大为减轻。

④ 生产效率高。

活动二　数控车床的控制

一、数控车床的控制原理和控制方式

（一）数控车床的控制原理

数控车床的控制原理，如图 1-2 所示的是数控车床的加工过程。

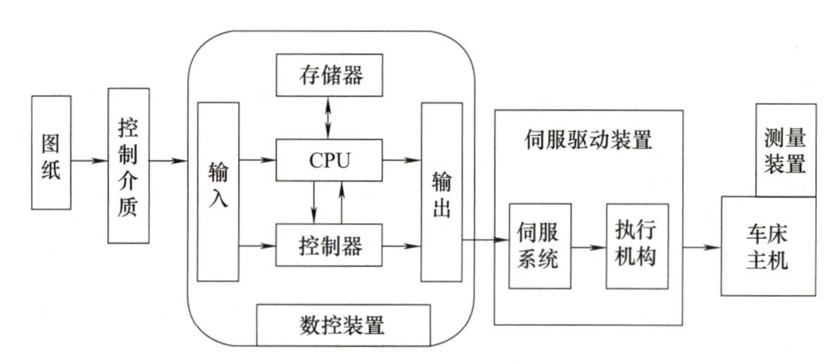

图 1-2　数控车床的加工过程

（1）控制介质与程序输入输出设备　控制介质是记录零件加工程序的载体，是人与车床建立联系的介质。

（2）数控装置　数控装置是数控车床的核心，包括微型计算机、各种接口电路、显示器等硬件及相应的软件。

（3）伺服系统　伺服系统是数控装置和车床的联系环节，包括进给伺服驱动装置和主轴伺服驱动装置。

（4）辅助控制装置　辅助控制装置的主要作用是接收由数控装置输出的开头量指令信号，经过编译、逻辑判断和运动，再经功率放大后驱动相应的电器，带动车床的机械、液压、气动等辅助装置完成指令规定的开关动作。

（5）车床本体　车床本体是加工运动的实际机械机构，它主要包括：主运动机构、进给运动机构和支承部件（如床身、立柱）等。

（二）数控机床的控制方式

1. 开环控制系统

开环控制系统是指不带反馈的控制系统。开环控制系统具有结构简单、系统稳定、容易调试、成本低等优点；但是系统对移动部件的误差没有补偿和校正，所以精度低。一般适用于经济型数控机床和旧机床数控化改造。部件的移动速度和位移量是由输入脉冲的频率和脉冲数决定的。如图 1-3 所示。

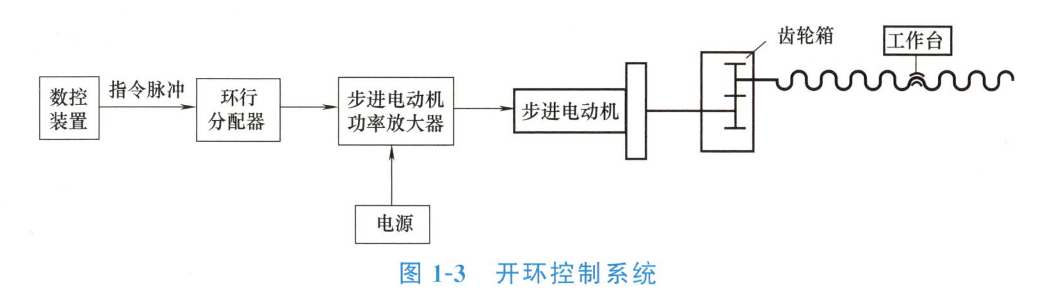

图 1-3　开环控制系统

2. 半闭环控制系统

半闭环控制系统是在开环系统的丝杠上装有角位移测量装置，通过检测丝杠的转角间接地检测移动部件的位移，反馈到数控系统中，由于惯性较大的机床移动部件不包括在检测范围之内，因而称作半闭环控制系统，如图 1-4 所示。

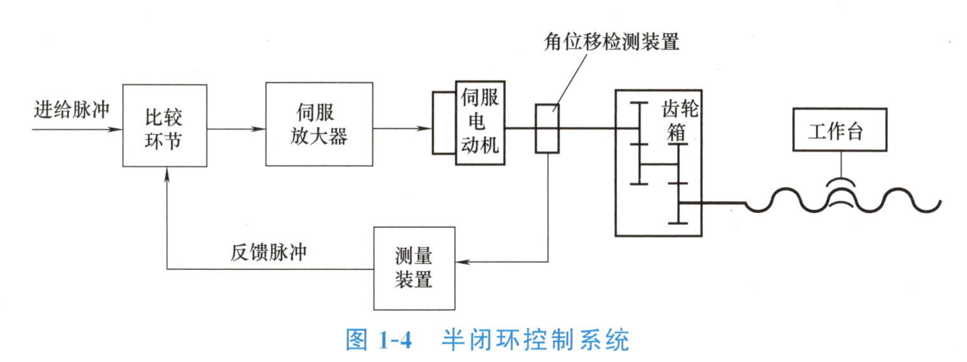

图 1-4　半闭环控制系统

3. 闭环控制系统

闭环环路内不包括机械传动环节，可获得稳定的控制特性。机械传动环节的误差用补偿的办法消除，可获得满意的精度。闭环环路控制系统如图 1-5 所示。

二、数控车床坐标系的建立

（一）笛卡尔坐标系简介

数控车床加工是由数控系统的执行部分根据程序编写的具体内容来完成零件的加工，程序告诉数控系统待加工零件的形状和尺寸以及在数控车床坐标系

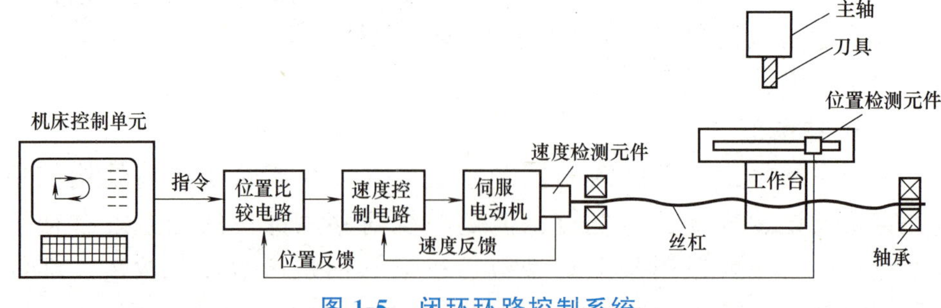

图 1-5　闭环环路控制系统

中的位置和方向。坐标系的作用主要是告诉程序零件上的起点在什么位置或是以哪一点作为开头。

坐标系的确定与使用非常重要。根据 ISO 841 标准，数控车床坐标系使用右手笛卡尔坐标系。右手笛卡尔直角坐标系如图 1-6 所示。规定如下：

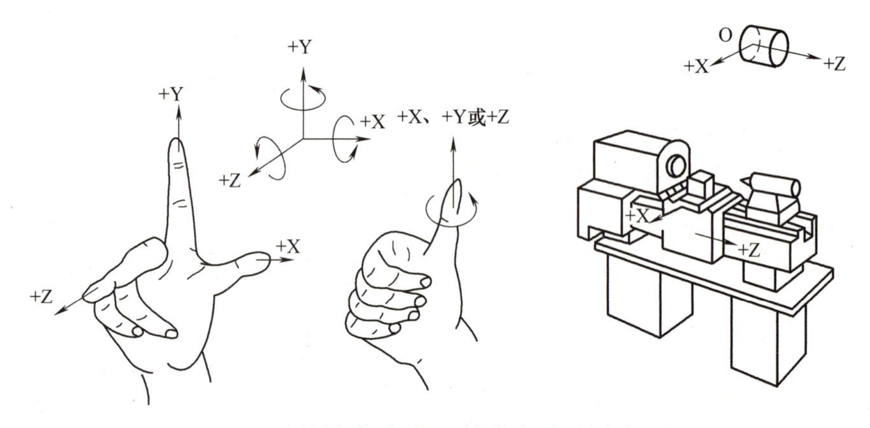

图 1-6　数控车床右手笛卡尔直角坐标系

① 数控车床平行于主轴方向为 Z 轴。

② 垂直于主轴方向为 X 轴。

③ 刀具相对于静止工件运动，刀具远离工件方向为正向，刀具接近工件方向为负向。

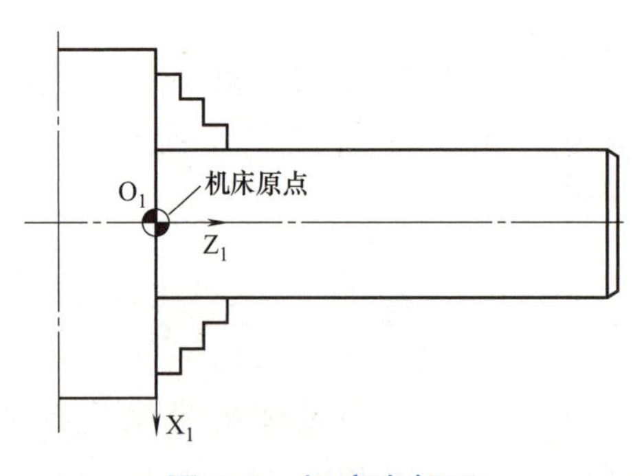

图 1-7　机床坐标系

课堂互动：

请同学们伸出右手，根据笛卡尔右手直角坐标系，判断数控车床上各轴的位置及正负方向。

（二）机床坐标系与机床原点

机床原点又称为机床零点，是机床上的一个固定点，由机床生产厂在设计机床时确定，原则上是不可改变的（如图 1-7 所示）。以机床原点为坐标原点的坐标系就称为机床坐标系。机床原点是工件坐标系、编程坐标系、机床参考点的基准点。也就是说只有确定了机床坐标系，才能建立工件坐标系，才能进行加工。

（三）机床参考点

数控装置通电时并不知道机床原点，为了在机床工作时正确建立机床坐标系，通常在每个坐标轴的移动范围内设置一个机床参考点（如测量起点），机床启动时，首先要进行机动或手动的回参考点，以建立机床坐标系，机床原点实际上是通电返回（或寻找）机床参考点来确定的。如图 1-8 所示。

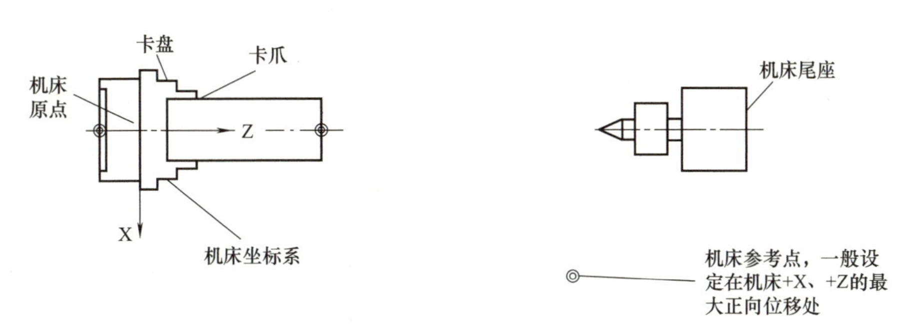

图 1-8　机床参考点

（四）编程原点与编程坐标系

编程原点（图 1-9）是自己定义的原点，一般设定在工件的左右端面与轴心线的交点（工件坐标系原点）上。但是有时候由于工件形状比较复杂，需要几个程序或子程序，为了方便编程，编程原点也不一定设在工件原点上。以编程原点为原点的坐标系就是编程坐标系。

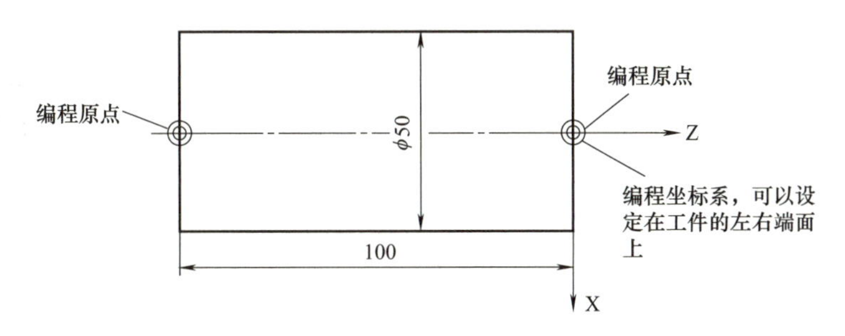

图 1-9　编程原点

① 编程坐标系是编程人员根据零件图纸及加工工艺等建立的坐标系。

② 编程坐标系一般供编程使用，确定编程坐标系时不必考虑工件毛坯在车床上的实际装夹位置。

③ 根据加工零件图样及加工工艺要求选定编程坐标系的原点。

（五）工件原点与工件坐标系

数控编程时，首先应该确定工件坐标系和原点。编程人员以工件图样上的某一点为原点建立工件坐标系，编程尺寸就按工件坐标系中的尺寸来确定。工件随夹具安装在机床上后，这时测得的工件原点与机床原点间的距离称为工件原点偏置，操作者要把测得的工件原点偏置量存储到数控系统中。加工时，工件原点偏置自动加到工件坐标系上。因此，编程人员可以不考虑工件在机床上的安装位置，直接按图样尺寸进行编程。工件原点与工件坐标系见图 1-10。

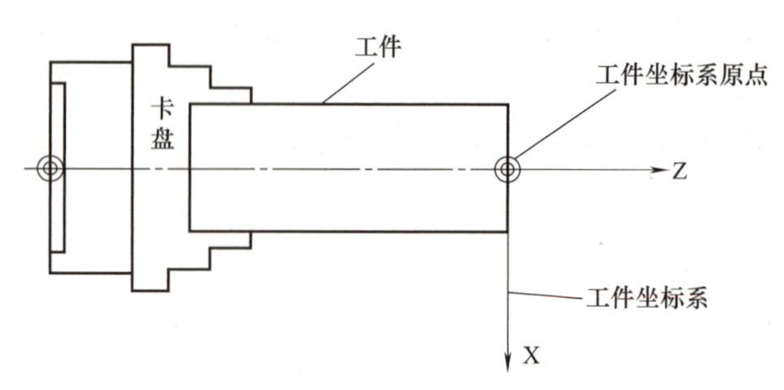

图 1-10　工件原点与工件坐标系

① 数控车床加工时，工件可以通过卡盘夹持于车床坐标系下的任意位置。这样一来在车床坐标系下编程就很不方便。所以编程人员在编写零件加工程序时通常要选择一个工件坐标系，程序中的坐标值均以工件坐标系为依据。

② 工件坐标系是编程人员在编制程序时用来确定刀具和程序起点的，该坐标系的原点可使编程人员根据具体情况来确定，单坐标轴的方向应与车床坐标系一致并且与之有确定的尺寸关系。

③ 工件坐标系原点一般被称为加工原点，在加工时与编程原点重合。

三、数控车床的程序编制

（一）数控编程的原理

数控编程是数控加工准备阶段的主要内容之一，通常包括分析零件图样，确定加工工艺过程；计算走刀轨迹，得出刀位数据；编写数控加工程序；制作控制介质；校对程序及首件试切。编程是从零件图纸到获得数控加工程序的过程。

（二）数控车编程的代码

1. 准备功能 G 指令

准备功能 G 指令（又称为 G 功能、G 代码）通常由 G+两位或是三位数字所组成，主要用来规定刀具和工件的相对运动轨迹、机床坐标系、坐标平面、刀具补偿、坐标偏置等多种加工操作。G 功能根据功能的不同分为若干组，其中 00 组 G 功能称为非模态 G 代码，其余组称为模态代码，见表 1-1。非模态代码：只在所规定的程序段中有效，程序段结束时被注销；模态代码：一组可相互注销的 G 代码，这功能一旦被执行，则一直有效，直到同组的 G 代码出现为止。没有共同地址符的不同组的 G 代码可以放在同一程序段中，与顺序无关，如 G42、G01、G90 等放在同一程序段中，不影响程序的运行。

表 1-1　G 功能代码

G 代码	组	功能	参数(后续地址字)	模态
G00	01	快速定位	X　Z	模态
G01		直线插补	X　Z	模态
G02		顺圆弧插补	X　Z　I　K　R	模态
G03		逆圆弧插补	X　Z　I　K　R	模态
G04	00	暂停	P	非模态
G20	08	英寸输入		模态
G21		毫米输入		模态
G28	00	返回到参考点	X　Z	非模态
G29		由参考点返回	X　Z	非模态
G32	01	螺纹切削	X　Z　R　E　P　F	模态
G36	16	直径编程		模态
G37		半径编程		模态
G40	09	刀尖半径补偿取消	D	模态
G41		左刀补		模态
G42		右刀补		模态
G53	00	机床坐标系编程		非模态
G54	11	坐标系选择		模态
G55		坐标系选择		模态
G56		坐标系选择		模态
G57		坐标系选择		模态
G58		坐标系选择		模态
G59		坐标系选择		模态
G71	06	内/外径车削复合循环	X　Z　U　W　C P　Q　R　E	模态
G72		端面车削复合循环		模态
G73		闭环车削复合循环		模态
G76		螺纹切削复合循环		模态
G80	01	内/外径车削固定循环	X　Z　I　K　F	模态
G81		端面车削固定循环		模态
G82		螺纹切削固定循环	X　Z　I　R E　C　P　E	模态

续表

G代码	组	功能	参数(后续地址字)	模态
G90	13	绝对值编程		模态
G91		相对值编程		模态
G92	00	工件坐标系设定	X Z	非模态
G94	14	每分钟进给		模态
G95		每转进给		模态
G96		恒限速度有效	S	模态
G97		取消恒限速度		模态

2. 辅助功能代码

辅助功能由地址 M 和其后的一或两位数字组成，主要用于控制零件程序的走向以及机床各种辅助功能的开关动作。M 功能有非模态和模态功能两种形式，非模态 M 功能为当段有效代码，模态 M 功能为续效代码，见表 1-2。

表 1-2　辅助功能代码

代码	模态	功能	代码	模态	功能
M00	非模态	程序停止	M03	模态	主轴正转
M02	非模态	程序结束	M04	模态	主轴反转
M30	非模态	程序结束并返回程序起点	M05	模态	主轴停止
			M06	非模态	换刀
M98	非模态	调用子程序	M07	模态	切削液打开
M99	非模态	子程序结束	M09	模态	切削液停止

（三）数控车程序编制的格式与注意事项

1. 数控车床程序编写的方法

数控机床程序编制的方法有三种：手工编程、自动编程和 CAD/CAM。

① 手工编程　由人工完成零件图样分析、工艺处理、数值计算、书写程序清单直到程序的输入和检验。适用于点位加工或几何形状不太复杂的零件，缺点是非常费时，且编制复杂零件时容易出错。

② 自动编程　使用计算机或程编机完成零件程序的编制，对于复杂的零件很方便。

③ CAD/CAM　利用 CAD/CAM 软件，实现造型及图像自动编程。最为典型的软件是 Master CAM，其可以完成铣削二坐标、三坐标、四坐标和五坐标的车削、线切割编程，此类软件虽然功能单一，但简单易学，价格较低，仍是目

前中小企业的选择。

2. 编写程序的格式

以 G01 直线插补指令程序格式的编写为例。

格式：G01X(u)__ Z(w)__ F __；

说明：

① X、Z：绝对编程时，终点在工件坐标系中的坐标。

② U、W：增量编程时，终点相对于起点的位移量。

③ F __：合成进给速度。

④ G01 指令刀具以联动的方式，按 F 规定的合成进给速度，从当前位置按线性路线（联动直线轴的合成轨迹为直线）移动到程序段指令的终点。

注意事项：在手动编写程序时，一定要注意编写程序的格式正确。根据格式的要求完成正确的填写，不能误写或漏写，以免在操作过程中出现的数控系统无法识别程序的加工。

活动三　数控车床结构原理与编程交流学习

一、思政教育

为火箭焊接“心脏”的人

高凤林是为火箭焊接“心脏”的人，他焊接了 90 多发火箭的发动机，也是他将火箭发动机核心部件——泵前组件的产品合格率大幅提升。绝活不是凭空得，功夫还得练出来。高凤林吃饭时拿筷子练送丝，喝水时端着盛满水的缸子练稳定性，休息时举着铁块练耐力，冒着高温观察铁水的流动规律。高凤林以卓尔不群的技艺与特有的人格魅力、优良品质，成为新时代高技能工人的楷模。

二、数控车床结构原理与编程交流学习

① 团队展示活动一、二学习的过程与成果。

② 交流学习，发现、分析、解决问题（学生主体，教师引导）。

三、填写交流学习记录表（表 1-3）

表 1-3　交流学习记录表

学习过程成果描述（引导描述）	1. 运用哪些已学知识解决了哪些问题？ 2. 运用了哪些方法学习了哪些新知识？解决了哪些问题？ 3. 学习过程中是如何进行交流互动、合作学习的？完成了哪些学习任务并获得了哪些成果？ 4. 学习过程中你遇到了哪些问题？通过什么途径解决的？效果如何？

续表

	学习内容	学习记录	通关审定
主要知识的学习应用记录	数控车床的基本结构		
	数控车床的工作原理		
	数控车床的数控系统面板的操作		
	数控编程程序代码的熟悉		
	数控车削基本程序编制		
创造性学习	创新点 1		
	创新点 2		
审定签字	指导教师签字： 年 月 日		

活动四 数控车床的操作

一、数控车床的面板操作

以华中数控加工系统为例。

(一) 数控车床操作面板和功能界面

华中数控车床操作面板如图 1-11 所示。

华中数控车功能界面如图 1-12 所示。

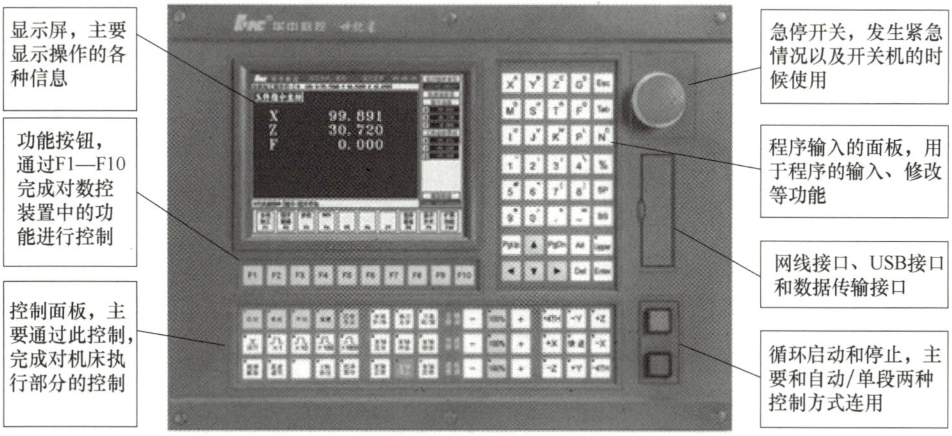

显示屏，主要显示操作的各种信息

功能按钮，通过F1—F10完成对数控装置中的功能进行控制

控制面板，主要通过此控制，完成对机床执行部分的控制

急停开关，发生紧急情况以及开关机的时候使用

程序输入的面板，用于程序的输入、修改等功能

网线接口、USB接口和数据传输接口

循环启动和停止，主要和自动/单段两种控制方式连用

图 1-11　操作面板

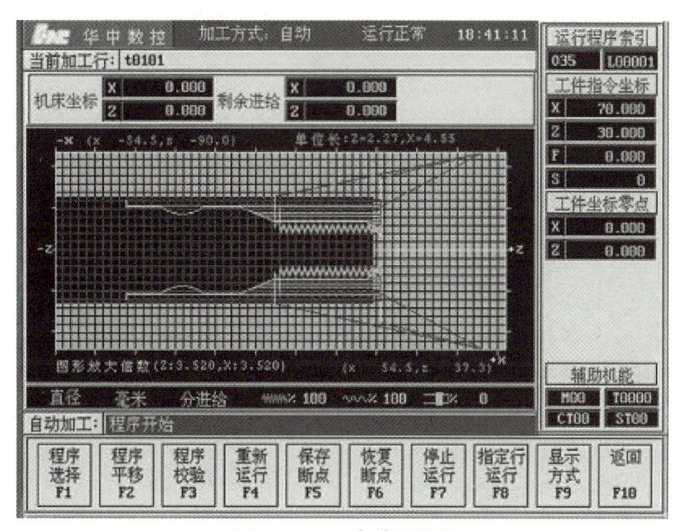

图 1-12　功能界面

（二）数控车床面板按键操作

1. 数控车床操作面板按键

见表 1-4。

表 1-4　数控车床操作面板按键

按键	名称/符号	功能说明	有效工作方式
 手轮	手轮工作方式键/【手轮】	选择手轮工作方式	手轮
 回参考点	回零工作方式键/【回零】	选择回零工作方式	回零

续表

按键	名称/符号	功能说明	有效工作方式
增量	增量工作方式键/【增量】	选择增量工作方式	增量
手动	手动工作方式键/【手动】	选择手动工作方式	手动
MDI	MDI 工作方式键/【MDI】	选择 MDI 工作方式	MDI
自动	自动工作方式键/【自动】	选择自动工作方式	自动
单段	单段开关键/【单段】	1)逐段运行或连续运行程序的切换; 2)单段有效时,指示灯亮	自动、MDI(含单段)
手轮模拟	手轮模拟开关键/【手轮模拟】	1)手轮模拟功能是否开启的切换; 2)该功能开启时,可通过手轮控制刀具按程序轨迹运行。正向摇手轮时,继续运行后面的程序;反向摇手轮时,反向回退已运行的程序	自动、MDI(含单段)
程序跳段	程序跳段开关键/【程序跳段】	程序段首标有“/”符号时,该程序段是否跳过的切换	自动、MDI(含单段)
选择停	选择停开关键/【选择停】	1)程序运行到“M00”指令时,是否停止的切换; 2)若程序运行前已按下该键(指示灯亮),当程序运行到“M00”指令时,则进给保持,再按循环启动键才可继续运行后面的程序;若没有按下该键,则连贯运行该程序	自动、MDI(含单段)

续表

按键	名称/符号	功能说明	有效工作方式
超程解除	超程解除键/【超程解除】	1)取消机床限位； 2)按住该键可解除报警，并可运行机床。	手轮、手动、增量
	循环启动键/【循环启动】	程序、MDI指令运行启动	自动、MDI(含单段)
	进给保持键/【进给保持】	程序、MDI指令运行暂停	自动、MDI(含单段)
x1 x10 x100	增量/手轮倍率键/【增量倍率】	手轮每转1格或"手动控制轴进给键"； 每按1次，则机床移动距离对应为0.001mm/0.01mm/0.1mm	手轮、增量、手动、回零、自动、MDI(含单段、手轮模拟)
-10% 快移倍率 100% 快移倍率 +10% 快移倍率	快移速度修调键/【快移修调】	快移速度的修调	
-10% 主轴倍率 100% 主轴倍率 +10% 主轴倍率	主轴倍率键/【主轴倍率】	主轴速度的修调	
主轴反转 主轴停止 主轴正转	主轴控制键/【主轴正/反转】	主轴正转、反转、停止运行控制	
A B	动力头控制键/【动力头】	1)动力头正、反转控制； 2)按下该键，切换动力头旋转/停	
Y X C Z 快进 Z Y X C	手动控制轴进给键/【轴进给】	1)手动或增量工作方式下，控制各轴的移动及方向； 2)手轮工作方式时，选择手轮控制轴； 3)手动工作方式下，分别按下各轴时，该轴按工进速度运行，当同时还按下"快移"键时，该轴按快移速度运行	手轮、增量、手动

续表

<table>
<tr><th>按键</th><th>名称/符号</th><th colspan="2">功能说明</th><th>有效工作方式</th></tr>
<tr><td rowspan="2">顶尖前进 顶尖寸动 顶尖后退
机床照明 润滑 排屑正转
夹爪开/关 冷却 刀库正转</td><td rowspan="2">机床控制按键/【机床控制】</td><td rowspan="2">手动控制机床的各种辅助动作</td><td>顶尖前进、寸动、后退，夹爪开/关，刀库正转</td><td>手轮、增量、手动（且主轴停转）</td></tr>
<tr><td>机床照明，润滑，排屑正转，冷却</td><td>手轮、增量、手动、回零、自动、MDI（含单段、手轮模拟）</td></tr>
<tr><td>F1 F2
F3 F4
F5</td><td>机床控制扩展按键/【机床控制】</td><td colspan="2">手动控制机床的各种辅助动作</td><td>机床厂家根据需要设定</td></tr>
<tr><td></td><td>程序保护开关/【程序保护】</td><td colspan="2">保护程序不被随意修改</td><td rowspan="2">手轮、增量、手动、回零、自动、MDI（含单段、手轮模拟）</td></tr>
<tr><td>EMERGENCY STOP</td><td>急停键/【急停】</td><td colspan="2">紧急情况下，使系统和机床立即进入停止状态，所有输出全部关闭</td></tr>
<tr><td></td><td>进给倍率旋钮/【进给倍率】</td><td colspan="2">进给速度修调</td><td>自动、MDI、手动</td></tr>
<tr><td></td><td>手轮/【手轮】</td><td colspan="2">控制机床运动（当手轮模拟功能有效时，其还可以控制机床按程序轨迹运行）</td><td>手轮</td></tr>
</table>

续表

按键	名称/符号	功能说明	有效工作方式
	系统电源开/【电源开】	控制数控装置上电	手轮、增量、手动、回零、自动、MDI（含单段、手轮模拟）
	系统电源关/【电源关】	控制数控装置断电	

2. 数控车床功能按键

如图 1-13 所示。

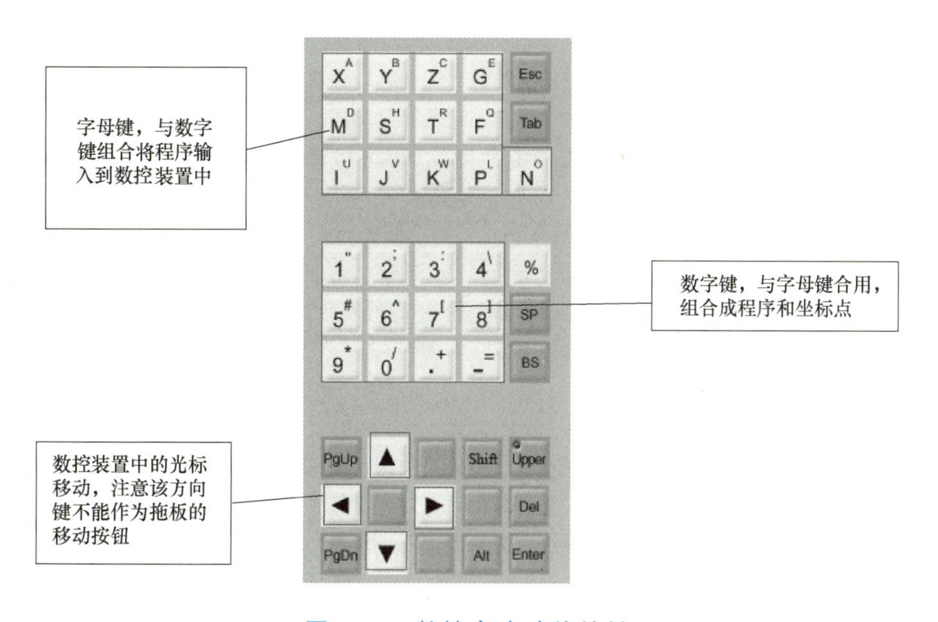

图 1-13　数控车床功能按键

3. 数控车床手持单元

如图 1-14 所示。

（1）手持单元的结构

手持单元由手摇脉冲发生器、坐标轴选择开关、倍率选择开关、手脉使能开关、急停开关组成。具体外观形状，以实际订货型号为准。

（2）手持单元的操作

手持单元按键功能见表 1-5。

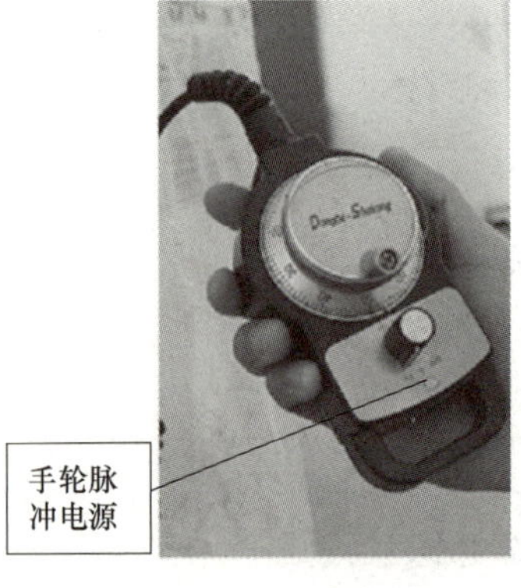

图 1-14　手持单元

Off：手轮关闭；X：选择 X 轴；Z：选择 Z 轴；Y：选择 Y 轴，车床无 Y 轴则为空挡；当手轮选择移动 X/Z 轴时，旋转手轮一格移动一个对应的脉冲当量与数控面板上的步长相对应为：0.001mm，0.010mm，0.100mm，1.000mm

表 1-5　手持单元按键功能

按键	名称/符号	功能说明	有效工作方式
	手轮/【手轮】	控制机床运动(当手轮模拟功能有效时，其还可以控制机床按程序轨迹运行)	手轮
OFF X Y Z	“手脉使能关”开关/【使能关】	当波段开关旋至“OFF”时，手持单元上除急停外，开关、按键均无效	手轮
	轴选择开关/【X】\【Y】\【Z】	当波段开关旋到除“OFF”外的轴选择开关处时，则手持单元上的开关、按键均有效	手轮
×1 ×10 ×100	手轮倍率开关/【增量倍率】	手轮每转 1 格或“手动控制轴进给键”每按 1 次，则机床移动距离对应为 0.001mm，0.01mm，0.1mm	手轮
EMERGENCY STOP	急停键/【急停】	手轮有效时，紧急情况下，可使系统和机床立即进入停止状态，所有输出全部关闭	手轮、增量、手动、回零、自动、MDI

二、数控车刀管理

（一）创建数车系统刀具表

刀具列表中显示了创建、设置刀具时必需的所有参数和功能。通过刀具名称和备用刀具编号可以唯一标识每件刀具。在刀具显示时，即刀沿位置显示时以机床坐标系为基准。

（二）创建新刀具的步骤

创建新刀具时，可根据机床刀架号来选择刀具安装的位置，比如：选择1号刀，如图1-15（a）所示，在刀具补偿栏中选择1号刀具，如图1-15（b）所示。输入刀具试切削的直径和长度。

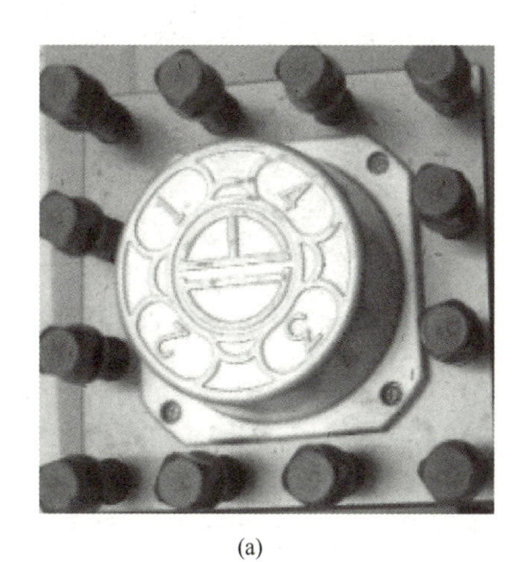

(a)

华中数控　加工方式：自动　运行正常　10:14:08

当前加工行：G92 X0 Y0 Z50

绝对刀偏表：

刀偏号	X偏置	Z偏置	X磨损	Z磨损	试切直径	试切长度
#0001	0.000	0.000	0.000	0.000	0.000	0.000
#0002	0.000	0.000	0.000	0.000	0.000	0.000
#0003	0.000	0.000	0.000	0.000	0.000	0.000
#0004	0.000	0.000	0.000	0.000	0.000	0.000
#0005	0.000	0.000	0.000	0.000	0.000	0.000
#0006	0.000	0.000	0.000	0.000	0.000	0.000
#0007	0.000	0.000	0.000	0.000	0.000	0.000
#0008	0.000	0.000	0.000	0.000	0.000	0.000
#0009	0.000	0.000	0.000	0.000	0.000	0.000
#0010	0.000	0.000	0.000	0.000	0.000	0.000
#0011	0.000	0.000	0.000	0.000	0.000	0.000
#0012	0.000	0.000	0.000	0.000	0.000	0.000
#0013	0.000	0.000	0.000	0.000	0.000	0.000

直径　毫米　分进给　100%　100%　100%

绝对刀偏表编辑：

运行程序索引：1234　1

机床指令坐标：X 0.000　Z 0.000　F 0.000　S 0

工件坐标零点：X -100.000　Z -80.000

辅助机能：M00　T0000　CT00　ST00

X轴置零 F1　Z轴置零 F2　刀架平移 F5　返回 F10

(b)

图1-15　刀具补偿表

创建新刀具的操作步骤如下。

① 打开刀具列表。

② 启动车床完成试切工件长度和直径。

③ 将光标放置在刀具表中需要创建刀具的位置。比如用1号刀车削，先将光标移动到1号刀Z轴偏置，输入0，覆盖Z轴偏置之前的机床坐标。再次将试切完检测的直径值输入到X轴偏置中，覆盖X偏置之前的机床坐标，建立新的工件坐标系。

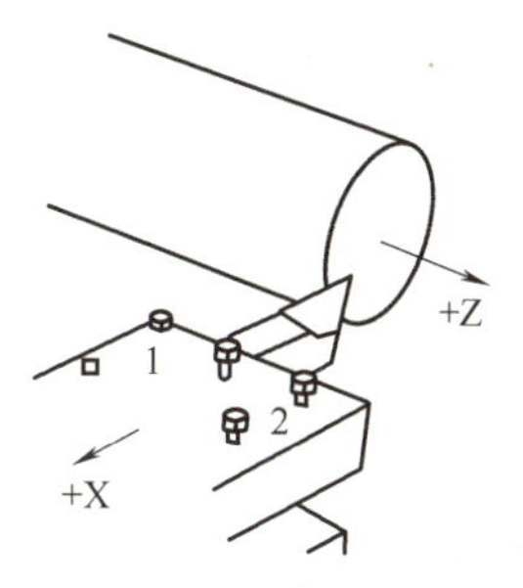

图1-16　对刀原理

对刀原理见图1-16。

（三）加工零件的试切准备

在进行台阶轴零件试切之前，对加工工艺过程要有了充分的了解，对编制的加工程序进行细致检查并进行模拟加工，运行无误后可以开始进行工件的试切加工。

在开始零件实物试切加工前，必须执行以下操作任务：

1）返回参考点。

① 根据机床制造商的说明精确地执行回参考点。

② 必要时可以将刀具手动至工作区域中的某一位置，确保从此位置出发可向各个方向安全运行。

2）润滑机床主轴及导轨。

3）夹紧工件。

4）正确安装刀具。

5）调出加工程序。

6）设置工件零点。

7）机床已就绪，工件已设定，刀具已校正后还要执行以下操作。

① 因为零件尚未加工过，必须将进给倍率开关设置为“0”，从而保证在开始时一切都在控制中。

② 车床主轴转速控制开关选择合适的倍率位置。

③ 如需在加工的同时查看模拟视图，必须在启动前选择软键实时记录。随后才会同时显示所有的进给路径及其效果图。

④ 首先，选择单段加工模式进行试切，启动加工程序后，每运行一步都要核对下一步的坐标位置，以免发生碰撞等情况。

8）执行试切加工。

启动加工程序，开始加工，并使用进给倍率开关调整刀具移动的速度。

9）试切加工后测量加工尺寸，是否符合工艺尺寸或图纸尺寸要求。

（四）对刀操作

① 为了计算和编程方便，通常将程序原点设定在工件右端面的回转中心线上，尽量各个基准相重合。

② 编程人员按程序坐标系中的坐标数据编制刀具（刀尖）的运动轨迹。由于刀尖的初始位置（车床原点）与程序原点存在 X 向偏移距离和 Z 偏移距离（如图 1-17 所示），实际的刀尖位置与程序指令位置有同样的偏移距离，因此，需将该距离测量出来并设置进数控系统，使系统据此调整刀尖的运动轨迹。所谓对刀，其实质就是测量程序原点与车床原点之间的偏移距离，并设置程序原

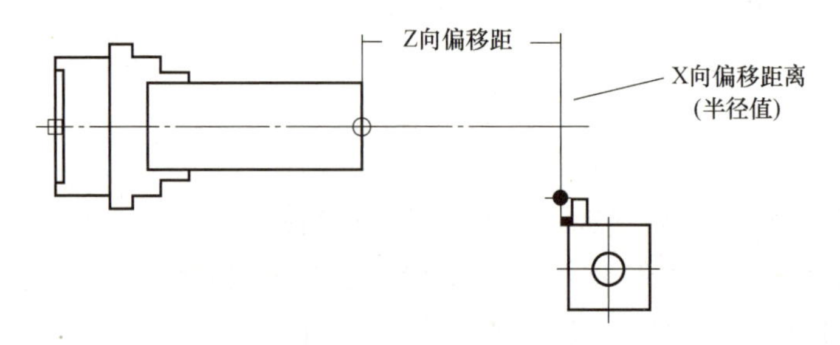

图 1-17　对刀操作

以刀尖位置为机床原点

点在以刀尖为参照的车床坐标系里的坐标。

三、数控车指令操作

操作指令	技术要求	操作方法	备注
机床主轴的启停	正确启停数控车床主轴	激活数控车床启动主轴正转和停止	
控制面板的熟悉	手动方式进给X/Z轴方向	1. 采用系统控制面板上按钮操作数控车床刀架的X/Z轴的移动； 2. 采用增量方式手持单元，棘轮摇动移动刀架	注意增量或手动方式进给速度的控制和修调
完成工件坐标系的建立（对刀）	确定好机床坐标系的位置	分别对X、Z轴坐标进行对刀，完成检测将数据输入到刀补表中	注意X、Z偏置数据输入的无误

四、数控车加工操作

（一）数控系统激活

① 松开急停按钮，激活数控车床（图1-18），让车床处于加工方式的状态，并调入刀具补偿表。

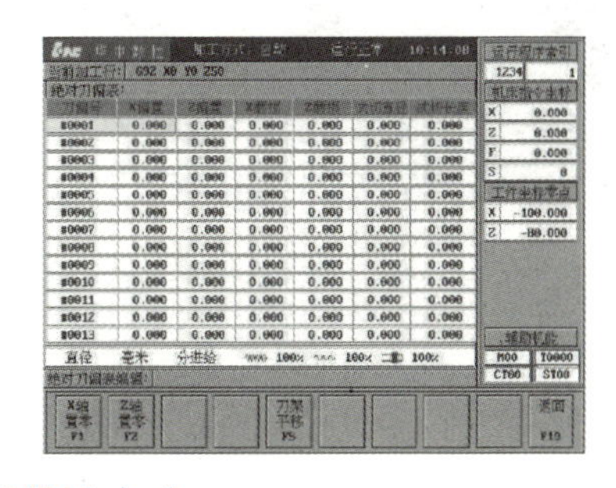

图1-18　激活数控车床

② 启动车床主轴（图1-19）正转，选择合理的转速。

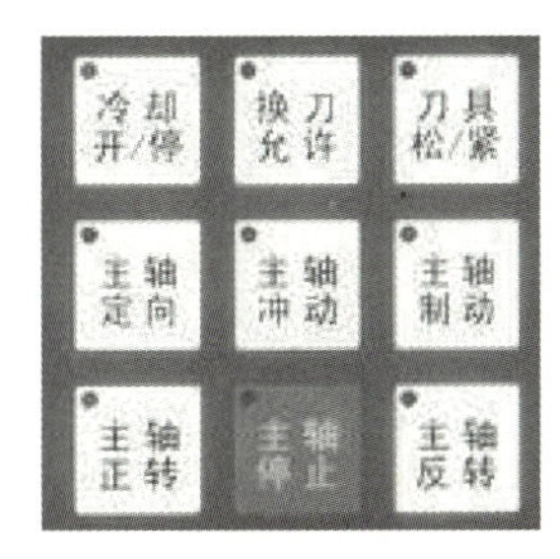

图1-19　启动车床主轴

（二）试切对刀

① 试切长度（图 1-20），车削工件端面后在刀补表中输入 Z 轴偏置为 0，确定工件坐标系 Z 轴方向的工件坐标原点。

绝对刀偏表：

刀偏号	X偏置	Z偏置
#0001	0.000	0.000
#0002	0.000	0.000
#0003	0.000	0.000
#0004	0.000	0.000

图 1-20　试切长度

② 试切直径（图 1-21），车削工件一段直径后并将检测数据在刀补表中输入 X 轴偏置为工件检测的实际数据，确定工件坐标系 X 轴方向的工件坐标原点。比如：输入检测直径 28.6。

绝对刀偏表：

刀偏号	X偏置	Z偏置
#0001	28.6	0.000
#0002	0.000	0.000
#0003	0.000	0.000
#0004	0.000	0.000

图 1-21　试切直径

思考：如果在 X 偏置中输入数字“0”会出现什么情况？

（三）程序编辑与运行

1. 新建加工程序（图 1-22）

① 按下键盘上中的程序管理键，进入程序管理窗口。

② 进入程序管理界面，按显示器下边软键【新建程序】按钮，在弹出的“新建加工程序文件名”窗口中输入要编写的加工程序名称（不含中文），主程序以“大写英文字母 O”为开头。按下右下方的软键【Enter（确认)】，即可进入新建加工程序的编辑界面。

思考：新建程序的文件名必须由________字母开头。

2. 运行加工程序（图 1-23）

打开该程序，直接按下屏幕功能键【程序校验 F3】，即可直接进入“自动方

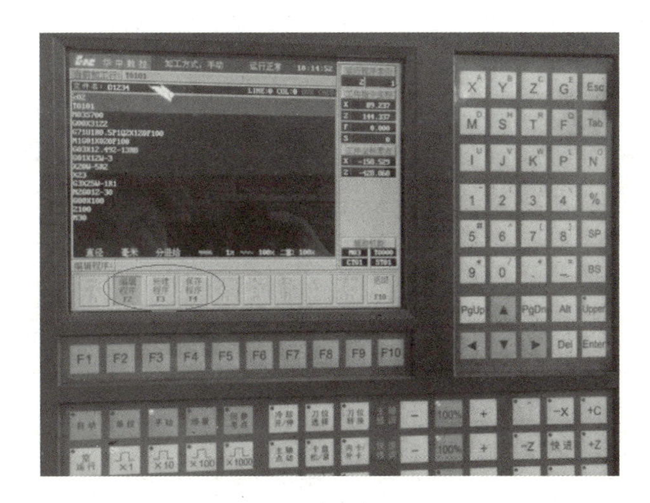

图 1-22　新建加工程序界面

式”下的加工界面中进行自动校验，并按下【显示方式 F9】，切换成工件坐标系、加工轨迹等，查看是否形成理想的加工结果。如果程序校验结果没有任何问题，可以直接启动循环程序按钮，完成工件的加工。

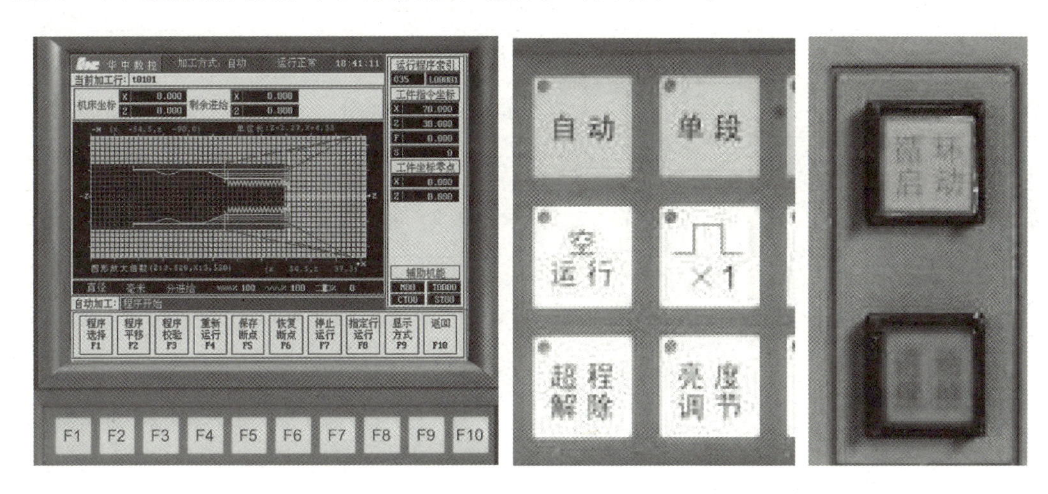

图 1-23　运行加工程序操作界面

思考：该零件在加工中是否可以使用单段指令？

活动五　数控车床操作与编程基础学习质量评价

（1）团队展示数控车床操作与编程基础知识学习成果。

（2）对数控车床操作与编程基础学习质量进行评价（表 1-6）。

① 团队自检与互检。

② 填写质检表。

③ 评价争议解决（学生质检争议解决由学生评价委员会与教师结合完成）。

表 1-6　数控车床操作与编程基础学习质量评价表

序号	检测项目	检测指标	评分标准	配分	检测记录		得分
					自检	互检	
1	结构原理	数控车床的结构	不理解不得分	5			
2		数控车床的工作原理	不理解不得分	5			
3	坐标系	机床坐标系	不理解不得分	5			
4		工件坐标系	不理解不得分	5			
5		参考点	不理解不得分	5			
6	编程	G 代码理解和应用	不理解 1 项扣 1 分	10			
7		M 代码理解和应用	不理解 1 项扣 1 分	10			
8		S、F、T 代码	不理解 1 项扣 1 分	10			
9	操作	控制面板	操作错误 1 步扣 1 分	10			
10		手持单元	操作错误 1 步扣 1 分	5			
11		对刀	操作错误 1 步扣 1 分	10			
12		指令操作	操作错误 1 步扣 1 分	10			
13		运行操作	操作错误 1 步扣 1 分	5			
14	文明生产		安全熟练无违章	5			

	产生问题	原因分析	解决方案
问题分析			
签阅	评价团队意见　　　年　月　日		
	指导教师意见　　　年　月　日		

说明：出现评价争议必须由学生评价委员会、指导教师与争议双方共同按照质检标准复检解决。

活动六　数控车床操作与编程基础学习任务评价

一、学习过程与成果展示

① 团队展示数控车床操作与编程基础学习过程与学习成果（含学习任务书和操作演示）。

② 团队间展开交流学习。

二、数控车床操作学习任务考核评价

（一）学习效能评价（表 1-7）

表 1-7　数控车床操作学习效能评价表

序号	项目		程度	不能的原因
1	你能理解数控车床的结构与工作原理吗?		□能　□不能	
2	你能数控车床的控制原理吗?		□能　□不能	
3	你能正确理解和应用数控车床的 G 代码吗?		□能　□不能	
4	你能正确理解和应用数控车床的 M 代码吗?		□能　□不能	
5	你能正确理解和应用数控车床的 S、F、T 代码?		□能　□不能	
6	你能编制正确合理的数控车削加工程序吗?		□能　□不能	
7	你能正确熟练地进行数控车床的控制面板操作吗?		□能　□不能	
8	你能正确熟练地进行数控车床的指令操作吗?		□能　□不能	
9	你能正确熟练地进行数控车床的对刀操作吗?		□能　□不能	
10	你能正确熟练地进行数控车床的运行操作吗?		□能　□不能	
11	你能在学习过程中创造性地完成工作任务吗?		□能　□不能	
12	你能在学习过程中进行有效合作与沟通交流吗?		□能　□不能	
13	你能公正合理地评价自己和他人的学习吗?		□能　□不能	
问题积累	存在的问题	产生原因	解决方法	解决效果
你的意见和建议				

（二）综合职业能力评价（表 1-8）

表 1-8 数控车床的基本操作学习任务综合职业能力评价表

专业：________________ 班级：________________ 年 月 日

<table>
<tr><td colspan="3">任务名称</td><td></td><td>学习团队</td><td></td><td>任务时间</td><td></td></tr>
<tr><td colspan="3">评价指标</td><td>评价情况</td><td>否定评价原因</td><td>自评</td><td>互评</td><td>合评</td></tr>
<tr><td>1</td><td rowspan="9">学习能力</td><td>学习态度</td><td>□优秀 □良好 □一般 □差</td><td></td><td></td><td></td><td></td></tr>
<tr><td>2</td><td>知识学习</td><td>□优 □良 □中 □差</td><td></td><td></td><td></td><td></td></tr>
<tr><td>3</td><td>技能学习</td><td>□优 □良 □中 □差</td><td></td><td></td><td></td><td></td></tr>
<tr><td>4</td><td>工作过程</td><td>□优化 □合理 □一般 □不合理</td><td></td><td></td><td></td><td></td></tr>
<tr><td>5</td><td>操作方法</td><td>□正确 □大部分正确 □不正确</td><td></td><td></td><td></td><td></td></tr>
<tr><td>6</td><td>问题解决</td><td>□及时 □较及时 □不及时</td><td></td><td></td><td></td><td></td></tr>
<tr><td>7</td><td>产品质量</td><td>□合格 □返修 □报废</td><td></td><td></td><td></td><td></td></tr>
<tr><td>8</td><td>完成时间</td><td>□提前 □准时 □延后 □未完成</td><td></td><td></td><td></td><td></td></tr>
<tr><td>9</td><td>成果展示</td><td>□清晰流畅 □需要补充
□不清晰流畅</td><td></td><td></td><td></td><td></td></tr>
<tr><td>10</td><td rowspan="7">职业素养</td><td>安全规范</td><td>□很好 □好 □较好 □不好</td><td></td><td></td><td></td><td></td></tr>
<tr><td>11</td><td>规章执行</td><td>□很好 □好 □较好 □不好</td><td></td><td></td><td></td><td></td></tr>
<tr><td>12</td><td>分工协作</td><td>□很好 □好 □较好 □不好</td><td></td><td></td><td></td><td></td></tr>
<tr><td>13</td><td>沟通交流</td><td>□很好 □好 □较好 □不好</td><td></td><td></td><td></td><td></td></tr>
<tr><td>14</td><td>处突能力</td><td>□从容泰然 □需要助力
□无所适从</td><td></td><td></td><td></td><td></td></tr>
<tr><td>15</td><td>创新能力</td><td>□优秀 □良好 □一般 □不足</td><td></td><td></td><td></td><td></td></tr>
<tr><td>16</td><td>规划掌控</td><td>□很好 □好 □较好 □不好</td><td></td><td></td><td></td><td></td></tr>
<tr><td rowspan="3">团队评价</td><td colspan="4" rowspan="2">任务总结：</td><td>亮点优点</td><td colspan="2"></td></tr>
<tr><td>缺点不足</td><td colspan="2"></td></tr>
<tr><td>团队自评</td><td>□优 □良 □中 □差</td><td>团队互评</td><td>□优 □良 □中 □差</td><td>团队总评</td><td colspan="2"></td></tr>
</table>

续表

个人评价	姓名	对应团队评价16项指标																总评
		1	2	3	4	5	6	7	8	9	10	11	12	13	14	15	16	

评价确认	评价委员会意见	年　月　日
	指导教师意见	年　月　日
	教务部门意见	年　月　日

说明：1. 总评分为优（单项优秀占比95%～100%）、良（单项优秀占比75%～90%）、中（单项良好占比60%～75%）、差（单项良好占比60%以下）4个等级。

2. 互评出现评价争议时，必须由评价委员会、指导教师与当事团队或个人共同按照评价标准评议解决。

三、接续任务布置

（一）选择题

1. 数控车床的加工方式主要以（　　）为主？

A. 车削　　B. 铣削　　C. 钻削　　D. 磨削

2. 数控车床手持单元的控制必须按下控制面板中的（　　）按钮，才能正常运行。

A. 主轴正转　　B. 手动　　C. 自动　　D. 增量

3. 常见的经济型数控车床的可转换位刀架能装（　　）把车刀？

A. 5把　　B. 4把　　C. 8把　　D. 10把

4. 新建程序文件名的首个字母为（　　）。

A. 字母B　　B. 字母Z　　C. 字母N　　D. 字母O

（二）填空题

1. 数控车床由________、________、________、________、________和________等部分组成。

2. 数控车床按控制方式分为________、________、________。

3. 数控车床按编程方式分为________方式和________方式。

4. 数控车床的程序编写的方法有________________、________________、________________。

（三）问答题

1. 数控车床的加工特点是什么？
2. 数控车床的加工原理是什么？

四、接续任务学习准备

请收集整理关于任务二数控车床维护保养的相关知识与学习资料。

任务二　数控车床的维护保养

活动一　认识数控车床维护的保养

一、任务描述

<table>
<tr><td>任务名称</td><td colspan="2">数控车床的维护保养</td><td>任务时间</td><td></td></tr>
<tr><td rowspan="3">学习目标</td><td>知识目标</td><td colspan="3">1. 能正确认识数控车床的基本结构
2. 能正确进行数控车床基本维护的学习与应用
3. 能正确分析数控车床的控制方式
4. 能完成数控车床日常点检</td></tr>
<tr><td>技能目标</td><td colspan="3">1. 能正确了解数控车床的常见故障
2. 能正确熟悉数控车床的常见故障解决方式</td></tr>
<tr><td>职业素养</td><td colspan="3">1. 能严格遵守和执行数控车工实训场地的规章制度和劳动管理制度
2. 能主动学习数控车床的结构及加工原理
3. 能在规定时间内完成工作任务
4. 能从容分析和处置在操作数控车床过程中出现的问题与突发事件</td></tr>
<tr><td rowspan="2">重点难点</td><td>重点</td><td>1. 掌握数控车床的基本操作过程
2. 掌握数控车床的维护及保养
3. 掌握数控车床常见的故障</td><td rowspan="2">突破手段</td><td rowspan="2"></td></tr>
<tr><td>难点</td><td>1. 数控车床的日常点检方式
2. 数控车床的安全操作规章制度的熟记</td></tr>
</table>

二、数控车床维护保养的目的

数控车床是一种高精度、高效率且应用广泛的金属切削设备。为了保证数控车床在长期使用过程中的加工精度，减少因保养不善造成的零部件磨损，预防故障发生，延长机床使用寿命，在使用过程中必须做好日常维护工作。

活动二　数控车床维护保养的内容

一、数控机床使用维护保养安全规章条例

1）操作者必须遵守数控机床安全操作规程。

2）操作者必须仔细阅读使用说明书及其他资料，确保操作、生产过程中的正确性。

3）操作者应熟记急停钮位置，以便随时迅速地按下该按钮。

4）不要随便改变机床参数或其他已设定好的电气数据。

5）机床上的保险和安全防护装置不得随便更改和拆除。

6）开机前必须完成上班前的各项准备工作。

7）检查各轴驱动装置上的指示灯状态是否正确；确认电器柜门及系统箱后盖已关闭。

8）检查显示器上是否有各种类型的报警指示。

9）工件、工装、夹具及刀具的安装应牢固、可靠。刀具安装后应进行试运转。

10）主轴旋转时严禁触碰工件或刀具，加工过程中需要清理铁屑时，应先使加工停止，然后用刷子或专用工具进行清理，严禁在加工过程中用手清理铁屑。

11）装上刀具后要试运行，检验程序是否正确。

12）禁止两人或多人同时操作控制盘。

13）机床在运转中，操作者不得离开岗位，机床发现异常情况立即停车。

14）工作结束后必须将主轴上的刀具还回刀库，并将主轴锥孔和各刀柄擦净，防止有存留的切屑等影响刀具与主轴的配合质量及刀具旋转精度。

15）工作结束后应及时清理残留切屑并擦拭机床，金属切除量大时要随时利用工作间隙清理切屑。

16）将工作台、主轴停在合适的位置。

17）对机床附件、量具、刀具进行清理，按规定存放，工件按定置管理要求摆放。

18）检查润滑油和冷却液不足时，及时添加或更换。

二、数控车床的日常保养内容

每天下班前做好车床的清扫卫生，清除铁屑，擦净导轨部位的冷却液，防止导轨生锈，数控车床的日常保养表见表1-9。

表 1-9 数控车床日常保养

序号	检查周期	检查部位	检查要求
1	每天	导轨润滑油箱	检查油标、油量及时添加润滑油，润滑泵能定时启动加油及停止
2	每天	压缩空气气源力	检查气动控制系统压力，应在正常范围
3	每天	气源自动分水滤水器	及时清理分水器中滤除的水分，保证自动工作正常
4	每天	气液转换器和增压器面	发现油面不够时及时补足油
5	每天	主轴润滑恒温油箱	工作正常，油量充足并调节温度范围
6	每天	机床液压系统	油箱、液压泵无异常噪声，压力表正常，管路及各接头无泄漏，工作台面高度正常
7	每天	液压平衡系统	平衡压力指示正常，快速移动时平衡阀工作正常
8	每天	CNC 的 I/O 单元	光电阅读机清洁，机械结构润滑良好
9	每天	各种电器柜散热通风装置	各电柜冷却风扇工作正常，风道过滤网无堵塞
10	每天	各种防护装置	导轨、机床防护罩等应无松动、漏水
11	每半年	滚珠丝杠	清洗丝杠上旧的润滑脂，涂上新油脂
12	每半年	液压油路	清洗溢流阀、减压阀、滤油器，清洗油箱底，更换或过滤液压油
13	每半年	主轴润滑恒温油箱	清洗过滤器，更换润滑脂
14	每年	检查并更换直流伺服电动机碳刷	检查换向器表面，吹净碳粉，去除毛刺，更换长度过短的电刷，并跑和后才使用
15	每年	润滑液压泵，滤油器清洗	清理润滑油池底，更换过滤器
16	不定期	检查各轴上导轨镶条、压滚轮松紧状态	按机床说明书调整
17	不定期	冷却箱	检查液面高度，冷却液太脏时需要更换并清理水箱底部，经常清洗过滤器
18	不定期	排屑器	经常清理切屑，检查无卡住等
19	不定期	清理废油池	及时清除滤油池中的废油，以免外泄
20	不定期	调整主轴驱动松紧带	按机床说明书调整

三、对数控机床操作人员的要求

1）有较高的思想素质。工作勤勤恳恳，具有良好的职业道德，能刻苦钻研技术，并具有较丰富的实践经验。

2）熟练掌握各种操作与编程。能正确熟练地对自己所负责的数控机床进行各种操作，并熟练掌握编程方法，能编制出正确优化的加工程序，避免因操作失误或编程错误造成碰撞而导致机床故障。

3）深入了解机床特性，掌握机床运行规律。对机床的特性有较深入的了解，并能逐步摸索掌握运行中的情况及某些规律。对由操作人员负责进行的日常维护及保养工作能正确熟练地掌握，从而保持机床的良好状态。

4）熟知操作规程及维护和检查的内容。应熟知本机床的基本操作规程和安全操作规程、日常维护和检查的内容及达到的标准、保养和润滑的具体部位及要求。

5）认真处理并做好记录。对运行中发现的任何不正常的情况和征兆都能认真处理并做好记录。一旦发生故障，要及时正确地做好应急处理，并尽快找维修人员进行维修。修理过程中，与维修人员密切配合，共同完成对机床故障的诊断及修理工作。

活动三　数控车床维护保养知识交流学习

一、思政教育

为我国古人的互换性生产奇迹点赞

对秦始皇陵兵马俑出土的多件兵器进行的研究发现，秦军使用的弓弩机（远射程弓箭）制作精良，一致性好，弓弩机的零部件是可以互换的。从出土的大量青铜镞（箭）实测结果看，一批镞的形状和尺寸差别很小。互换性生产有利于弓弩机的大批量生产，来自不同兵器作坊的同一型号零部件可以不经过挑选或修配就能进行组装；某个零件坏了，还可以快速更换而不影响使用。这样就方便了生产、使用和维修。专家研究后认为，先进的远程武器帮助了秦国消灭六国，建立起统一的中央政权。互换性使批量生产和零部件替换成为可能，同时还可以降低成本，在工业上、经济上、战略上都有意义。两千多年前的弓弩机让我们看到了中国古代劳动人民的聪明智慧，应该为他们点赞！

二、数控车床维护保养交流学习

① 团队展示活动一、二学习的过程与成果。

② 交流学习，发现、分析、解决问题（学生主体，教师引导）。

三、填写交流学习记录表（表 1-10）

表 1-10　交流学习记录表

学习过程成果描述（引导描述）	1. 运用哪些已学知识解决了哪些问题？ 2. 运用了哪些方法学习了哪些新知识？解决了哪些问题？ 3. 学习过程中是如何进行交流互动、合作学习的？完成了哪些学习任务并获得了哪些成果？ 4. 学习过程中你遇到了哪些问题？是通过什么途径解决的？效果如何？

续表

	学习内容	学习记录	通关审定
主要知识的学习应用记录	数控车床保养维护的目的		
	数控车床对维护保养操作员的要求		
	数控车床日常保养的内容		
	数控车床维护保养的工具的认识		
	数控车床常见的故障		
创造性学习	创新点 1		
	创新点 2		
审定签字	指导教师签字： 年 月 日		

活动四 数控车床维护保养操作

一、数控车床维护保养工具的准备

序号	名称	图示	作用
1	手动液压泵	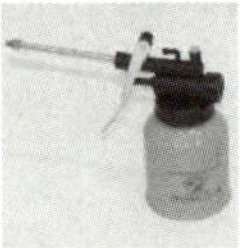	当没有动力源活动力源失效后，通过手动液压泵使得执行元件到达某个位置（导轨、机床部件）

续表

序号	名称	图示	作用
2	活络扳手	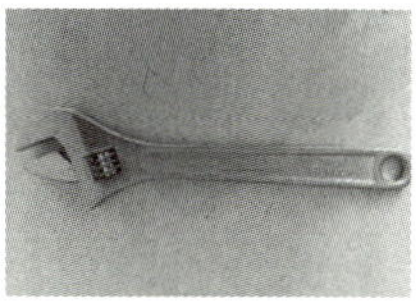	主要用来拧紧或松开螺栓，可根据螺栓和螺母的大小调节活络扳手
3	呆扳手		主要用来拧紧或松开螺栓
4	内六角扳手		主要用来松紧内六角螺栓和螺母
5	螺丝刀（改锥）	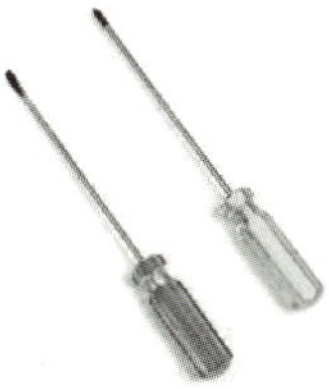	螺丝刀是一种用来拧转螺丝以使其就位的常用工具，通常有一个薄楔形头，可插入螺丝钉头的槽缝或凹口内
6	毛刷	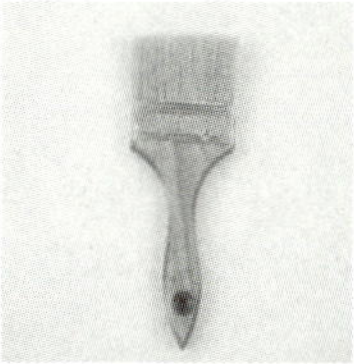	主要用于清洁机床残留的铁屑

二、数控车床维护保养操作

序号	维护项目	图示	具体操作
1	润滑油的加入		检查数控车床润滑油的油位，并及时加注润滑油至标准的位置
2	数控车床的冷却液的加入		数控车床的切削液主要为乳化液，加入量根据车削过程的冷却液冲击量来决定

续表

序号	维护项目	图示	具体操作
3	刀架清洁维护		用毛刷清洁刀架，操作者应将切屑清扫干净，防止车刀安装时刀具的中心高受切屑影响
4	车床导轨的清洁		导轨是起导向及支承作用，即保证运动部件在外力作用下能准确地移动一定方向。先用毛刷把机床导轨面上的切屑及冷却液清理干净，防止导轨出现位置误差
5	导轨维护保养		切屑清理干净后在导轨面及溜板根部加注润滑油，使导轨面处于干净润滑状态，防止发生锈蚀影响数控车床的位置精度
6	车床工、量具的维护和规范摆放		工作完成后，采用纱布对工具和量具进行清洁，并对工具量具做好维护保养
7	数控车床通风系统的清洁		工作完后，检查通风系统，使用毛刷进行清洁，防止通风口进入灰尘，保持通风管畅通无阻
8	做好数控车床的清洁卫生		使用扫帚将数控车床的铁屑槽中的铁屑槽清扫干净

三、数控车床维护保养指令操作

项目	要求	存在问题	改正措施
机床润滑	正确操作数控车床润滑油的加入		
导轨保养	正确操作导轨的清洁及保养		
维护步骤	在正确操作下完成数控车床的维护步骤		
数控系统通风管道的检修	正确检测数控系统通风管道情况，并即使清洁保养		

活动五　数控车床维护保养学习质量评价

（1）团队展示数控车床维护保养知识与保养操作学习成果。

（2）对数控车床维护保养学习质量进行评价（表 1-11）。

① 团队自检与互检。

② 填写质检表。

表 1-11　数控车床操作任务学习效能评价表

<table>
<tr><th rowspan="2">序号</th><th colspan="2">检测项目</th><th rowspan="2">评分标准</th><th rowspan="2">配分</th><th colspan="2">检测记录</th><th rowspan="2">得分</th></tr>
<tr><th>检测项目</th><th>检测指标</th><th>自检</th><th>互检</th></tr>
<tr><td>1</td><td>维保目的</td><td>理解维保目的</td><td>不理解不得分</td><td>10</td><td></td><td></td><td></td></tr>
<tr><td>2</td><td>维保内容</td><td>熟悉维保内容</td><td>不熟悉 1 项扣 2 分</td><td>20</td><td></td><td></td><td></td></tr>
<tr><td>3</td><td rowspan="4">维保操作</td><td>齐备操作工具</td><td>准备不充分不得分</td><td>10</td><td></td><td></td><td></td></tr>
<tr><td>4</td><td>遵守维保规章</td><td>违规一项扣 5 分</td><td>20</td><td></td><td></td><td></td></tr>
<tr><td>5</td><td>安全维保操作</td><td>违规一项扣 5 分</td><td>20</td><td></td><td></td><td></td></tr>
<tr><td>6</td><td>按指令实施维保</td><td>违规 1 项扣 2 分</td><td>10</td><td></td><td></td><td></td></tr>
<tr><td>7</td><td colspan="2">文明生产</td><td>安全熟练无违章</td><td>10</td><td></td><td></td><td></td></tr>
<tr><td colspan="2" rowspan="4">问题分析</td><td colspan="2">产生问题</td><td colspan="2">原因分析</td><td colspan="2">解决方案</td></tr>
<tr><td colspan="2"></td><td colspan="2"></td><td colspan="2"></td></tr>
<tr><td colspan="2"></td><td colspan="2"></td><td colspan="2"></td></tr>
<tr><td colspan="2"></td><td colspan="2"></td><td colspan="2"></td></tr>
<tr><td colspan="2" rowspan="2">签阅</td><td colspan="6">评价团队意见　　　　年　月　日</td></tr>
<tr><td colspan="6">指导教师意见　　　　年　月　日</td></tr>
</table>

说明：出现评价争议必须由学生评价委员会、指导教师与争议双方共同按照质检标准复检解决。

活动六　数控车床维护保养学习任务评价

一、学习过程与成果展示

① 团队展示数控车床维护保养整个学习过程与学习成果（含学习任务书和操作演示）。

② 团队间展开交流学习。

二、数控车床操作学习任务考核评价

（一）学习效能评价（表 1-12）

表 1-12 数控车床维护保养学习效能评价表

<table>
<tr><th>序号</th><th>项目</th><th>内容</th><th>程度</th><th>不能的原因</th></tr>
<tr><td>1</td><td rowspan="3">知识学习</td><td>你能理解对数控车床进行维护保养的目的吗？</td><td>□能 □不能</td><td></td></tr>
<tr><td>2</td><td>你能理解和熟悉数控车床维护保养的工作内容吗？</td><td>□能 □不能</td><td></td></tr>
<tr><td>3</td><td>你能理解对数控车床进行维护保养的工作要求吗？</td><td>□能 □不能</td><td></td></tr>
<tr><td>4</td><td rowspan="2">技能学习</td><td>你能严格遵守数控车床维护保养的规章制度吗？</td><td>□能 □不能</td><td></td></tr>
<tr><td>5</td><td>你能合理选择工具安全熟练地完成数控车床的维保？</td><td>□能 □不能</td><td></td></tr>
<tr><td>6</td><td rowspan="2">职业素养</td><td>你能在学习过程中创造性地完成工作任务吗？</td><td>□能 □不能</td><td></td></tr>
<tr><td>7</td><td>你能在学习过程中进行有效合作与沟通交流吗？</td><td>□能 □不能</td><td></td></tr>
<tr><td>8</td><td></td><td>你能公正合理地评价自己和他人的学习吗？</td><td>□能 □不能</td><td></td></tr>
<tr><th colspan="5">经验积累与问题解决</th></tr>
<tr><th colspan="3">经验积累</th><th colspan="2">存在问题</th></tr>
<tr><td colspan="3"></td><td colspan="2"></td></tr>
<tr><td colspan="3"></td><td colspan="2"></td></tr>
<tr><td colspan="3"></td><td colspan="2"></td></tr>
<tr><td rowspan="2">签审</td><td colspan="4">评价委员会意见 年 月 日</td></tr>
<tr><td colspan="4">指导教师意见 年 月 日</td></tr>
</table>

（二）数控车床维护保养操作学习任务综合职业能力评价

请复制附录表5综合职业能力评价表，完成数控车床维护保养操作学习任务的综合职业能力评价。

三、接续任务布置

（一）选择题

1. 数控车床导轨清洁后应加入（　　）。

A. 润滑油　　B. 机油　　C. 乳化液　　D. 煤油

2. 数控车床导轨或车床的滚珠丝杠等应用（　　）加入润滑油。

A. 毛刷　　B. 油壶　　C. 棉纱　　D. 油枪

3. 数控车床的冷却液是（　　）。

A. 机油　　B. 煤油　　C. 乳化液　　D. 水

（二）填空题

1. 数控车床的主运动是________________。

2. 数控车间7s管理的具体内容有________________、________________、________________、________________、________________、________________和________________。

（三）问答题

1. 数控车床常规维护保养的内容有哪些？

2. 数控车床点检的内容有哪些？

四、接续任务学习准备

① 请收集整理关于轴套类零件加工的相关知识与学习资料。

② 进行轴套类零件加工的相关设备工具准备。

轴套类零件数控车削加工

任务一 阶梯轴零件的车削加工

活动一 阶梯轴车削加工任务分析

一、任务描述

<table>
<tr><td>任务名称</td><td colspan="3">阶梯轴车削加工</td><td>任务时间</td><td></td></tr>
<tr><td rowspan="3">学习目标</td><td>知识目标</td><td colspan="4">1. 能正确进行阶梯轴的工艺性结构分析
2. 能正确进行阶梯轴的技术要求分析与工艺知识的学习与应用
3. 能编制出正确合理的阶梯轴车削加工工艺
4. 能完成阶梯轴车削程序编制知识的学习与应用
5. 能编制出阶梯轴正确合理的数控车削加工程序</td></tr>
<tr><td>技能目标</td><td colspan="4">1. 能正确熟练地操作数控车床完成合格阶梯轴零件的车削加工
2. 能正确熟练地使用游标卡尺和千分尺完成阶梯轴零件的质量检测与控制</td></tr>
<tr><td>职业素养</td><td colspan="4">1. 能严格遵守和执行零件车削加工场地的规章制度和劳动管理制度
2. 能主动获取与阶梯轴车削加工工艺与程序编制相关的有效信息，展示工作成果，对学习/工作进行总结反思，能与他人合作，进行有效沟通
3. 能保质、保量、按时完成工作任务
4. 能从容分析和处置台阶轴车削加工过程中出现的问题与突发事件</td></tr>
<tr><td rowspan="2">重点难点</td><td>重点</td><td>1. 阶梯轴车削加工工艺、程序编制与校验
2. 操作数控车床完成阶梯轴车削加工
3. 阶梯轴加工质量的检测与控制</td><td rowspan="2">突破手段</td><td colspan="2" rowspan="2">1. 仿真训练
2. 提高对刀精度
3. 强化基本功
4. 规范量具使用提高检测精度</td></tr>
<tr><td>难点</td><td>1. 阶梯轴数控加工工艺、程序的编制与校验
2. 操作数控车床完成阶梯轴车削加工</td></tr>
</table>

二、台阶轴结构工艺性分析

（一）轴的作用

轴是用来支持旋转的机械零件，转轴既传动转矩又承受弯矩，传动轴只传递转矩而不承受弯矩或只承受弯矩而不传动转矩。按照轴的结构形状可分为直轴和曲轴。按功能可分为传动轴、芯轴和转轴。图 1-24 所示为齿轮轴。

（二）阶梯轴的结构

图 1-25 所示阶梯轴由不同直径与长度的几段圆柱面组成。从图 1-26 上表达的信息看其具有较高的加工精度与较小的表面粗糙度。

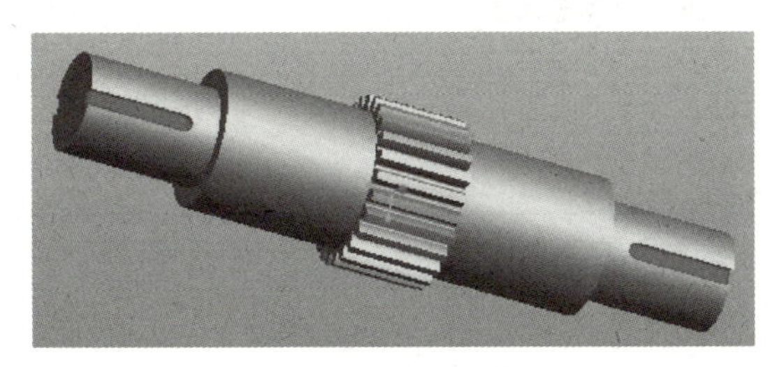

图 1-24　齿轮轴

图 1-25　阶梯轴

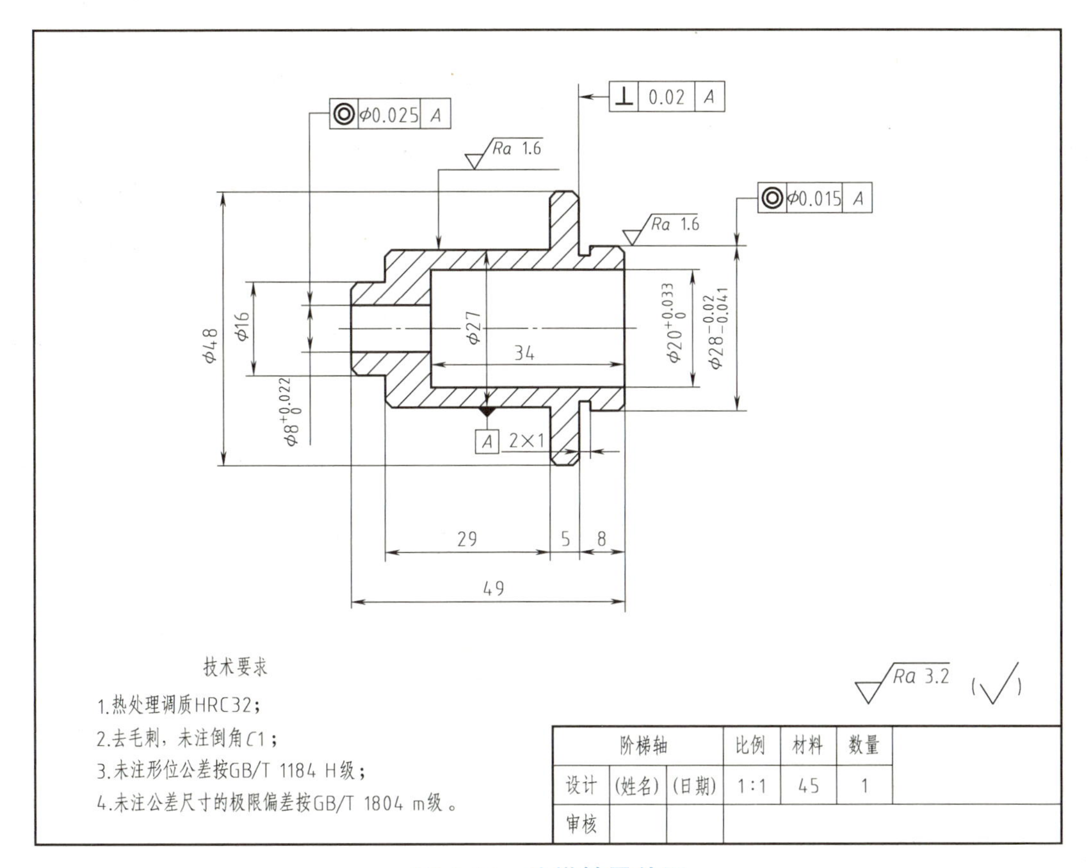

图 1-26　阶梯轴零件图

零件图单位均为 mm

三、完成任务的材料、资源准备

类别	名称	作用
教材	数控车削加工技术、公差配合与测量技术、机械制图、机械在基础、金属材料与热处理、操作手册等	用于加工工艺与加工程序编制与校验
导学资料	学习任务书与考核评价工具(效能与综合)	用于引导学生自主学习
助学资料	数控编程微课以及车床操作与量具使用视频等	提高学习效能

活动二 阶梯轴加工工艺与程序编制

一、阶梯轴零件加工工艺编制

(一)阶梯轴零件加工技术要求分析

<table>
<tr><th>项目</th><th>技术参数</th><th colspan="2">加工定位方案选择</th><th>备注</th></tr>
<tr><td rowspan="5">尺寸精度</td><td>$\phi28_{-0.041}^{-0.02}$</td><td rowspan="7">表面加工方案</td><td rowspan="7">1. 外圆柱面使用外圆车刀粗车,留余量0.5mm,调质后精车。
2. 槽径使用切槽刀粗车,留余量0.5mm,调质后精车</td><td rowspan="3">注意粗车刀与切削用量的合理选择</td></tr>
<tr><td>$\phi20_{0}^{+0.033}$</td></tr>
<tr><td>$\phi16$</td></tr>
<tr><td>$\phi48$</td><td></td></tr>
<tr><td>未注公差尺寸</td><td>IT12-IT14</td></tr>
<tr><td rowspan="2">表面粗糙度</td><td>Ra1.6</td><td>精车</td></tr>
<tr><td>Ra3.2</td><td></td></tr>
<tr><td>形位公差</td><td>未注形位公差</td><td>定位基准选择与安装</td><td>为保证零件加工的同轴度,可选择一次性安装加工出全部表面,或采用一夹一顶安装加工,注意第二次安装必须进行找正操作</td><td>公差等级</td></tr>
<tr><td>热处理</td><td>调质 HRC32</td><td>热处理工序选择</td><td>粗车后调质热处理(淬火+高温回火)</td><td></td></tr>
</table>

(二)阶台类零件加工方法

1. 成型刀具加工(图 1-27)

倒角加工。

2. 轮廓加工(图 1-28)

普通车削加工和数控车削加工。

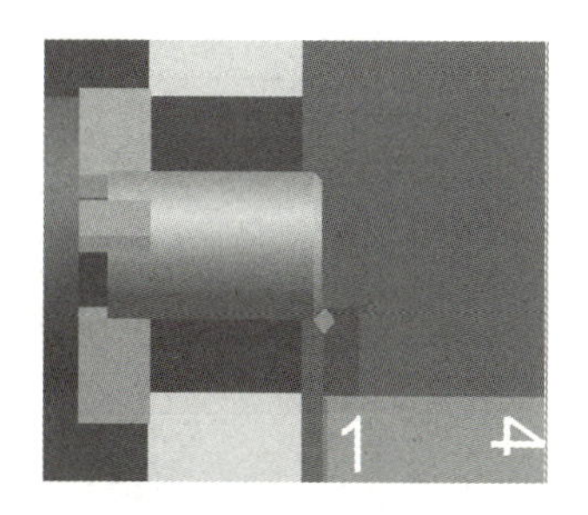

图 1-27 倒角

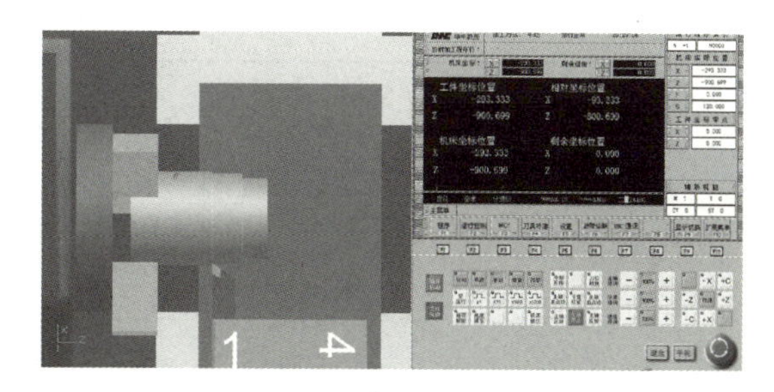

图 1-28 轮廓加工

（三）确定装夹方式和机械加工方案

1. 装夹方式

采用三爪卡盘一夹一顶装夹，调头加工时采用铝制软爪装夹打表校正。

2. 加工方案

遵循先粗后精的原则，采用 90°外圆车削粗精加工右端台阶，采用 3mm 刀宽外切槽刀加工窄槽，调头采用 90°外圆车刀粗精车外圆，采用 3mm 刀宽外切槽刀加工宽槽。

（四）编制阶梯零件的机械加工工艺

参考表 1-13。

表 1-13 阶梯轴机械加工工艺编制表（参考） 单位：mm

<table>
<tr><td colspan="7">工艺过程卡</td><td colspan="5" rowspan="3"></td></tr>
<tr><td colspan="2">零件名称</td><td>阶梯</td><td>机械编号</td><td></td><td>零件编号</td><td></td></tr>
<tr><td colspan="2">材料名称</td><td>调质 45</td><td>坯料尺寸</td><td>$\phi 50\times 53$</td><td>件数</td><td>1</td></tr>
<tr><td colspan="2" rowspan="2">工序</td><td rowspan="2">工种</td><td rowspan="2">工步</td><td rowspan="2">工序内容</td><td rowspan="2">设备</td><td rowspan="2">刀具</td><td colspan="3">工艺参数</td><td rowspan="2">检验量具</td><td rowspan="2">评定</td></tr>
<tr><td>S</td><td>f</td><td>a_p</td></tr>
<tr><td>1</td><td>下料</td><td>锯</td><td>1</td><td>锯毛坯</td><td>锯床</td><td>带锯</td><td>200</td><td>10</td><td>0.5</td><td>钢直尺</td><td></td></tr>
<tr><td rowspan="2">2</td><td rowspan="2">左端轮廓</td><td rowspan="2">车</td><td>1</td><td>粗车台阶</td><td>车床</td><td>90°外圆车刀</td><td>600</td><td>200</td><td>1</td><td>千分尺</td><td></td></tr>
<tr><td>2</td><td>精车台阶 $\phi 28_{-0.041}^{-0.02}$</td><td>车床</td><td>90°外圆车刀</td><td>1200</td><td>100</td><td>0.5</td><td>千分尺</td><td></td></tr>
<tr><td rowspan="2">3</td><td rowspan="2">右端轮廓</td><td rowspan="2">车</td><td>1</td><td>取总长</td><td>车床</td><td>45°端面车刀</td><td>800</td><td>160</td><td>0.5</td><td>游标卡尺</td><td></td></tr>
<tr><td>2</td><td>粗车外圆、台阶</td><td>车床</td><td>90°外圆车刀</td><td>600</td><td>200</td><td>1</td><td>千分尺</td><td></td></tr>
</table>

续表

工序		工种	工步	工序内容	设备	刀具	工艺参数			检验量具	评定
							S	f	a_p		
3	右端轮廓	车	3	精车外圆、台阶	车床	35°外圆车刀	1200	100	0.5	千分尺	
			4	切槽	车床	2mm外切刀	300	30	0.5	游标卡尺	
4	检测										
工艺员意见		年　月　日									
工艺合理性审定		指导教师(签章): 年　月　日									

说明：1. 初学者由指导教师带领学生一起编制；熟练者由学生学习团队自主学习编制。

2. 此工艺仅作为参考，可在工艺顺序、刀具选择和切削用量选择上结合具体的技术条件选择。

二、阶梯轴零件加工程序编制

（一）阶梯轴零件数控车削程序编制知识学习与应用

1. 使用快速定位（G00）与直线插补（G01）指令编制台阶轴数控车削加工程序

（1）快速定位编程

程序格式	含义	编程方法(例)	图例
G00　X(U)　Z(W)	X(U)、Z(W)是的值快速定位的坐标点，其中X、Z的值为中点坐标系中的坐标的绝对坐标，U、W的值为中点坐标系中的坐标的相对坐标	①绝对坐标：G00　X10　Z50 ②相对坐标：G00　U60　40 ③混合坐标：G00 X10 W40 或 G00 U60 Y50	X、B、50、10、A、10、70、Z
特点	①G00指令刀具相对于工件从当前位置以各轴预先设定的移动速度移动到程序段所制定的下一个定位点 ②G00指令中的快进速度由机床参数对各轴分别设定，不能用程序规定 ③快速移动速度可由机床操作面板上的快速修调旋钮修正，其快速移动速度的倍率有0%、25%、50%、100% ④G00一般用于加工前快速定位或加工后快速退刀 ⑤G00为模态代码，可由同组指令的G01、G02、G03功能注销		

（2）G01 倒角

类型	程序格式	图例
直角倒角	G01 X(U)　C　F　;(X→Z 的直角倒角) G01 Z(W)　C　F　;(Z→X 的直角倒角)	
非直角倒角	G01 X(U)　Z(W)　C　F　;(非直角倒角)	

特点

①在指定倒角程序段中，X 或 Z 的移动距离不能小于倒角值 L

②如果 G01 在同一程序块中指定 C，则最后指定的有效

③倒角指令中 C 值有正、负之分。当倒角的方向指向另一坐标轴的正方向时，C 值为正，反之为负

④倒角指令既适合于两直角边倒角，也适合于两非直角边倒角

⑤在螺纹切削程序段中，不得出现倒角控制指令

编程练习

O0301

程序号	程序	说明
N5	G54 G21 G98 G97；	程序初始化
N15	M03 S800 T0101；	主轴正传，转速 800r/min，选 1 号刀，导入刀补
N20	G42 G00 X0 Z0；	快速定位距右端面中心处，引入刀尖圆弧半径补偿
N25	G01 X20 C2 F80；	车端面并倒角，进给速度 80mm/min
N30	G01 Z−20 ；	车 ϕ20 外圆
N35	X48 C3；	车台阶面并倒角，进给速度 80mm/min
N40	Z−40；	车 ϕ48 外圆
N45	G40 G00 X80 Z20；	快速返回起刀点，取消刀尖圆弧半径补偿
N50	M30；	程序结束

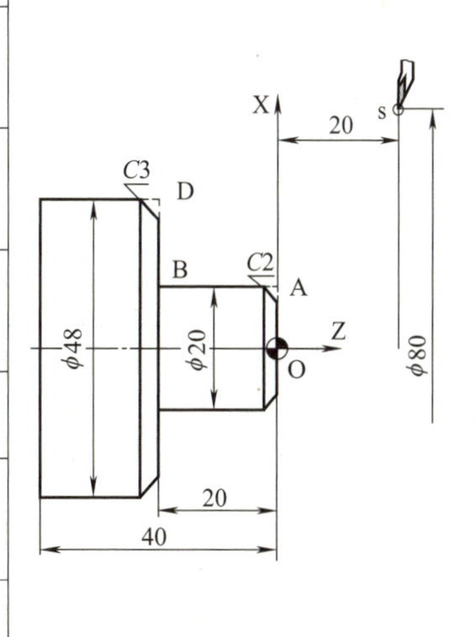

（3）车端面循环

程序格式	说明	图例
G94　X(U)　Z(W)　F　;	1. X、Z 取外端面切削的中点坐标值 2. U、W 取外端面切削重点相对于循环起点的增量坐标 3. 对于数控车床的所用循环要特别注意正确选择程序循环起点的位置，一般选择离毛坯表面 1～2mm 处	

编程示例	O0061		
	程序	说明	
	G50 X80 Z90	设定工件坐标系	
	M03 S600 T0101	主轴正传，转速 600r/min，选 1 号刀，导入刀补	
	G00 Z38	快速移动到循环起点	
	G94 X50　Z32 F0.3	第一刀 A→B→C→D→A，进给速度 0.3mm/r	
	Z29	第二刀 A→E→F→D→A	
	Z26	第三刀 A→G→H→D→A	
	G00 X80 Z90 T0100	返回起刀点，取消刀补	
	M05	主轴停转	
	M30	程序结束	

（4）车外圆循环

程序格式	说明	图例
G71 U R P Q X Z F;	U—切削深度 R—每次退刀量 P—精加工起始段行号 Q—精加工结束段行号 X—X 向精加工余量 Z—Z 向精加工余量 F—进给速度	

续表

程序格式		说明	图例
编程示例	O0062		
	程序	说明	
	%0042	程序名	
	T0101	定义刀具	
	M03 S700	定义转速	
	G00 X50 Z2	定义安全加工起点	
	G71U1R1P1Q2X0.5F100	外圆粗车复合循环加工指令	
	S1200	定义精车转速	
	N1G00X26Z2	精加工循环起点	
	G01Z0F80	倒角起点	
	G01X28Z－1	倒角	
	G01Z-8	台阶	
	G01X46	倒角起点	
	G01X48Z－9	倒角	
	N2G01Z－14	精加工循环终点	
	G00X100Z100	定义安全退刀点	
	M05	主轴停止	
	M30	程序结束并返回起始点	

（二）阶梯轴零件数控车削加工程序编制

1. 阶梯轴零件编程坐标系选定与坐标点计算

① 手工尺寸计算法　使用尺寸绝对或增量计算法。对于形状简单的零件利用零件图样，使用手工使用尺寸的绝对或增量计算法获得编程坐标点的坐标。

② 使用 CAD 绘图法　对于结构形状复杂的零件，建议使用 CAD 软件，通过图形绘制，使用坐标标注法来确定编程坐标点的坐标。如图 1-29 所示。

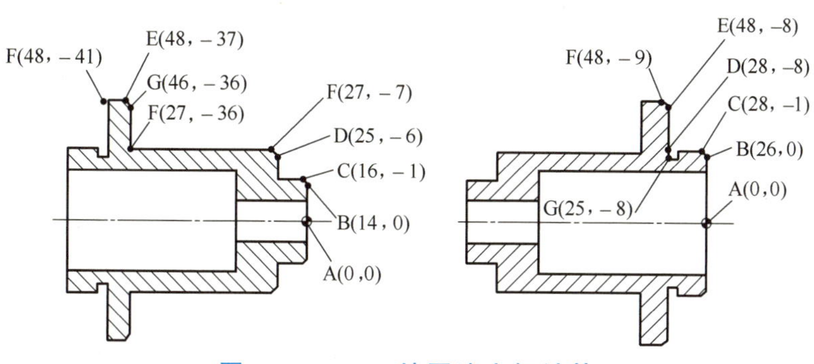

图 1-29　CAD 绘图法坐标计算

2. 阶梯轴零件数控车削加工程序编制

(1) 阶梯轴左端加工程序编制

程序名:O01		
程序号	程序	说明
N10	%01	程序名
N20	T0101	定义刀具
N30	M03 S700	定义转速
N40	G00 X50 Z2	定义安全加工起点
N50	G71U1R1P1Q2X0.5F100	外圆粗车复合循环加工指令
N60	S1200	定义精车转速
N70	N1G00X14Z2	精加工循环起点
N80	G01Z0F80	倒角起点
N90	G01X16Z-1	倒角
N100	G01Z－7	台阶
N110	G01X26	倒角起点
N120	G01X28Z－8	倒角
N130	G01Z－36	台阶
N140	N2G01X51	精加工循环终点
N150	G00X100Z100	定义安全退刀点
N160	M05	主轴停止
N170	M30	程序结束并返回起始点

(2) 阶梯轴窄槽加工程序编制

程序名:O011		
程序号	程序	说明
N10	%011	程序名
N20	T0303	定义刀具
N30	M03 S300	定义转速
N40	G00 X50 Z2	定义安全加工起点
N50	G01X29Z-8F100	切槽起点
N60	G01X26F30	切槽终点
N70	G01X51F100	切槽退刀点
N80	G00X100Z100	定义安全退刀点
N90	M05	主轴停止
N100	M30	程序结束并返回起始点

注：初学者由指导教师带领学生一起编制；熟练者由学生学习团队自主学习编制。

活动三　阶梯轴加工工艺与加工程序审定

一、思政教育

坚守标准化，履行职业规范

2016 年 9 月 12 日，第 39 届国际标准化组织（ISO）大会开幕式在北京国家会议中心举行。标准化对经济、技术、科学和管理等社会实践有重大意义。对于一些复杂的事物和概念，只有通过制订、发布和实施标准达到统一，才能获得最佳秩序和社会效益。标准化延伸到职业领域，就是指职业意识、职业规范、职业道德等，就是做事的原则。标准化是在一定的范围内获得最佳秩序，对实际的或潜在的问题制定共同的和重复使用的规则的活动，它包括制定、发布及实施标准的过程。没有规矩不成方圆，我们要树立规则规范意识，严格遵守学校制定的各项教学管理规章制度。

二、团队展示活动一、二学习过程与学习成果

① 进行学习过程与成果描述。

② 交流学习，发现、分析、解决问题（学生主体，教师引导）。

三、交流学习记录

（一）加工工艺正确性审定与优化

项目	要求	存在问题	改正措施
定位基准选择	1. 粗加工时，必须符合粗基准的选择原则 2. 精加工时必须符合精基准的选择原则		
工艺过程	工序工步划分与编排顺序及其内容必须符合企业常规生产的工艺流程，便于生产管理		
加工参数	1. 粗加工工艺参数选择必须满足工艺系统的强度、刚性和提高效率、降低成本的要求 2. 精加工工艺参数选择原则是提高效率、降低成本		
设备工具	设备工具必须选择正确、齐备，并符合当前的技术状况		
刀具选择	刀具的类型、形状与参数选择必须满足零件表面形状以及加工性质（粗加工、半精加工、精加工）的要求		
检测工具	检测工具必须根据零件结构、检测项目、精度要求等选择，必须正确、齐备		
工时定额	工时定额设定必须合理		
其他			

（二）数控加工程序正确性审定与优化

项目	要求	存在问题	改正措施
程序格式	数控加工程序格式必须与所选定数控系统的编程格式相符		
程序指令	在保证质量、提高效率、降低成本前提下，做到正确与优化		
程序顺序	程序顺序必须与工艺过程相符		
程序参数	程序工艺参数必须与加工工艺选定参数相符		

（三）填写交流学习表

学习过程成果描述	1. 运用哪些已学知识解决了哪些问题？ 2. 运用了哪些方法学习了哪些新知识？解决了哪些问题？ 3. 学习过程中是如何进行交流互动、合作学习的？完成了那些学习任务并获得了哪些成果？ 4. 学习过程中你遇到了哪些问题？是通过什么途径解决的？效果如何？	
主要知识的学习应用记录	工艺知识	
	工艺编制	
	编程知识	
	程序编制	
创造性学习	创新点 1	
	创新点 2	
审定签字	1. 加工工艺合理性认定： 2. 加工程序正确性合理性认定： 指导教师签字： 年　月　日	

活动四　阶梯轴数控车削加工任务执行

一、材料与设备工具准备

类别		型号/规格/尺寸	作用
坯料准备			
设备	数控车床		用于零件的端面、台阶面、外圆柱面与沟槽的加工
工具准备	卡盘		
	卡盘扳手		
	其他		
刀具准备	外圆粗车刀	90°外圆车刀和35°外圆车刀	用于加工外圆、台阶
	外圆精车刀		
	切槽刀	3mm外切槽刀	用于切槽
量具	游标卡尺	0～25mm	用于 $\phi24_{-0.03}^{0}$mm、$\phi20_{0}^{+0.02}$mm、$\phi20\pm0.05$mm尺寸测量
	千分尺	0～200mm	用于长度与外径测量
其他			

二、轴类零件安装

安装方法	示意图	特点及应用
自定心卡盘夹持安装		方便迅速，但夹紧力小，适用于装夹外形规则的中小型零件
一夹一顶安装	用限位支承 用工件台阶限位	装夹较为可靠，适合于一般轴类零件，尤其是较重的零件安装 注意： 1. 必须保证车床尾座轴线与主轴同轴 2. 为保证加工刚度与稳定性，在不影响加工操作的情况。尾座套头尽量伸出短一些 3. 必须保证中心孔的型号形状、位置的正确性 4. 安装工件时，必须注意顶尖与中心孔的配合松紧程度。顶尖与中心孔应使用润滑脂充分润滑

续表

安装方法	示意图	特点及应用
两顶尖安装		装夹方便，一般不用找正，容易保证零件的重复安装精度，但装夹的刚度较差，适合于较长的、工序较多的、需多工序加工的零件安装

三、车刀的选择与安装要求

（一）车刀的选择

数控车削阶台轴外圆时可以采用 90°、35°、45°、60°外圆车刀（图 1-30）。

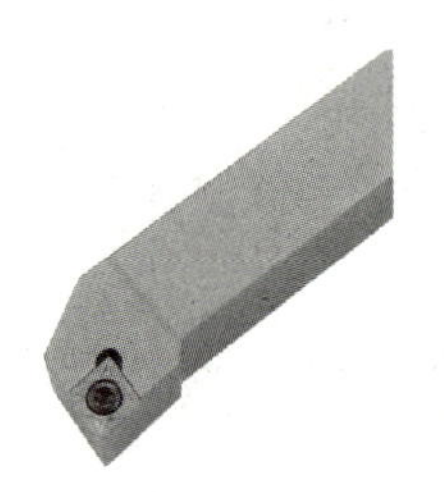

图 1-30　90°外圆车刀

（二）车刀的安装及要求

1. 常用机夹车刀的类型

种类		特点及用途
上压式		特点：结构简单，夹固牢靠，使用方便，刀片平装，用钝后重磨后刀面。上压式是加工中应用最广泛的一种
偏心式		适合于连续平稳的切削场合，如精加工场合
杠杆式		定位精度高、夹紧牢固、受力合理。但结构复杂，适合于专业厂家大批量生产

续表

种类		特点及用途
楔块式	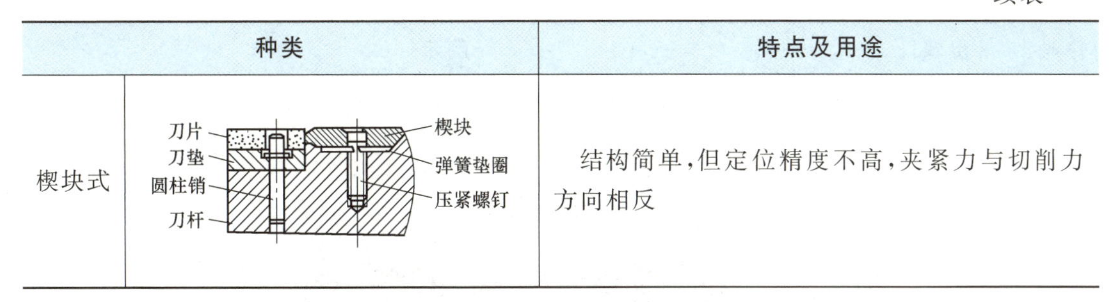	结构简单，但定位精度不高，夹紧力与切削力方向相反

2. 刀片与刀杆的安装

安装刀片与刀杆时，必须根据机夹式车刀的结构特点，刀片准确定位，使用相应的工具、方法与夹紧力将其牢固夹紧，切不可夹紧力过小（易引起松脱产生安全事故）或夹紧力过大（易使刀片压裂或在冲击震动下碎裂）。

（三）刀具在车床上的安装要求

① 在 X 轴方向车刀的刀尖必须与车床主轴轴线（工件中心）等高（对齐）。在 Z 轴方向要求车刀的刀杆中心线必须与工件轴线垂直。

② 刀头伸出刀架的长度不应超过刀杆厚度的 1.5 倍。

四、操作数控车床完成圆弧类零件的加工

（一）程序输入操作

序号	步骤	图示
1	新建程序	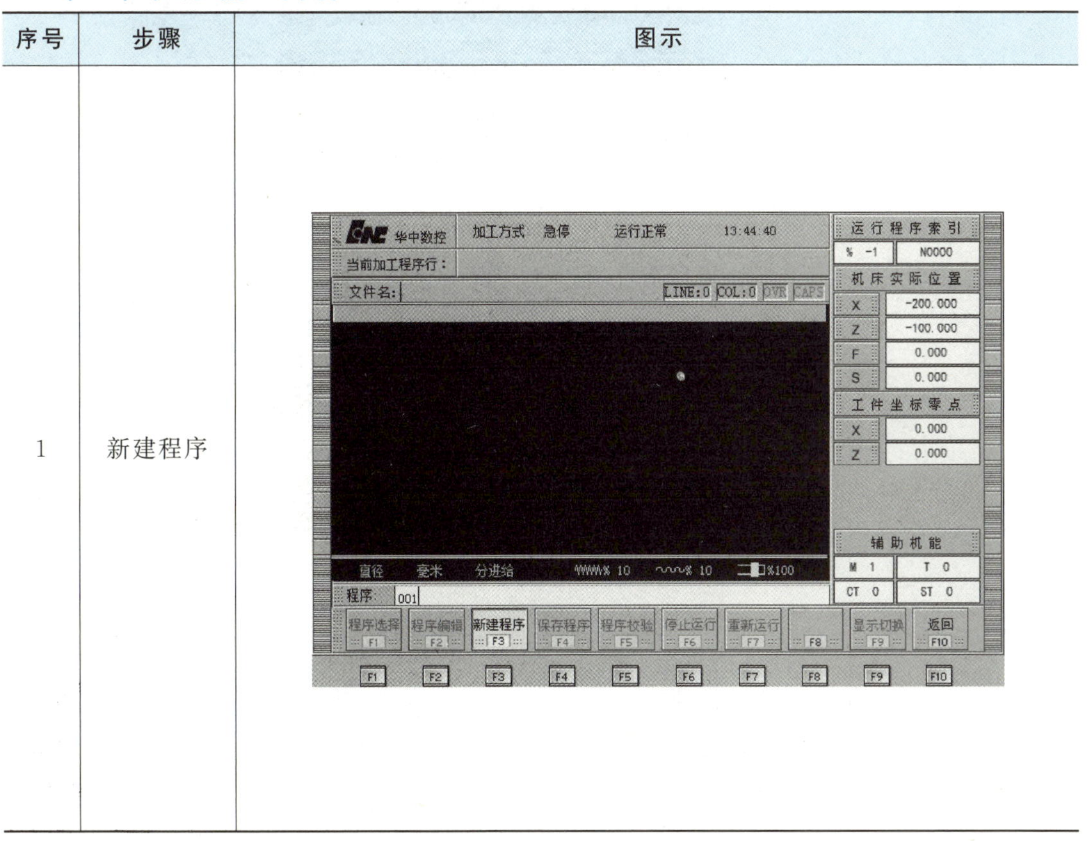

续表

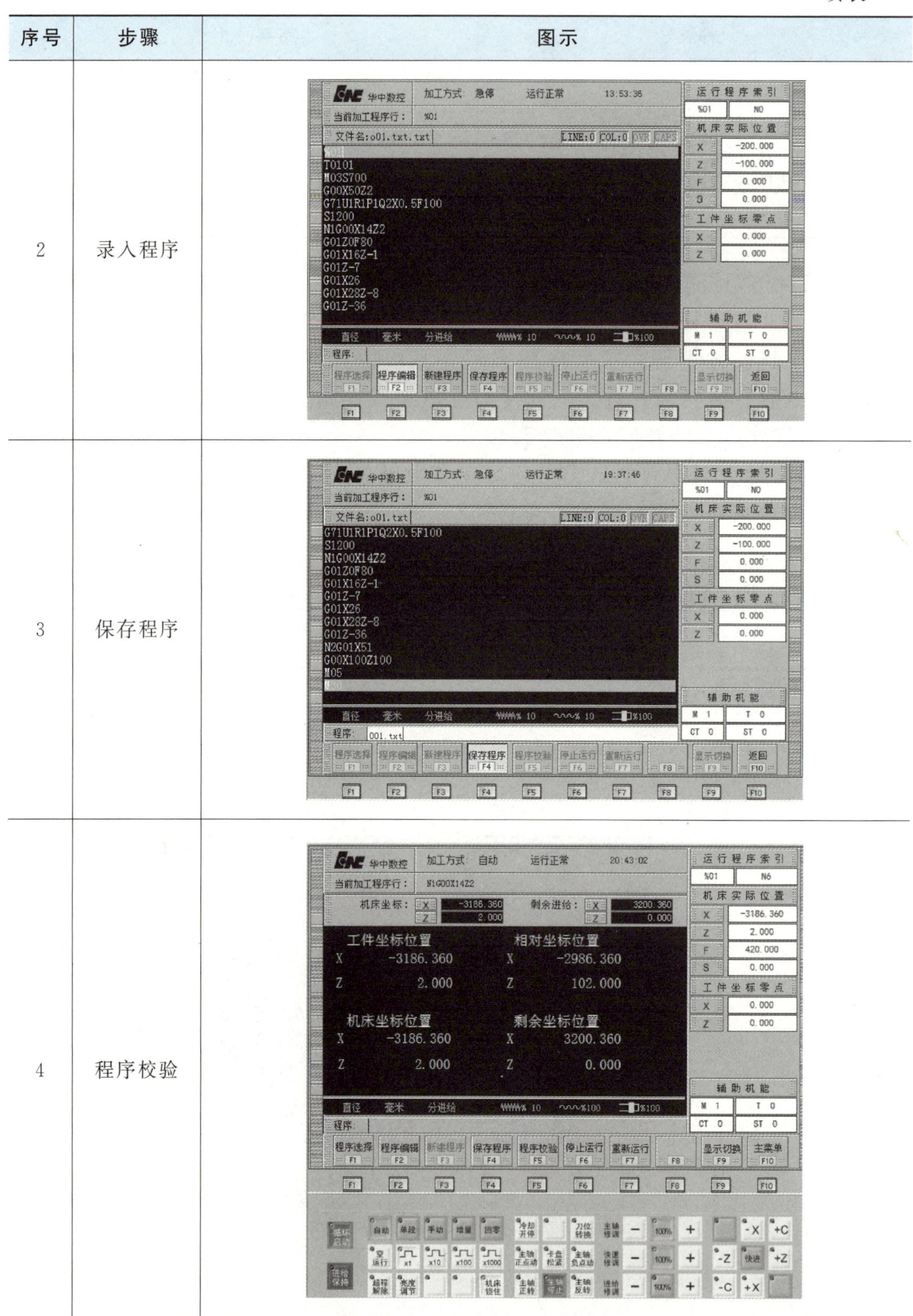

序号	步骤	图示
2	录入程序	
3	保存程序	
4	程序校验	

注：程序校验时注意工件坐标及机床坐标的位置是否一致。

（二）零件车削加工操作过程

序号	操作步骤	操作内容	图示
1	自动/单段粗加工零件并检测	1. 在刀具磨损值当中预留出精加工余量 2. 选择要加工的程序 3. 自动/单段+循环启动	（见下方图示一、图示二）
2	自动/单段精加工零件	1. 停止主轴测量外圆尺寸 2. 磨损值即实际加工后的测量值（结果为有符号数） 3. 修改程序 4. 自动/单段+循环启动	（见下方图示三）
3	自检零件是否合格	检测零件外轮廓尺寸	见图 1-26
注意事项		零件自检时注意尺寸不能遗漏，多点检测尺寸精度确保检测精准	

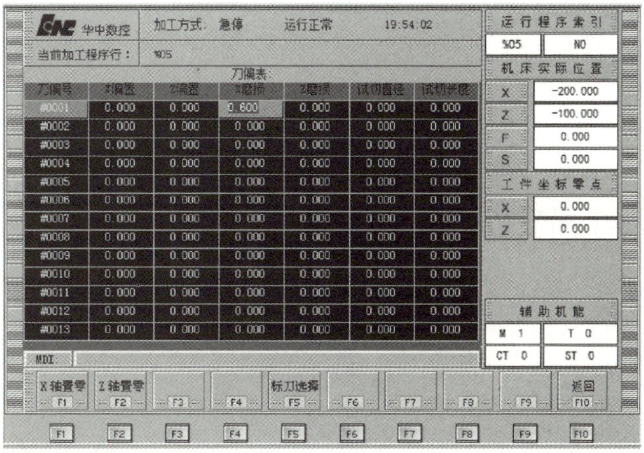

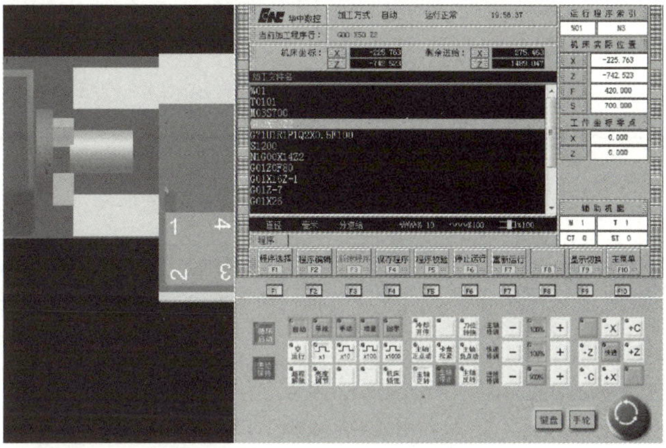

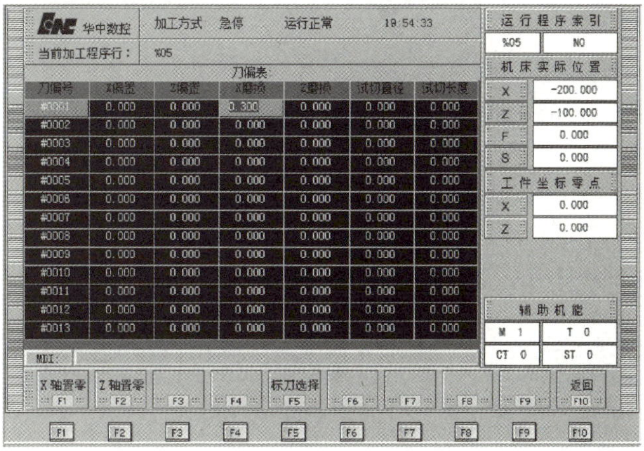

五、常见问题及其处理方法

问题类型		产生原因	预防措施
车床操作	撞刀	1. 程序输入有误或程序错误 2. 启动程序时未按规定返回参考点 3. 对刀后未检验就开始车削加工	1. 必须进行严格的程序校验 2. 机床启动后必须按规定执行返回参考的操作 3. 必须严格按操作步骤执行操作
	超程	增量式测量，机床断电后未重新设定坐标	1. 可通过机床预设和严格检查来避免 2. 出现超程警报，可通过手动操作移动滑板消除
尺寸误差过大		1. 伺服电机未完全固定在丝杠上 2. 刀补数值出现较大误差	1. 通过在伺服电机与丝杠连接轴上做记号，然后操作工作台倍率移动来减少或消除二者不同步造成的尺寸误差 2. 精准对刀、精准计算、细致操作

六、外径沟槽长度的测量

测量项目	测量方法选择	图示
外径测量	精度不高时可使用游标卡尺测量，精度要求较高时，可使用千分尺测量	
长度测量	一般使用游标卡尺的外测量爪、测深尺和深度游标尺测量	
沟槽测量	已使用游标卡尺的内测量爪测量	
环规卡规测量	大批量生产时，可选择使用环规或卡规来测量工件外径。通端通止端止即为合格；通端止轴大可继续加工；止端通则轴小报废	

活动五 台阶轴加工质量检测

（1）团队展示加工完成的台阶轴零件。

（2）对台阶轴零件进行质量检查与评价。

① 团队自检与互检。

② 填写质检表（表 1-14）。

③ 评价争议解决（学生质检争议解决学生评价委员会与教师结合完成）。

表 1-14　台阶轴加工质检表

序号	检测项目	检测指标	评分标准	配分	检测记录		得分
					自检	互检	
1	尺寸精度	$\phi 28_{-0.041}^{-0.02}$	超差 0.01 扣 2 分	20			
2		$\phi 20_{0}^{+0.033}$	超差 0.01 扣 2 分	20			
3		未注公差尺寸(4 处) IT12～IT14	超差一处扣 2 分	10			
4		$C1$ 倒角(2 处)	一处不合格扣 2.5 分	5			
5		$C0.5$ 倒角(4 处)	一处不合格扣 1 分	4			
6	形位公差	同轴度　未注公差按 6～8 级	超差 1 项扣 6 分	6			
7		垂直度　未注公差按 6～8 级		6			
8	表面粗糙度	$Ra1.6$(3 处)	一处不合格扣 2 分	6			
9		$Ra3.2$(6 处)	一处不合格扣 0.5 分	3			
10	文明生产		无违章操作	10			

问题分析	产生问题	原因分析	解决方案
签阅	评价团队意见	年　月　日	
	指导教师意见	年　月　日	

说明：出现评价争议必须由学生评价委员会、指导教师与争议双方共同按照质检标准复检解决。

活动六　任务评价

一、台阶轴数控车削加工学习任务评价

① 各团队展示学习任务过程与学习成果，进行交流学习。

② 台阶轴数控车削加工学习效能评价。

序号	项目	内容	程度	不能的原因
1	知识学习	能对台阶轴零件进行结构工艺性分析吗?	□能 □不能	
2		能编制出正确合理的台阶轴的机械加工工艺吗?	□能 □不能	
3		能理解 G00、G01、S、F 数控编程指令的含义与编程应用吗?	□能 □不能	
4		能使用 G00、G01、S、F 指令编制正确合理的台阶轴的数控加工程序吗?	□能 □不能	
5	技能学习	能合理选择台阶轴加工的设备、工具以及量具吗?	□能 □不能	
6		能安全熟练地完成工件与刀具的安装与对刀操作吗?	□能 □不能	
7		能使用数控模拟软件对台阶轴的加工工艺与程序进行校验与优化吗?	□能 □不能	
8		能安全熟练地操作数控车床完成台阶轴零件的车削加工吗?	□能 □不能	
9		能正确合理地选择量具与测量方法对台阶轴零件进行质量检测与控制吗?	□能 □不能	

经验积累与问题解决	
经验积累	存在问题

签审	评价委员会意见	年 月 日
	指导教师意见	年 月 日

③ 阶梯轴零件数控车削加工综合能力评价

团队完成数控车床操作任务综合能力评价并填写评价表（见附录表 5）。

二、阶梯轴零件数控车削加工知识与技能学习巩固

（一）知识学习与应用

1. 辅助功能指令 M05 代表（　　）

A. 主轴顺时针旋转　　B. 主轴逆时针旋转

C. 主轴停止　　D. 主轴开起

2. 在华中数控系统中主轴正转指令书写正确的是（　　）

A. MO4　　B. M05　　C. M00　　D. M03

3. 在华中数控系统中直线插补指令用________表示。

4. 判断对错：华中数控系统 M03 是主轴正转指令。（　　）

5. 加工外圆选用哪种类型的车刀？

（二）技能学习与应用

完成如图 1-31 所示齿轮轴零件的图形绘制、数控加工工艺与程序编制，操作数控车床完成该零件数控车削加工。所用材料为 45 钢。

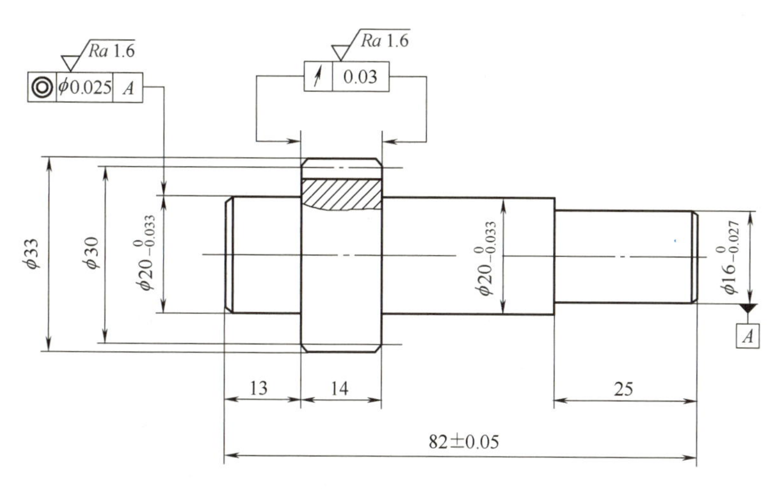

图 1-31　齿轮轴

三、接续任务布置

① 任务二外锥面零件数控车削加工相关学习知识资源准备。

② 任务二外锥面零件数控车削加工相关技术工具准备。

任务二　外锥面零件的车削加工

活动一　外锥面零件车削加工任务分析

一、任务描述

<table>
<tr><td>任务名称</td><td colspan="2">外锥面零件车削加工</td><td>任务时间</td><td></td></tr>
<tr><td rowspan="2">学习目标</td><td>知识目标</td><td colspan="3">1. 能正确进行外锥面零件的工艺性结构分析
2. 能正确进行外锥面零件的技术要求分析与工艺知识的学习与应用
3. 能编制出正确合理的外锥面零件车削加工工艺
4. 能完成外锥面零件车削程序编制知识的学习与应用
5. 能编制出外锥面零件正确合理的数控车削加工程序</td></tr>
<tr><td>技能目标</td><td colspan="3">1. 能正确熟练地操作数控车床完成合格外锥面零件的车削加工
2. 能正确使用游标卡尺和千分尺完成外锥面零件的质量检测与控制</td></tr>
</table>

续表

<table>
<tr><td>任务名称</td><td colspan="3">外锥面零件车削加工</td><td>任务时间</td><td></td></tr>
<tr><td>学习目标</td><td>职业素养</td><td colspan="4">1. 能严格遵守和执行零件车削加工场地的规章制度和劳动管理制度
2. 能主动获取与外锥面零件车削加工工艺与程序编制相关的有效信息，展示工作成果，对学习/工作进行总结反思，能与他人合作，进行有效沟通
3. 能保质、保量、按时完成工作任务
4. 能从容分析和处置外锥面零件车削加工过程中出现的问题与突发事件</td></tr>
<tr><td rowspan="2">重点难点</td><td>重点</td><td>1. 外锥面零件车削加工工艺、程序编制与校验
2. 操作数控车床完成外锥面零件车削加工
3. 外锥面零件加工质量的检测与控制</td><td rowspan="2">突破手段</td><td rowspan="2" colspan="2">1. 仿真训练
2. 提高对刀精度
3. 强化基本功
4. 规范量具使用提高检测精度</td></tr>
<tr><td>难点</td><td>1. 外锥面零件数控加工工艺、程序的编制与校验
2. 操作数控车床完成外锥面零件车削加工</td></tr>
</table>

二、外锥面零件结构工艺性分析

（一）锥度的作用

锥度在机械零件中应用非常广泛且具有重要作用，在孔轴配合中采用锥度配合能够传递大负荷，保证高同轴度，拆装方便。按照锥度的结构形状可分为外锥和内锥。按应用分为工艺结构锥度，如拔模、倒角等；应用型锥度，如锥度芯轴、莫氏锥柄、锥度塞规（图 1-32）等。

图 1-32　锥度塞规

（二）外锥面零件的作用结构工艺性分析

如图 1-33 所示的外锥面零件由 4 段不同直径与长度的圆柱面和 1 段圆锥面

组成，具有较高的加工精度与较小的表面粗糙度。其形状如图 1-34 所示。

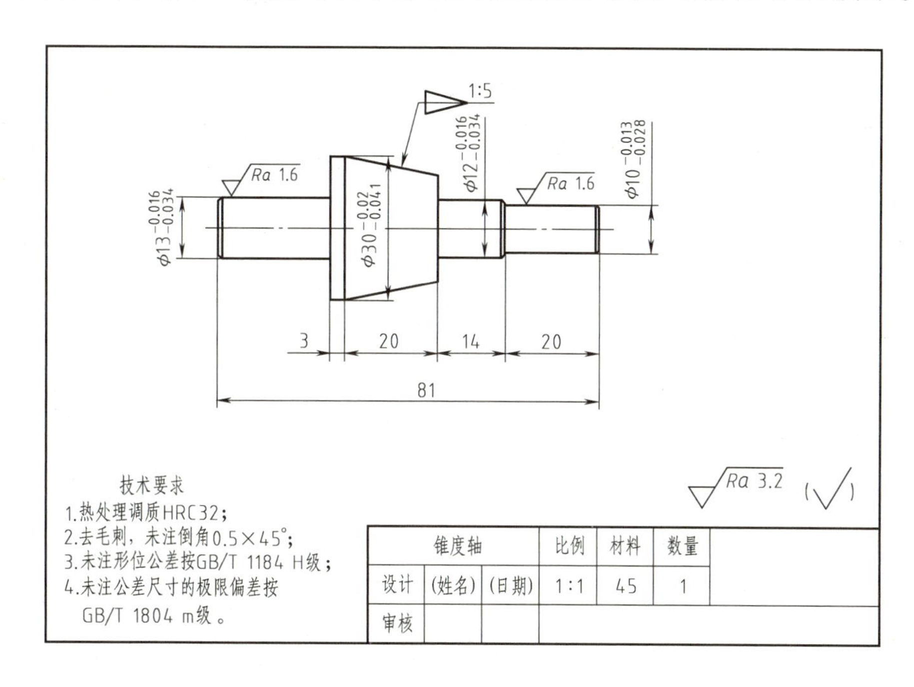

图 1-33　锥度轴零件图

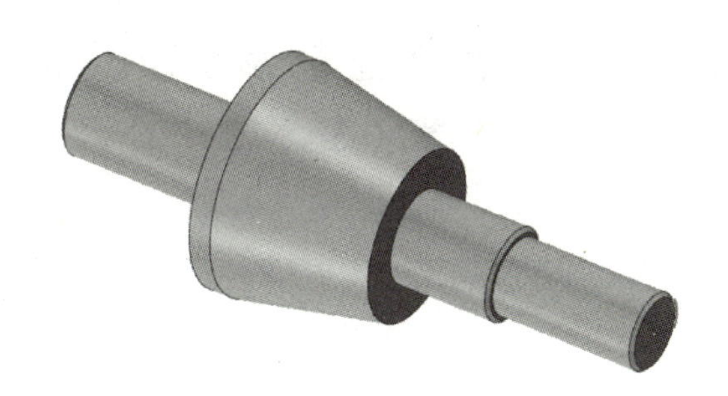

图 1-34　外锥面零件的形状

三、完成任务的材料、资源准备

类别	名称	作用
教材	数控车削加工技术、公差配合与测量技术、机械制图、机械在基础、金属材料与热处理、操作手册等	用于加工工艺与加工程序编制与校验
导学资料	学习任务书与考核评价工具(效能与综合)	用于引导学生自主学习
助学资料	数控编程微课以及车床操作与量具使用视频等	提高学习效能

活动二 外锥面零件加工加工工艺与程序编制

一、外锥面零件加工技术要求分析

项目	技术参数/mm	加工．定位方案选择		备注
尺寸精度	$\phi10_{-0.028}^{-0.013}$	表面加工方案	1. 先加工左端外圆、台阶 2. 调头加工右端，取总长、锥度、台阶	
	$\phi12_{-0.034}^{-0.016}$			
	$\phi13_{-0.034}^{-0.016}$			
	$\phi30_{-0.041}^{-0.02}$			
	锥度接触面75%以上			
表面粗糙度	$Ra1.6$			
	$Ra3.2$			
形位公差	未注形位公差按6～8级	定位基准选择与安装	为保证零件加工的同轴度，使用软爪夹持左端台阶$\phi13$对右端外圆打表校正	

二、外锥面零件的机械加工工艺编制知识学习

（一）外圆锥面车削的工艺计算（表1-15）

表1-15 圆锥工件工艺计算

图例	参数名称	锥度计算	圆锥半角计算
$(D-d)/2$, $\alpha/2$, C, D, d, α, L, L_0	最大圆锥直径D 最小圆锥直径d 圆锥长度L 圆锥角α 锥度C	$C=\dfrac{D-d}{L}$	$\tan\dfrac{\alpha}{2}=\dfrac{D-d}{2L}$

注意：在进行编程坐标点计算式时，必须正确使用上述两计算公式进行准确计算。

计算举例：例：有一外圆锥，已知圆锥锥度$C=1:10$，$D=24$mm，$L=30$mm，试计算出圆锥最小直径d是多少？

解：根据公式得

$$d=D-CL=24+\frac{1}{10}\times30=21$$

答：该圆锥最小直径为 21mm。

（二）圆锥面车削方法（表 1-16）

常用的圆锥面的加工方法有：成型车刀加工法、偏移尾座法、靠模车削加工法和数控车削加工法。

表 1-16　常用圆锥面的车削加工方法

加工方法		图示	应用场合
普通车削加工	转动小拖板法	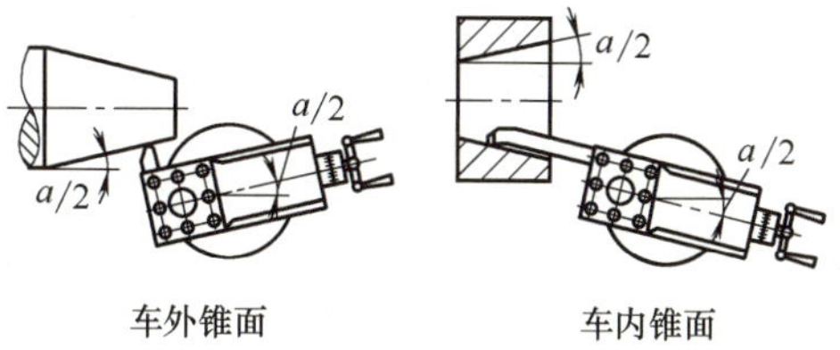	用于车削各种角度的内外圆锥面。注意使用百分表精确检测小拖板偏移的角度
	宽刃刀车圆锥面	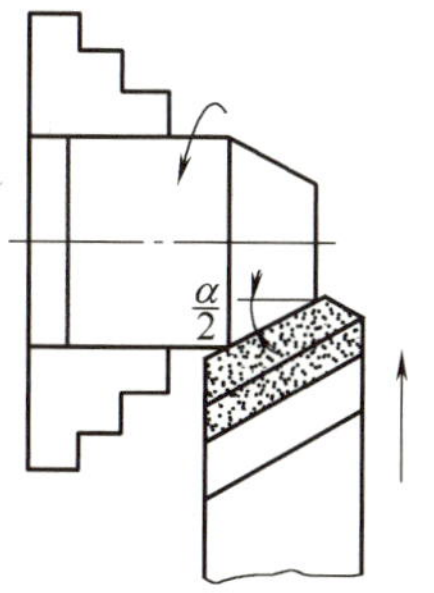	适用于长度较短的圆锥面的精车。由于车削加工面积较大，必须根据工艺系统的强度和刚度合理安装工件和刀具、合理选择切削用量
	偏移尾座法	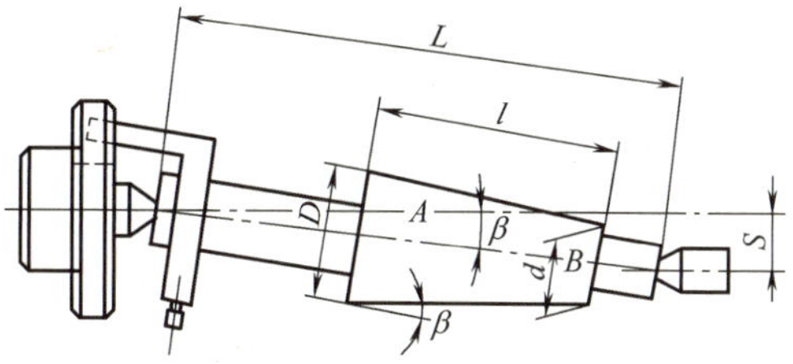	适合于加工锥度小、精度要求不高、锥体较长的外圆锥面。尾座偏移量 S 的计算：$S=\frac{L}{l}\times\frac{D-d}{2}$
	靠模法	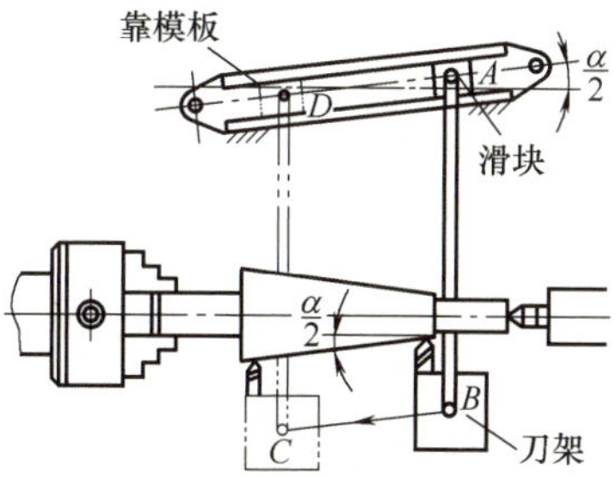	适合于车削圆锥半角小于 12°的外圆锥面。必须注意靠模安装角度的准确测量与调整，以及滑块运动的灵活性与连续性
数控车削加工			使用程序语言准确控制刀尖的运动反向进行圆锥面车削，适合于车削精度要求高的、各种角度的内外圆锥面

（三）编制外锥面零件的机械加工工艺

单位：mm

工艺过程卡											
零件名称		锥度轴	机械编号		零件编号						
材料名称		调质 45	坯料尺寸	$\phi 33 \times 84$	件数	1					
工序		工种	工步	工序内容	设备	刀具	工艺参数			检验量具	评定
							S	f	a_p		
1	下料	锯	1	锯毛坯	锯床	带锯	200	10	0.5	钢直尺	
2	左端轮廓	车	1	粗车外圆、台阶	车床	90°外圆车刀	600	200	1	千分尺	
			2	精车外圆、台阶	车床	90°外圆车刀	1200	100	0.5	千分尺	
3	右端轮廓	车	1	取总长 81±0.05	车床	45°端面车刀	800	160	0.5	游标卡尺	
			2	粗车锥度和台阶	车床	90°外圆车刀	600	200	1	千分尺	
			3	精车锥度和台阶	车床	90°外圆车刀	1200	100	0.5	千分尺 锥度塞规	
4	检测										
工艺员意见		年　月　日									
工艺合理性审定		指导教师(签章)： 年　月　日									

说明：1. 初学者由指导教师带领学生一起编制；熟练者由学生学习团队自主学习编制。

2. 此工艺仅作为参考，可在工艺顺序、刀具选择和切削用量选择上结合具体的技术条件选择。

三、外锥面零件加工程序编制

（一）外锥面零件数控车削程序编制知识学习与应用

固定循环加工指令 G80 见表 1-17。

表 1-17　固定循环加工指令 G80

程序格式	含义	编程方法(例)		图例
G80　X　Z　I　F	X、Z:绝对值编程时,为切削终点C在工件坐标系下的坐标;增量值编程时,为切削终点C相对于循环起点A的有向距离,在图中用U、W表示。 I:为切削起点B与切削终点C的半径差。其符号为差的符号(无论是绝对值编程还是增量值编程)。当I等于零时为圆柱内(外)径切削循环。该指令执行如图所示A→B→C→D→A的轨迹动作	%01 T0101 M03S1200 G00X0Z1 G01Z0F200 G03X20Z-10R10 G00X100Z100 M05 M30	%01 T0101 M03S1200 G00X40Z1 G01Z0F200 G02X20Z-10R10 G00X20Z100 M05 M30	

注意事项:

① 准确计算锥度编程坐标点。

② 在实际的华中数控系统机床中，每个程序段 Z、X、I 即便相同都要必须输入。

(二)外锥面零件数控车削加工程序编制

1. 外锥面零件编程坐标系选定与坐标点计算

使用 CAD 软件，通过图形绘制，使用坐标标注法来确定编成坐标点的坐标。如图 1-35 所示。

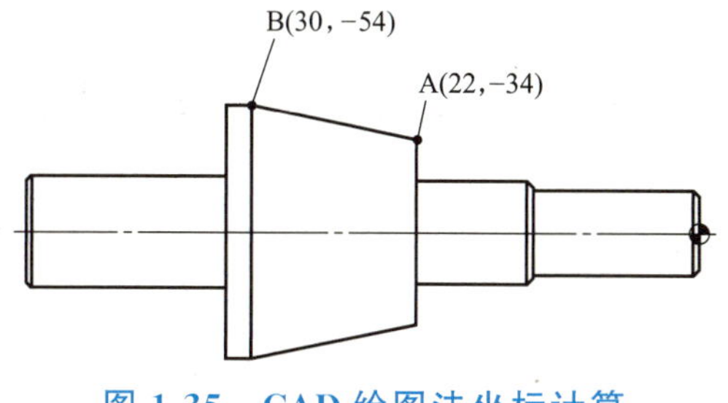

图 1-35　CAD 绘图法坐标计算

2. 锥度轴左端外圆、台阶加工程序编制

应用项目二任务一的知识编制。

3. 锥度轴零件右端锥度台阶的数控车削加工程序编制

参考表1-18。

表1-18　外圆锥数控车削加工程序（参考）

程序名:O02		
程序号	程序	说明
N10	%02	程序名
N20	T0101	定义刀具
N30	M03S700	定义转速
N40	G00X33Z2	定义安全加工起点
N50	G71U1R1P1Q2X0.5	外圆粗车循环加工指令
N60	S1200	定义精车转速
N70	N1G00X8Z2	循环加工起点
N80	G01Z0F80	倒角起点
N90	G01X10Z-1	倒角
N100	G01Z-20	台阶加工
N110	G01X12	倒角起点
N120	G01X14Z-21	倒角
N130	G01Z-34	台阶加工
N140	G01X22	锥度起点
N150	G01X30Z-54	锥度加工
N160	G00X100Z100	退刀
N170	M05	主轴停止
N180	M30	程序结束并返回起始点

注：初学者由指导教师带领学生一起编制；熟练者由学生学习团队自主学习编制。

活动三　外锥面零件加工工艺与加工程序审定

一、思政教育

引领高标准，创造好品质

格力空调企业里人人都是质检员，每个人都重视产品质量，发现与产品质

量有关的问题及时加以改进，不断提高产品质量。格力用严于国际、国家的标准，全过程把控质量，将产能最大化，成本最优化。格力因此获得大众的认可和青睐，占空调市场40%的份额。“好空调，格力造”。产品质量符合行业标准、符合顾客要求，把追求质量作为企业发展的重要目标是一个企业想要走得长远的重要因素。质量意识，既是工匠精神的实际体现，也是企业文化的核心精髓。

二、团队展示活动一、二学习过程与学习成果

① 进行学习过程与成果描述。

② 交流学习，发现、分析、解决问题（学生主体，教师引导）。

三、交流学习记录

（一）加工工艺正确性审定与优化

项目	要求	存在问题	改正措施
定位基准选择	1. 粗加工时，必须符合粗基准的选择原则 2. 精加工时必须符合精基准的选择原则		
工艺过程	工序工步划分与编排顺序及其内容必须符合企业常规生产的工艺流程，便于生产管理		
加工参数	1. 粗加工工艺参数选择必须满足工艺系统的强度、刚性和提高效率、降低成本的要求 2. 精加工工艺参数选择原则是提高效率、降低成本		
设备工具	设备工具必须选择正确齐备，并符合当前的技术状况		
刀具选择	刀具的类型、形状与参数选择必须满足零件表面形状以及加工性质（粗加工、半精加工、精加工）的要求		
检测工具	检测工具必须根据零件结构、检测项目、精度要求等选择必须正确齐备		
工时定额	工时定额设定必须合理		
其他			

（二）数控加工程序正确性审定与优化

项目	要求	存在问题	改正措施
程序格式	数控加工程序格式必须与所选定数控系统的编程格式相符		

续表

项目	要求	存在问题	改正措施
程序指令	在保证质量提高效率减低成本前提下，做到正确与优化		
程序顺序	程序顺序必须与工艺过程相符		
程序参数	程序工艺参数必须与加工工艺选定参数相符		

在条件允许的情况下，可使用CAD/CAM或数控模拟软件进行程序校验与优化。

（三）填写交流学习表

请复制附录表4，进行外锥面零件车削加工交流学习记录。

活动四 外锥面零件数控车削加工任务执行

一、材料与设备工具准备

类别		型号/规格/尺寸	作用
坯料准备			
设备	数控车床		用于零件的端面、台阶面、外圆柱面与沟槽的加工
工具准备	卡盘		
	卡盘扳手		
	其他		
刀具准备	外圆粗车刀	刀具号T0101	
	外圆精车刀	刀具号T0101	
	切槽刀	刀具号T0202	
量具	游标卡尺	0～150mm	用于长度尺寸测量
	千分尺	0～25mm、25～50mm	用于外径尺寸测量
其他			

二、车刀的安装

（一）车刀的安装

车刀的安装如图1-36所示。

圆锥面车削时，必须使车刀的刀尖严格对准工件中心，否则将会使加工的

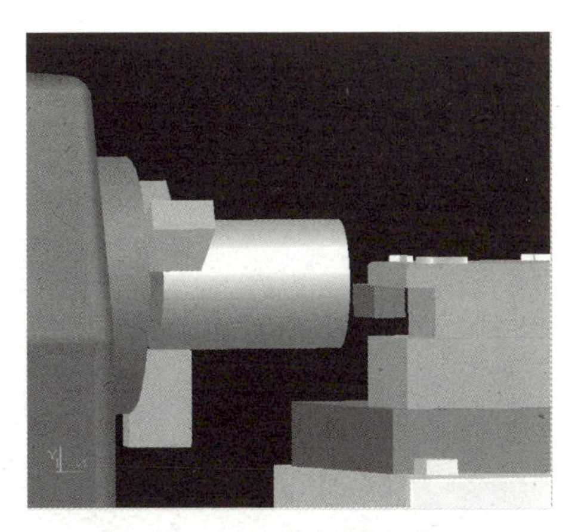

图 1-36　车刀的安装

圆锥面产生双曲线误差。

（二）对刀操作

① 建立 Z 方向的坐标，试切右端面时车平即可，X 方向进刀同时 X 方向对刀，Z 方向不动。

② 在刀具补偿的下级菜单刀片表的试切长度中输入“0”。

华中数控　加工方式：手动　运行正常　12:34:24

当前加工程序行：

刀偏表：

刀偏号	X偏置	Z偏置	X磨损	Z磨损	试切直径	试切长度
#0001	0.000	0.000	0.000	0.000	0.000	0.000
#0002	0.000	0.000	0.000	0.000	0.000	0.000
#0003	0.000	0.000	0.000	0.000	0.000	0.000
#0004	0.000	0.000	0.000	0.000	0.000	0.000
#0005	0.000	0.000	0.000	0.000	0.000	0.000
#0006	0.000	0.000	0.000	0.000	0.000	0.000
#0007	0.000	0.000	0.000	0.000	0.000	0.000
#0008	0.000	0.000	0.000	0.000	0.000	0.000
#0009	0.000	0.000	0.000	0.000	0.000	0.000
#0010	0.000	0.000	0.000	0.000	0.000	0.000
#0011	0.000	0.000	0.000	0.000	0.000	0.000
#0012	0.000	0.000	0.000	0.000	0.000	0.000
#0013	0.000	0.000	0.000	0.000	0.000	0.000

③ 建立 X 方向的坐标，选择背吃刀量为 0.1mm 和增量进给手动车削外圆。

④ 停止主轴转动，将测量的数据输入到刀片表中的试切直径中。

华中数控　加工方式：手动　运行正常　12:36:08

当前加工程序行：

刀偏表：

刀偏号	X偏置	Z偏置	X磨损	Z磨损	试切直径	试切长度
#0001	0.000	-927.440	0.000	0.000	29	0.000
#0002	0.000	0.000	0.000	0.000	0.000	0.000
#0003	0.000	0.000	0.000	0.000	0.000	0.000
#0004	0.000	0.000	0.000	0.000	0.000	0.000
#0005	0.000	0.000	0.000	0.000	0.000	0.000
#0006	0.000	0.000	0.000	0.000	0.000	0.000
#0007	0.000	0.000	0.000	0.000	0.000	0.000
#0008	0.000	0.000	0.000	0.000	0.000	0.000
#0009	0.000	0.000	0.000	0.000	0.000	0.000
#0010	0.000	0.000	0.000	0.000	0.000	0.000
#0011	0.000	0.000	0.000	0.000	0.000	0.000
#0012	0.000	0.000	0.000	0.000	0.000	0.000
#0013	0.000	0.000	0.000	0.000	0.000	0.000

三、操作数控车床完成圆弧类零件的加工

（一）程序输入操作

序号	步骤	图示
1	新建程序	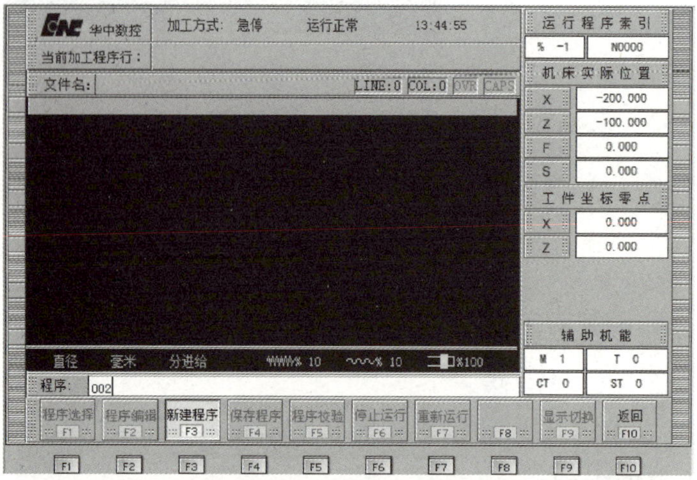华中数控 加工方式: 急停 运行正常 13:44:55 当前加工程序行: 文件名: 程序: 002 程序选择 程序编辑 新建程序 保存程序 程序校验 停止运行 重新运行 显示切换 返回
2	录入程序	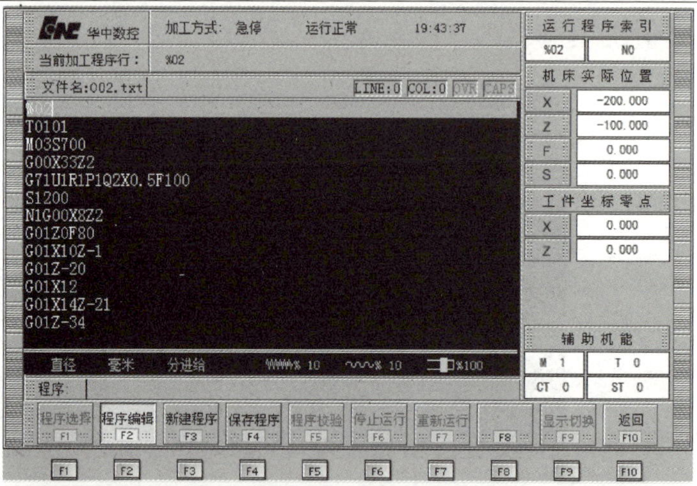华中数控 加工方式: 急停 运行正常 19:43:37 文件名:002.txt %02 T0101 M03S700 G00X33Z2 G71U1R1P1Q2X0.5F100 S1200 N1G00X8Z2 G01Z0F80 G01X10Z-1 G01Z-20 G01X12 G01X14Z-21 G01Z-34
3	保存程序	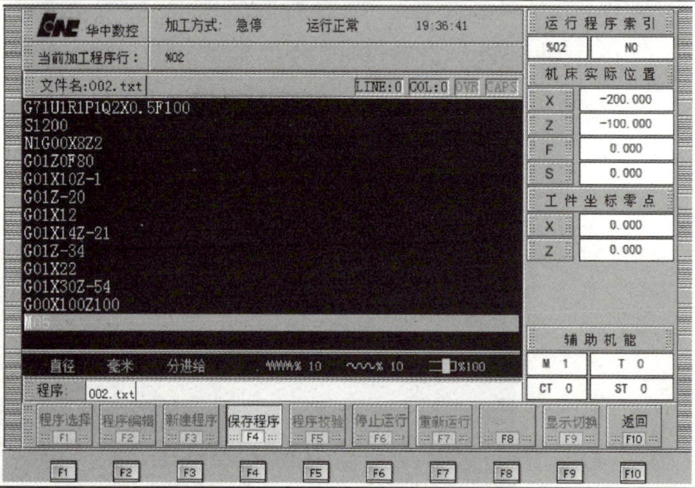华中数控 加工方式: 急停 运行正常 19:36:41 文件名:002.txt G71U1R1P1Q2X0.5F100 S1200 N1G00X8Z2 G01Z0F80 G01X10Z-1 G01Z-20 G01X12 G01X14Z-21 G01Z-34 G01X22 G01X30Z-54 G00X100Z100 M05 程序: 002.txt

续表

序号	步骤	图示
4	程序校验	
注意事项		

（二）零件车削加工操作过程与方法

序号	操作步骤	操作内容	图示
1	自动/单段粗加工零件并检测	1. 在刀具磨损值当中预留出精加工余量 2. 选择要加工的程序 3. 自动/单段+循环启动	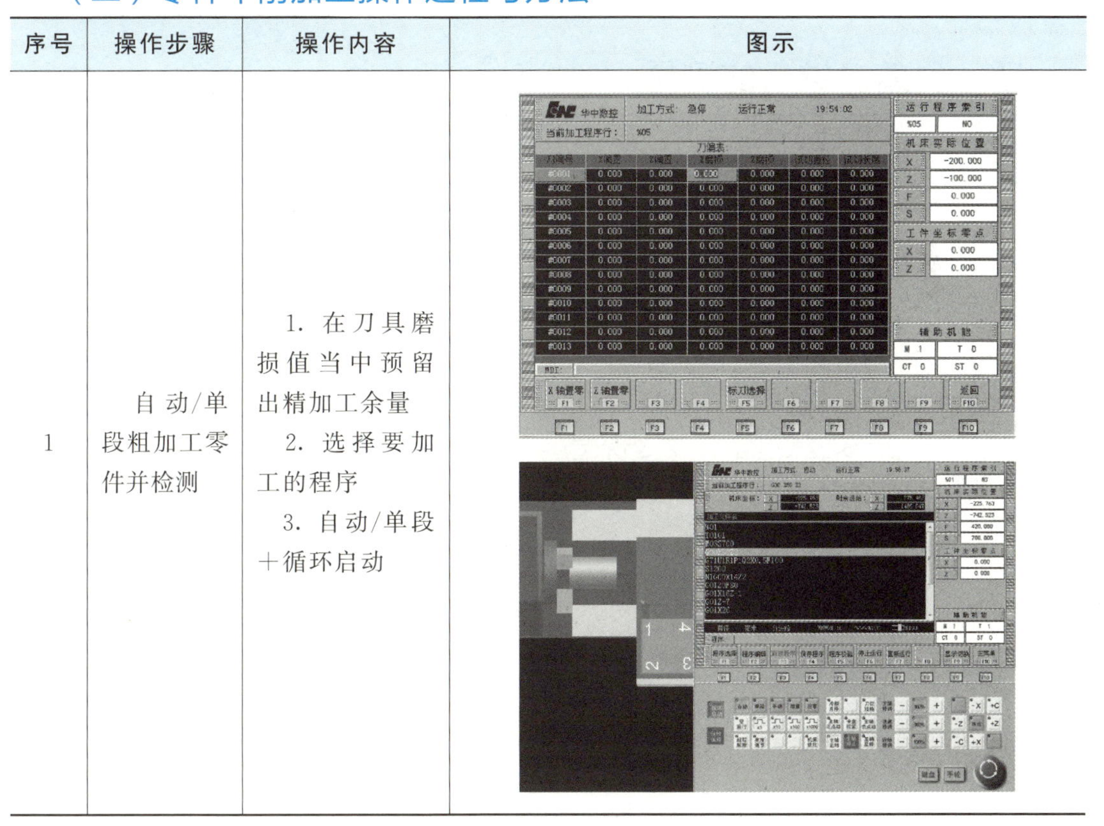

续表

序号	操作步骤	操作内容	图示
2	自动/单段精加工零件	1. 停止主轴测量外圆尺寸 2. 磨损值即实际加工后的测量值（结果为有符号数） 3. 修改程序 4. 自动/单段+循环启动	
3	自检零件是否合格	检测零件外轮廓尺寸	见图 1-33
注意事项			

四、斜角、锥角的测量

测量方法	说明	图示
万能量角器测量	万能量角器能测量1°～320°的斜角和锥角	

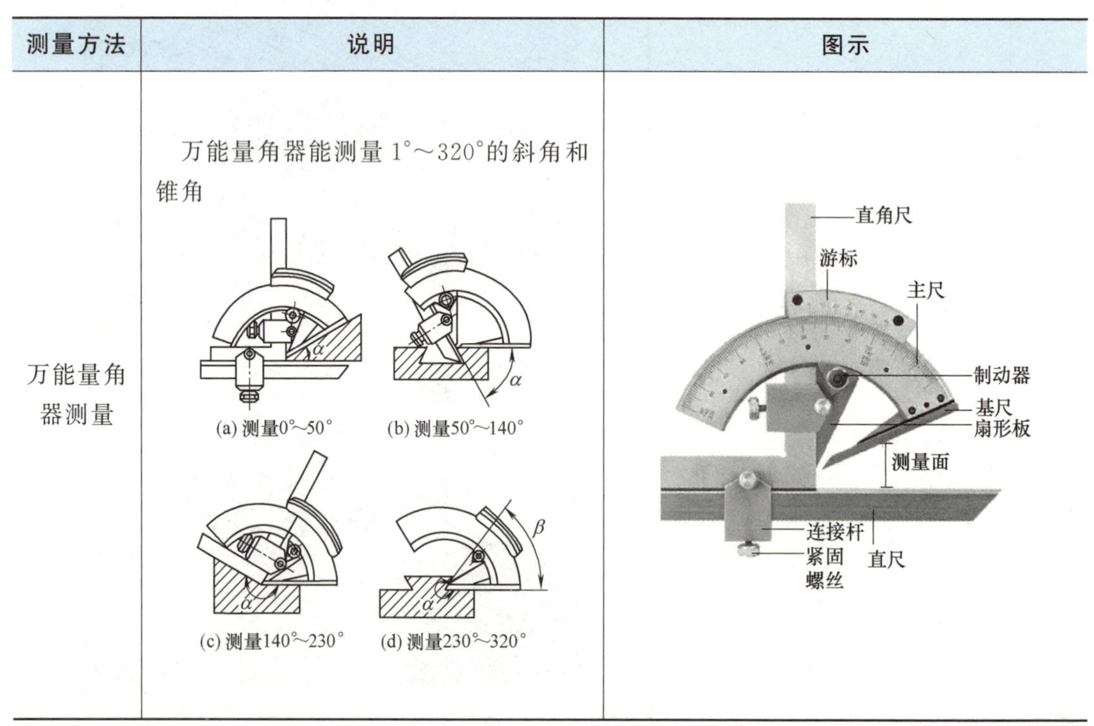

续表

测量方法	说明	图示
圆锥量规测量	用涂色法，可使用圆锥套规检测外锥面；使用圆锥塞规检测内锥面	m 莫氏3号 塞规　a 莫氏3号 套规
角度样板测量	在大力量生产时，可使用角度样板来加测斜角和锥角	140° 50°

五、常见问题及其处理方法

参见项目二任务一活动四。

活动五　外锥面零件加工质量检测

（1）团队展示加工完成的外锥面零件。

（2）对外锥面零件进行质量检查。

① 加工质量自检、互检与质量评价，并填写质量检测表（表 1-19）。

② 评价争议解决（质检争议解决由学生评价委员会与教师结合完成）。

表 1-19　外锥面零件加工质检表

序号	检测项目	检测指标/mm	评分标准	配分	检测记录		得分
					自检	互检	
1	尺寸精度	$\phi10_{-0.028}^{-0.013}$	超差 0.01 扣 2 分	10			
2		$\phi12_{-0.034}^{-0.016}$	超差 0.01 扣 2 分	10			
3		$\phi13_{-0.034}^{-0.016}$	超差 0.01 扣 2 分	10			
4		$\phi30_{-0.041}^{-0.02}$	超差 0.01 扣 2 分	10			
5		锥度接触面 75%以上	不合格不得分	20			
6		C1 倒角(2 处)	一处不合格扣 3 分	6			
7		C0.5 倒角(1 处)	一处不合格扣 2 分	2			

续表

<table>
<tr><th rowspan="2">序号</th><th colspan="3">检测项目</th><th rowspan="2">评分标准</th><th rowspan="2">配分</th><th colspan="2">检测记录</th><th rowspan="2">得分</th></tr>
<tr><th>检测项目</th><th colspan="2">检测指标/mm</th><th>自检</th><th>互检</th></tr>
<tr><td>8</td><td rowspan="2">形位公差</td><td>同轴度</td><td rowspan="2">未注公差按6～8级</td><td rowspan="2">超差1项扣6分</td><td>6</td><td></td><td></td><td></td></tr>
<tr><td>9</td><td>圆柱度</td><td>6</td><td></td><td></td><td></td></tr>
<tr><td>10</td><td rowspan="2">表面粗糙度</td><td colspan="2">Ra1.6(4处)</td><td>一处不合格扣2分</td><td>8</td><td></td><td></td><td></td></tr>
<tr><td>11</td><td colspan="2">Ra3.2(2处)</td><td>一处不合格扣1分</td><td>2</td><td></td><td></td><td></td></tr>
<tr><td>12</td><td colspan="3">文明生产</td><td>无违章操作</td><td>10</td><td></td><td></td><td></td></tr>
<tr><td colspan="2" rowspan="4">问题分析</td><td colspan="2">产生问题</td><td>原因分析</td><td colspan="4">解决方案</td></tr>
<tr><td colspan="2"></td><td></td><td colspan="4"></td></tr>
<tr><td colspan="2"></td><td></td><td colspan="4"></td></tr>
<tr><td colspan="2"></td><td></td><td colspan="4"></td></tr>
<tr><td colspan="2" rowspan="2">签阅</td><td colspan="7">评价团队意见　　　　　　　　年　月　日</td></tr>
<tr><td colspan="7">指导教师意见　　　　　　　　年　月　日</td></tr>
</table>

说明：出现评价争议必须由学生评价委员会、指导教师与争议双方共同按照质检标准复检解决。

活动六 外锥面零件数控车削加工任务评价与接续任务布置

一、外锥面零件数控车削加工学习任务评价

（1）各团队展示学习任务过程与学习成果，进行交流学习。

（2）进行外锥面零件数控车削加工学习效能评价。

<table>
<tr><th>序号</th><th>项目</th><th>内容</th><th>程度</th><th>不能的原因</th></tr>
<tr><td>1</td><td rowspan="4">知识学习</td><td>能对外锥面零件进行结构工艺性分析吗？</td><td>□能 □不能</td><td></td></tr>
<tr><td>2</td><td>能编制出正确合理的外锥面零件的机械加工工艺吗？</td><td>□能 □不能</td><td></td></tr>
<tr><td>3</td><td>能理解G00、G01、S、F数控编程指令的含义与编程应用吗？</td><td>□能 □不能</td><td></td></tr>
<tr><td>4</td><td>能使用G00、G01、S、F指令编制正确合理的外锥面零件的数控加工程序吗？</td><td>□能 □不能</td><td></td></tr>
</table>

续表

序号	项目	内容	程度	不能的原因
5	技能学习	能合理选择外锥面零件加工的设备、工具以及量具吗？	□能 □不能	
6		能安全熟练地完成工件与刀具的安装与对刀操作吗？	□能 □不能	
7		能使用数控模拟软件对外锥面零件的加工工艺与程序进行校验与优化吗？	□能 □不能	
8		能安全熟练地操作数控车床完成外锥面零件的车削加工吗？	□能 □不能	
9		能正确合理地选择量具与测量方法对外锥面零件进行质量检测与控制吗？	□能 □不能	
经验积累与问题解决				
经验积累			存在问题	
签审	评价委员会意见		年　月　日	
	指导教师意见		年　月　日	

（3）进行外锥面零件数控车削加工综合能力评价。

请复制附录表5，团队完成数控车床操作任务综合能力评价并填写评价表。

二、外锥面零件数控车削加工知识与技能学习巩固

（一）知识学习与应用

1. 在华中数控系统中快速定位指令（　　）

A. G00　　B. G42　　C. G41　　D. G03

2. 在华中数控系统单一固定循环指令用________表示。

3. 判断对错：外锥面加工时，可以采用锥度塞规对锥度进行检测。（　　）

4. 主轴停止指令是________。

5. 已知锥度大端直径 $\phi30$，小端直径 $\phi20$，锥度比 1∶2，求锥度长度 L。

（二）技能学习与应用

完成如图 1-37 所示锥形轴零件的图形绘制、数控加工工艺与程序编制，操作数控车床完成该零件数控车削加工，所用材料为 45 钢。

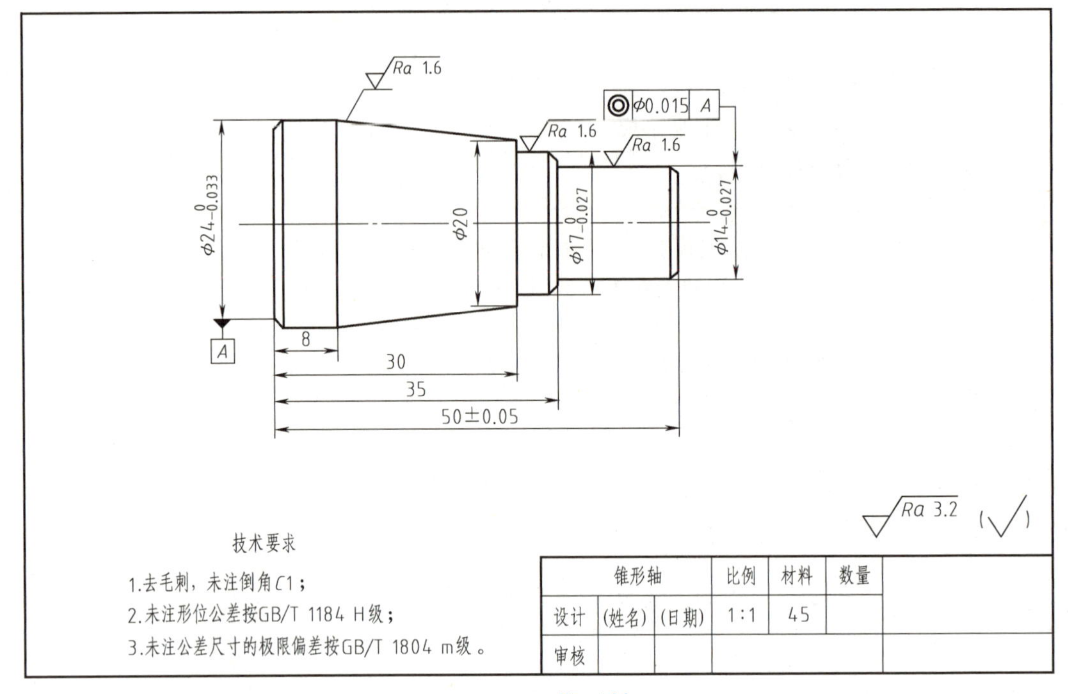

图 1-37　锥形轴

三、接续任务布置

① 任务三圆弧类数控车削加工相关学习知识资源准备。

② 任务三圆弧类零件数控车削加工相关技术工具准备。

任务三　圆弧类零件的车削加工

活动一　圆弧类零件的车削加工任务分析

一、任务描述

任务名称		圆弧类零件的车削加工	任务时间	
学习目标	知识目标	1. 能正确进行带外圆弧零件的工艺性结构分析 2. 能正确进行带外圆弧零件的技术要求分析与工艺知识的学习与应用 3. 能编制出正确合理的带外圆弧零件车削加工工艺 4. 能完成带外圆弧零件车削程序编制知识的学习与应用 5. 能编制出带外圆弧零件正确合理的数控车削加工程序		

续表

<table>
<tr><td>任务名称</td><td colspan="2">圆弧类零件的车削加工</td><td>任务时间</td><td></td></tr>
<tr><td rowspan="2">学习目标</td><td>技能目标</td><td colspan="3">1. 能正确熟练地操作数控车床完成合格带外圆弧零件零件的车削加工
2. 能正确熟练地使用游标卡尺、千分尺及圆弧样板完成带外圆弧零件零件的质量检测与控制</td></tr>
<tr><td>职业素养</td><td colspan="3">1. 能严格遵守和执行零件车削加工场地的规章制度和劳动管理制度
2. 能主动获取与带外圆弧零件车削加工工艺与程序编制相关的有效信息，展示工作成果，对学习/工作进行总结反思，能与他人合作，进行有效沟通
3. 能保质、保量、按时完成工作任务
4. 能解决带外圆弧零件车削加工过程中出现的刀具角度、轴向间隙影响凹凸圆弧连接处精度等问题</td></tr>
<tr><td rowspan="2">重点难点</td><td>重点</td><td>1. 圆弧起点、终点坐标的计算
2. 带外圆弧零件车削加工工艺、程序编制与校验
3. 圆弧类零件加工质量的检测与控制</td><td rowspan="2">突破手段</td><td rowspan="2">1. 仿真训练
2. 精确计算圆弧坐标点
3. 提高对刀精度
4. 提高圆弧面的检测精度</td></tr>
<tr><td>难点</td><td>1. 带外圆弧零件数控加工工艺、程序的编制与校验
2. 操作数控车床完成带外圆弧零件车削加工及检测</td></tr>
</table>

二、圆弧类零件结构工艺性分析

（一）圆弧面的作用

圆弧面在机械零件中起到光滑过渡、分散应力的作用。按照圆弧的结构形状可分为凹圆弧和凸圆弧。按应用分为工艺结构圆弧，过渡圆弧、倒圆等；应用型圆弧，普车拖板箱上的操作手柄、车床尾座上的操作手柄、汽车换挡杆（图 1-38）等。

图 1-38　汽车换挡杆

（二）圆弧面零件的结构工艺性分析

如图 1-39 所示的手柄零件由 3 段不同半径与长度的圆弧面、2 段不同的圆柱面及 1 段圆柱螺纹组成。

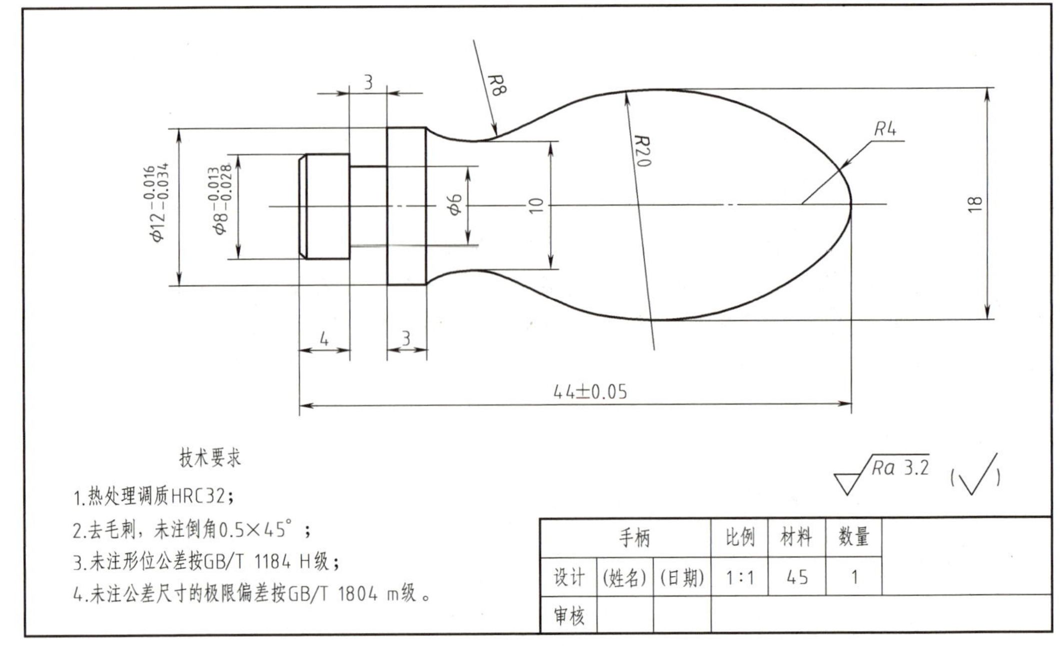

图 1-39　手柄零件图

三、完成任务的资料、资源准备

类别	名称	作用
教材	数控车削加工技术、公差配合与测量技术、提高学习效能机械制图、机械基础、金属材料与热处理、操作手册等	用于加工工艺与加工程序编制、校验以及加工与质检操作的知识与技能学习
导学资料	学习任务书与考核评价工具(效能与综合)	用于引导学生自主学习
助学资料	圆弧类零件加工工艺、程序编制以及加工、质检操作的动画、微课、视频等	圆弧类零件加工任务的学习效能与质量

活动二　圆弧类零件加工工艺与加工程序编制

一、圆弧类零件加工技术要求分析

<table>
<tr><th>项目</th><th>技术参数</th><th colspan="2">加工、定位方案选择</th><th>备注</th></tr>
<tr><td rowspan="4">尺寸精度</td><td>$\phi12$</td><td rowspan="5">表面加工方案</td><td rowspan="5">1. 先加工左端外圆、台阶、切槽
2. 调头加工右端、取总长、圆弧面</td><td rowspan="7"></td></tr>
<tr><td>$\phi6$</td></tr>
<tr><td>M8</td></tr>
<tr><td>未注公差尺寸</td></tr>
<tr><td rowspan="2">表面粗糙度</td><td>$Ra1.6$</td></tr>
<tr><td>$Ra3.2$</td><td rowspan="2">定位基准选择与安装</td><td rowspan="2">为保证零件加工的同轴度及装夹，使用软爪夹持左端 $\phi8$ 外圆打表校正</td></tr>
<tr><td>形位公差</td><td>未注形位公差</td></tr>
</table>

二、圆弧类零件的机械加工工艺编制知识学习

（一）圆弧类零件加工方法

车削成型面方法		图示	说明
普通车削加工	双手控制法		车削成型面时，右手控制小拖板、左手控制中拖板进给，通过双手协调操纵，使刀尖运动轨迹与工件曲面轮廓一致
普通车削加工	成型刀具法		用刀刃形状与工件曲面轮廓相同的车刀（成形车刀或样板车刀）车削成型面
普通车削加工	仿形法	1—成型面；2—车刀；3—滚柱；4—拉杆；5—靠模	通过靠模板、滚柱、拉杆控制车刀刀尖作靠模板轮廓相同曲线运动车削成型面
数控车削			使用数控编程（手工和CAM）语言，控制车刀实现与工件曲面轮廓相同的曲线运动轨迹来实现成型面的加工

（二）确定装夹方式和机械加工方案

1. 零件的安装

（1）零件的定位基准选择　该零件的定位基准选择必须遵守基准重合原则，选择零件的左台阶面和轴线作为定位基准。

（2）零件的安装　以 $\phi 12$ 外圆左端面为装夹定位基准，采用三爪卡盘装夹，调头加工时采用铝制软爪装夹打表校正。

2. 加工方案

遵循先粗后精的原则，采用90°外圆车削粗精加工左端外圆、台阶，调头采用35°外圆车刀粗精车凹凸圆弧轮廓面。

（三）圆弧面零件加工刀具选择

圆弧面零件数控车削加工时，常使用35°外圆车刀加工凹凸圆弧轮廓。注意左结构圆弧面加工使用左偏刀，右结构圆弧面加工使用右偏刀。

（四）编制手柄零件的机械加工工艺

参考表1-20。

表 1-20 圆弧类零件机械加工工艺编制表（参考） 单位：mm

工艺过程卡											
零件名称		手柄	机械编号		零件编号						
材料名称		调质45	坯料尺寸	$\phi20\times47$	件数	1					
工序		工种	工步	工序内容	设备	刀具	工艺参数			检验量具	评定
							S	f	a_p		
1	下料	锯	1	锯毛坯	锯床	带锯	200	10	0.5	钢直尺	
2	左端轮廓	车	1	粗车外圆、台阶	车床	90°外圆车刀	600	200	1	千分尺	
			2	精车外圆、台阶	车床	90°外圆车刀	1200	100	0.5	千分尺	
3	右端轮廓	车	1	取总长44±0.05	车床	45°端面车刀	800	160	0.5	游标卡尺	
			2	粗车圆弧面轮廓	车床	35°外圆车刀	600	200	1	千分尺 圆弧样板	
			3	精车圆弧面轮廓	车床	35°外圆车刀	1200	100	0.5	千分尺 圆弧样板	
4	检测										
工艺员意见		年 月 日									
工艺合理性审定		指导教师(签章)： 年 月 日									

说明：1. 初学者由指导教师带领学生一起编制；熟练者由学生学习团队自主学习编制。

2. 此工艺仅作为参考，可在工艺顺序、刀具选择和切削用量选择上结合具体的技术条件选择。

三、圆弧类零件加工程序编制

（一）圆弧类零件数控车削程序编制知识学习与应用

圆弧插补指令 G02/G03 编程见表 1-21。

表 1-21　顺圆弧插补、逆圆弧插补编程

<table>
<tr><th>程序格式</th><th>含义</th><th colspan="2">编程方法(例)</th><th>图例</th></tr>
<tr><td>图示(半径)
G02/G03 X_Z_ R_ F_
G02/G03 X_Z_I_K_F_;
图示(圆心坐标编程)</td><td>G02:顺圆弧插补
G03:逆圆弧插补
X、Z:圆弧的终点坐标
R:圆弧半径
I、K:圆心坐标相对圆弧起点坐标
F:进给速度</td><td>%01
T0101
M03S1200
G00X0Z1
G01Z0F200
G03X20Z-10R10
G00X100Z100
M05
M30</td><td>%01
T0101
M03S1200
G00X40Z1
G01Z0F200
G02X20Z-10R10
G00X20Z100
M05
M30</td><td>图示
(G02\G03)</td></tr>
<tr><td>注意事项</td><td colspan="4">1. 准确判断圆弧切削方向正确选用 G02 或 G03 编程指令
2. 准确计算圆弧编程坐标点</td></tr>
</table>

（二）圆弧类零件数控车削加工程序编制

1. 圆弧类零件编程坐标系选定与坐标点计算

使用 CAD 软件，通过图形绘制，使用坐标标注法来确定编程坐标点的坐标。如图 1-40 所示。

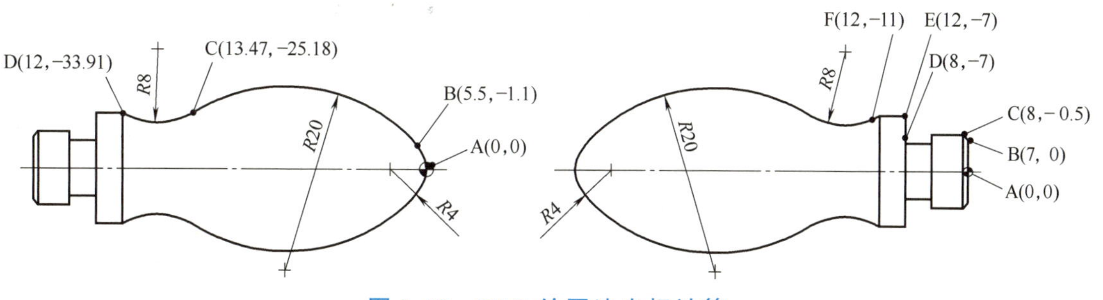

图 1-40　CAD 绘图法坐标计算

2. 手柄左端外圆、台阶、退刀槽加工程序编制

应用项目二任务一的知识编制。

3. 手柄零件圆弧面数控车削加工程序编制

程序名:O03		
程序号	程序	说明
N10	%03	程序名

续表

程序名:O003		
程序号	程序	说明
N20	T0101	定义刀具
N30	M03S600	定义转速
N40	G00X20Z2	定义安全加工起点
N50	G71U1R1P1Q2X0.5F100	粗车外圆循环加工指令
N60	S1200	定义精车转速
N70	N1G00X0	圆弧 X 方向起点
N80	G01Z0F80	圆弧 Z 方向起点
N90	G03X505Z-1.1R4	R4 圆弧
N100	G03X13.47Z-25.18R20	R20 圆弧
N110	G02X12Z33.91R8	R8 圆弧
N120	N2G01X15	精车终点
N130	G00X100Z100	退刀
N140	M05	主轴正转
N150	M30	程序结束并返回起始点

注：初学者由指导教师带领学生一起编制；熟练者由学生学习团队自主学习编制。

活动三　圆弧类零件加工工艺与加工程序审定

一、思政教育

錾刻敲击百万次零失误，追求极致攀登工艺高峰

工艺美术师孟剑锋錾刻技艺精湛纯熟，用一把錾子打造出中国品牌。北京APEC期间我国送给各国元首的国礼纯银丝巾果盘就是錾刻师孟剑锋的作品，其工艺让世人震惊。要做出果盘的粗糙感和丝巾的光感，需要从不同角度进行上百万次的錾刻敲击。为了用银丝做出支撑果盘的四个中国结，需要反复将银丝加热并迅速编织。银丝加热后快速冷却变硬不可弯曲，他经过无数次尝试才成功。即使右手被烫出大泡，起了厚厚的茧，也丝毫没有动摇孟剑锋不断超越与追求极致的决心。这就是孟剑锋精雕细琢的严谨工匠精神所在。

二、团队展示活动一、二学习过程与学习成果

① 进行学习过程与成果描述。

② 交流学习，发现、分析、解决问题（学生主体，教师引导）。

三、交流学习记录

（一）加工工艺正确性审定与优化

项目	要求	存在问题	改正措施
定位基准选择	1. 粗加工时必须符合粗基准的选择原则 2. 精加工时必须符合精基准的选择原则		
工艺过程	工序工步划分与编排顺序及其内容必须符合企业常规生产的工艺流程，便于生产管理		
加工参数	1. 粗加工工艺参数选择必须满足工艺系统的强度、刚性和提高效率、降低成本的要求 2. 精加工工艺参数选择原则是提高效率、降低成本		
设备工具	设备工具必须选择正确齐备，并符合当前的技术状况		
刀具选择	刀具的类型、形状与参数选择必须满足零件表面形状以及加工性质（粗加工、半精加工、精加工）的要求		
检测工具	检测工具必须根据零件结构、检测项目、精度要求等选择必须正确齐备		
工时定额	工时定额设定必须合理		
其他			

（二）数控加工程序正确性审定与优化

项目	要求	存在问题	改正措施
程序格式	数控加工程序格式必须与所选定数控系统的编程格式相符		
程序指令	在保证质量提高效率减低成本前提下，做到正确与优化		
程序顺序	程序顺序必须与工艺过程相符		
程序参数	程序工艺参数必须与加工工艺选定参数相符		

注：在条件允许的情况下，可使用CAD/CAM或数控模拟软件进行程序校验与优化。

（三）填写交流学习表

请复制附录表 4，填写圆弧类零件加工交流学习记录。

活动四　圆弧类零件数控车削加工任务执行

一、材料与设备工具准备

类别		型号/规格/尺寸	作用
坯料准备		调质 45	
设备	数控车床		用于零件的外圆、端面、阶台面、外圆柱面、凹凸圆弧面与退刀槽的加工
工具准备	三爪卡盘		
	精车装夹软爪		
	其他		
刀具准备	外圆车刀	90°外圆车刀和 35°外圆车刀	
	切槽刀	3mm 外切槽刀	
量具	游标卡尺	0～200mm	用于长度尺寸测量
	千分尺	0～25mm	用于外径尺寸测量
	曲线样板	$R4$、$R8$ 和 $R20$	用于手柄凹凸圆弧面的检测
其他			

二、车刀的安装

（一）车刀的安装

如图 1-41 所示。

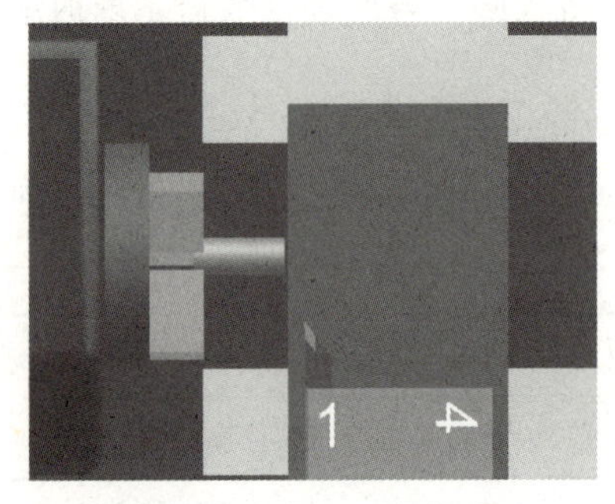

图 1-41　车刀的安装

（二）对刀操作

① 建立 Z 方向的坐标，试切右端面时车平即可，X 方向进刀同时 X 方向对刀，Z 方向不动。

② 在刀具补偿的下级菜单刀片表的试切长度中输入“0”。

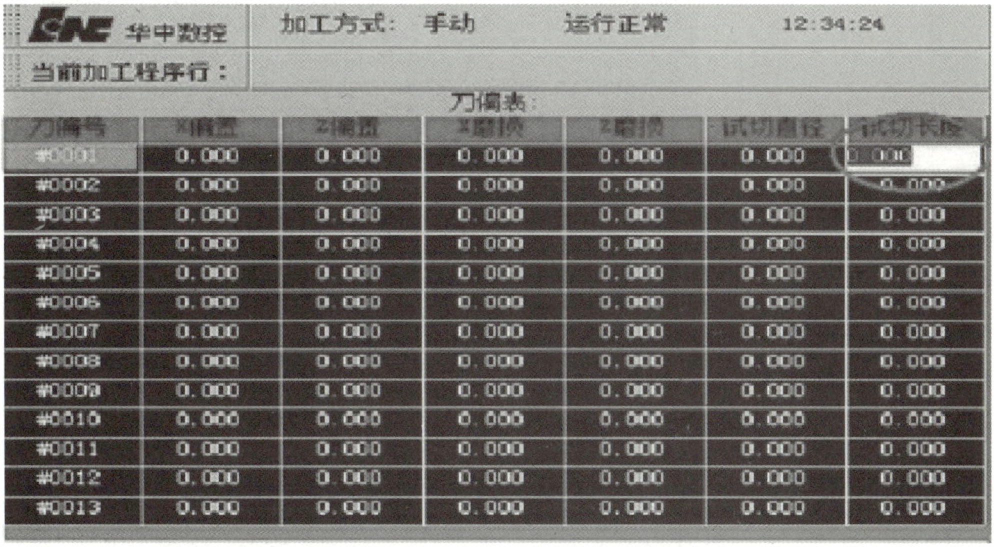

华中数控　加工方式：手动　运行正常　12:34:24

当前加工程序行：

刀偏表：

刀编号	X偏置	Z偏置	X磨损	Z磨损	试切直径	试切长度
#0001	0.000	0.000	0.000	0.000	0.000	0.000
#0002	0.000	0.000	0.000	0.000	0.000	0.000
#0003	0.000	0.000	0.000	0.000	0.000	0.000
#0004	0.000	0.000	0.000	0.000	0.000	0.000
#0005	0.000	0.000	0.000	0.000	0.000	0.000
#0006	0.000	0.000	0.000	0.000	0.000	0.000
#0007	0.000	0.000	0.000	0.000	0.000	0.000
#0008	0.000	0.000	0.000	0.000	0.000	0.000
#0009	0.000	0.000	0.000	0.000	0.000	0.000
#0010	0.000	0.000	0.000	0.000	0.000	0.000
#0011	0.000	0.000	0.000	0.000	0.000	0.000
#0012	0.000	0.000	0.000	0.000	0.000	0.000
#0013	0.000	0.000	0.000	0.000	0.000	0.000

③ 建立 X 方向的坐标，选择背吃刀量为 0.1mm 和增量进给手动车削外圆。

④ 停止主轴转动，将测量的数据输入到刀片表中的试切直径中。

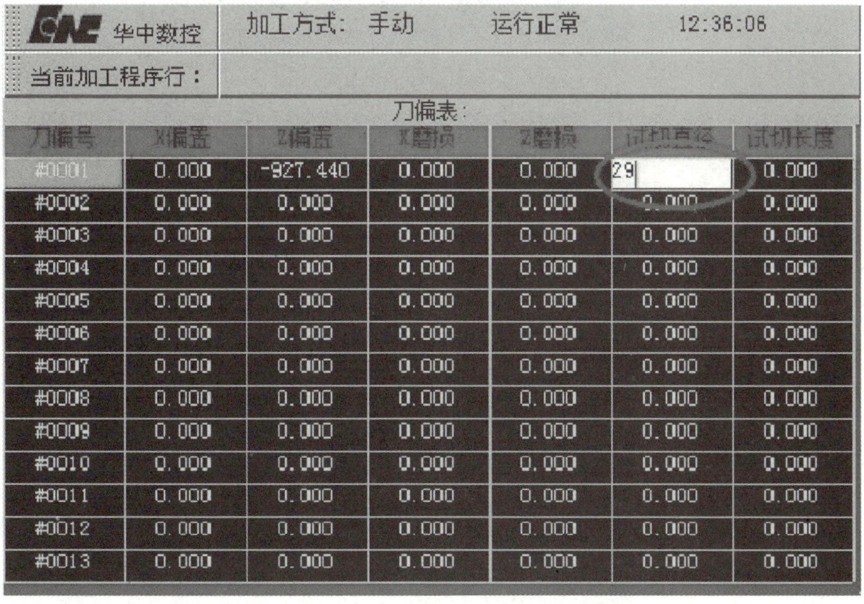

华中数控　加工方式：手动　运行正常　12:36:06

当前加工程序行：

刀偏表：

刀编号	X偏置	Z偏置	X磨损	Z磨损	试切直径	试切长度
#0001	0.000	-927.440	0.000	0.000	29	0.000
#0002	0.000	0.000	0.000	0.000	0.000	0.000
#0003	0.000	0.000	0.000	0.000	0.000	0.000
#0004	0.000	0.000	0.000	0.000	0.000	0.000
#0005	0.000	0.000	0.000	0.000	0.000	0.000
#0006	0.000	0.000	0.000	0.000	0.000	0.000
#0007	0.000	0.000	0.000	0.000	0.000	0.000
#0008	0.000	0.000	0.000	0.000	0.000	0.000
#0009	0.000	0.000	0.000	0.000	0.000	0.000
#0010	0.000	0.000	0.000	0.000	0.000	0.000
#0011	0.000	0.000	0.000	0.000	0.000	0.000
#0012	0.000	0.000	0.000	0.000	0.000	0.000
#0013	0.000	0.000	0.000	0.000	0.000	0.000

三、操作数控车床完成圆弧类零件的加工

（一）程序输入操作

序号	步骤	图示
1	新建程序	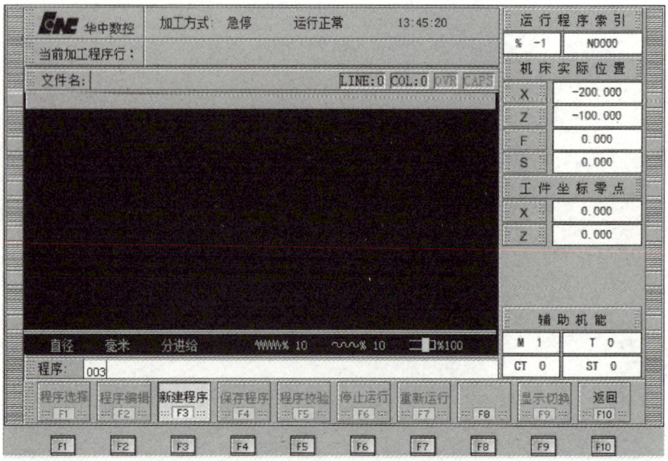
2	录入程序	%03 T0101 M03S700 G00X23Z2 G71U1R1P1Q2X0.5F100 S1200 N1G00X0Z2 G01Z0F80 G03X5.5Z-1.1R4 G03X13.47Z-25.18R20 G02X12Z-33.91R8 N2G01X20 G00X100Z100
3	保存程序	G71U1R1P1Q2X0.5F100 S1200 N1G00X0Z2 G01Z0F80 G03X5.5Z-1.1R4 G03X13.47Z-25.18R20 G02X12Z-33.91R8 N2G01X20 G00X100Z100 M05 M30

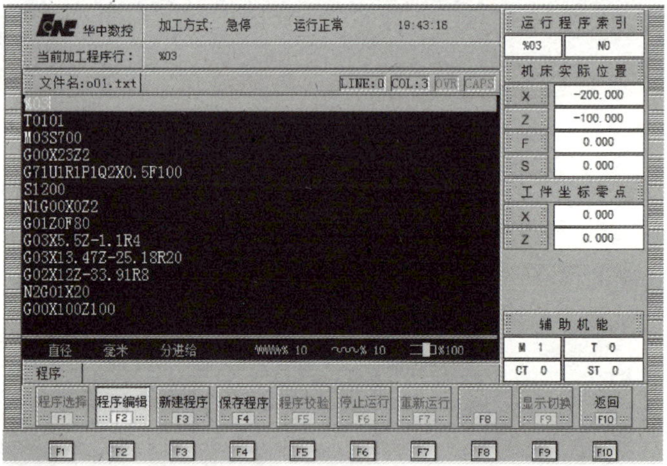

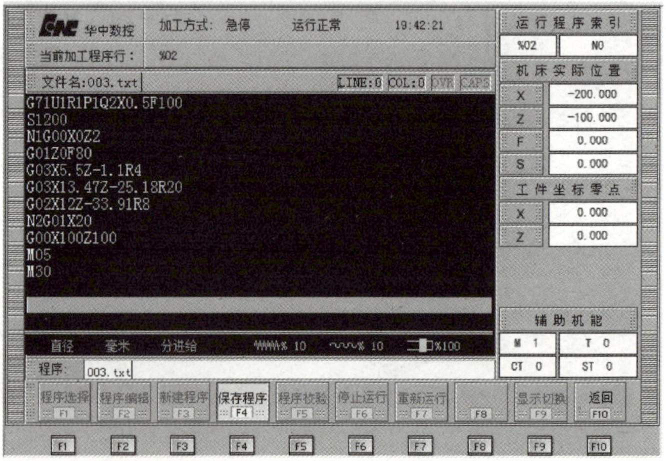

续表

序号	步骤	图示
4	程序校验	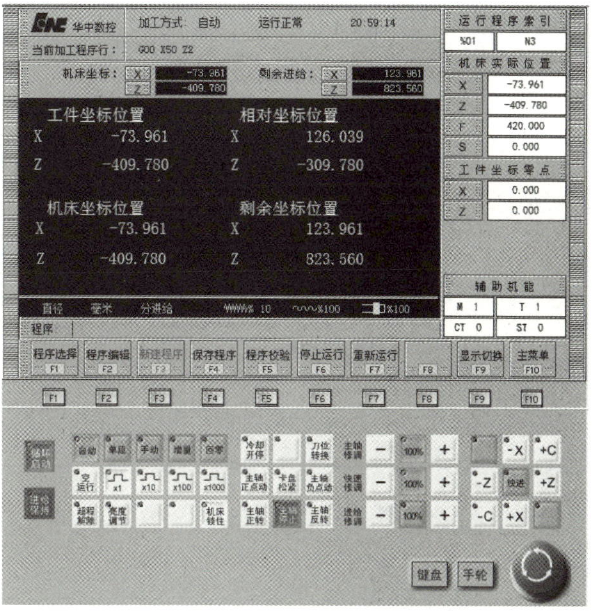
注意事项		

（二）零件车削加工操作过程与方法

序号	操作步骤	操作内容	图示
1	自动/单段粗加工零件并检测	1. 在刀具磨损值当中预留出精加工余量 2. 选择要加工的程序 3. 自动/单段+循环启动	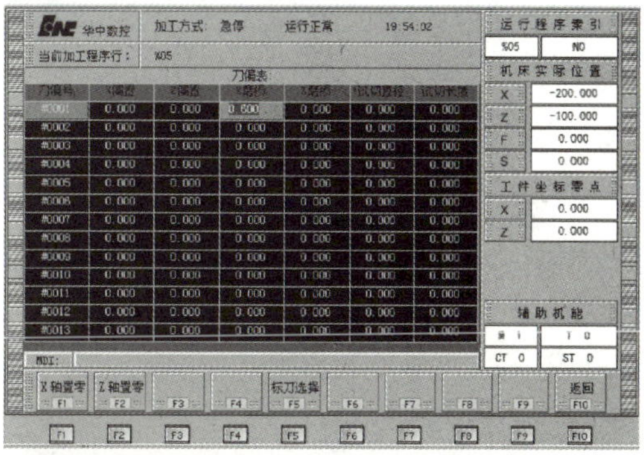 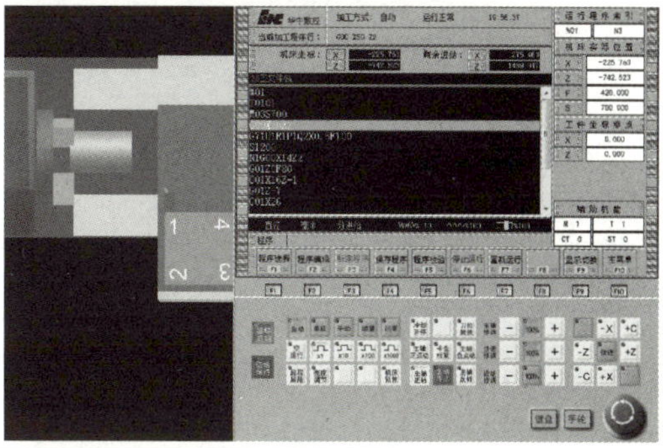

续表

序号	操作步骤	操作内容	图示
2	自动/单段精加工零件	1. 停止主轴测量外圆尺寸 2. 磨损值即实际加工后的测量值(结果为有符号数) 3. 修改程序 4. 自动/单段+循环启动	(见下方界面)
3	自检零件是否合格	检测零件外轮廓尺寸	见图 1-39
注意事项			

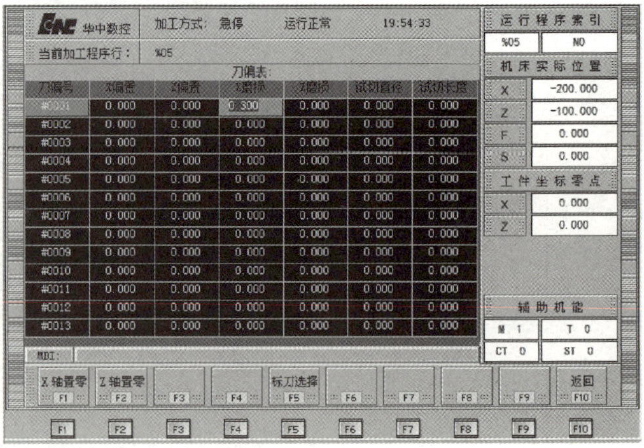

刀偏号	X偏置	Z偏置	X磨损	Z磨损	试切直径	试切长度
#0001	0.000	0.000	0.300	0.000	0.000	0.000
#0002	0.000	0.000	0.000	0.000	0.000	0.000
#0003	0.000	0.000	0.000	0.000	0.000	0.000
#0004	0.000	0.000	0.000	0.000	0.000	0.000
#0005	0.000	0.000	0.000	0.000	0.000	0.000
#0006	0.000	0.000	0.000	0.000	0.000	0.000
#0007	0.000	0.000	0.000	0.000	0.000	0.000
#0008	0.000	0.000	0.000	0.000	0.000	0.000
#0009	0.000	0.000	0.000	0.000	0.000	0.000
#0010	0.000	0.000	0.000	0.000	0.000	0.000
#0011	0.000	0.000	0.000	0.000	0.000	0.000
#0012	0.000	0.000	0.000	0.000	0.000	0.000
#0013	0.000	0.000	0.000	0.000	0.000	0.000

四、曲面工件的测量

测量方法	说明	图示
样板测量法	将样板靠紧在工件曲面上,使用透光法来检验工件曲面的尺寸与形状精度	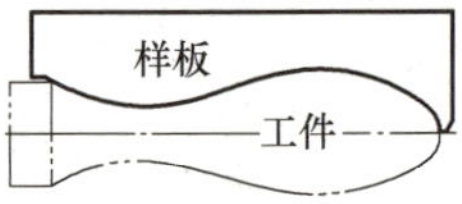 样板 工件
三坐标测量仪测量	将被测物体置于三坐标测量空间,可获得被测物体上各测点的坐标位置,根据这些点的空间坐标值,经计算求出被测物体的几何尺寸,形状和位置	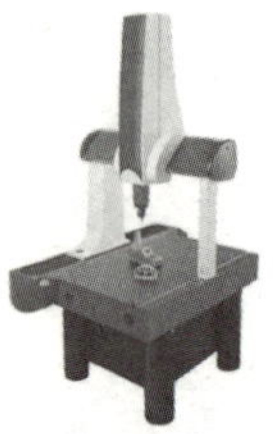

五、常见问题及其处理方法

参见项目二任务一活动四。

活动五 圆弧类零件加工质量检测

(1) 学习团队展示加工完成的沟槽零件。

(2) 对外圆弧零件进行质量检查。

① 加工质量自检、互检与质量评价，并填写质量检测表。

<table>
<tr><th rowspan="2">序号</th><th rowspan="2">检测项目</th><th rowspan="2" colspan="2">检测指标/mm</th><th rowspan="2">评分标准</th><th rowspan="2">配分</th><th colspan="2">检测记录</th><th rowspan="2">得分</th></tr>
<tr><th>自检</th><th>互检</th></tr>
<tr><td>1</td><td rowspan="7">尺寸精度</td><td colspan="2">$\phi 8_{-0.028}^{-0.013}$</td><td>超差 0.01 扣 2 分</td><td>20</td><td></td><td></td><td></td></tr>
<tr><td>2</td><td colspan="2">$\phi 12_{-0.034}^{-0.016}$</td><td>超差 0.01 扣 2 分</td><td>20</td><td></td><td></td><td></td></tr>
<tr><td>3</td><td colspan="2">$R4$</td><td>不合理不得分</td><td>8</td><td></td><td></td><td></td></tr>
<tr><td>4</td><td colspan="2">$R8$</td><td>不合理不得分</td><td>8</td><td></td><td></td><td></td></tr>
<tr><td>5</td><td colspan="2">$R20$</td><td>不合理不得分</td><td>8</td><td></td><td></td><td></td></tr>
<tr><td>6</td><td colspan="2">$C1$ 倒角(1 处)</td><td>一处不合格扣 3 分</td><td>3</td><td></td><td></td><td></td></tr>
<tr><td>7</td><td colspan="2">$C0.5$ 倒角(1 处)</td><td>一处不合格扣 2 分</td><td>1</td><td></td><td></td><td></td></tr>
<tr><td>8</td><td rowspan="2">形位公差</td><td>同轴度</td><td rowspan="2">未注公差按 6～8 级</td><td rowspan="2">超差 1 项扣 6 分</td><td>6</td><td></td><td></td><td></td></tr>
<tr><td>9</td><td>圆柱度</td><td>6</td><td></td><td></td><td></td></tr>
<tr><td>10</td><td rowspan="2">表面粗糙度</td><td colspan="2">$Ra1.6$(2 处)</td><td>一处不合格扣 2 分</td><td>2</td><td></td><td></td><td></td></tr>
<tr><td>11</td><td colspan="2">$Ra3.2$(2 处)</td><td>一处不合格扣 0.5 分</td><td>2</td><td></td><td></td><td></td></tr>
<tr><td>12</td><td colspan="3">文明生产</td><td>无违章操作</td><td>10</td><td></td><td></td><td></td></tr>
<tr><td colspan="2" rowspan="4">问题分析</td><td colspan="2">产生问题</td><td>原因分析</td><td colspan="4">解决方案</td></tr>
<tr><td colspan="2"></td><td></td><td colspan="4"></td></tr>
<tr><td colspan="2"></td><td></td><td colspan="4"></td></tr>
<tr><td colspan="2"></td><td></td><td colspan="4"></td></tr>
<tr><td colspan="2" rowspan="2">签阅</td><td colspan="7">评价团队意见　　　　　　　　年　月　日</td></tr>
<tr><td colspan="7">指导教师意见　　　　　　　　年　月　日</td></tr>
</table>

说明：出现评价争议必须由学生评价委员会、指导教师与争议双方共同按照质检标准复检解决。

② 评价争议解决（质检争议解决由学生评价委员会与教师结合完成）。

活动六　带外圆弧件数控车削加工任务评价与接续任务布置

一、圆弧类零件数控车削加工学习任务评价

① 各团队展示学习任务过程与学习成果，进行交流学习。

② 进行圆弧类零件数控车削加工学习效能评价。

③ 进行圆弧类零件数控车削加工综合能力评价。

请复制附录表 5，团队完成圆弧类零件加工任务综合能力评价并填写评价表。

序号	项目	内容	程度	不能的原因
1	知识学习	能对圆弧类零件进行结构工艺性分析吗？	□能 □不能	
2		能编制出正确合理的圆弧类零件的机械加工工艺吗？	□能 □不能	
3		能理解 G00、G01、S、F 数控编程指令的含义与编程应用吗？	□能 □不能	
4		能使用 G00、G01、S、F 指令编制正确合理的圆弧类零件的数控加工程序吗？	□能 □不能	
5	技能学习	能合理选择圆弧类零件加工的设备、工具以及量具吗？	□能 □不能	
6		能安全熟练地完成工件与刀具的安装与对刀操作吗？	□能 □不能	
7		能使用数控模拟软件对圆弧类零件的加工工艺与程序进行校验与优化吗？	□能 □不能	
8		能安全熟练地操作数控车床完成圆弧类零件的车削加工吗？	□能 □不能	
9		能正确合理的选择量具与测量方法对圆弧类零件进行质量检测与控制吗？	□能 □不能	

经验积累与问题解决	
经验积累	存在问题

签审		
签审	评价委员会意见	年 月 日
	指导教师意见	年 月 日

二、圆弧类零件数控车削加工知识与技能学习巩固

（一）知识学习与应用

1. 在华中数控系统中逆圆弧插补指令（　　）。

A. G70　　B. G42　　C. G41　　D. G03

2. 在进行刀具安装时刀尖应与机床中心高（　　）。

A. 在同一条水平线上　　B. 高于机床中心

C. 低于机床中心　　D. 都可以

3. 粗加工时，应选择较________背吃刀量、进给量，较________的转速。

4. 判断对错：在华中数控系统中顺圆弧插补指令用 G02 表示。(　　)

5. 已知直径为 $\phi 20$ ，对其倒 $R2$ 圆角，试求圆弧起点和终点坐标？

(二) 技能学习与应用

完成如图 1-42 所示凹凸圆弧零件的图形绘制、数控加工工艺与程序编制，操作数控车床完成该零件数控车削加工。所用材料为 45 钢。

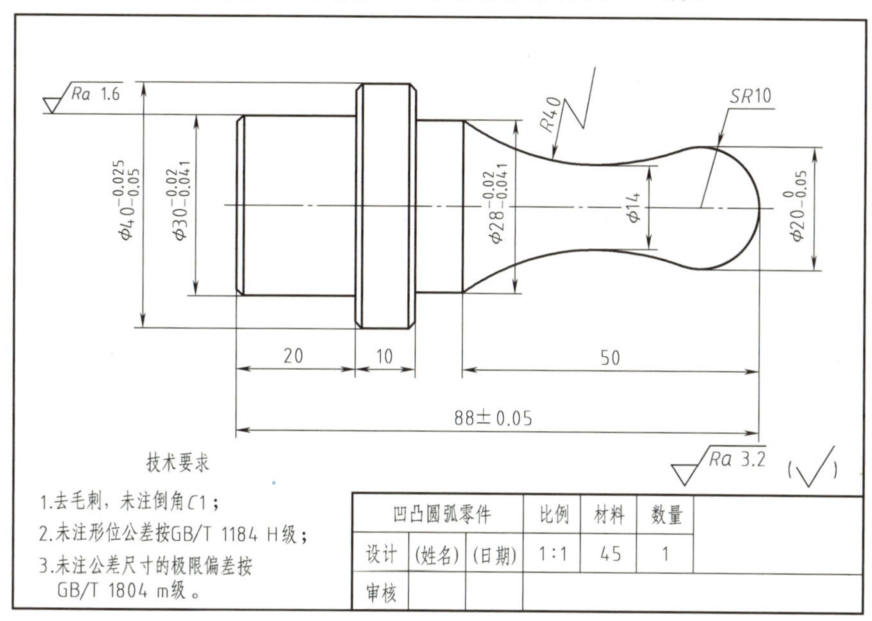

图 1-42　凹凸圆弧零件图

三、接续任务布置

① 任务四缸体零件数控车削加工相关学习知识资源准备。

② 任务四缸体零件数控车削加工相关技术工具准备。

任务四　套类零件的车削加工

活动一　缸体零件车削加工任务分析

一、任务描述

任务名称	缸体零件车削加工	任务时间	
学习目标	知识目标	1. 能正确进行缸体零件的工艺性结构分析 2. 能正确地进行缸体零件的技术要求分析与工艺知识的学习与应用 3. 能编制出正确合理的缸体体零件车削加工工艺 4. 能完成缸体零件车削程序编制知识的学习与应用 5. 能编制出缸体零件正确合理的数控车削加工程序	

续表

<table>
<tr><td>任务名称</td><td colspan="2">缸体零件车削加工</td><td>任务时间</td><td></td></tr>
<tr><td rowspan="2">学习目标</td><td>技能目标</td><td colspan="3">1. 能正确熟练地操作数控车床完成合格缸体体零件的车削加工
2. 能正确熟练地使用游标卡尺和千分尺完成缸体体零件的质量检测与控制</td></tr>
<tr><td>职业素养</td><td colspan="3">1. 能严格遵守和执行零件车削加工场地的规章制度和劳动管理制度
2. 能主动获取缸体体零件车削加工工艺与程序编制相关的有效信息，展示工作成果，对学习/工作进行总结反思，能与他人合作，进行有效沟通
3. 能保质、保量、按时完成工作任务
4. 能从容分析和处置缸体体零件车削加工过程中出现的问题与突发事件</td></tr>
<tr><td rowspan="2">重点难点</td><td>重点</td><td>1. 缸体零件车削加工工艺、程序编制与校验
2. 操作数控车床完成缸体零件车削加工
3. 缸体零件加工质量的检测与控制</td><td rowspan="2">突破手段</td><td rowspan="2">1. 仿真训练
2. 提高对刀精度
3. 强化基本功
4. 规范使用三点式量具和塞规提高检测精度</td></tr>
<tr><td>难点</td><td>1. 缸体零件数控加工工艺、程序的编制与校验
2. 操作数控车床完成缸体零件车削加工</td></tr>
</table>

二、缸体结构工艺性分析

（一）套类零件的作用

套类零件起支承和导向作用，通常与运动的轴、刀具或活塞相配合。与轴相比，套类零件的加工难度较大，所使用刀具的直径、长度和安装等都受到被加工孔尺寸的限制。按照套的结构形状可分为圆柱套和圆锥套。按应用可分为寸套、导向套、锥度环规及轴承套（图 1-43）等。

图 1-43　轴承套

（二）缸体零件的结构工艺性分析

如图 1-44 所示，内圆柱面是套类零件的主要加工表面，孔的直径尺寸公差

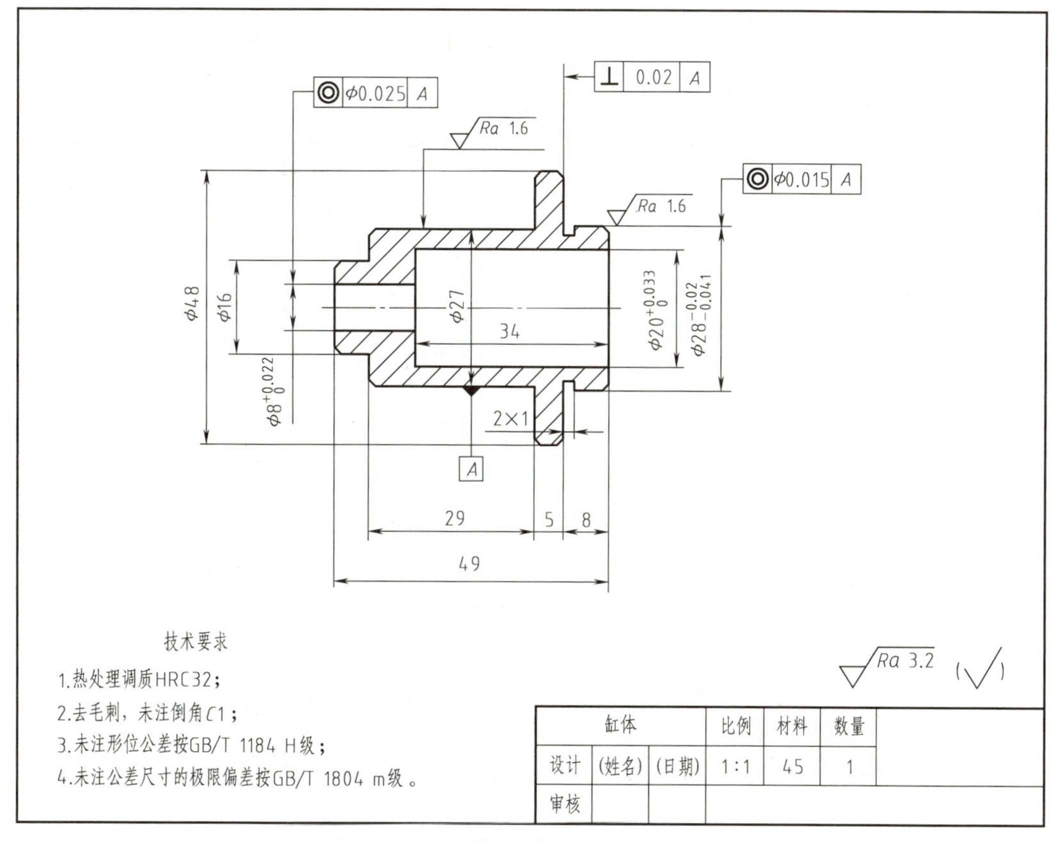

图 1-44 缸体零件图（内孔加工）

一般为 IT7，精密轴套可取 IT6，气缸和液压缸由于与其配合的活塞上有密封圈，要求较低，通常取 IT9。孔的形状精度，应控制在孔径公差内，精密套筒的形状精度应控制在孔径公差的$\frac{1}{3}$～$\frac{1}{2}$，甚至更严。孔的表面粗糙度为 Ra0.16～1.6μm，要求高的精密套筒表面粗糙度可达 Ra0.63～3.2μm。

三、完成任务的材料、资源准备

类别	名称	作用
教材	数控车削加工技术、公差配合与测量技术、机械制图、机械基础、金属材料与热处理、操作手册等	用于加工工艺与加工程序编制与校验
导学资料	学习任务书与考核评价工具（效能与综合）	用于引导学生自主学习
助学资料	数控编程微课以及车床操作与量具使用视频等	提高学习效能

活动二 缸体件（带台阶）加工工艺与程序编制

一、缸体件（带台阶）加工技术要求分析

项目	技术参数	加工、定位方案选择		备注
尺寸精度	$\phi 8^{+0.22}_{0}$	表面加工方案	1. 先加工通孔 2. 再加工台阶孔	
	$\phi 20^{+0.033}_{0}$			
	未注公差尺寸			
表面粗糙度	$Ra1.6$			
	$Ra3.2$			
形位公差	未注形位公差	定位基准选择与安装	为保证零件加工的同轴度，可选择一次性安装加工出全部表面，或采用一夹一顶安装加工。注意第二次安装必须进行找正操作	

二、缸体零件的机械加工工艺编制知识学习

（一）钻孔加工

钻孔就是在实体零件上进行孔加工。钻孔的主要刀具就是麻花钻。如图 1-45 所示。

麻花钻的结构组成见图 1-46。

麻花钻钻孔加工的特点：

① 加工在工件内部进行，观察切削情况困难。

② 排屑冷却困难。必须采用大流量和压力的切削液进行充分冷却。还应经常退钻排屑。

③ 孔径测量比较困难。

④ 受孔径限制，钻头刚度不足。可以通过修磨麻花钻和严格控制进给量来控制和减小切削力。

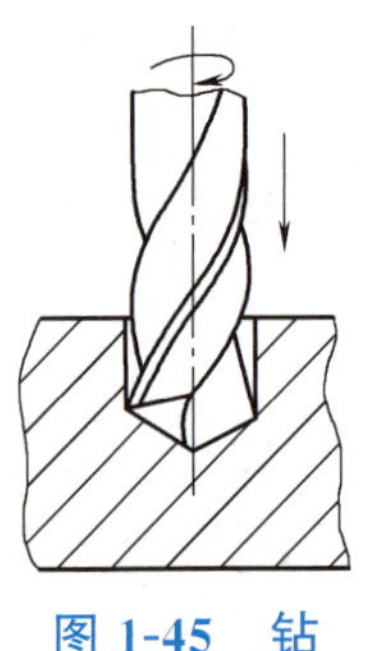

图 1-45 钻孔加工

（二）车孔加工

1. 车孔

车孔就是使用车孔刀将小孔加工成尺寸精度、形位精度和表面粗糙度达到技术要求的打孔的孔加工过程。

2. 车孔刀

车孔分为通孔加工和盲孔加工两种，因此需要使用不同的车孔刀。通孔车刀与盲孔车刀见表 1-22。

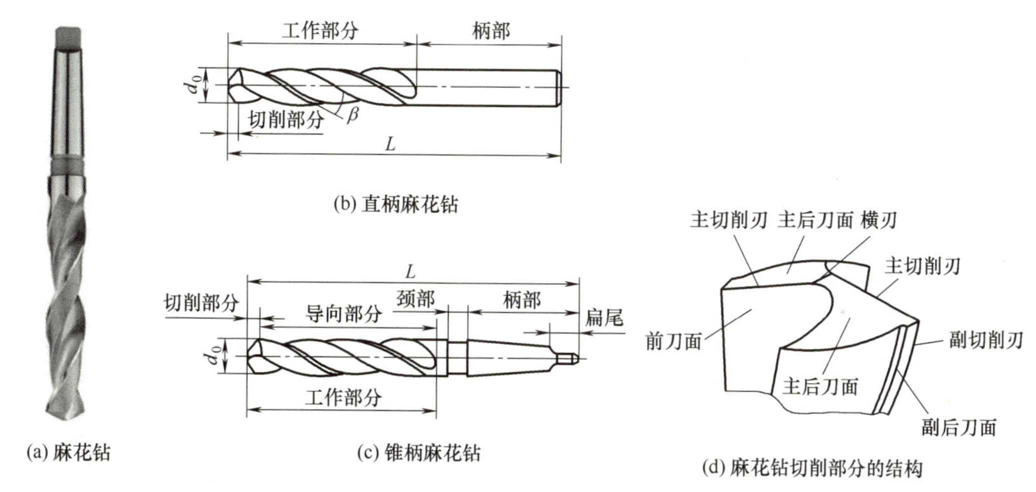

图 1-46　麻花钻的结构组成

表 1-22　通孔车刀与盲孔车刀

车孔的类型	车刀	特点
通孔车刀	75°	主偏角 k_r 小于 90°，一般为 75°。车通孔要求前排屑，取刃倾角 $+\lambda_s$。
盲孔车刀	93°	为了车平孔底，主偏角 k_r 要求小于 90°，一般情况取 92°～93°。车盲孔要求后排屑，取 $-\lambda_s$

3. 车孔工件的安装

车孔要求内孔与外圆、大小孔之间要求具有较高的同轴度要求，因此对工件的正确安装时保证获得较高位置精度的基本保障。如表 1-23 所示。

表 1-23　车孔保证位置精度的工件安装

安装方法	图示	说明
一次安装车成		单件小批量生产时，尽可能一次装夹完成零件大部或全部表面的加工
以外圆为基准	软卡爪 定位圆柱 工件 配合工件外圆直径配车	对于外圆很大，内孔较小的套类零件，可先加工外圆，然后以外圆定位车加工内孔

续表

安装方法	图示	说明
内孔基准芯轴定位	芯轴　工件　开口垫圈　螺母　利用内孔与芯轴配合定位	先精加工内孔，运用内孔与芯轴配合定位，保证位置精度要求。芯轴按其结构可分为圆柱芯轴、锥度芯轴（含小锥度芯轴）和胀力芯轴几类

（三）编制缸体零件的机械加工工艺

参考表1-24。

表1-24　缸体零件机械加工工艺编制表（参考）

工艺过程卡						
零件名称	手柄	机械编号		零件编号		
材料名称	调质45	坯料尺寸	使用阶梯轴为坯料	件数	1	

工序		工种	工步	工序内容	设备	刀具	工艺参数 S	工艺参数 f	工艺参数 a_p	检验量具	评定
1	下料	锯	1	锯毛坯	锯床	带锯	200	10	0.5	钢直尺	
2	内孔	车	1	钻通孔	车床	麻花转	800	40	0.5	千分尺	
			2	粗车内孔	车床	内孔车刀	1200	100	0.5	千分尺	
			3	精车内孔 $\phi20^{+0.033}_{0}$	车床	内孔车刀	600	200	1	千分尺 圆弧样板	
3	检测										
工艺员意见		年　月　日									
工艺合理性审定		指导教师(签章)： 年　月　日									

说明：1. 初学者由指导教师带领学生一起编制；熟练者由学生学习团队自主学习编制。

2. 此工艺仅作为参考，工艺顺序、刀具选择和切削用量可结合具体的技术条件选择。

三、编制完成车削加工程序

（一）车内孔循环指令

程序格式	说明	图例
G71 U R P Q X Z F;	U—切削深度 R—每次退刀量 P—精加工起始段行号 Q—精加工结束段行号 X—X 向精加工余量（车内孔时 X 的余量为负值） Z—Z 向精加工余量 F—进给速度	Z、切削进给、快速进给、X(U)、I、K、X、起始点

编程示例：O0062

程序	说明
%0045	程序名
T0101	定义刀具
M03 S700	定义转速
G00 X14 Z2	定义安全加工起点
G71U1R1P1Q2X-0.5F100	外圆粗车复合循环加工指令
S1200	定义精车转速
N1G01X22	精加工循环起点
G01Z0F80	倒角起点
G01X220Z-1	倒角
G01Z-10	内孔
N2G01X14	精加工循环终点
G00X100Z100	定义安全退刀点
M05	主轴停止
M30	程序结束并返回起始点

（二）缸体零件车削加工程序编制

（1）缸体零件编程坐标系选定与坐标点计算。

使用 CAD 软件，通过图形绘制，使用坐标标注法来确定编程坐标点的坐标。如图 1-47 所示。

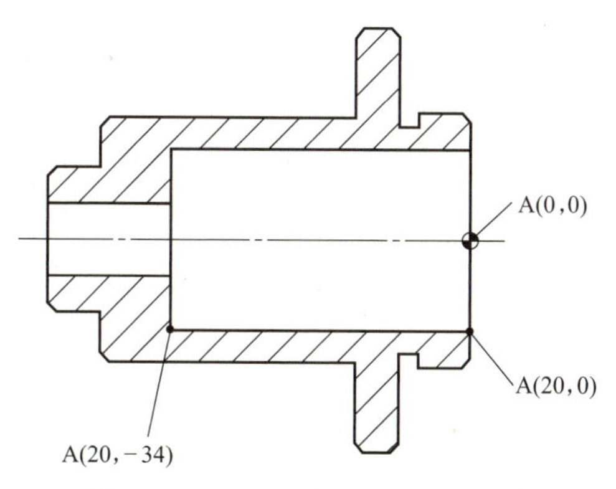

图 1-47　CAD 绘图法坐标计算

（2）缸体通孔采用麻花钻进行钻削加工。

（3）缸体零件数控车削加工程序编制。

程序名:O04		
程序号	程序	说明
N10	%01	程序名
N20	T0101	定义刀具
N30	M03 S700	定义转速
N40	G00 X14 Z2	定义循环加工起点
N50	G71U1R1P1Q2X-0.5F100	内孔粗车循环
N60	S1200	精车转速
N70	N1G00X20Z2	精加工循环起点
N80	G01Z-34F80	内孔加工
N90	N2G01X14	精加工循环起点
N100	G00Z100	退刀
N110	M05	主轴停止
N120	M30	程序结束并返回起始点

注：初学者由指导教师带领学生一起编制；熟练者由学生学习团队自主学习编制。

活动三 缸体零件加工工艺与加工程序审定

一、思政教育

雕刻火药，为国铸剑

徐立平是中国航天科技集团公司高级技师。他从事的工作是为导弹固体燃料发动机的火药进行微整形。在火药上动刀，稍有不慎蹭出火花，就可能引起燃烧爆炸。目前，火药整形在全世界都是一个难题，无法完全用机器代替。下刀的力道，完全要靠人工判断。药面精度是否合格，直接决定导弹飞行是否精准。0.5mm是固体发动机药面精度允许的最大误差，而经徐立平之手雕刻出的火药药面误差不超过0.2mm，堪称完美。徐立平还设计发明了20多种药面整形刀具，有两种获得国家专利，一种被命名为“立平刀”。

二、团队展示活动一、二学习过程与学习成果

① 进行学习过程与成果描述。

② 交流学习，发现、分析、解决问题（学生主体，教师引导）。

三、交流学习记录

（一）加工工艺正确性审定与优化

项目	要求	存在问题	改正措施
定位基准选择	1. 粗加工时必须符合粗基准的选择原则 2. 精加工时必须符合精基准的选择原则		
工艺过程	工序工步划分与编排顺序及其内容必须符合企业常规生产的工艺流程，便于生产管理		
加工参数	1. 粗加工工艺参数选择必须满足工艺系统的强度、刚性和提高效率、降低成本的要求 2. 精加工工艺参数选择原则是提高效率、降低成本		
设备工具	设备工具必须选择正确齐备，并符合当前的技术状况		
刀具选择	刀具的类型、形状与参数选择必须满足零件表面形状以及加工性质（粗加工、半精加工、精加工）的要求		
检测工具	检测工具必须根据零件结构、检测项目、精度要求等选择，必须正确齐备		
工时定额	工时定额设定必须合理		
其他			

（二）数控加工程序正确性审定与优化

项目	要求	存在问题	改正措施
程序格式	数控加工程序格式必须与所选定数控系统的编程格式相符		
程序指令	在保证质量、提高效率、降低成本前提下，做到正确与优化		
程序顺序	程序顺序必须与工艺过程相符		
程序参数	程序工艺参数必须与加工工艺选定参数相符		

（三）填写交流学习表

请复制附录表 4，完成套类零件工艺与程序编制交流学习记录。

活动四 缸体件（带台阶）数控车削加工任务执行

一、材料与设备工具准备

类别		型号/规格/尺寸	作用
坯料准备			
设备准备	数控车床		用于零件的端面、台阶面、外圆柱面与沟槽的加工
工具准备	卡盘		
	卡盘扳手		
	其他		
刀具准备	外圆粗车刀	刀具号 T0101	
	外圆精车刀	刀具号 T0101	
	切槽刀	刀具号 T0202	
	内控车刀	刀具号 T0303	
量具准备	游标卡尺	0～25mm	用于 $\phi24_{-0.03}^{\ 0}$、$\phi20_{\ 0}^{+0.02}$、$\phi20\pm0.05$ 尺寸测量
	千分尺	0～200mm	用于长度与外径测量
	三点式内径千分尺	16～20mm	用于内径测量
其他			

二、车刀的安装

（一）工件的安装

1. 零件定位基准选择

该零件长度方向的定位基准应选择其右台阶面，径向基准为其轴线。

2. 零件的安装

如图 1-48 所示。

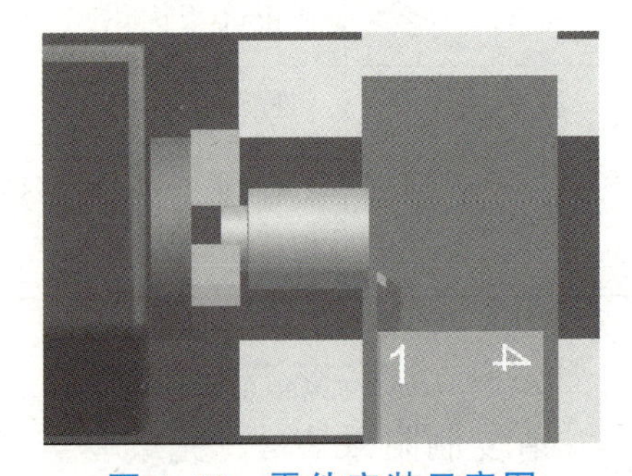

图 1-48 零件安装示意图

（二）车刀的安装

1. 车刀的安装要求

刀具安装的时候，必须使刀具的刀尖与车床中心轴线等高。注意刀具角度。

2. 对刀操作

① 增量进给，用刀尖轻轻接触工件右

端面。

② 在刀具补偿的下级菜单刀片表的试切长度中输入“0”。

③ 选择适当的背吃刀量和进给量手动车削内孔。

如图 1-49、图 1-50 所示。

图 1-49　试切内孔

图 1-50　试切端面

三、操作数控车床完成圆弧类零件的加工

（一）程序输入操作

序号	步骤	图示
1	新建程序	华中数控　加工方式：急停　运行正常　13:45:35 当前加工程序行： 文件名：　LINE:0　COL:0　OVR　CAPS 运行程序索引　% -1　N0000 机床实际位置　X -200.000　Z -100.000　F 0.000　S 0.000 工件坐标零点　X 0.000　Z 0.000 辅助机能　M 1　T 0　CT 0　ST 0 直径　毫米　分进给　%10　%10　%100 程序：004 程序选择 F1　程序编辑 F2　新建程序 F3　保存程序 F4　程序校验 F5　停止运行 F6　重新运行 F7　F8　显示切换 F9　返回 F10 F1　F2　F3　F4　F5　F6　F7　F8　F9　F10

续表

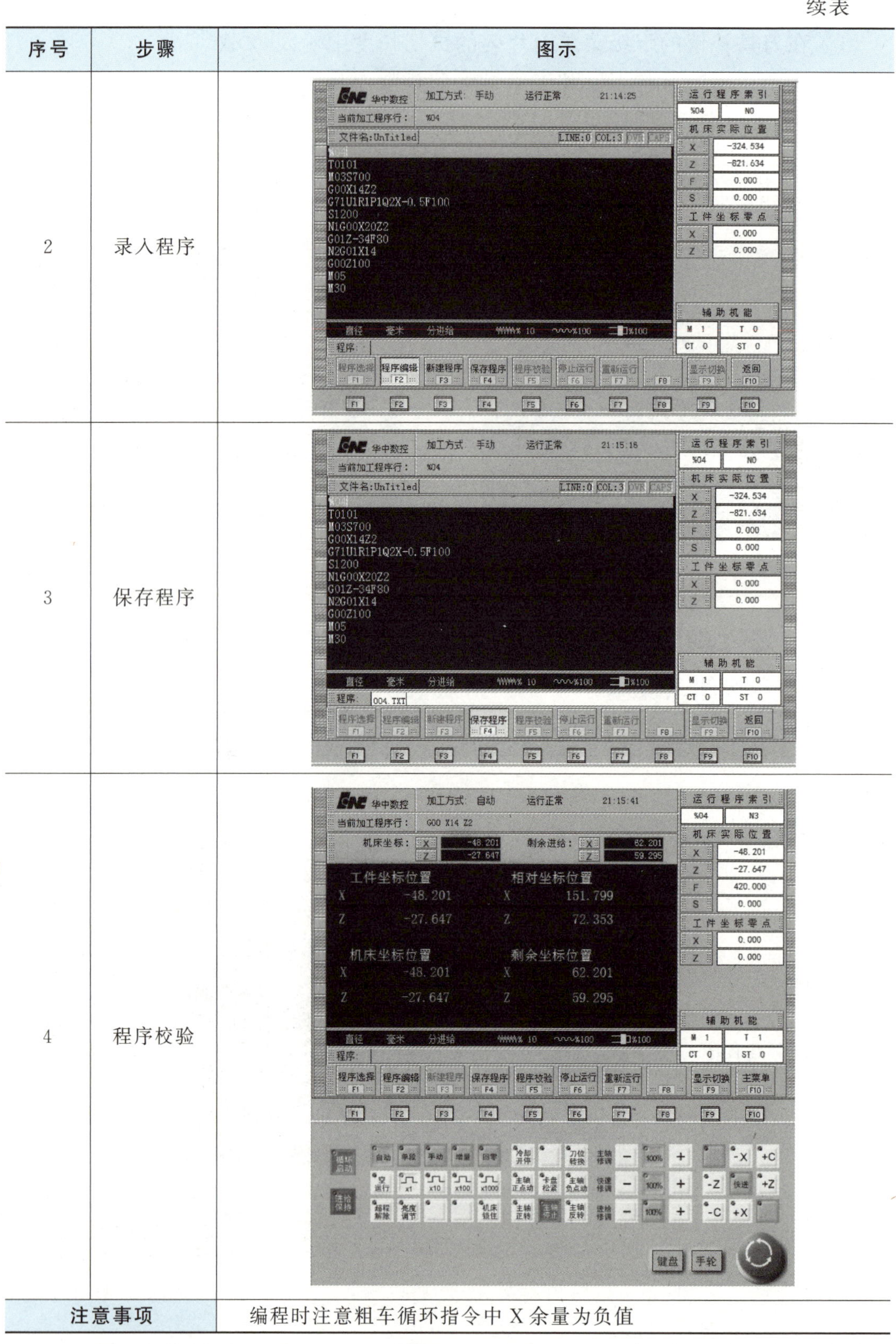

序号	步骤	图示
2	录入程序	
3	保存程序	
4	程序校验	
注意事项		编程时注意粗车循环指令中 X 余量为负值

（二）零件车削加工操作过程与方法

序号	操作步骤	操作内容	图示
1	自动/单段粗加工零件并检测	1. 在刀具磨损值当中预留出精加工余量 2. 选择要加工的程序 3. 自动/单段+循环启动	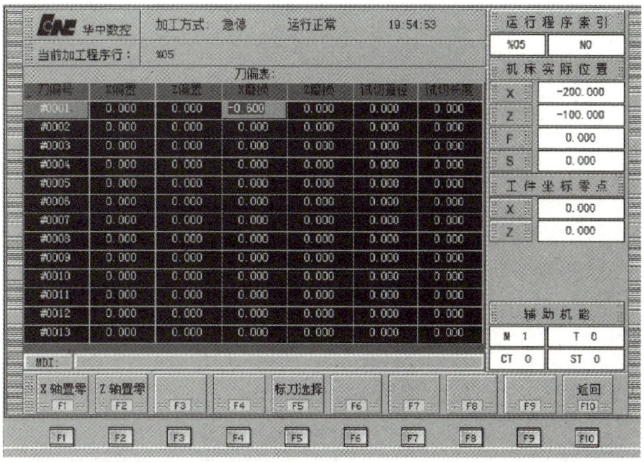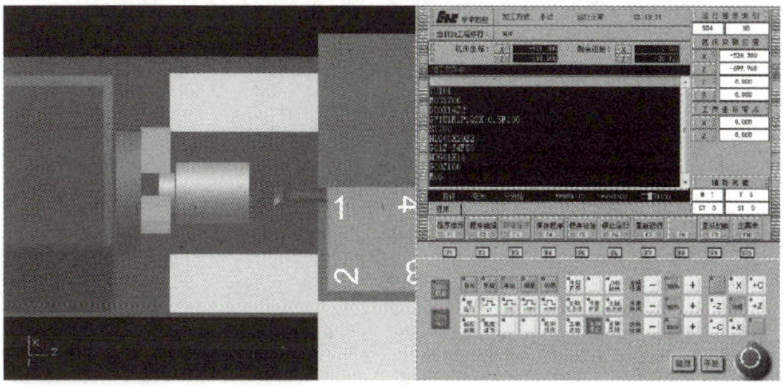
2	自动/单段精加工零件	1. 停止主轴测量外圆尺寸 2. 磨损值即实际加工后的测量值（结果为有符号数） 3. 修改程序 4. 自动/单段+循环启动	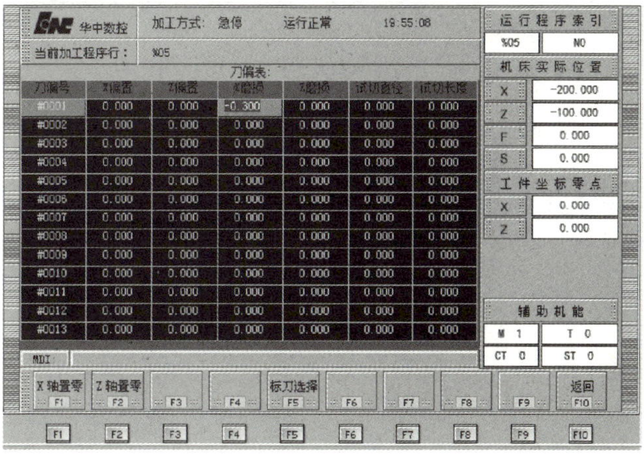
3	自检零件是否合格	检测零件外轮廓尺寸	见图 1-44
注意事项		内孔检测时可以转动零件 90°再次进行测量确保检测精度	

四、内径测量

测量方法	说明	图示
游标卡尺测量	使用游标卡尺的内测爪测量测量内孔，注意取其最大测量值即为孔径值	
内径千分尺测量	对于精度较高的孔径测量可使用内径千分尺测量，注意取其最大测量值即为孔径值	1 2
内径百分表测量	使用内径百分表测量时，必须先试用标准环规或千分尺进行基本尺寸对零校正，然后使用相对测量测量孔径的公差是否合格	工件 内径百分表
塞规测量	大批量生产使用塞规测量孔径时，通端通、止端止即为合格；通端止孔小可继续加工；止端通孔大即报废	孔公差 孔最大极限尺寸 通 止 孔最小极限尺寸

五、常见问题及其处理方法

参见项目二任务一活动四。

活动五　缸体零件加工质量检测

（1）团队展示加工完成的沟槽零件。

（2）对外缸体零件进行质量检查。

① 加工质量自检、互检与质量评价，并填写质量检测表（表 1-25）。

表 1-25　缸体零件加工质检表

序号	检测项目	检测指标/mm	评分标准	配分	检测记录		得分
					自检	互检	
1	尺寸精度	$\phi8^{+0.022}_{0}$	超差 0.01 扣 2 分	30			
2		$\phi20^{+0.033}_{0}$	超差 0.01 扣 2 分	30			
3		C0.5 倒角(2 处)	一处不合格扣 5 分	10			

续表

序号	检测项目	检测指标/mm		评分标准	配分	检测记录		得分
						自检	互检	
4	形位公差	同轴度	未注公差按6～8级	超差1项扣6分	6			
5		圆柱度			6			
6	表面粗糙度	Ra1.6(2处)		一处不合格扣3分	6			
7		Ra3.2(2处)		一处不合格扣1分	2			
8	文明生产			无违章操作	10			
问题分析		产生问题		原因分析	解决方案			
签阅		评价团队意见　　　　年　月　日						
		指导教师意见　　　　年　月　日						

说明：出现评价争议必须由学生评价委员会、指导教师与争议双方共同按照质检标准复检解决。

② 评价争议解决（质检争议解决由学生评价委员会与教师结合完成）。

活动六　缸体零件数控车削加工任务评价与接续任务布置

一、缸体零件数控车削加工学习任务评价

① 各团队展示学习任务过程与学习成果，进行交流学习。

② 进行缸体零件数控车削加工学习效能评价。

序号	项目	内容	程　度	不能的原因
1	知识学习	能对缸体零件进行结构工艺性分析吗？	□能 □不能	
2		能编制出正确合理的缸体零件的机械加工工艺吗？	□能 □不能	
3		能理解G00、G01、S、F数控编程指令的含义与编程应用吗？	□能 □不能	
4		能使用G00、G01、S、F指令编制正确合理的缸体零件的数控加工程序吗？	□能 □不能	

续表

序号	项目	内容	程　度	不能的原因
5	技能学习	能合理选择缸体零件加工的设备、工具以及量具吗？	□能 □不能	
6		能安全熟练地完成工件与刀具的安装与对刀操作吗？	□能 □不能	
7		能使用数控模拟软件对缸体零件的加工工艺与程序进行校验与优化吗？	□能 □不能	
8		能安全熟练地操作数控车床完成缸体零件的车削加工吗？	□能 □不能	
9		能正确合理地选择量具与测量方法对缸体零件进行质量检测与控制吗？	□能 □不能	

经验积累与问题解决	
经验积累	存在问题

签审	（评价委员会意见） 年　月　日
	（指导教师意见） 年　月　日

③ 进行缸体零件数控车削加工综合能力评价。

复制附录表4，团队完成数控车床操作（随任务变化）任务综合能力评价并填写评价表。

二、缸体零件数控车削加工知识与技能学习巩固

（一）知识学习与应用

1. 在华中数控系统中内轮廓粗车循环加工指令（　　）

A. G71　　B. G42　　C. G41　　D. G03

2. 在进行刀具安装时刀尖应与机床中心高（　　）

A. 在同一条水平线上　　B. 高于机床中心

C. 低于机床中心　　D. 都可以

3. 精加工时，应选择较________背吃刀量、进给量，较________的转速。

4. 判断对错：内孔加工时刀偏表 X 磨损值余量的设置为负值。（　　）

5. 已知孔的加工深度为 30mm，试求内孔刀杆伸出长度。

（二）技能学习与应用

完成如图 1-51 所示内锥套零件的图形绘制、数控加工工艺与程序编制，操作数控车床完成该零件数控车削加工。所用材料为 45 钢。

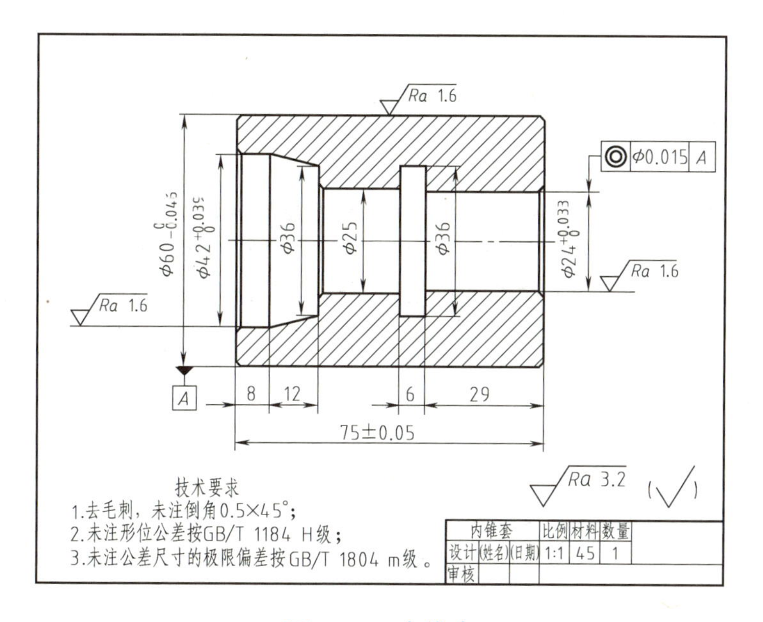

图 1-51　内锥套

三、接续任务布置

① 项目三任务一外螺纹零件数控车削加工相关学习知识资源准备。

② 项目三任务一外螺纹零件数控车削加工相关技术工具准备。

普通三角形螺纹零件的车削加工

任务　普通三角形外螺纹零件的车削加工

活动一　普通三角形外螺纹零件车削加工任务分析

一、任务描述

<table>
<tr><td>任务名称</td><td colspan="2">普通三角形外螺纹零件车削加工</td><td>任务时间</td><td></td></tr>
<tr><td rowspan="3">学习目标</td><td>知识目标</td><td colspan="3">1. 能正确进行普通三角形外螺纹零件的工艺性结构分析
2. 能正确进行普通三角形外螺纹的技术要求分析与工艺知识的学习与应用
3. 能编制出正确合理的普通三角形外螺纹零件车削加工工艺
4. 能完成普通三角形外螺纹零件车削程序编制知识的学习与应用
5. 能编制出普通三角形外螺纹零件正确合理的数控车削加工程序</td></tr>
<tr><td>技能目标</td><td colspan="3">1. 能正确熟练地操作数控车床完成合格普通三角形外螺纹零件零件的车削加工
2. 能正确使用游标卡尺、千分尺及螺纹环规完成普通三角形外螺纹零件零件的质量检测与控制</td></tr>
<tr><td>职业素养</td><td colspan="3">1. 能严格遵守和执行零件车削加工场地的规章制度和劳动管理制度
2. 能主动获取与普通三角形外螺纹零件车削加工工艺与程序编制相关的有效信息，展示工作成果，对学习/工作进行总结反思，能与他人合作，进行有效沟通
3. 能保质、保量、按时完成工作任务
4. 能从容分析和处置普通三角形外螺纹零件车削加工过程中出现的问题与突发事件</td></tr>
</table>

续表

<table>
<tr><td>任务名称</td><td colspan="2">普通三角形外螺纹零件车削加工</td><td>任务时间</td><td></td></tr>
<tr><td rowspan="2">重点难点</td><td>重点</td><td>1. 普通三角形外螺纹零件车削加工工艺、程序编制与校验
2. 操作数控车床完成普通三角形外螺纹零件车削加工
3. 普通三角形外螺纹零件加工质量的加测与控制</td><td rowspan="2">突破手段</td><td rowspan="2">1. 仿真训练
2. 提高对刀精度
3. 准确计算普通三角形外螺纹参数
4. 准确计算修改磨损值保证螺纹加工精度
5. 规范使用螺纹环规提高检测精度</td></tr>
<tr><td>难点</td><td>1. 普通三角形外螺纹零件数控加工工艺、程序的编制与校验
2. 操作数控车床完成普通三角形外螺纹零件车削加工</td></tr>
</table>

二、普通三角形外螺纹零件结构工艺性分析

（一）普通三角形外螺纹的作用

普通三角形螺纹自锁性能好，常用于固定、连接、调节或测量等处。它分粗牙螺纹和细牙螺纹两种，细牙螺纹的螺距小，升角小，自锁性能更好，常用于细小零件薄壁管中、有振动或变载荷的连接以及微调装置（如丝杆、螺栓螺母及台虎钳、千斤顶、外径千分尺）等。

（二）普通三角形外螺纹零件的结构

普通三角形外螺纹零件由 4 段不同直径与长度的圆柱面组成，如图 1-52、图 1-53 所示。

图 1-52　台虎钳丝杆

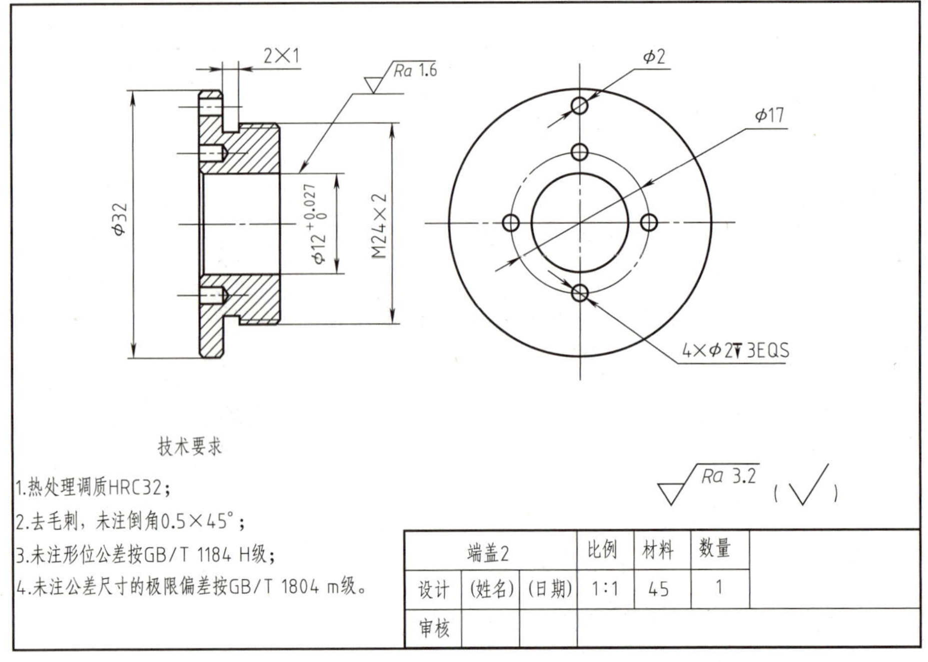

图 1-53　普通三角形外螺纹零件图

三、完成任务的材料、资源准备

类别	名称	作用
教材	数控车削加工技术、公差配合与测量技术、机械制图、机械在基础、金属材料与热处理、操作手册等	用于加工工艺与加工程序编制与校验
导学资料	学习任务书与考核评价工具(效能与综合)	用于引导学生自主学习
助学资料	数控编程微课以及车床操作与量具使用视频等	提高学习效能

活动二　普通三角形外螺纹零件加工加工工艺与程序编制

一、普通三角形外螺纹零件加工技术要求分析

<table>
<tr><th>项目</th><th>技术参数/mm</th><th colspan="2">加工、定位方案选择</th><th>备注</th></tr>
<tr><td rowspan="4">尺寸精度</td><td>$\phi12^{+0.027}_{0}$</td><td rowspan="6">表面加工方案</td><td rowspan="6">1. 先加工左端外圆、台阶、切槽
2. 调头加工右端，取总长，加工圆弧面</td><td rowspan="3">注意粗车刀与切削用量的合理选择</td></tr>
<tr><td>$\phi32$</td></tr>
<tr><td>M24×2</td></tr>
<tr><td>3×1</td><td>IT12～IT14</td></tr>
<tr><td rowspan="2">表面粗糙度</td><td>$Ra\,1.6$</td><td></td></tr>
<tr><td>$Ra\,3.2$</td><td></td></tr>
<tr><td>形位公差</td><td>未注形位公差</td><td>定位基准选择与安装</td><td>为保证零件加工的同轴度，可选择一次性安装加工出全部表面</td><td>公差等级</td></tr>
</table>

二、普通三角形外螺纹零件的机械加工工艺编制知识学习

（一）普通三角形外螺纹加工工艺计算

1. 外螺纹的圆杆直径计算

一般情况外螺纹的圆杆直径应比大径基本尺寸小 0.2～0.4mm。

2. 内螺纹底孔直径计算

塑性材料：$D_{\text{孔}}=D-P$

脆性材料：$D_{\text{孔}}=D-1.05P$

（二）普通三角形螺纹的车削方法

车削方法	图例	说明	加工特点	适用场合
直进法		车削螺纹时，只使用中拖板横向进给	容易“扎刀”，容易获得正确的牙形	适用于车削螺距较小（$P<2.5$mm）的三角形螺纹
斜进法		在每一次往复进给后，除中拖板横向进给外，小拖板只向一个方向作微量进给	不易“扎刀”，斜进。法车螺纹后，必须使用左右切削法	适用于车削螺距较大（$P>2.5$mm）的螺纹
左右切削法		除中拖板横向进给外，同时小拖板将车刀向左或向右作微量进给	不易“扎刀”，必须控制小拖板左右移动量不宜太大	

（三）确定装夹方式和机械加工方案

装夹方式：由于零件需要车削内孔，该零件宜采用三爪卡盘。

加工方案：遵循先粗后精的原则，采用 90°外圆车削粗精加工右端台阶，采用 3mm 刀宽外切槽刀加工窄槽，调头采用 90°外圆车刀粗精车外圆，采用 3mm 刀宽外切槽刀加工宽槽。

（四）普通三角形外螺纹零件加工刀具选择

采用 90°外圆车刀加工右端台阶，采用外切槽刀加工窄槽，用 90°外圆车刀加工右端外圆，用外切槽刀加工左端宽槽。

（五）编制普通三角形外螺纹零件的机械加工工艺

参考表 1-26。

表 1-26　普通三角形外螺纹零件机械加工工艺编制表（参考）

工艺过程卡					
零件名称	端盖	机械编号		零件编号	
材料名称	调质45	坯料尺寸	ϕ35mm×30mm	件数	1

工序		工种	工步	工序内容	设备	刀具	工艺参数 S	工艺参数 f	工艺参数 a_p	检验量具	评定
1	下料	锯	1	锯毛坯	锯床	带锯	200	10	0.5	钢直尺	
2	左端轮廓	车	1	粗车外圆、台阶、内孔	车床	90°外圆车刀	600	200	1	千分尺	
			2	精车外圆、台阶、内孔	车床	90°外圆车刀	1200	100	0.5	千分尺	
3		车	1	$M24\times2$	车床	60°外螺纹车刀	600	160	0.3	螺纹环规	
			2	取总长切断	车床	3mm外切槽刀	300	30	1	千分尺	
4	检测										

工艺员意见	年　月　日
工艺合理性审定	指导教师(签章)： 年　月　日

三、编制完成车削加工程序

（一）固定循环螺纹加工指令 G82

程序格式	含义	编程方法（例）	图例
G82X(U)_Z(W)_R_E_P_F_	X、Z G90 时：为螺纹切削终点坐标。 R、E 螺纹切削时的退尾量，R、E 均为绝对值，R 为 Z 向回退量，E 为 X 向回退退量，R、E 可以省略，表示不用回退功能。 C 为螺纹头数，单头螺纹取 0 或 1，可省略。 P 为单线螺纹切削时，为主轴基准脉冲处距离切削起始点的主轴转角，多线螺纹切削时，为相邻螺纹头的切削起始点之间的主轴转角。 F 为螺纹的导程（单头螺纹为螺距）。 I 为螺纹切削起点与终点的半径之差（注意是半径差）		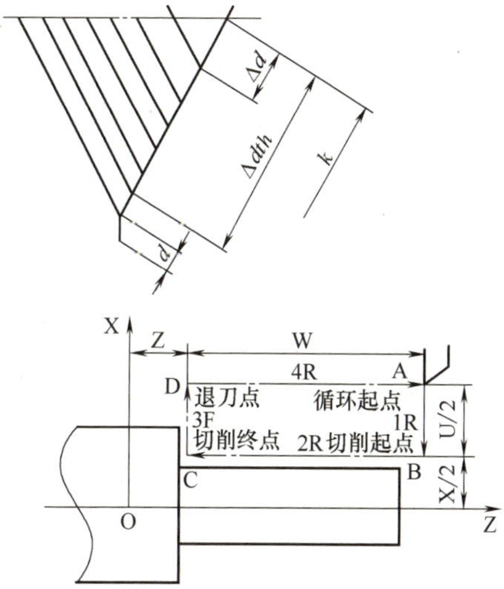 加工圆柱螺纹时的走刀轨迹
注意事项	在螺纹车削加工时转速不能变否则会出现乱牙情况		

(二)普通三角形外螺纹零件车削加工程序编制

1. 普通三角形外螺纹零件编程坐标系选定与坐标点计算

名称		代号	计算公式
外螺纹	牙型角	α	60°
	原始三角形高度	H	$H=0.866P$
	牙型高度	h	$h=8/5H=8/5\times0.866P=0.5413P$
	中径	d_2	$d_2=d-2\times8/3H=d-0.6495$
	小径	d_1	$d_1=d-2h=d-1.0825$
内螺纹	中径	D_2	$D_2=d_2$
	小径	D_1	$D_1=d_1$
	大径	D	$D=d=$公称直径
螺纹升角		ψ	$\tan\psi=nP/\pi d_2$
牙底宽(刀尖宽)		R	$R=0.866\times1.5\times1/8$

2. 普通三角形外螺纹零件数控车削加工程序编制

程序名:O05		
程序号	程序	说明
N10	%05	程序名
N20	T0404	定义刀具
N30	M03S600	定义转速
N40	G00X27Z5	定义循环加工起点
N50	G82X23.2Z-9F2	螺纹加工(第一次进刀)
N60	G82X23Z-9F2	螺纹加工(第二次进刀)
N70	G82X22.7Z-9F2	螺纹加工(第三次进刀)
N80	G82X22.4Z-9F2	螺纹加工(第四次进刀)
N90	G82X22.2Z-9F2	螺纹加工(第五次进刀)
N100	G82X22Z-9F2	螺纹加工(第六次进刀)
N110	G00X100Z100	退刀
N120	M05	主轴停止
N130	M30	程序结束并返回起始点

注:初学者由指导教师带领学生一起编制;熟练者由学生学习团队自主学习编制。

活动三　普通三角形外螺纹零件加工工艺与加工程序审定

一、思政教育

诚信教育——大众排气门

2015年9月18日，美国环境保护署指控大众汽车所售部分柴油车安装了专门应对尾气排放检测的软件，可以识别汽车是否处于被检测状态，继而在车检时秘密启动，从而使汽车能够在车检时以“高环保标准”过关，而在平时行驶时，这些汽车却大量排放污染物，最高可达美国法定标准的40倍。大众汽车因排放作弊案损失超过300亿美元并产生巨大的信任危机。排气门事件的出现，使得大众汽车公司损失巨大，皆因大众公司不诚实造成严重污染所致。从该事件中我们知道要坚持底线思维，守住底线，诚信就是做人做事的底线。

二、团队展示活动一、二学习过程与学习成果

① 进行学习过程与成果描述。

② 交流学习，发现、分析、解决问题（学生主体，教师引导）。

三、交流学习记录

（一）加工工艺正确性审定与优化

项目	要求	存在问题	改正措施
定位基准选择	1. 粗加工时必须符合粗基准的选择原则 2. 精加工时必须符合精基准的选择原则		
工艺过程	工序工步划分与编排顺序及其内容必须符合企业常规生产的工艺流程，便于生产管理		
加工参数	1. 粗加工工艺参数选择必须满足工艺系统的强度、刚性和提高效率、降低成本的要求 2. 精加工工艺参数选择原则是提高效率、降低成本		
设备工具	设备工具必须选择正确齐备，并符合当前的技术状况		
刀具选择	刀具的类型、形状与参数选择必须满足零件表面形状以及加工性质（粗加工、半精加工、精加工）的要求		

续表

项目	要求	存在问题	改正措施
检测工具	检测工具必须根据零件结构、检测项目、精度要求等选择必须正确、齐备		
工时定额	工时定额设定必须合理		
其他			

（二）数控加工程序正确性审定与优化

项目	要求	存在问题	改正措施
程序格式	数控加工程序格式必须与所选定数控系统的编程格式相符		
程序指令	在保证质量提高效率减低成本前提下，做到正确与优化		
程序顺序	程序顺序必须与工艺过程相符		
程序参数	程序工艺参数必须与加工工艺选定参数相符		

活动四 普通三角形外螺纹零件数控车削加工任务执行

一、材料与设备工具准备

类别		型号/规格/尺寸	作用
坯料准备			
设备	数控车床		用于零件的端面、阶台面、外圆柱面与沟槽的加工
工具准备	卡盘		
	卡盘扳手		
	其他		
刀具准备	外圆粗车刀	刀具号	
	外圆精车刀	刀具号	
	切槽刀	刀具号	
	外螺纹车刀	刀具号 T404	

续表

类别		型号/规格/尺寸	作用
量具	游标卡尺	25～50mm	用于长度尺寸测量
	千分尺	0～200mm	用于长度与外径测量
	螺纹环规	M24-6g	用于外螺纹测量
其他			

二、车刀的安装

1. 车刀的选择

如图 1-54 所示。

2. 车刀的安装

外螺纹车刀的安装如图 1-55 所示。

图 1-54　三角形普通外螺纹车刀

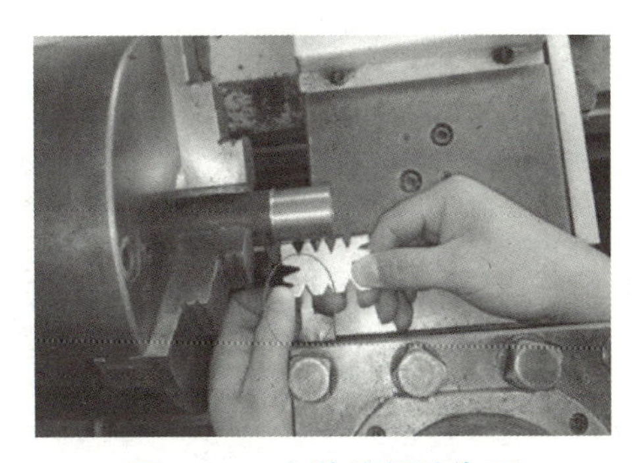

图 1-55　安装外螺纹车刀

注意：

① 刀具安装的时候，必须使刀具的刀尖与 Z 轴线相互垂直。

② 刀具安装的时候，注意用牙形样板进行校正使刀具角度和牙形角度完全吻合。

3. 对刀操作（图 1-56、图 1-57）

① 建立 Z 方向的坐标，外螺纹车刀刀尖与零件右端面在同一直线上即可。

图 1-56　对刀操作（一）

② 在刀具补偿的下级菜单刀片表的试切长度中输入“0”。

华中数控 加工方式：手动 运行正常 12:34:24

当前加工程序行：

刀偏表：

刀偏号	X偏置	Z偏置	X磨损	Z磨损	试切直径	试切长度
#0001	0.000	0.000	0.000	0.000	0.000	0.000
#0002	0.000	0.000	0.000	0.000	0.000	0.000
#0003	0.000	0.000	0.000	0.000	0.000	0.000
#0004	0.000	0.000	0.000	0.000	0.000	0.000
#0005	0.000	0.000	0.000	0.000	0.000	0.000
#0006	0.000	0.000	0.000	0.000	0.000	0.000
#0007	0.000	0.000	0.000	0.000	0.000	0.000
#0008	0.000	0.000	0.000	0.000	0.000	0.000
#0009	0.000	0.000	0.000	0.000	0.000	0.000
#0010	0.000	0.000	0.000	0.000	0.000	0.000
#0011	0.000	0.000	0.000	0.000	0.000	0.000
#0012	0.000	0.000	0.000	0.000	0.000	0.000
#0013	0.000	0.000	0.000	0.000	0.000	0.000

③ 建立 X 方向的坐标，选择背吃刀量为 0.1mm 和增量进给手动车削外圆。

图 1-57 对刀操作（二）

注意：用螺纹车刀加工零件的时候背吃刀量不要过大，应选择在螺纹车刀能承受最大切削力的范围之内。

④ 停止主轴转动，将测量的数据输入到刀片表中的试切直径中。

华中数控 加工方式：手动 运行正常 12:36:06

当前加工程序行：

刀偏表：

刀偏号	X偏置	Z偏置	X磨损	Z磨损	试切直径	试切长度
#0001	0.000	-927.440	0.000	0.000	29	0.000
#0002	0.000	0.000	0.000	0.000	0.000	0.000
#0003	0.000	0.000	0.000	0.000	0.000	0.000
#0004	0.000	0.000	0.000	0.000	0.000	0.000
#0005	0.000	0.000	0.000	0.000	0.000	0.000
#0006	0.000	0.000	0.000	0.000	0.000	0.000
#0007	0.000	0.000	0.000	0.000	0.000	0.000
#0008	0.000	0.000	0.000	0.000	0.000	0.000
#0009	0.000	0.000	0.000	0.000	0.000	0.000
#0010	0.000	0.000	0.000	0.000	0.000	0.000
#0011	0.000	0.000	0.000	0.000	0.000	0.000
#0012	0.000	0.000	0.000	0.000	0.000	0.000
#0013	0.000	0.000	0.000	0.000	0.000	0.000

三、操作数控车床完成普通三角形外螺纹零件的加工

（一）程序输入操作

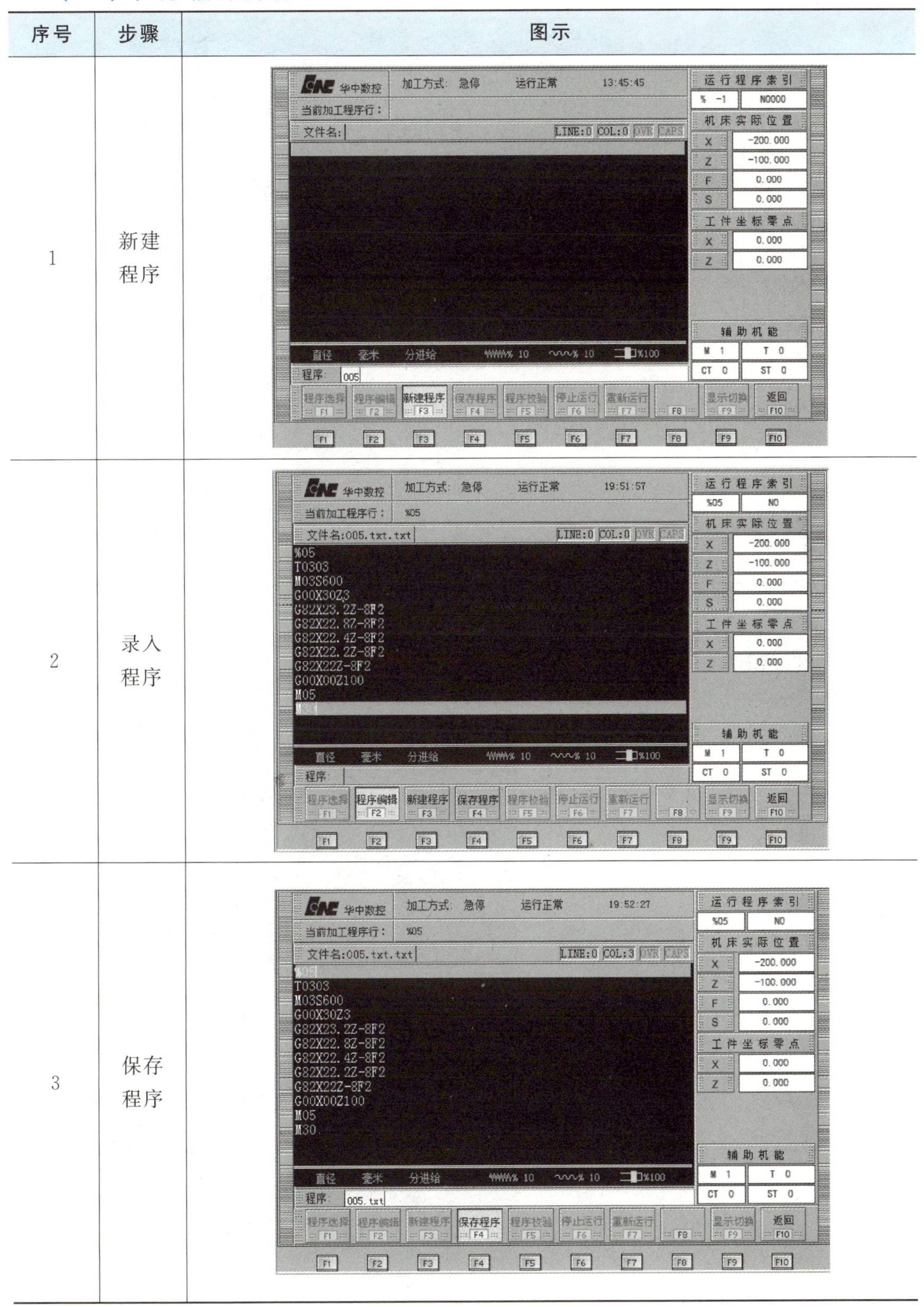

序号	步骤	图示
1	新建程序	
2	录入程序	
3	保存程序	

续表

序号	步骤	图示
4	程序校验	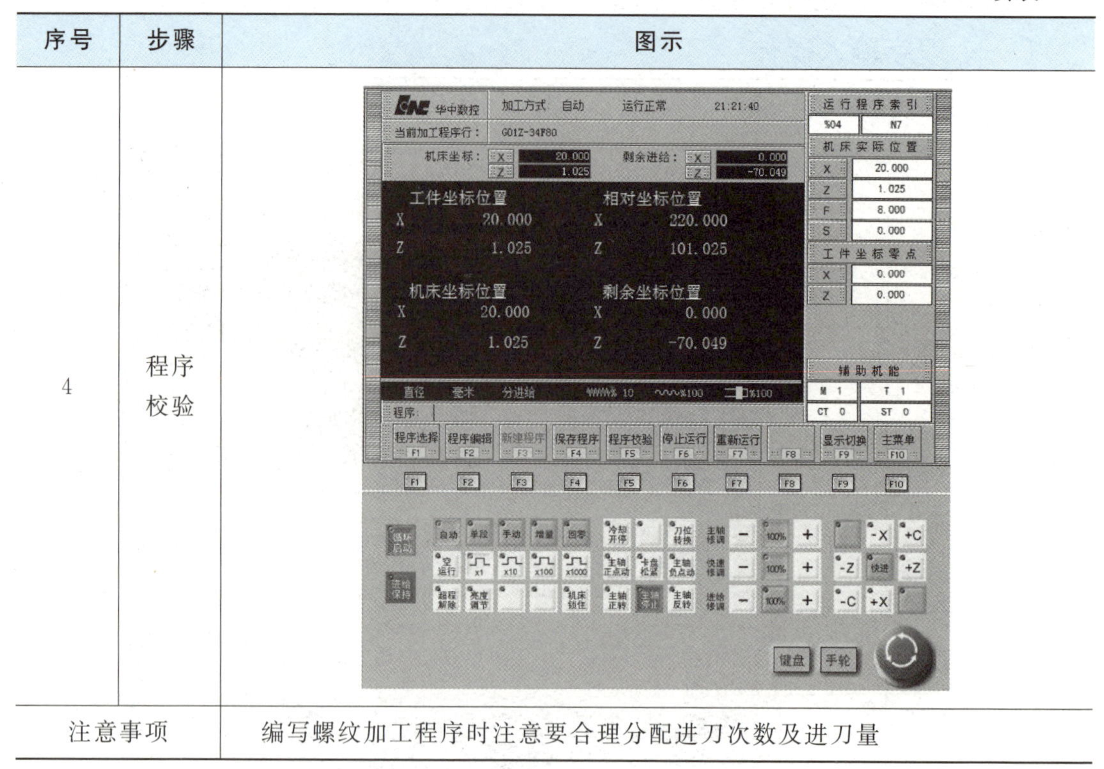
注意事项		编写螺纹加工程序时注意要合理分配进刀次数及进刀量

（二）零件车削加工操作过程与方法

序号	操作步骤	操作内容	图示
1	自动/单段粗加工零件并检测	1. 在刀具磨损值当中预留出精加工余量 2. 选择要加工的程序 3. 自动/单段+循环启动	华中数控 加工方式 急停 运行正常 19:54:02 当前加工程序行： %05 刀偏表： 运行程序索引 %05 N0 机床实际位置 X -200.000 Z -100.000 F 0.000 S 0.000 工件坐标零点 X 0.000 Z 0.000 辅助机能 M 1 T 0 CT 0 ST 0 MDI X轴置零 F1 Z轴置零 F2 F3 F4 标刀选择 F5 F6 F7 F8 F9 返回 F10

刀偏表：

刀偏号	X偏置	Z偏置	X磨损	Z磨损	试切直径	试切长度
#0001	0.000	0.000	0.600	0.000	0.000	0.000
#0002	0.000	0.000	0.000	0.000	0.000	0.000
#0003	0.000	0.000	0.000	0.000	0.000	0.000
#0004	0.000	0.000	0.000	0.000	0.000	0.000
#0005	0.000	0.000	0.000	0.000	0.000	0.000
#0006	0.000	0.000	0.000	0.000	0.000	0.000
#0007	0.000	0.000	0.000	0.000	0.000	0.000
#0008	0.000	0.000	0.000	0.000	0.000	0.000
#0009	0.000	0.000	0.000	0.000	0.000	0.000
#0010	0.000	0.000	0.000	0.000	0.000	0.000
#0011	0.000	0.000	0.000	0.000	0.000	0.000
#0012	0.000	0.000	0.000	0.000	0.000	0.000
#0013	0.000	0.000	0.000	0.000	0.000	0.000

续表

序号	操作步骤	操作内容	图示
2	自动/单段精加工零件	1. 停止主轴测量外圆尺寸 2. 磨损值即实际加工后的测量值(结果为有符号数) 3. 修改程序 4. 自动/单段+循环启动	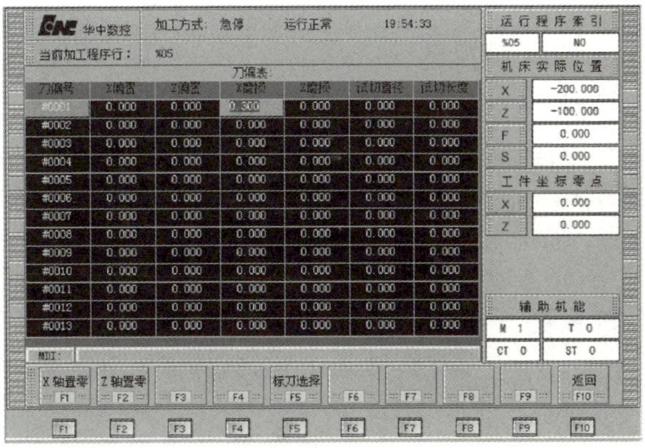
3	自检零件是否合格	检测零件外轮廓尺寸	见图 1-53
注意事项		螺纹加工时不能更改转速否则会出现乱牙现象	

四、螺纹的测量

测量方法		说明	图示
单项测量	三针测量中径	三针测量是中径的一种精确测量方法。其测量操作、参数计算如右图所示。 最佳钢针直径：$D_0=0.518P$ 中径计算值：$d_2=M-3d_D+0.866P$	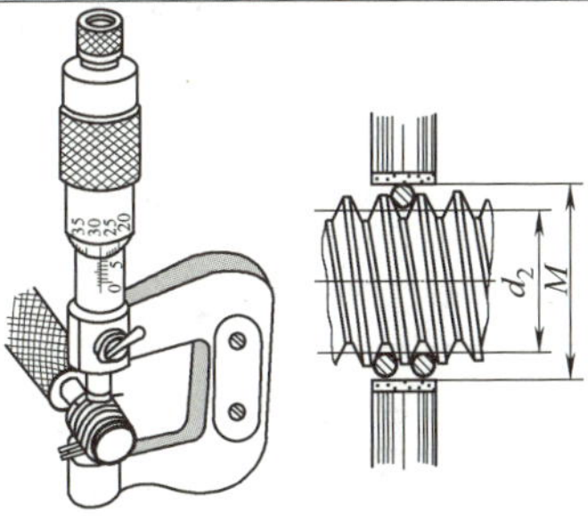
	单针测量中径	原理与三针测量相同，就是用一根量针，另一侧使用螺纹大径作为基准，测量前必须首先测出大径值 d_0，M 为三针测量值 $A=(M+d_D)/2$	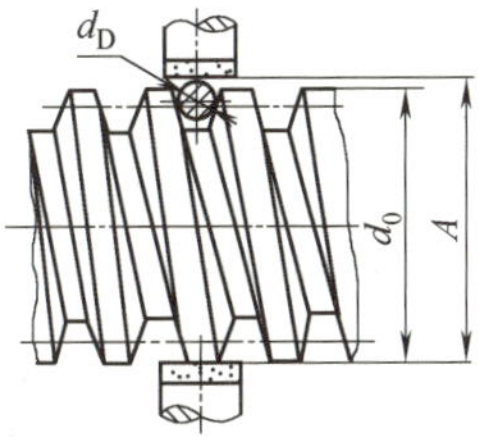
	螺纹千分尺测量中径	测量时，首先将选择好的测杆砧座孔内，将千分尺调“0”后方可测量。一般用于测量精度要求不高，螺距或导程为 0.4～6mm 的三角形螺纹	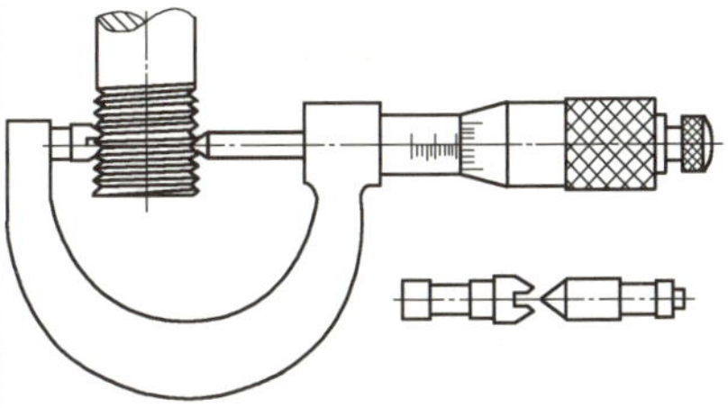

续表

测量方法		说明	图示
单项测量	螺纹样板测量螺距	在螺纹加工前和螺纹加工后可使用钢尺和螺纹样板来检测螺纹螺距和牙形。	
综合测量	螺纹环规测量外螺纹	通端通、止端止：合格。 通端止：外螺纹中径大，继续加工。 止端通：外螺纹中径小，报废	
	螺纹塞规测量外螺纹	通端通、止端止：合格。 通端止：内螺纹尺寸小，继续加工。 止端通：内螺纹中径大，报废	

五、常见问题及其处理方法

参见项目二任务一活动四。

活动五　普通三角形外螺纹零件加工质量检测

（1）团队展示加工完成的沟槽零件。

（2）对普通三角形外螺纹零件进行质量检查。

① 加工质量自检、互检与质量评价，并填写质量检测表。

序号	检测项目	检测指标		评分标准	配分	检测记录		得分
						自检	互检	
1	尺寸精度	$\phi12^{+0.027}_{0}$		超差 0.01 扣 10 分	25			
2		$M24\times2$		不合格不得分	30			
3		2×1		超差不得分	10			
4		$C1$ 倒角（2 处）		一处不合格扣 3 分	3			
5		$C0.5$ 倒角（1 处）		一处不合格扣 2 分	2			
6	形位公差	同轴度	未注公差按 6～8 级	超差 1 项扣 6 分	6			
7		圆柱度			6			
8	表面粗糙度	$Ra1.6$（1 处）		一处不合格扣 2 分	4			
9		$Ra3.2$（4 处）		一处不合格扣 1 分	4			

续表

序号	检测项目	检测指标	评分标准	配分	检测记录		得分
					自检	互检	
10	文明生产		无违章操作	10			
问题分析		产生问题	原因分析	解决方案			
签阅		评价团队意见	年　月　日				
		指导教师意见	年　月　日				

说明：出现评价争议必须由学生评价委员会、指导教师与争议双方共同按照质检标准复检解决。

② 评价争议解决（质检争议解决由学生评价委员会与教师结合完成）。

活动六　普通三角形外螺纹零件数控车削加工任务评价与接续任务布置

一、普通三角形外螺纹零件数控车削加工学习任务评价

① 各团队展示学习任务过程与学习成果，进行交流学习。

② 进行普通三角形外螺纹零件数控车削加工学习效能评价。

序号	项目	内容	程度	不能的原因
1	知识学习	能对普通三角形外螺零件进行结构工艺性分析吗？	□能 □不能	
2		能编制出正确合理的普通三角形外螺零件的机械加工工艺吗？	□能 □不能	
3		能理解G00、G01、S、F数控编程指令的含义与编程应用吗？	□能 □不能	
4		能使用G00、G01、S、F指令编制正确合理的普通三角形外螺零件的数控加工程序吗？	□能 □不能	
5	技能学习	能合理选择普通三角形外螺零件加工的设备、工具以及量具吗？	□能 □不能	
6		能安全熟练地完成工件与刀具的安装与对刀操作吗？	□能 □不能	

续表

序号	项目	内容	程度	不能的原因
7	技能学习	能使用数控模拟软件对普通三角形外螺零件的加工工艺与程序进行校验与优化吗？	□能 □不能	
8		能安全熟练地操作数控车床完成普通三角形外螺零件的车削加工吗？	□能 □不能	
9		能正确合理地选择量具与测量方法对普通三角形外螺零件进行质量检测与控制吗？	□能 □不能	

经验积累与问题解决	
经验积累	存在问题

签审		
签审	评价委员会意见	年 月 日
	指导教师意见	年 月 日

③ 进行普通三角形外螺纹零件数控车削加工综合能力评价。

请复制附录表5，团队完成数控车床操作任务综合能力评价并与填写评价表。

二、普通三角形外螺纹零件数控车削加工知识与技能学习巩固

（一）知识学习与应用

1. 在华中数控系统中螺纹固定循环加工指令是（　　）。

A. G82　　B. G42　　C. G41　　D. G03

2. 三角形普通外螺纹车刀尖角度是（　　）。

A. 30°　　B. 45°　　C. 60°　　D. 55°

3. 螺纹加工编程指令中 F 表示__________。

4. 判断对错：螺纹加工中可以改变转速提高表面质量。（　　）

5. 已知 $M26\times2$ 三角形普通外螺纹，试求出螺纹加工参数？

（二）技能学习与应用

完成如图 1-58 所示阶梯轴（外螺纹加工）的图形绘制、数控加工工艺与程序编制，操作数控车床完成该零件数控车削加工。所用材料为 45 钢。

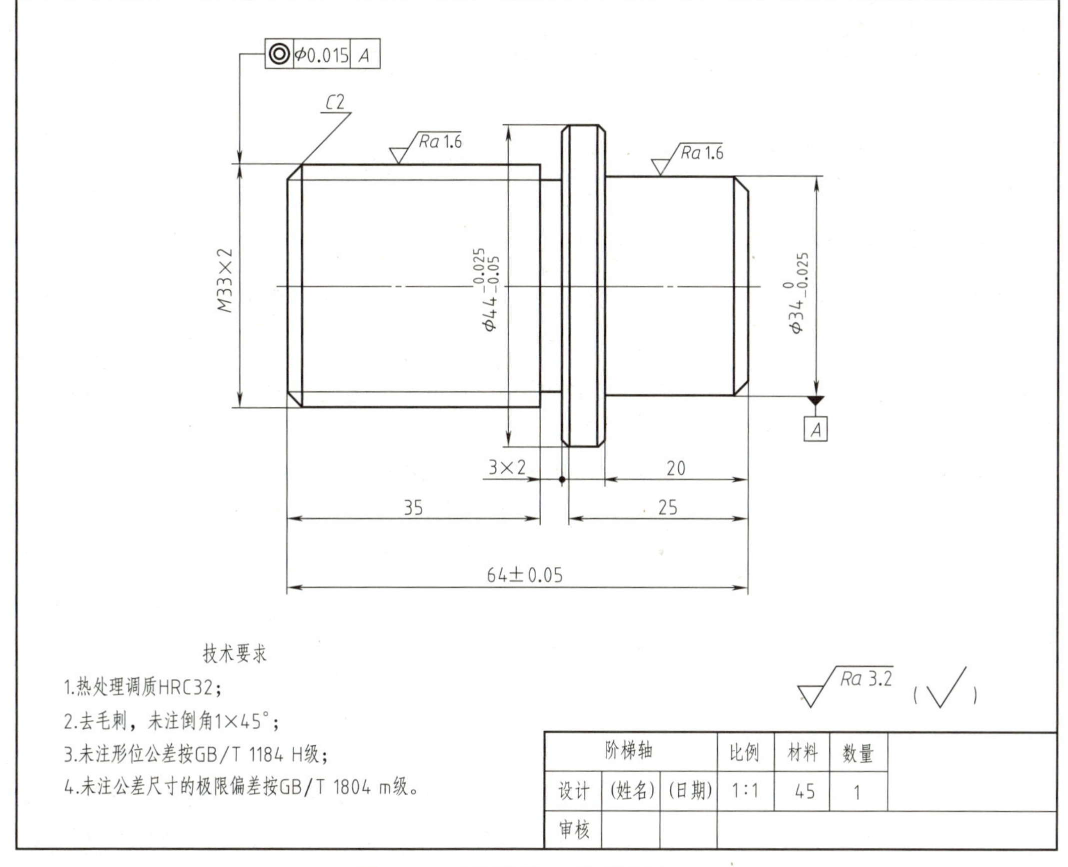

图 1-58　阶梯轴（外螺纹加工）

三、接续任务布置

① 项目四基于 CAXA 数控车复合零件数控车削加工相关学习知识资源准备。

② 项目四基于 CAXA 数控车复合零件数控车削加工相关技术工具准备。

基于CAXA数控车复合零件的编程及加工

任务 复合零件的车削加工

活动一 复合零件车削加工任务分析

一、任务描述

<table>
<tr><td>任务名称</td><td colspan="2">复合零件车削的加工</td><td>任务时间</td><td></td></tr>
<tr><td rowspan="3">学习目标</td><td>知识目标</td><td colspan="3">1. 能正确分析复合零件车削的工艺性结构
2. 能正确进行复合零件车削技术要求的分析和工艺知识的学习与应用
3. 能编制正确合理的复合零件车削加工工艺
4. 能完成CAXA软件复合零件车削程序编制知识的学习与应用
5. 能运用CAXA软件编制复合零件车削加工程序</td></tr>
<tr><td>技能目标</td><td colspan="3">1. 能正确熟练地操作CAXA软件对复合零件进行程序编制及制造
2. 能正确熟练地使用游标卡尺和千分尺对复合零件车削质量进行检测与控制</td></tr>
<tr><td>职业素养</td><td colspan="3">1. 能严格遵守和执行零件车削加工场地的规章制度和劳动管理制度
2. 能主动获取与复合车削加工工艺与程序编制相关的有效信息，展示工作成果，对学习、工作进行总结反思，能与他人合作，进行有效沟通
3. 能保质、保量、按时完成工作任务
4. 能从容分析和处置复合车削加工过程中出现的问题与突发事件</td></tr>
<tr><td rowspan="2">重点难点</td><td>重点</td><td>1. 能完成CAXA软件对复合零件车削程序编制知识的学习与应用
2. 能运用CAXA软件编制复合零件车削加工程序</td><td rowspan="2">突破手段</td><td rowspan="2">通过观看操作视频，微课、仿真、示范讲解等方式突破重难点</td></tr>
<tr><td>难点</td><td>能正确熟练地操作CAXA软件对复合零件进行程序编制及制造</td></tr>
</table>

二、复合零件车削结构工艺性分析

（一）复合零件的作用

复合零件起连接和固定的作用。

（二）复合零件车削的结构

复合零件车削是加工外轮廓和内孔，采用 CAXA 软件对复合零件进行程序编制及制造。零件图见图 1-59。

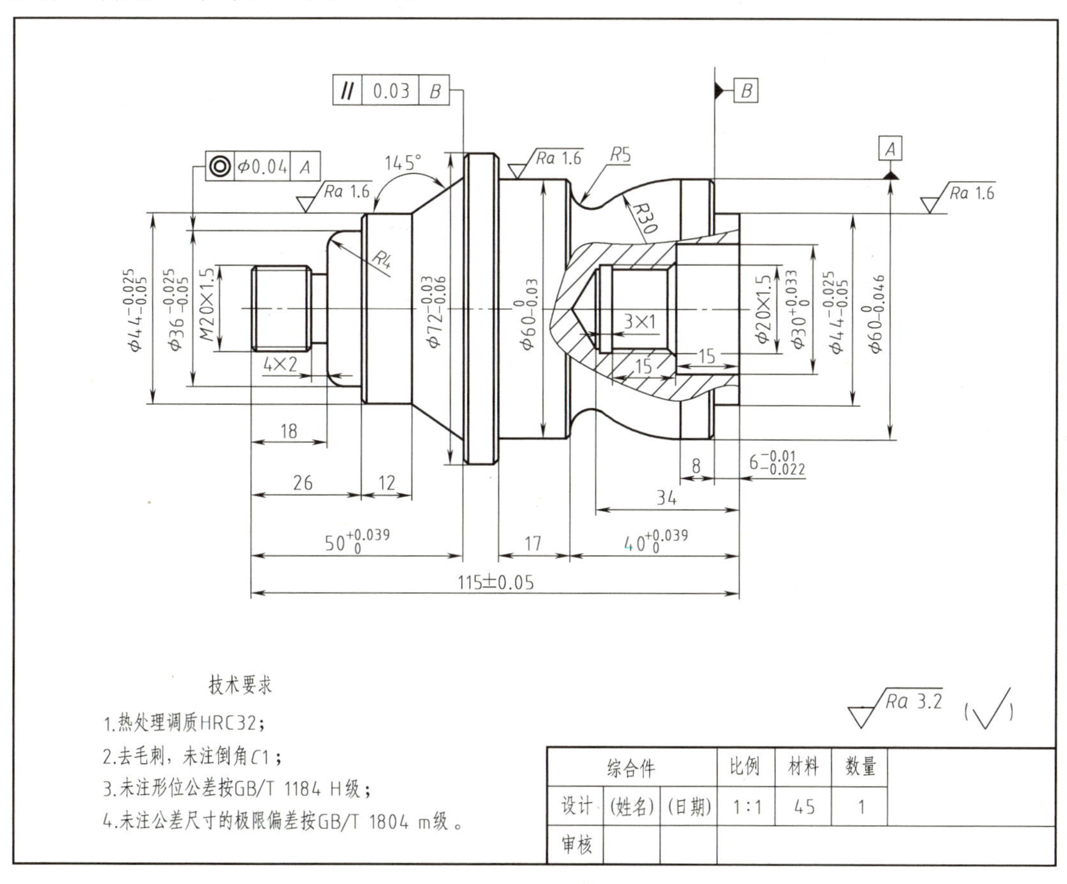

图 1-59　复合零件车削零件图

三、完成任务的资料、资源准备

类别	名称	作用
教材	数控车削加工技术、公差配合与测量技术、提高学习效能机械制图、机械基础、金属材料与热处理、CAXA 数控车、操作手册等	用于加工工艺与加工程序编制与校验
导学资料	学习任务书与考核评价工具(效能与综合)	用于引导学生自主学习
助学资料	数控车指令应用编程的微课以及铣床操作与量具使用视频等	直观展示学习任务

活动二 复合零件加工工艺与程序编制

一、复合零件加工技术要求分析

项目	技术参数/mm	加工、定位方案选择		备注
尺寸精度	$\phi72_{-0.06}^{-0.03}$	复合零件车削加工方案	1. 粗加工右端外圆、台阶、内孔； 2. 精加工右端外圆、台阶、内孔； 3. 加工内螺纹； 4. 掉头加工左端取总长、台阶、切槽； 5. 精加工左端外圆、台阶、切槽； 6. 加工外螺纹	注意铣刀与切削用量的合理选择
	$\phi60_{-0.03}^{0}$			
	$\phi60_{-0.046}^{0}$			
	$\phi44_{-0.05}^{-0.025}$			
	$\phi44_{-0.05}^{-0.025}$			
	$\phi36_{-0.05}^{-0.025}$			
	$\phi30_{0}^{+0.033}$			
	$M20\times1.5$			
	$\phi50_{0}^{+0.039}$			
	$\phi40_{0}^{+0.039}$			
	115 ± 0.05			
	$6_{-0.022}^{-0.01}$			
	18			
	4×2			
	17			
	26			
	34			
	8			
	12			
	15			
	3×1			
	$R30$			
	$R5$			
	$R4$			
形位公差	同轴度 0.04	定位基准选择与安装	为保证复合零件车削加工的同轴度，调头装夹一定要装正打表	注意工件安装时的找正与夹紧

二、复合零件车削加工工艺知识学习

（一）复合零件车削的加工方法

① 外圆采用90°外圆车刀加工。

② 螺纹退刀槽用切槽刀加工。

③ 外螺纹采用外螺纹车刀加工。

④ 内孔先钻孔后用内孔车刀加工。

⑤ 内螺纹用内螺纹车刀加工。

（二）确定装夹方式和加工方案

装夹方式：采用三爪卡盘装夹，调头铝制采用软爪装夹。

加工方案：遵循先粗后精的原则，先加工外圆再加工内孔。涉及调头装夹，必须保证同轴度要求。

（三）编制复合的机械加工工艺

工艺过程卡											
零件名称		综合件		机械编号		零件编号					
材料名称		调质45		坯料尺寸	ϕ75×120	件数	1				
工序		工种	工步	工序内容	设备	刀具	工艺参数			检验量具	评定
							S	f	a_p		
1	下料	锯	1	锯毛坯	车床		200	10	0.5	钢直尺	
2	车右端面	车	1	车端面	车床	90°外圆车刀	1200	100	1	游标卡尺	
3		车	2	车右端外圆	车床	90°外圆车刀	1200	100	1	外径千分尺	
4		车	3	钻孔	车床	ϕ16麻花钻	800	30	1	外径千分尺	
5		车	4	车孔	车床	ϕ10内孔车刀	1200	100	1	三点式内径千分尺	
6		车	5	车内沟槽	车床	ϕ10内沟槽刀	1200	30	0.5	外径千分尺	
7		车	6	车内螺纹	车床	内螺纹车刀	600		0.3	螺纹塞规	
8	车左端面	车		车外圆	车床	90°外圆车刀	1200	100	1	外径千分尺	
9		车		车外螺纹退刀槽	车床	切槽刀	1200	30	0.5	外径千分尺	
10		车		车外螺纹	车床	外螺纹车刀	600		0.3	螺纹环规	
11	检验										
工艺员意见		年　月　日									
工艺合理性审定		指导教师(签章)： 年　月　日									

三、 编制完成复合铣削加工程序

（一）复合零件数控车削程序编制知识学习与应用

车削内容	车削方式	车削轨迹
粗车外圆基本轮廓	外轮廓粗车	
车削参数		

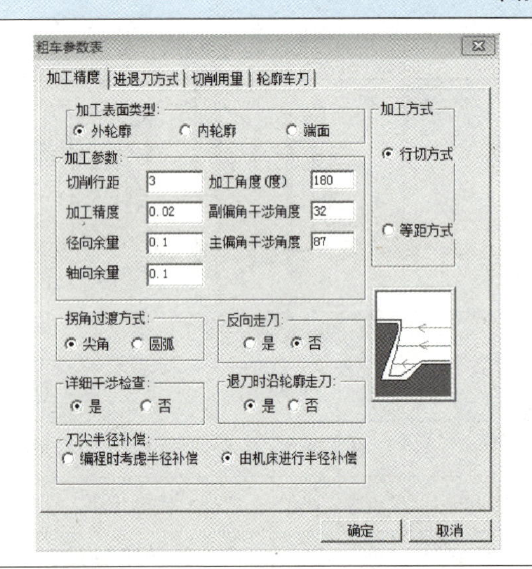

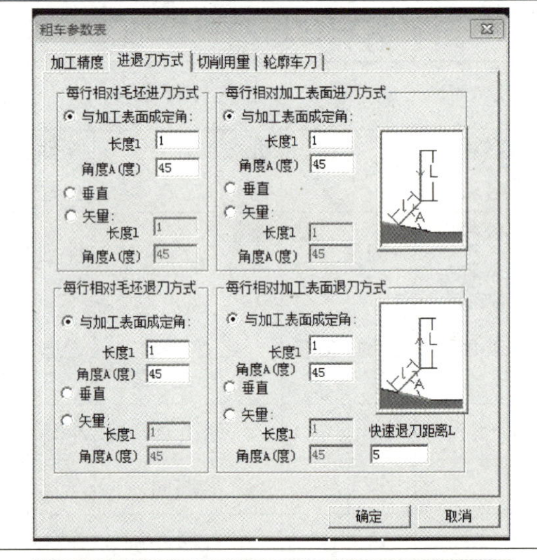

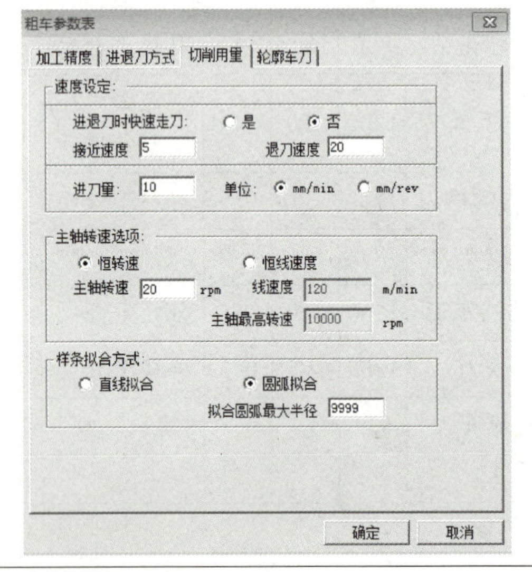

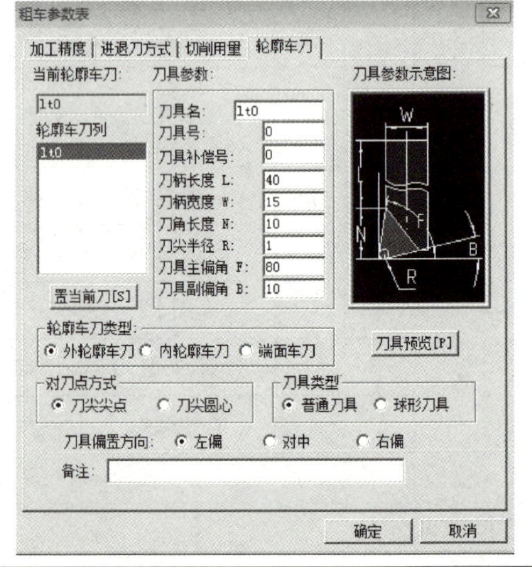

其他参数设置：

续表

车削内容	车削方式	车削轨迹
粗车内圆孔轮廓	内轮廓粗车	

车削参数

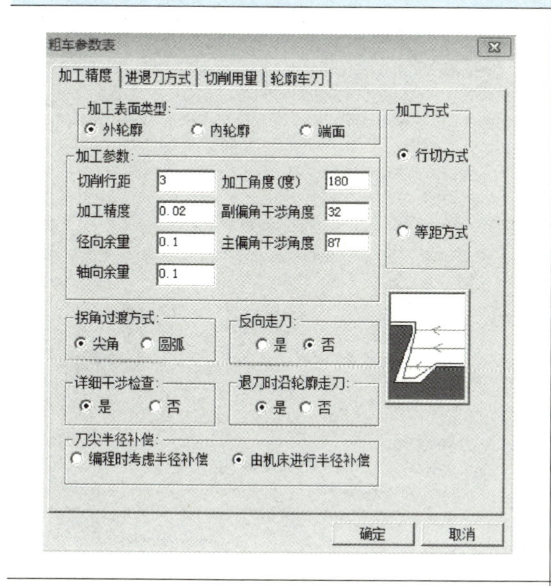

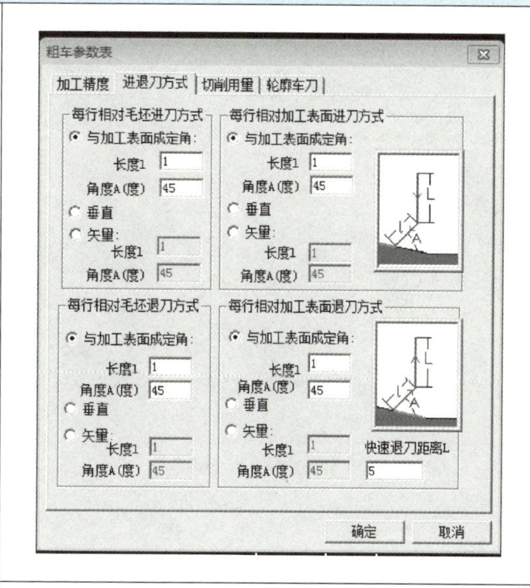

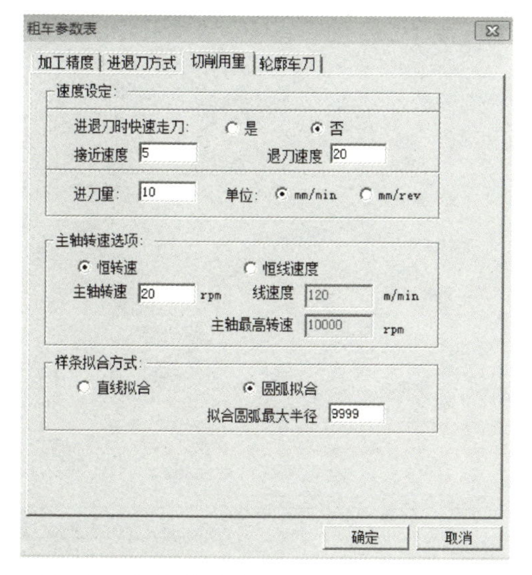

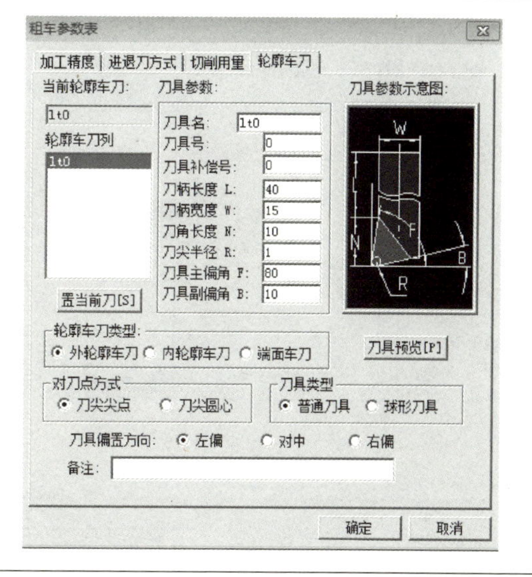

其他参数设置：

续表

车削内容	车削方式	车削轨迹
精车工件轮廓	外轮廓精车、内轮廓精车	

车削参数

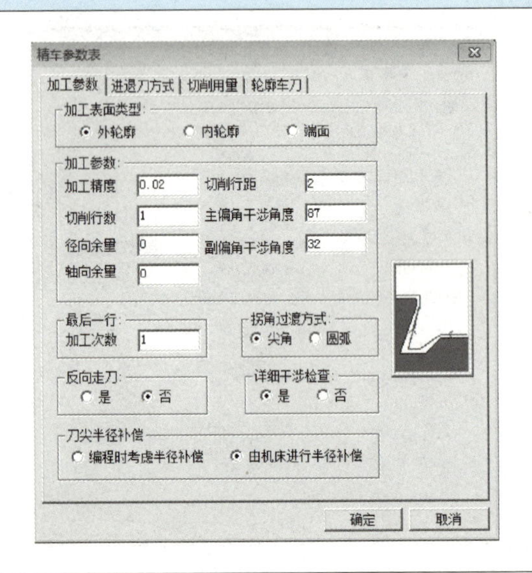

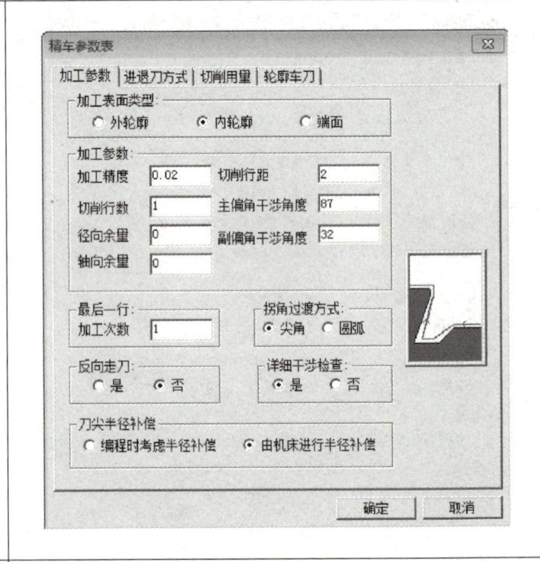

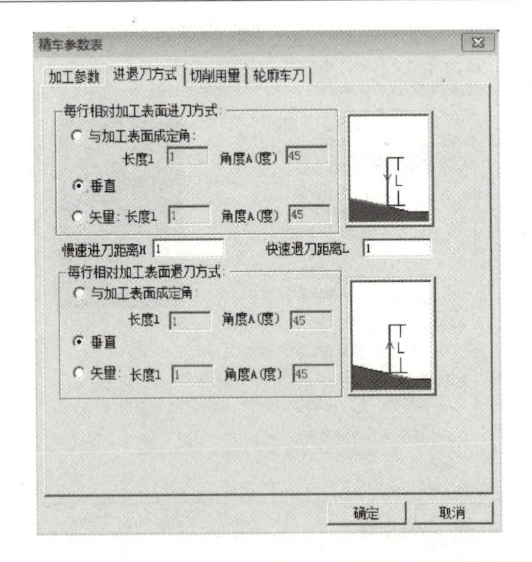

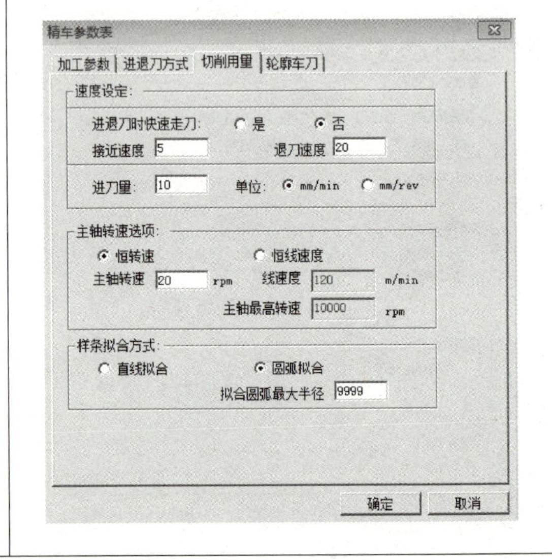

其他参数设置：

续表

车削内容	车削方式	车削轨迹
粗车外圆基本轮廓	外轮廓粗车	
车削参数		

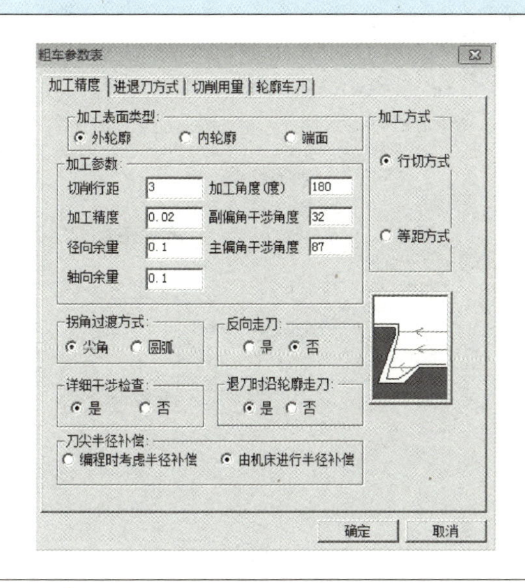

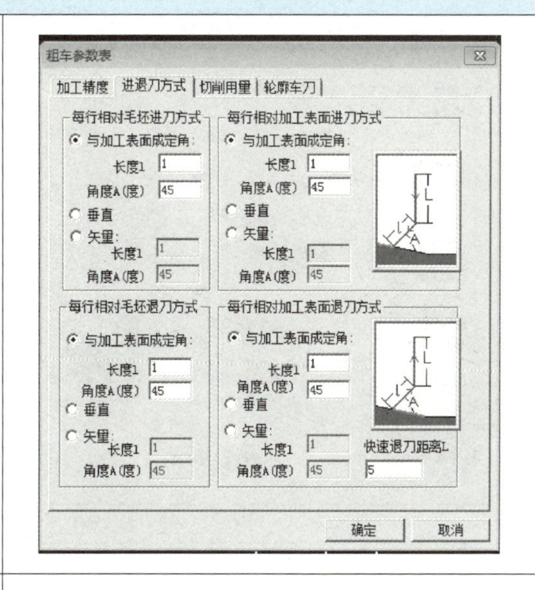

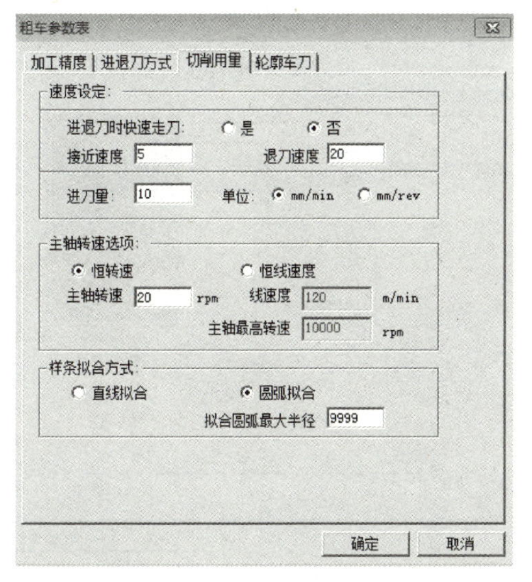

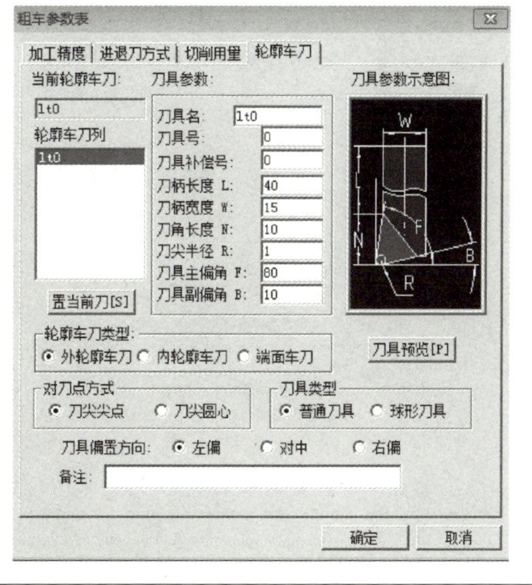

其他参数设置：

续表

车削内容	车削方式	车削轨迹
精车工件轮廓	外轮廓精车	

车削参数

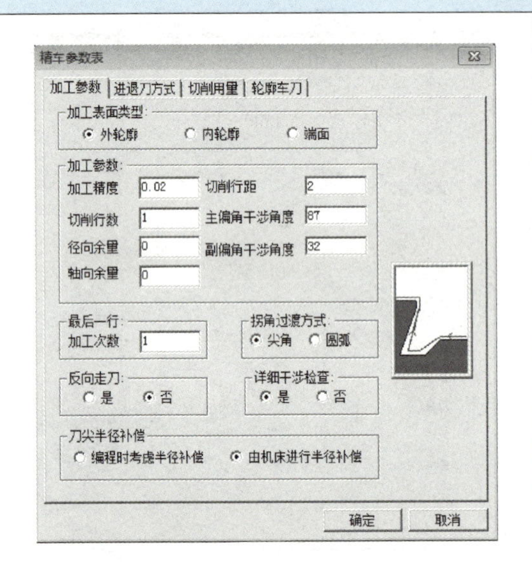

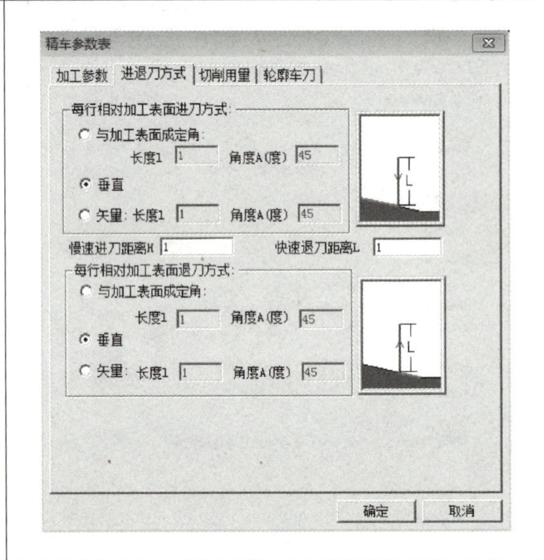

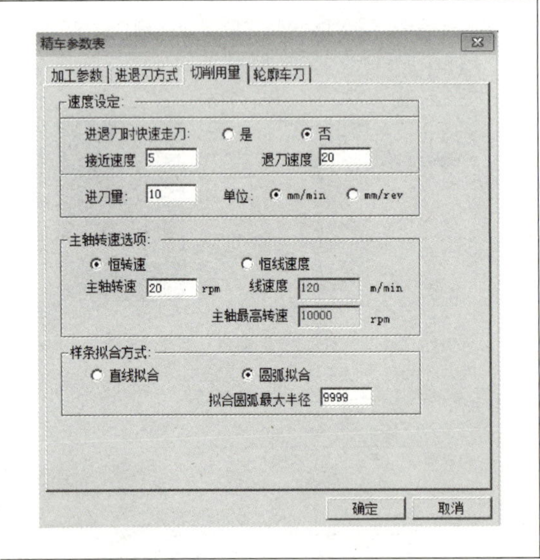

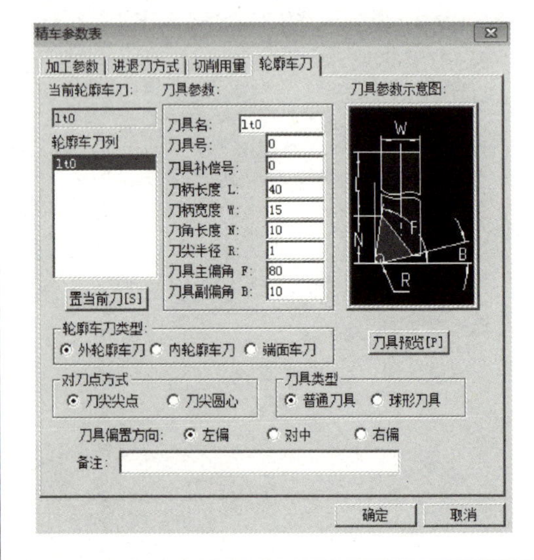

其他参数设置：

（二）复合车削加工程序生成

先选择生成后置代码然后选择华中数控系统（根据实际系统来选择），然后保存程序（O03.TXT）。

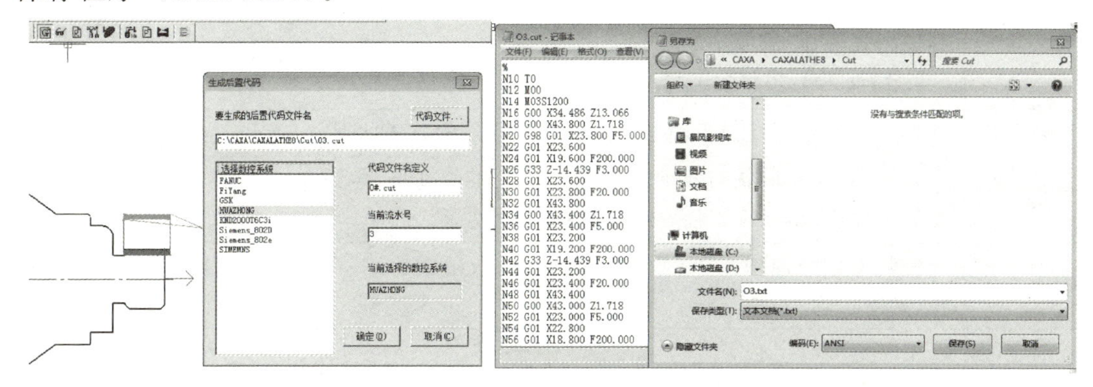

活动三　复合零件加工工艺与加工程序审定

一、思政教育

国之重器中机械制造无处不在

机械学科发展迅猛，正在向高速、重载、高精度、高效率、低噪声方向发展。机械设备的应用领域不断扩大，可上天，可入地，可下海，甚至可以钻入人体内。在我国深地、深海、深空技术发展中，机械发挥了重要作用，功不可没！“神舟”飞天、“蛟龙”入海、“天眼”探空、“墨子”传信、“天宫”合体等国之重器都必须依赖于机械制造技术的创新发展。现代机械工业对创造性人才的渴求与日俱增。同学们作为机械学习者责无旁贷，要担当起这个责任，并落实在具体的行动上。在为中国制造自豪的同时，也要正视我国机械工业与世界先进水平相比的差距，从我做起，刻苦钻研，奋起直追。

二、团队展示活动一、二学习过程与学习成果

① 进行学习过程与成果描述。

② 交流学习，发现、分析、解决问题（学生主体，教师引导）。

三、交流学习记录

（一）加工工艺正确性审定与优化

项目	要求	存在问题	改正措施
定位基准选择	1. 粗加工时必须符合粗基准的选择原则 2. 精加工时必须符合精基准的选择原则		
工艺过程	工序工步划分与编排顺序及其内容必须符合企业常规生产的工艺流程，便于生产管理		

续表

项目	要求	存在问题	改正措施
加工参数	1. 粗加工工艺参数选择必须满足工艺系统的强度、刚性和提高效率、降低成本的要求 2. 精加工工艺参数选择原则是提高效率、降低成本		
设备工具	设备工具必须选择正确、齐备，并符合当前的技术状况		
刀具选择	刀具的类型、形状与参数选择必须满足零件表面形状以及加工性质(粗加工、半精加工、精加工)的要求		
检测工具	检测工具必须根据零件结构、检测项目、精度要求等选择，必须正确、齐备		
工时定额	工时定额设定必须合理		
其他			

（二）数控加工程序正确性审定与优化

项目	要求	存在问题	改正措施
程序格式	数控加工程序格式必须与所选定数控系统的编程格式相符		
程序指令	在保证质量提高效率减低成本前提下，做到正确与优化		
程序顺序	程序顺序必须与工艺过程相符		
程序参数	程序工艺参数必须与加工工艺选定参数相符		

注：在条件允许的情况下，可使用 CAD/CAM 或数控模拟软件进行程序校验与优化。

活动四　复合零件数控车削加工任务执行

一、材料与设备工具准备

类别		型号/规格/尺寸	作用
坯料准备			
设备	数控车床		用于零件的端面、台阶面、外圆柱面与沟槽的加工
工具准备	卡盘		
	卡盘扳手		
	其他		
刀具准备	外圆粗车刀	90°外圆车刀和35°外圆车刀	用于加工外圆、台阶
	外圆精车刀	90°外圆车刀和35°外圆车刀	用于加工外圆、台阶
	切槽刀	3mm 外切槽刀	用于切槽
	外螺纹车刀	刀片角度 60°	用于加工外螺纹
	内螺纹车刀	刀片角度 60°	用于加工内螺纹

续表

类别		型号/规格/尺寸	作用
量具	游标卡尺	0～200mm	用于长度尺寸测量
	千分尺	0～25mm、25～50mm、50～75mm	用于外径测量
	内径千分尺	16～20mm、20～30mm	用于内径测量
	螺纹环规	M20×1.5-6g	用于检测外螺纹
	螺纹塞规	M20×1.5-6H	用于检测内螺纹
其他			

二、车刀的选择

复合零件车削形状	车刀选择	备注
外圆	90°外圆车刀	
螺纹退刀槽	切刀	
螺纹	螺纹车刀	
孔	麻花钻、内孔车刀	
内孔	内孔车刀	

三、操作数控车床完成复合零件车削的加工

（一）程序输入操作方法

序号	步骤	图示
1	生成程序	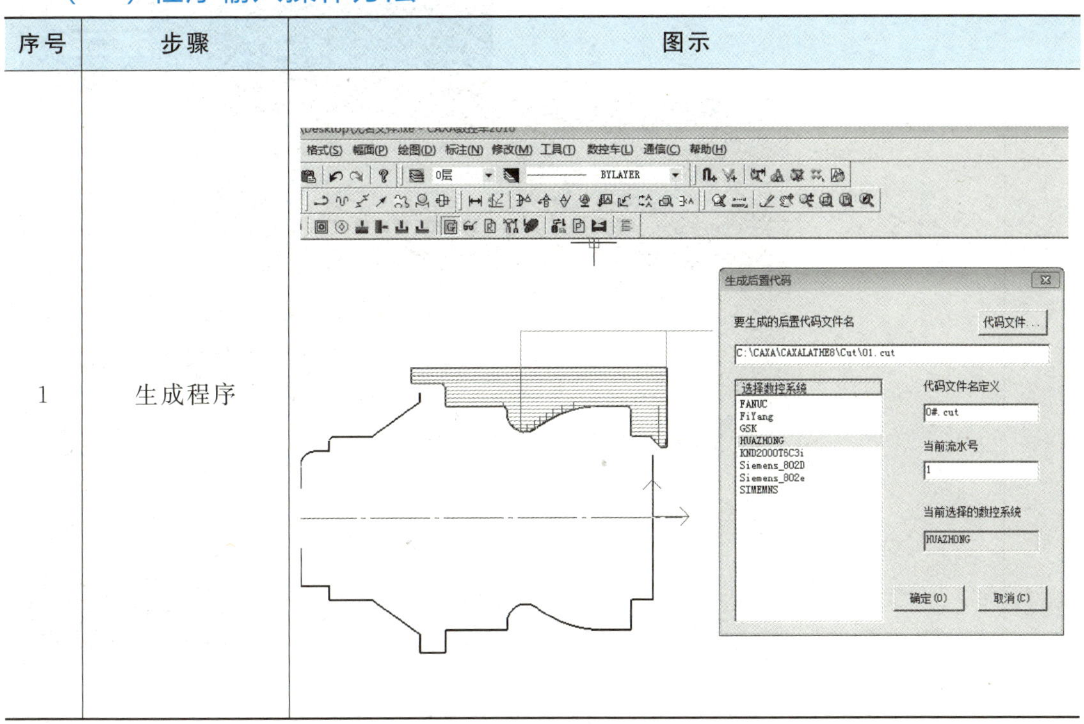

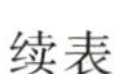
续表

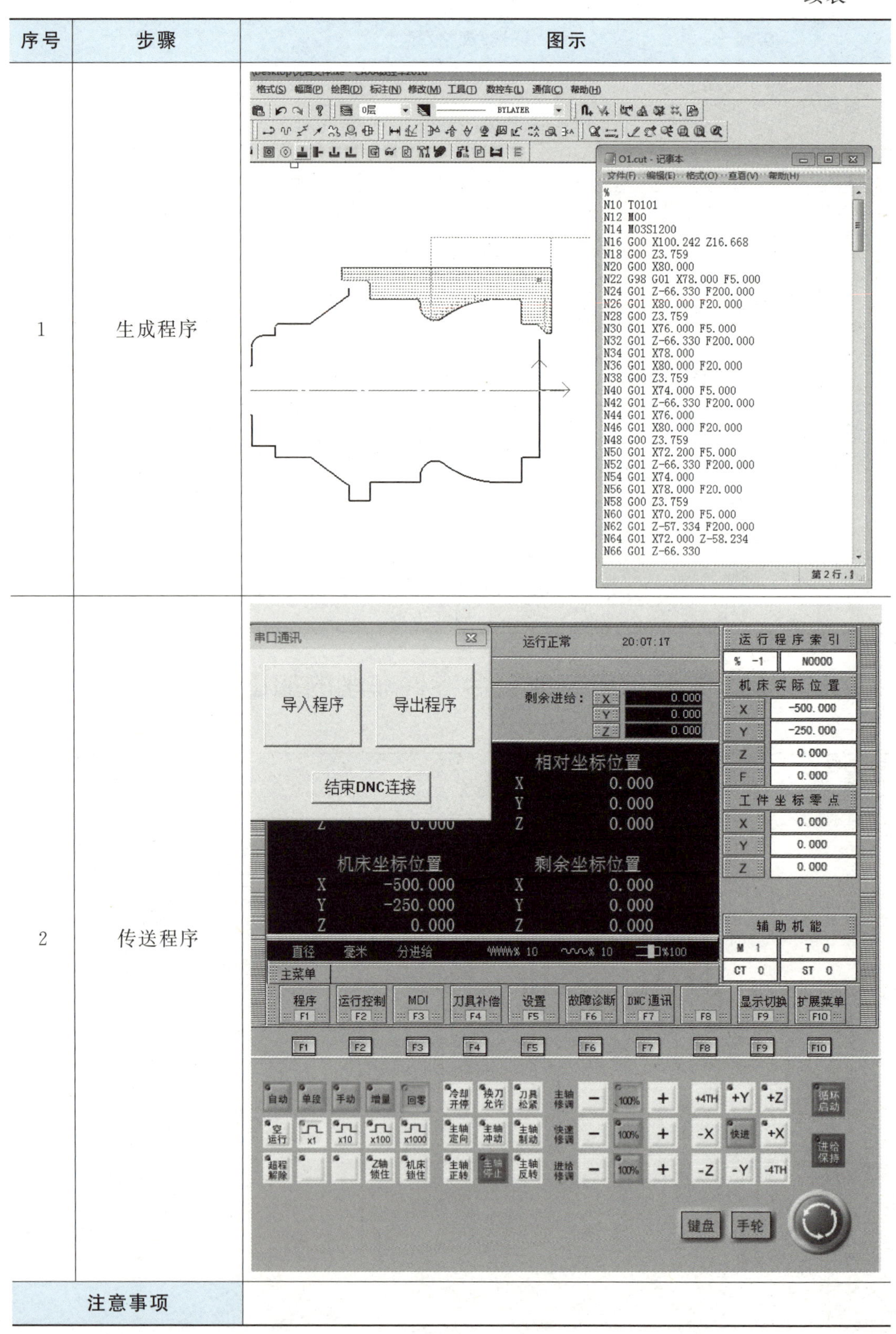

序号	步骤	图示
1	生成程序	
2	传送程序	
注意事项		

（二）零件车削加工操作过程与方法

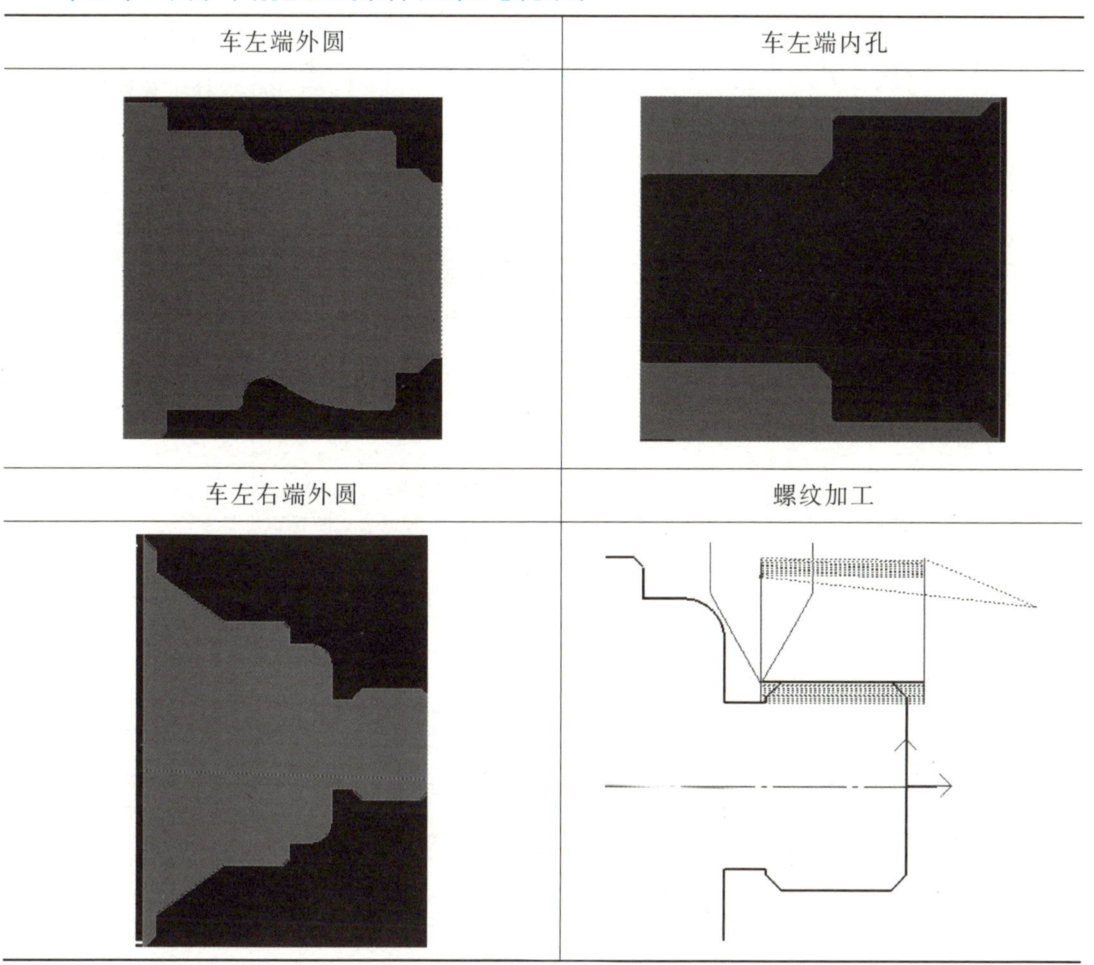

四、常见问题及其处理方法

参见项目二任务一活动四。

活动五　复合零件车削加工质量检测

（1）学习团队展示加工完成的复合零件车削。

（2）对复合零件车削进行质量检查。

① 加工质量自检、互检与质量评价，并填写质量检测表。

序号	检测项目	检测指标/mm	评分标准	配分	检测记录		得分
					自检	互检	
1	尺寸精度	$\phi12^{+0.027}_{0}$	超差 0.01 扣 10 分	25			
2		M24×2	不合格不得分	30			
3		2×1	超差不得分	10			

续表

序号	检测项目	检测指标/mm		评分标准	配分	检测记录		得分
						自检	互检	
4		*C*1 倒角(2 处)		一处不合格扣 3 分	3			
5		*C*0.5 倒角(1 处)		一处不合格扣 2 分	2			
6	形位公差	同轴度	未注公差按 6～8 级	超差 1 项扣 6 分	6			
7		圆柱度			6			
8	表面粗糙度	*Ra*1.6(1 处)		一处不合格扣 2 分	4			
9		*Ra*3.2(4 处)		一处不合格扣 1 分	4			
10	文明生产			无违章操作	10			
问题分析		产生问题		原因分析		解决方案		
签阅		评价团队意见				年　月　日		
		指导教师意见				年　月　日		

说明：出现评价争议必须由学生评价委员会、指导教师与争议双方共同按照质检标准复检解决。

② 评价争议解决（质检争议解决由学生评价委员会与教师结合完成）。

活动六　复合零件数控车削加工任务评价与接续任务布置

一、复合零件数控车削加工学习任务评价

① 各团队展示学习任务过程与学习成果，进行交流学习。

② 进行复合零件数控车削加工学习效能评价。

序号	项目	内容	程度	不能的原因
1	知识学习	能对复合零件车削进行结构工艺性分析吗？	□能 □不能	
2		能编制出正确合理的复合零件数控车加工工艺吗？	□能 □不能	
3		能使用 CAXA 软件编写复合零件数控车削的数控加工程序吗？	□能 □不能	
4		能编制和校验复合零件车削的加工程序吗？	□能 □不能	

续表

序号	项目	内容	程度	不能的原因
5	技能学习	能合理选择复合零件车削加工的设备、工具以及量具吗？	□能 □不能	
6		能安全熟练地完成工件与刀具的安装与对刀操作吗？	□能 □不能	
7		能使用数控模拟软件对复合零件车削的加工工艺与程序进行校验与优化吗？	□能 □不能	
8		能安全熟练地操作数控车床完成复合零件车削的铣削加工吗？	□能 □不能	
9		能正确合理地选择量具与测量方法对复合零件车削进行质量检测与控制吗？	□能 □不能	

经验积累与问题解决	
经验积累	存在问题

签审	（评价委员会意见）　年　月　日
	（指导教师意见）　年　月　日

③ 进行复合零件数控车削加工综合能力评价。

团队完成数控车床操作任务综合能力评价并与填写评价表（见附录表5）。

二、复合零件数控车削加工知识与技能学习巩固

（一）知识学习与应用

1. CAXA 软件编程中加工外圆用（　　）参数表。

A. 粗车　　B 精车　　C. 切槽　　D. 螺纹加工

2. 在 CAXA 数控车绘制图形中直线命令快捷键是用什么字母表示？

3. 判断对错：在 CAXA 数控车编程中退刀点可以任意指定。（　　）

4. 在 CAXA 数控车刀具设置中需要注意哪些事项？

5. 对复合类零件进行加工工艺分析时，主要分析哪些内容？

（二）技能学习与应用

完成图 1-60 所示复合零件车削的图形绘制、数控加工工艺与程序编制，操作数控铣床完成该零件数控铣削加工。所用材料为 45 钢。

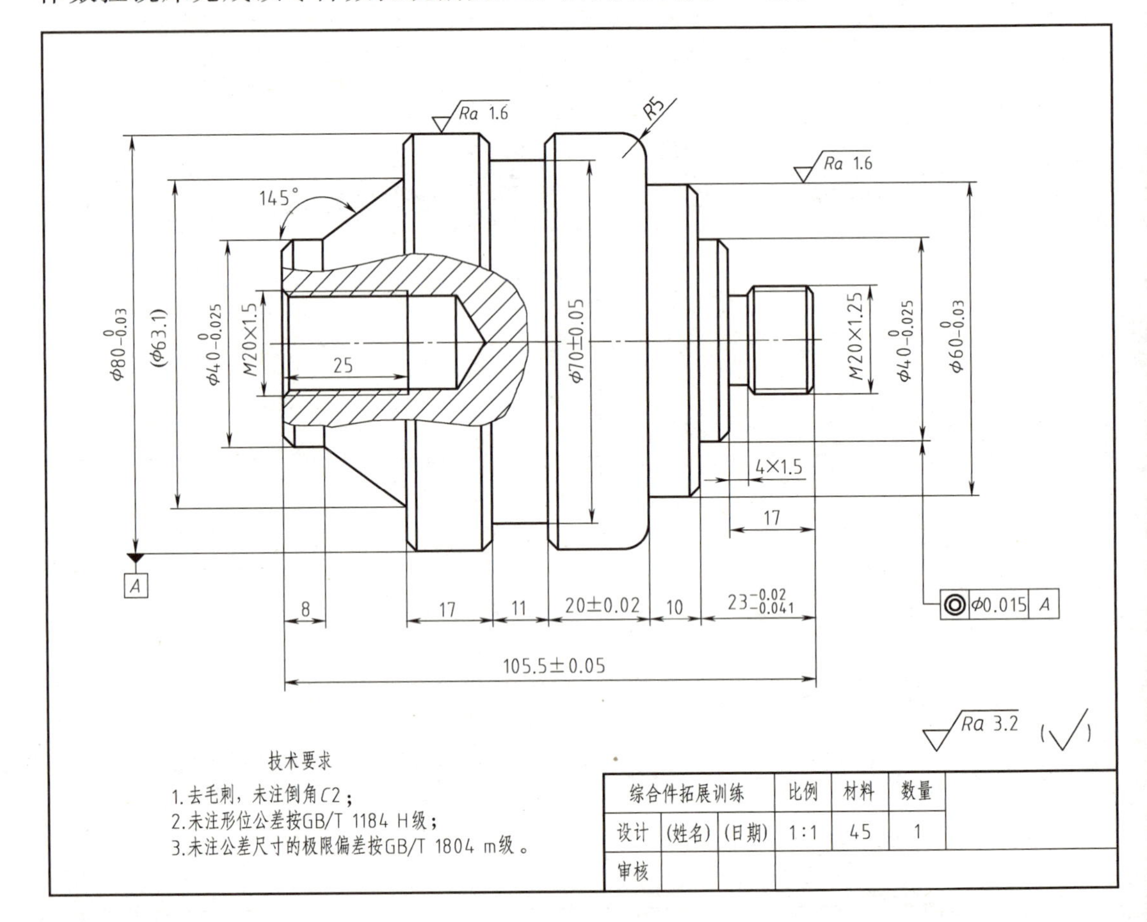

图 1-60　复合零件

三、接续任务布置

查找 CAXA 数控车软件能够加工进行哪些类型零件编程。了解有哪些数控车自动编程软件。

数控铣削加工

数控铣床的使用

任务一　数控铣床操作与编程基础

活动一　数控铣床的基本操作

一、任务描述

<table>
<tr><td>任务名称</td><td colspan="2">数控铣床的基本操作</td><td>任务时间</td><td></td></tr>
<tr><td rowspan="3">学习目标</td><td>知识目标</td><td colspan="3">1. 能正确进行华中数控铣床的结构分析
2. 能正确进行数控铣床的基本操作学习与应用
3. 能正确分析数控铣床的工作原理
4. 能正确分析数控铣床的操作流程编制
5. 能完成对数控铣床安全操作规章的熟悉</td></tr>
<tr><td>技能目标</td><td colspan="3">1. 能正确进行对华中数控铣床的结构分析
2. 能正确熟悉数控铣床的加工方式和结构原理</td></tr>
<tr><td>职业素养</td><td colspan="3">1. 能严格遵守和执行数控铣削加工场地的规章制度和劳动管理制度
2. 能主动学习数控铣床的结构原理，对数控铣床的基本操作进行总结反思，能与他人合作，进行有效沟通
3. 能在短时间内完成工作任务
4. 能从容分析和处置在操作数控铣床过程中出现的问题与突发事件</td></tr>
<tr><td rowspan="2">重点难点</td><td>重点</td><td>1. 数控铣床的基本操作的学习与应用
2. 掌握数控铣床的操作流程
3. 熟悉数控铣床安全操作规章制度</td><td rowspan="2">突破手段</td><td rowspan="2"></td></tr>
<tr><td>难点</td><td>1. 数控铣床基本操作的规范
2. 数控铣床安全操作规章制度的熟记</td></tr>
<tr><td>学习情境</td><td colspan="4">1. 地点：铣削加工技术一体化教室（车间或场地）
2. 学习设备、工具：数控铣床及配套工具、游标卡尺、千分尺、程序校验软件、多媒体设备与计算机网络资源等
3. 学习资料：学习任务书，XK713 型号华中数控铣床手册，数控铣削加工、机械制图、技术材料与热理、公差配合与技术测量等教材，轴类零件相关视频、动画、微课以及网络学习资源</td></tr>
<tr><td>学习方法</td><td colspan="4">1. 数控铣床的基本操作、数控加工程序编制、数控铣床安全操作技能相结合，理实一体，手脑并用，学做结合
2. 本任务以学生自主学习为主，进行资料查询、问题解决与决策、加工实施、质量检测与控制及学习效果的评价
3. 教师在学生学习过程中适时地对学生进行指导、示范及考核评价</td></tr>
</table>

二、数控铣床基本知识

（一）数控铣床简介

数控铣床又称CNC（Computer Numerical Control）铣床，如图2-1所示。数控铣床可以进行铣削、镗削、钻削、钻孔、镗孔、校孔、铣平面、铣斜面、铣槽、铣曲面（凸轮）、攻螺纹等加工。数控铣床分为不带刀库和带刀库两大类，带刀库的数控铣床又称为加工中心。

图2-1 数控铣床

（二）数控铣床特点

1. 加工灵活、通用性强

数控铣床的最大特点是高柔性，即灵活、通用、万能，可以加工不同形状的工件。在一般情况下，可以一次装夹就完成所需要的加工工序。

2. 加工精度高

数控装置的脉冲当量通常是0.001mm，高精度的数控系统能达到0.1μm，通常情况下都能保证工件精度。另外，数控加工还避免了操作人员的操作失误，同一批加工零件的尺寸同一性好，很大程度上提高了产品质量。因为数控铣床具有较高的加工精度，能加工很多普通机床难以加工或根本不能加工的复杂型面，所以在加工各种复杂模具时更显出其优越性。

3. 生产效率高

数控铣床上通常是不使用专用夹具等专用工艺装备。在更换工件时，只需调用储存于数控装置中的加工程序、装夹工件和调整刀具数据即可，因而大大缩短了生产周期。其次，数控铣床具有铣床、镗床和钻床的功能，工序高度集中，大大提高了生产效率并减少了工件装夹误差。另外，数控铣床的主轴转速和进给速度都是无级变速的，有利于选择最佳切削用量。数控铣床具有快进、快退、快速定位功能，可大大减少机动时间。据统计，数控铣床加工比普通铣床加工生产效率可提高3～5倍，对于复杂的成形面加工，生产效率可提高十几倍。

（三）数控铣床结构和工作原理

数控铣床一般由数控系统、主传动系统、进给伺服系统、冷却润滑系统等几大部分组成。

数控铣床各组成部分（图2-2）作用如下。

机床基础件：通常是指底座、立柱、横梁等，它是整个机床的基础和框架。

主轴箱：包括主轴箱体和主轴传动系统，用于装夹刀具并带动刀具旋转，主轴转速和输出扭矩对加工有直接的影响。

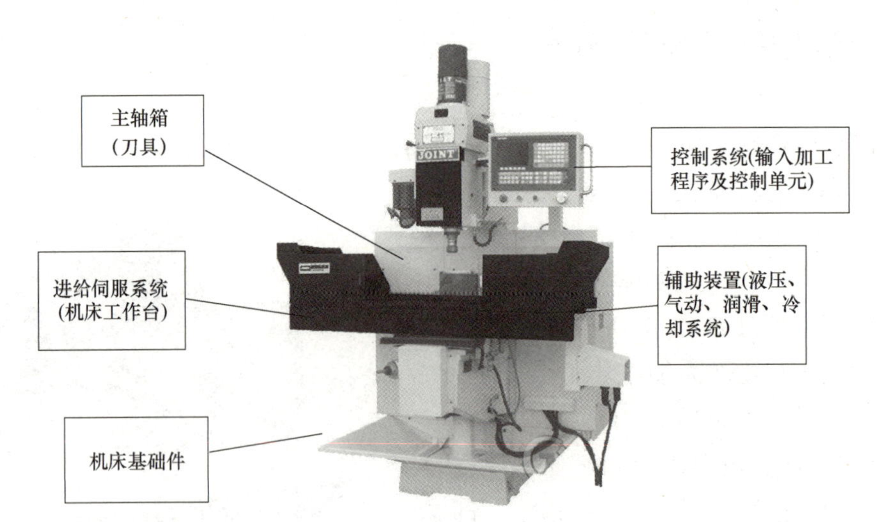

图 2-2　数控铣床结构

进给伺服系统：由进给电机和进给执行机构组成，按照程序设定的进给速度实现刀具和工件之间的相对运动，包括直线进给运动和旋转运动。

控制系统：数控铣床运动控制的中心，执行数控加工程序控制机床进行加工。

辅助装置：包括液压、气动、润滑、冷却系统和排屑、防护等装置。

数控铣床工作原理如图 2-3 所示。在传统的金属切削机床上，操作者根据图样的要求，改变刀具的运动轨迹和运动速度等参数，使用刀具对工件进行切削加工，最终加工出合格零件。数控铣床通过计算机和控制装置来完成这个过程。

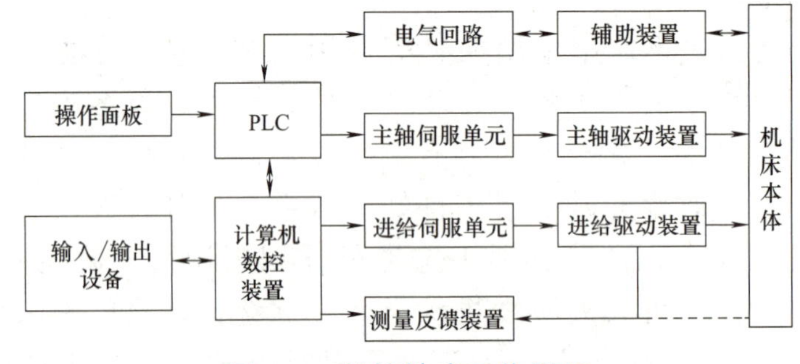

图 2-3　数控铣床工作原理

（四）数控铣床常用的工具和刀具

1. 铣刀

数控铣刀是用于铣削加工的、具有一个或多个刀齿的旋转刀具。工作时各刀齿依次间歇地切去工件的余量。铣刀主要用于台阶、沟槽、成形表面和切断工件等加工，如图 2-4 所示。

刀具按工件加工表面的形式可分为五类。加工各种外表面的刀具，包括车刀、刨刀、铣刀、外表面拉刀和锉刀等；孔加工刀具，包括钻头、扩孔钻、镗刀、铰刀和内表面拉刀等；螺纹加工工具，包括丝锥、板牙、自动开合螺纹切头、螺纹车刀和螺纹铣刀等，如图 2-5 所示。

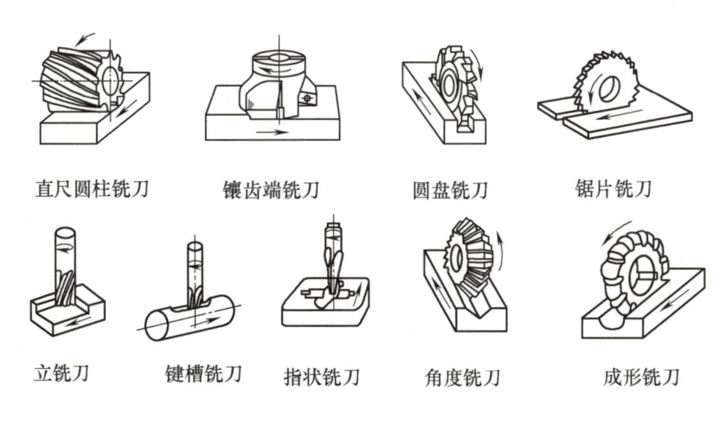

图 2-4　铣刀

图 2-5　刀具

2. 平口钳

平口钳是一种通用夹具，常用于安装小型工件，它是铣床、钻床的随机附件，将工件固定在机床工作台上进行切削加工。用扳手转动丝杠，通过丝杠螺母带动活动钳身移动，形成对工件的夹紧与松开，如表 2-1 所示。

表 2-1　平口钳装夹工件的方式

将工件装夹在平口钳的钳口位置，用垫铁支撑，并摇动手柄将其夹紧
 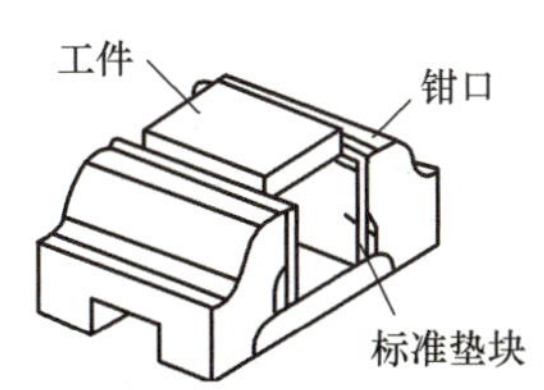 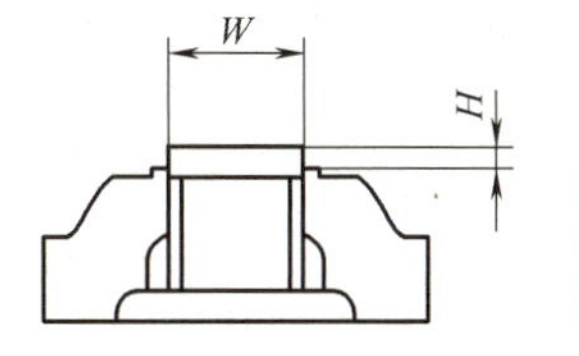 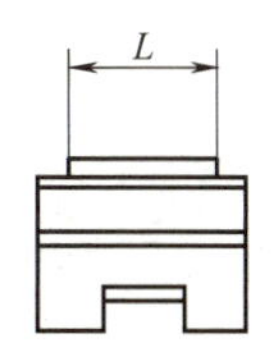

续表

正确的安装方式	错误的安装方式

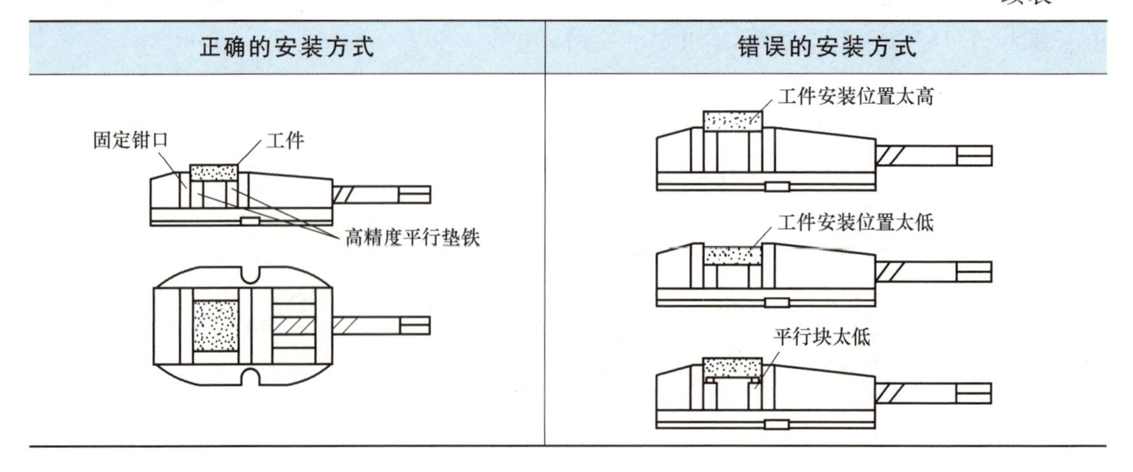

3. 万能分度头

分度头是安装在铣床上用于将工件分成任意等份的机床附件，利用分度刻度环、游标、定位销、分度盘以及交换齿轮，将装夹在顶尖间或卡盘上的工件沿圆周分成任意等份，辅助机床利用各种不同形状的刀具进行各种沟槽、正齿轮、螺旋正齿轮、阿基米德螺线凸轮等的加工工作，如表 2-2 所示。

表 2-2 万能分度头的使用及计算方法

万能分度头	万能分度头计算方法
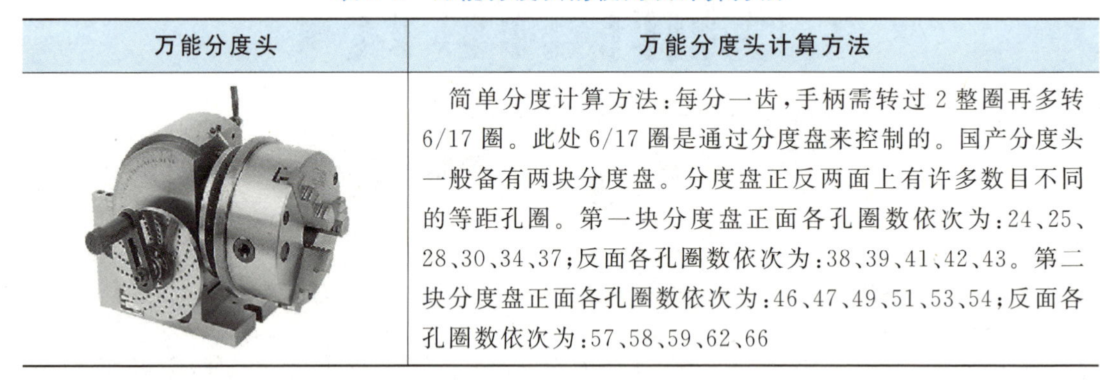	简单分度计算方法：每分一齿，手柄需转过 2 整圈再多转 6/17 圈。此处 6/17 圈是通过分度盘来控制的。国产分度头一般备有两块分度盘。分度盘正反两面上有许多数目不同的等距孔圈。第一块分度盘正面各孔圈数依次为：24、25、28、30、34、37；反面各孔圈数依次为：38、39、41、42、43。第二块分度盘正面各孔圈数依次为：46、47、49、51、53、54；反面各孔圈数依次为：57、58、59、62、66

计算公式：N（手柄的转数）＝40（分度头定数）/Z（工件等分数）。

例：等分数 12，$N=40/12=3\frac{4}{12}=3\frac{8}{24}$即分度头手柄转 3 圈，再在 24 的孔圈上转过 8 个孔距。

（五）资料、资源准备

见表 2-3。

表 2-3 数控铣床基本操作需使用的学习资料与资源

类别	名称	作用
教材	数控铣床削加工技术、公差配合与测量技术、机械制图、机械基础、金属材料与热处理、操作手册等	用于加工工艺与加工程序编制与校验

续表

类别	名称	作用
导学资料	学习任务书与考核评价工具(效能与综合)	用于引导学生自主学习
复学资料	数控铣床安全操作章程与安全生产视频等	提高安全操作学习效能

活动二　数控铣床操作流程编制

一、数控系统的基本操作

(一)数控铣床的开关机操作流程

指令	操作流程
开机	开压缩空气阀门→开主机电源→开 NC 电源→松开急停按钮→机床回零(自动/手动)
关机	将工作台移至安全位置→按下急停按电钮→关 NC 电源→关主机电源→关压缩空气阀门

(二)数控系统的基本操作

1. 数控铣床操作面板的结构

数控系统是数字控制系统的简称，是根据计算机存储器中存储的控制程序，执行部分或全部数值控制功能，并配有接口电路和伺服驱动装置的专用计算机系统。通过利用数字、文字和符号组成的数字指令来实现一台或多台机械设备动作控制。图 2-6 是数控铣床控制面板。

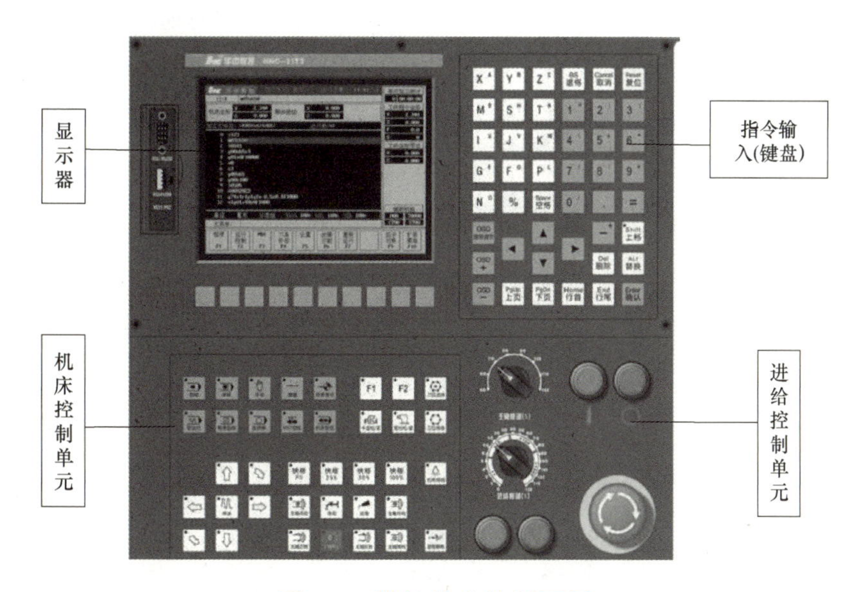

图 2-6　数控铣床控制面板

2. 数控铣床控制面板按钮功能与操作方法

见表2-4。

表2-4 各坐标轴的控制按键功能

操作按钮	操作指令	操作按键	按键作用及操作方式
机床控制单元常用的操作按键	程序跳段按键	 程序跳段	程序跳段主要针对可以跳过粗加工程序段，直接执行精加工程序段或螺纹程序
	单端按键	 单段	在执行程序加工过程中，可采用单端按键，如每加工完成一句程序后，按下单端按键，执行下一句程序
	回参考点	 回参考点	机床参考点由机床设计的，每次加工前让机床恢复到机床原始参考，避免机床在加工中存在误差
	机床锁住按键	 机床锁住	机床锁住按键可以将程序在自动模拟校验时，对机床的各进给坐标进行锁住，防止出现撞刀情况的发生
	增量按键	 增量	增量按键可根据机床对刀的方式来进行，配合手持单元进行对刀
	手动按键	 手动	手动按键根据要操作的各个进给坐标轴的控制，以及主轴正反转和主轴停止等操作。以上操作都必须按下手动按键方可进行
	自动按键	 自动	在进行自动加工或程序校验时必须点击自动按键。加工程序自动执行完成零件的加工
	循环启动按键		在自动和MDI运行方式下，用来启动程序
	进给修调按键		在自动和MDI运行方式下，用来暂停程序
	Z轴方向移动	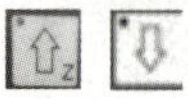	Z轴正(主轴向上)方向按钮，Z轴负(主轴向下)方向按键
	X轴方向移动		X轴正(主轴向上)方向按钮，X轴负(主轴向下)方向按键
	Y轴方向移动		Y轴正(主轴向上)方向按钮，Y轴负(主轴向下)方向按键

续表

操作按钮	操作指令	操作按键	按键作用及操作方式
机床控制单元常用的操作按键	快进操作		快进按键在机床没有加工或在工作台主轴离工件较远时，可快速移动。注：在加工中禁止使用该按键
	主轴正转按键		启动机床的主轴来进行加工或对刀时的使用，必须先按下手动按键再按下主轴正转方可进行
	主轴停止		加工停止或对刀完成后可停止主轴
其他按键	冷却液按键		冷却液按键在机床加工中可执行，加工结束后关闭
	系统启停按键		绿色按键是系统启动时的按键，红色按键是在工作完成后的关闭系统按键。注：在加工过程中禁止按下红色按键，导致工作未完成系统关闭。零件无法正常完成加工
	主轴修调按键		在自动或 MDI 方式下，当 S 代码的主轴速度偏高或偏低时，可用主轴修调，修调程序中编制的主轴速度
	进给修调按键		在自动或 MDI 方式下，进给修调按键主要针对加工中的线速度进行调整
指令输入键盘	系统键盘		主要对零件加工程序的编辑和修改
	系统键盘		主要对零件加工程序的编辑和修改
	显示器		程序的编写、机床数据的显示和程序加工轨迹显示等

（三）手持单元

参见模块一项目一任务一活动四。

二、数控铣床坐标系的建立与应用

1. 坐标系建立原则

数控铣床上的坐标系采用右手直角笛卡尔坐标系，如图 2-7 所示。该坐标系可以表示一个刚体在空间的六个自由度，包括三个移动坐标（X、Y、Z）和三个转动坐标（a、b、c），这六个坐标之间的关系如图所示。特别指出：在运动方向的表示中。刀具相对于工件的运动方向用 X、Y、Z 表示，而工件相对于刀具的运动方向用 x′、y′、z′表示。

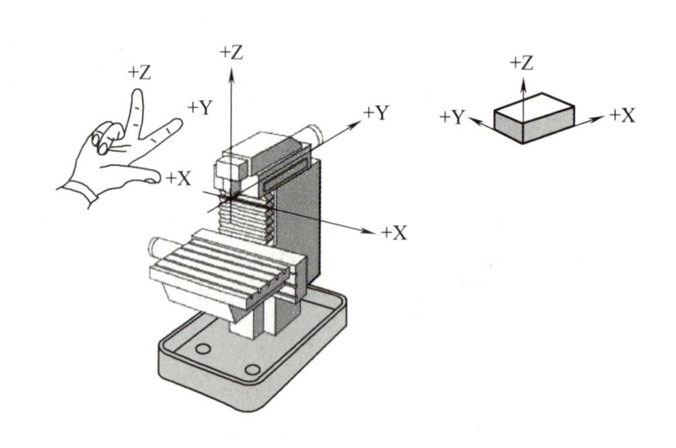

图 2-7　数控铣床右手笛卡尔坐标系

坐标轴方向规定的原则为刀具相对于静止工件的运动，其与机床结构无关。而机床进给运动部件的方向为机床实际运动方向，是与机床结构直接相关的。

在编程时，只要属于同一类的机床，无论刀具运动还是工作台运动，采用的坐标系的方向都是一致的，即都是假定刀具运动，其与机床结构无关。这样的编程人员在不考虑机床上工件与工具具体运动的情况下，就可以依据零件样图，确定机床的加工过程。

2. 机床坐标系

由机床坐标原点与机床坐标轴 X、Y、Z 组成的坐标系称为机床坐标系。机床坐标系是机床固有的坐标系，在机床出厂前已经预调好，不允许用户随意改动。机床通电后，数控机床每次开机的第一步操作应为回参考点操作。当完成回参考点操作后，则面板显示器上显示的是刀位点（刀架中心）在机床坐标系的坐标值（空间位置），相当于数控系统内部建立了一个以机床原点为坐标原点的机床标系。立式数控铣床的坐标系如图 2-8（a）所示，卧式数控铣床的坐标系如图上 2-8（b）所示。

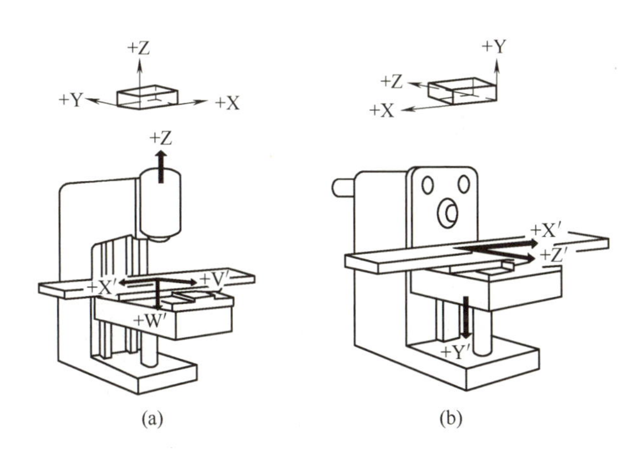

图 2-8　立式数控铣床（a）和卧式数控铣床（b）的坐标系

机床原点是指在机床上设置的一个固定点，即机床坐标系的原点，如图 2-9 所示。它在机床装配、调试时就已确定下来，是数控机床进行加工运动的基准参考点。它是不能更改的。一般用字母 M 表示。在数控铣床上，机床原点一般取在 X、Y、Z 坐标的正方向极限位置上。

3. 工件坐标系

编制数控程序时，首先要建立一个工件坐标系，零件加工程序中的坐标值均以工件坐标系为依据确定，如图 2-10 所示。工件坐标系是编程人员在编程时使用的坐标系，选择工件上的某一已知点为坐标原点，以平行于机床的直线为坐标轴建立一个新的坐标系，称为工件坐标系（也称编程坐标系）。为了编程方便，可相对机床坐标系的原点进行坐标平移，得到一个编程原点。工件坐标系的原点由编程人员根据零件图样确定。工件坐标系原点的选择要尽量满足编程简单、尺寸换算少、引起的加工误差小等条件。工件坐标系一旦建立便一直有效，直到被新的工件坐标系所取代。

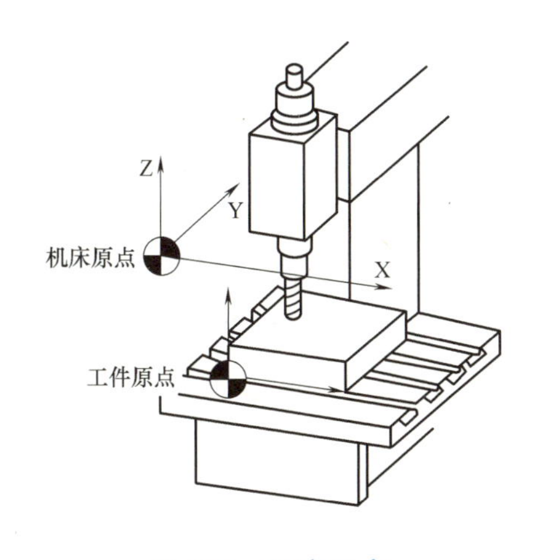

图 2-9　机床原点

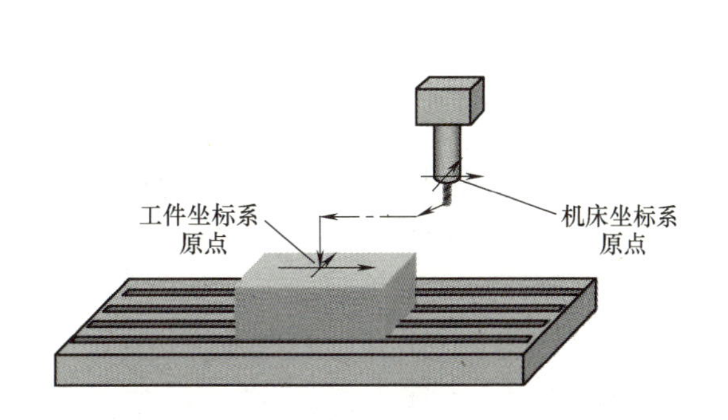

图 2-10　机床坐标系与工件坐标系

活动三 输入数控铣削加工程序

一、熟悉数控铣床加工代码

（一）数控铣床加工程序的编制常用程序代码

1. 常用 G 功能代码（表 2-5）

表 2-5 常用 G 功能代码

<table>
<tr><th>G 代码</th><th>组号</th><th>功能</th><th>G 代码</th><th>组号</th><th>功能</th></tr>
<tr><td>G00</td><td rowspan="4">01</td><td>快速点定位</td><td>G65</td><td>00</td><td>宏程序调用</td></tr>
<tr><td>G01</td><td>直线插补</td><td>G66</td><td rowspan="2">00</td><td>宏程序模态调用</td></tr>
<tr><td>G02</td><td>顺时针圆弧插补</td><td>G67</td><td>宏程序模态调用取消</td></tr>
<tr><td>G03</td><td>逆时针圆弧插补</td><td>G70</td><td rowspan="7">00</td><td>固定循环</td></tr>
<tr><td>G04</td><td>00</td><td>暂停</td><td>G71</td><td>固定循环</td></tr>
<tr><td>G18</td><td>16</td><td>X、Y 平面</td><td>G72</td><td>端面粗车循环</td></tr>
<tr><td>G20</td><td rowspan="2">06</td><td>英制尺寸</td><td>G73</td><td>多重复合循环</td></tr>
<tr><td>G21</td><td>公制尺寸</td><td>G74</td><td>排屑钻端面孔</td></tr>
<tr><td>G28</td><td>00</td><td>返回参考点</td><td>G75</td><td>外径/内径钻孔</td></tr>
<tr><td>G32</td><td rowspan="2">01</td><td>螺纹切削</td><td>G76</td><td>螺纹复合循环</td></tr>
<tr><td>G34</td><td>特别固定循环</td><td>☆G90</td><td rowspan="3">01</td><td>绝对值编程</td></tr>
<tr><td>G40</td><td rowspan="3">07</td><td>刀具半径补偿取消</td><td>☆G92</td><td>螺纹切削循环</td></tr>
<tr><td>G41</td><td>刀具半径左补偿</td><td>G94</td><td>端面切削循环</td></tr>
<tr><td>G42</td><td>刀具半径右补偿</td><td>G96</td><td rowspan="2">02</td><td>恒线速度</td></tr>
<tr><td rowspan="2">G50</td><td rowspan="2">00</td><td rowspan="2">坐标系设定或最大主轴转速设定</td><td>☆G97</td><td>每分钟转速</td></tr>
<tr><td>G98</td><td rowspan="2">05</td><td>子程序开始</td></tr>
<tr><td>☆G54～G59</td><td>14</td><td>工件坐标系选择</td><td>☆G99</td><td>子程序介绍</td></tr>
</table>

注：1. 不同组的 G 代码能够在同一程序段中指定，如果同一程序段中指定了同组 G 代码，则最后制定的 G 代码有效。

2. G 代码按组号显示。

3. G 代码系统有三种：A、B 和 C，本表列出的是 G 代码系统 A，绝对/增量编程事由地址字（X/U，Z/W）Z 制定。

4. 指令固定循环 G 代码不影响 01 组的 G 代码。

2. 辅助功能指令（表 2-6）

表 2-6　辅助功能（M）指令

指令	功能	G 代码	功能
M00	程序暂停	M08	冷却液开
M01	程序选择停止	M09	冷却液关
M02	程序结束	M30	主轴停转，程序结束
M03	主轴正传	M98	调用子程序
M04	抓周反转	M99	返回主程序
M05	主轴停止		

3. 其他功能（表 2-7）

表 2-7　其他功能指令

指令		程序应用
主轴功能指令(S)	转速 s/(r/min)	G97　M03　S800
	恒线速 v/(m/min)	G21　G96　M04　S200
进给功能指令(F)	每分进给/(mm/min)	G21　G98　G01　X100　F120
	每转进给/(mm/r)	G21　G97　G01　X100　F0.2
刀具功能指令(T)	T4 位数法(FANUC)	T0202 前两:02—2 刀具号，后两位 02 刀补号
	T2 位数法(SIEMENS)	T01D02:01—1 刀具号，刀补号由 D 指令指定

（二）常用数控加工程序的结构

1. 程序的组成

一个零件程序是一组被传送到数控装置中去的指令和数据，零件程序包括起始符、程序段和程序结束字符。数控程序由许多个程序段组成，而每个程序段是由若干个指令字组成的，每个程序段执行一个加工步骤。

程序起始符用%或 O 后跟四位数字组成，程序起始符单独一行，并从程序的第一行第一格开始。指令字由地址符和数字组成，数字可以带正负号和小数点。

2. 程序的文件名

每一个程序必须有一个程序的文件名，数控装置可以装入许多程序文件，以磁盘文件的方式读写。文件名格式为：OXXXX（地址 O 后面必须有四位数字或字母）。主程序、子程序必须写在同一个文件名下。系统通过调用文件名来调用程序，进行加工或编辑。一个程序文件中包含零件的完整程序，即主程序和所有的子程序。

二、常用数控加工程序的编制

（一）绝对与增量编程

1. 定义

绝对坐标编程：工件所有点的坐标值基于某一坐标系（机床或工件）零点计量的编程方式。

相对坐标编程：运动轨迹的终点坐标值是相对于起点计量的编程方式（增量坐标编程）。

2. 表达方式

数控铣床或加工中心表示：G90/G91；数控车床表示：X _ Y _ Z _绝对，U _ V _ W _相对。

格式：G90　X _ Y _ Z _

　　　G91　X _ Y _ Z _

注意：铣床编程中增量编程不用 U、W，而且 X 轴不再是直径。

3. 选用原则

主要根据具体机床的坐标系，考虑编程的方便（如图纸尺寸标注方式等）及加工精度的要求，选用坐标的类型。

从 A-B 移动时，按下列指令 G90　X80　Y80，G91　X40　Y40，如图 2-11 所示。

从 B-A 移动时，按下列指令 G90　X40　Y40，G91　X-40　Y-40，如图 2-11 所示。

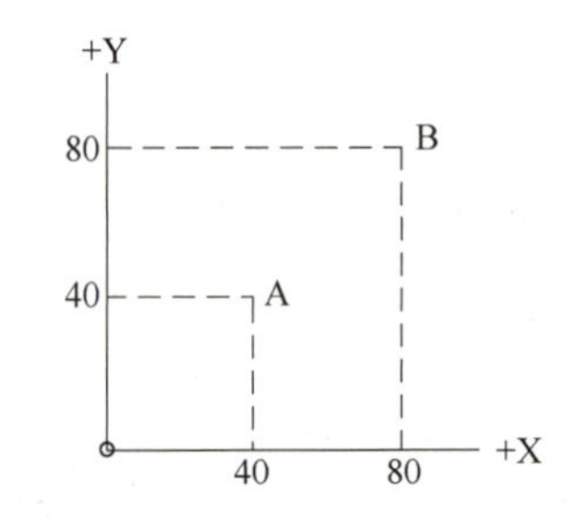

图 2-11　G90/G91 运用

（二）快速定位指令 G00

格式：G00 X _ Y _ Z _

说明：X、Y、Z 为定位终点坐标。G90 时为终点在工件坐标系中的坐标，G91 时为终点相对于定位起点的坐标值。

G00 指令一般用于加工前快速定位和加工后快速退刀。它是一个模态指令。

G00 指令刀具相对于工件以各轴预先设定的速度，从当前位置快速移动到程序段指令的目标点。G00 指令中的速度由机床参数设定，不能用 F 指定，快速移动的速度可借助操作面板上的进给修调倍率按键修正。由于各轴以各自的速度移动，不能保证同时到达终点，其运动轨迹不一定是两点的连线。在操作时一定要非常小心，以免刀具与工件发生碰撞，常见的做法是，将 Z 轴首先移动到安全高度，再执行 G00 指令。

例如：如图 2-12 所示，使用 G00 编程，要求刀具从（10，10）点快速定位到（40，30）点。

程序：G00X40Y30

（三）直线插补指令 G01

格式：G01 X _ Y _ Z _ F _

说明：X、Y、Z 为线性进给终点，G90 时为终点在工件坐标系中的坐标。G91 时为终点相对于定位起点的坐标值。G01 指令是一个模态指令。以联运的方式，按 F 规定的合成进给速度，从当前位置按线性线路移动到程序段指令的终点。其中，F 指定的进给速度，直到新的值被指定之前，一直有效，不用对每个程序段都指定 F。

例如：如图 2-13 所示。使用 G01 编程，要求刀具从 A 点直线插补刀 B 点。

程序：G01 X60 Y50 F100

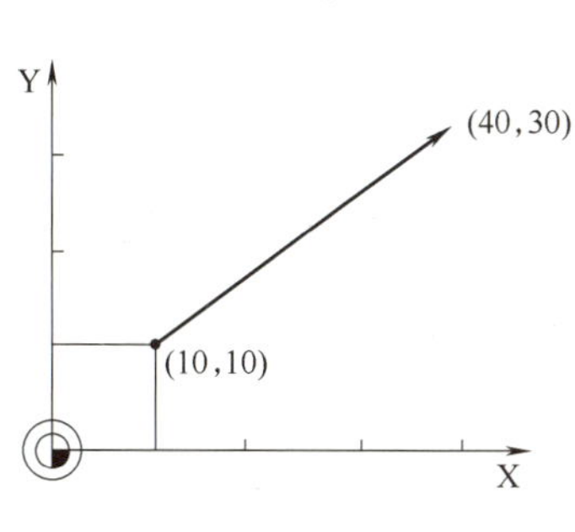

图 2-12　G00 快速定位编程

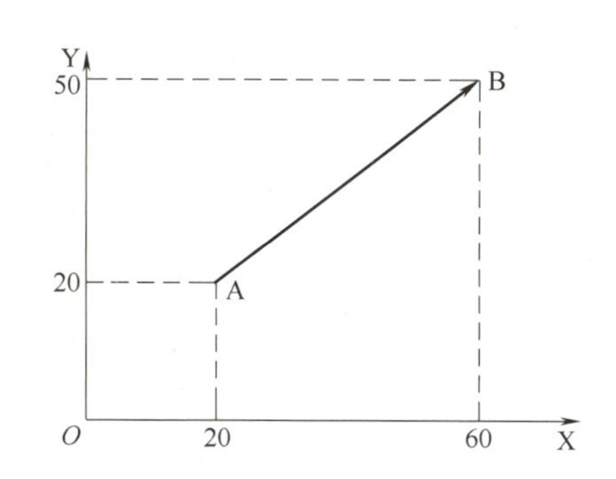

图 2-13　直线插补编程

活动四　数控铣床操作知识交流学习

一、思政教育

铁焊精工刘仔才

高级焊接工人刘仔才在铁焊岗位上一干就是十多年。夏日炎炎，当人们都吹着空调吃着冷饮的时候，身穿厚厚防护服的他在畸形管道的角落，扯着绳子举起重重的工具，焊接一个又一个破损的管道缺口。当记者问他为什么不让别人来做时，他笑了笑说："焊接工作艰苦，从业的人不多，新来的工人们又没有多少经验，像这种比较复杂且比较危险的工作区域怕他们应付不来，我来会好一些"。他每天都奔走于工作前线，身边曾一起学技的朋友早已离开工厂，有的被外国高薪挖走到待遇更优越的大公司，有的放弃焊接手艺另寻工作。他说："也有国外的大企业找我，但是我还是认为我不能走，我热爱这份职业。"工匠精神包含着对职业的追求与热爱，更难得的是不论时光飞逝我心依然的坚守。

二、团队展示活动一、二学习过程与学习成果

① 进行学习过程与成果描述。

② 交流学习，发现、分析、解决问题（学生主体，教师引导）。

三、交流学习记录

<table>
<tr><td>学习过程成果描述
（引导描述）</td><td colspan="3">1. 运用哪些已学知识解决了哪些问题？
2. 运用了哪些方法学习了哪些新知识？解决了哪些问题？
3. 学习过程中是如何进行交流互动、合作学习的？完成了哪些学习任务并获得了哪些成果？
4. 学习过程中你遇到了哪些问题？是通过什么途径解决的？效果如何？</td></tr>
<tr><td rowspan="6">主要知识的学习应用记录</td><td>学习内容</td><td>学习记录</td><td>通关审定</td></tr>
<tr><td>数控铣床的结构</td><td></td><td></td></tr>
<tr><td>数控铣床的工作原理</td><td></td><td></td></tr>
<tr><td>数控铣床系统面板的操作</td><td></td><td></td></tr>
<tr><td>数控铣床编程程序代码的熟悉</td><td></td><td></td></tr>
<tr><td>数控铣床基本程序的编制</td><td></td><td></td></tr>
<tr><td rowspan="2">创造性学习</td><td>创新点 1</td><td colspan="2"></td></tr>
<tr><td>创新点 2</td><td colspan="2"></td></tr>
<tr><td>审定签字</td><td colspan="3">指导教师签字：
年　月　日</td></tr>
</table>

活动五　数控铣床的操作

一、数控铣床的工具和刀具的安装

（一）平口钳的安装操作（图 2-14）

① 擦净钳体底座表面和铣床工作台表面。

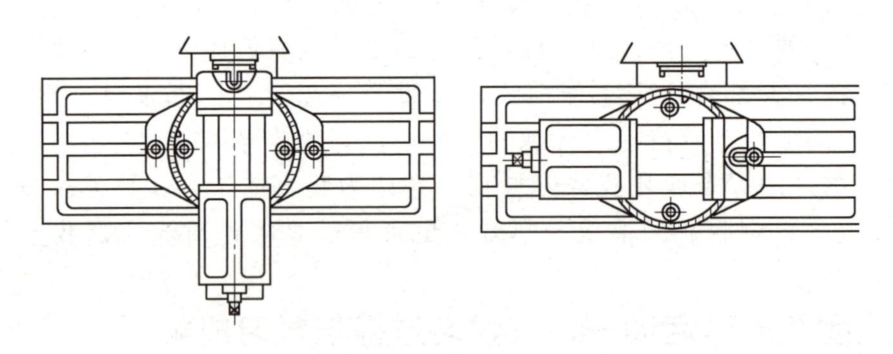

图 2-14　平口钳安装

② 将底座上的定位键放入工作台中央的 T 形槽内。

③ 上紧 T 形螺栓上的螺母。

④ 平口钳的校正。

目的：保证工件加工精度的关键，保证加工面相对其基准面的位置精度（垂直度、平行度和倾斜度等），以及与基准面间的尺寸精度要求。

划针校正：如图 2-15 所示。用划针校正固定钳口与铣床主轴轴心线垂直。

直角尺校正：如图 2-16 所示。用直角尺校正固定钳口与铣床主轴轴心线垂直。

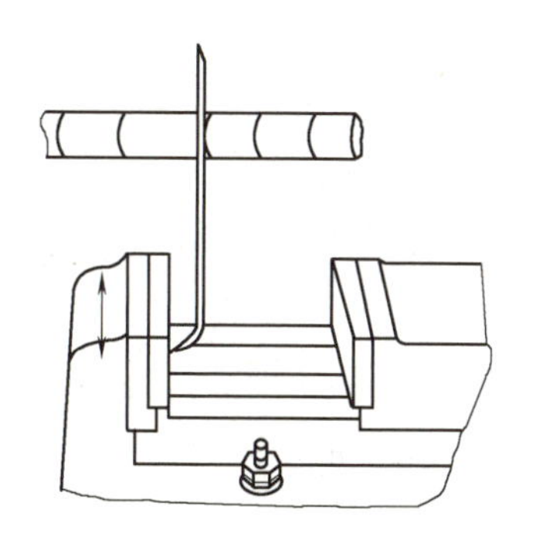

图 2-15　划针校正

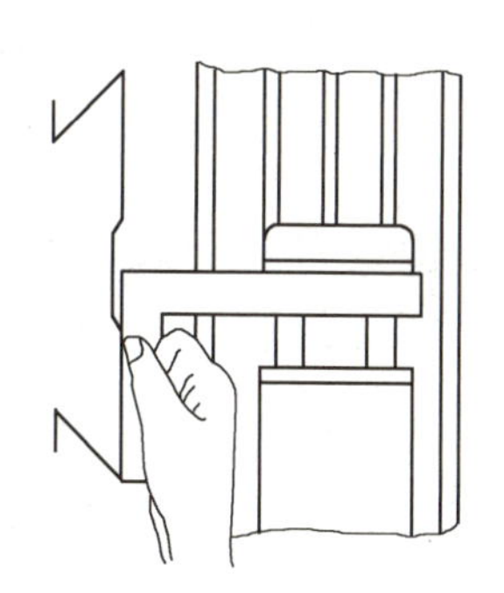

图 2-16　直角尺校正

（二）刀具在铣床上的安装操作

铣刀安装方法正确与否，决定了铁刀的运转平稳性和铁刀的寿命，影响铣削质量（如铣削加工的尺寸、形位公差和表面粗糙度）。

1. 带孔铣刀的装卸

圆柱形铣刀和三面刃铣刀等带孔铣刀的安装要通过刀杆，铣刀杆是装夹铣刀的过渡工具。铣刀不同，刀杆的结构及形状也略有差异。如图 2-17 所示。

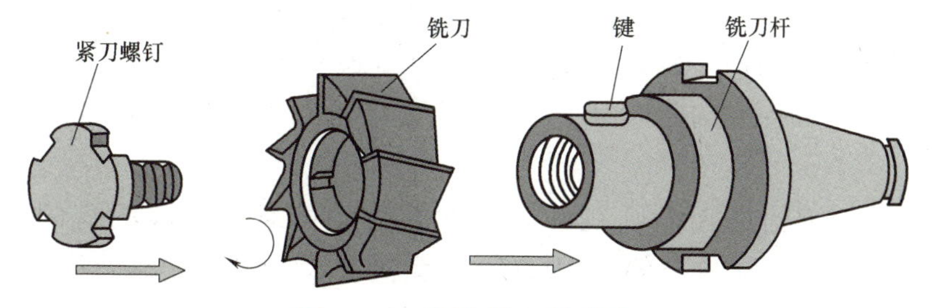

图 2-17　带孔铣刀的结构

2. 带柄铣刀的装卸

带柄铣刀有直柄和锥柄两种。直柄铣刀有立铣刀、T 形槽铣刀、键槽铣刀、半圆键槽铣刀、燕尾槽铣刀等，其柄部为圆柱形。锥柄铣刀有锥柄立铣刀、锥柄 T 形槽铣刀、锥柄键槽铣刀等，其柄部一般采用莫氏锥度，有莫氏 1 号、2 号、3 号、4 号、5 号五种，按铣刀直径的大小不同，制成不同号数的锥柄。

（1）直柄铣刀的安装　直柄铣刀的安装如图 2-18 所示。一般通过钻夹头或弹簧夹头（通常有 3 条弹性槽），安装在铣床主轴锥孔内。直柄铣刀的柄部装入钻夹头或弹簧夹头内，钻夹头或弹簧夹头的柄部装入主轴锥孔内。

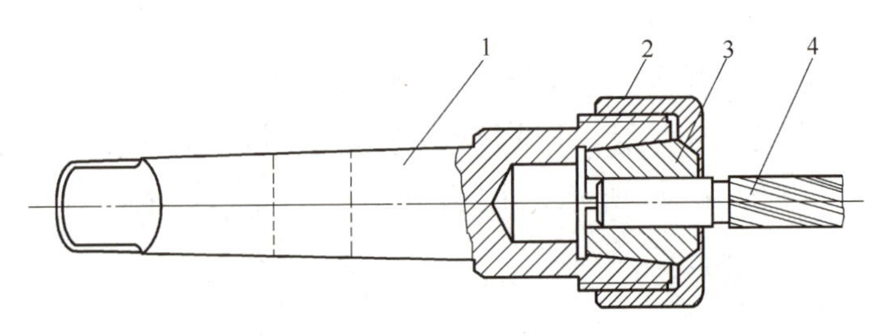

图 2-18　直柄铣刀的安装

1—夹头体；2—螺帽；3—弹簧套；4—立铣刀

（2）锥柄铣刀的安装　如果铣刀柄部锥度与铣床主轴锥孔锥度相同，擦净铣刀，将锥柄装入铣床主轴锥孔中。然后旋入拉紧螺杆，用专用的拉杆扳手将其旋紧即可，如图 2-19 所示。如果铣刀柄部锥度与铣床主轴锥孔锥度不同，可用中间锥套（变形套）来安装。安装时，将铣刀装入中间锥套的锥孔中。

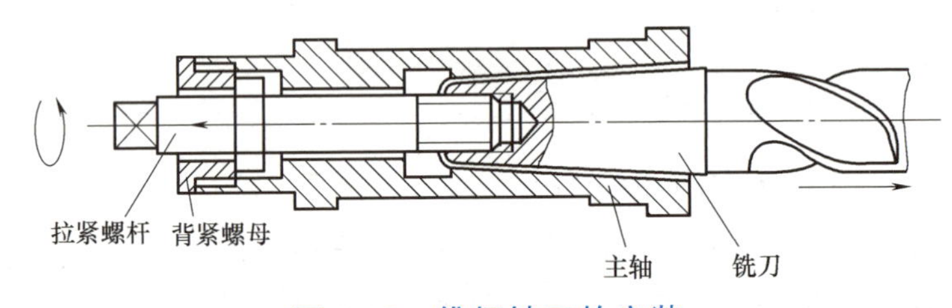

图 2-19　锥柄铣刀的安装

3. 铣刀安装后的检查

① 检查铣刀装夹是否牢固。

② 检查挂架轴承孔与铣刀杆支撑轴颈的配合间隙是否合适，一般情形下以铣削时不振动、挂架轴承不发热为宜。

③ 检查铣刀回转方向是否正确，在启动机床主轴回转后，铣刀应向着前刀面方向回转。

④ 检查铣刀刀齿的径向圆跳动和端面圆跳动。对于一般的铣削，可用目测或凭经验确定铣刀刀齿的径向圆跳动和端面圆跳动是否符合要求。对于精密的铣削，可用百分表检测。将磁性表座吸在工作台上，使百分表的测量触头触到铣刀的刃口部位，测量杆垂直于铣刀轴线（检查径向圆跳动）或平行于铣刀轴线（检查端面圆跳动），然后用扳手向铣刀后刀面方向回转铣刀，观察百分表指针在铣刀回转一转内的变化情况，一般要求为 0.005～0.006mm。

二、数控铣床常用工具、刀具、量具的准备

见表 2-8。

表 2-8　数控铣床常用工具、刀具、量具

种类	名称	图例	作用
常用工具	精密平口钳		平口钳是一种通用夹具，常用于安装小型工件，它是铣床、钻床的随机附件，将其固定在机床工作台上，用来夹持工件进行切削加工。其工作原理用扳手转动丝杠，通过丝杠螺母带动活动钳身移动，形成对工件的夹紧与松开
	万能分度头		分度头是安装在铣床上用于将工件分成任意等份的机床附件，利用分度刻度环和游标、定位销和分度盘以及交换齿轮，将装卡在顶尖间或卡盘上的工件分成任意角度，可将圆周分成任意等份，辅助机床利用各种不同形状的刀具进行各种沟槽、正齿轮、螺旋正齿轮、阿基米德螺线凸轮等的加工工作
	寻边器		寻边器是在数控加工中，为了精确确定被加工工件的中心位置的一种检测工具。寻边器的工作原理是首先在 X 轴上选定一边为零，再选另一边得出数值，取其一半为 X 轴中点，然后按同样方法找出 Y 轴原点，这样工件在 XY 平面的加工中心就得到了确定
常用刀具	面铣刀		面铣刀与刀杆垂直的端面和外圆都有切削刃，主要用于铣平面。外圆的切削刃是主切削刃，端面的切削刃起着和刮刀一样的作用。面铣刀与套式立铣刀相比，其刃部较短。高速钢面铣刀一般用于加工中等宽度的平面。标准铣刀直径范围为 80～250mm。硬质合金面铣刀的切削效率及加工质量均比高速钢铣刀高，故目前广泛使用硬质合金面铣刀加工平面
	立铣刀		立铣刀是数控机床上用得最多的一种铣刀，立铣刀的圆柱表面和端面上都有切削刃，它们可同时进行切削，也可单独进行切削。主要用于平面铣削、凹槽铣削、台阶面铣削和仿形铣削

续表

种类	名称	图例	作用
常用刀具	球头铣刀		球头铣刀是刀刃类似球头的装配于铣床上用于铣削各种曲面、圆弧沟槽的刀具。球头铣刀也叫R刀。球头铣刀可以铣削模具钢、铸铁、碳素钢、合金钢、工具钢、一般铁材，属于立铣刀。球头铣刀可以在高温环境下正常作业
	指形齿轮铣刀		指形齿轮铣刀是在外周表面有切削刃的齿轮铣刀
	T形槽铣刀		T形槽铣刀可以分为锥柄T形槽铣刀和直柄T形槽铣刀。用于加工各种机械台面或其他构体上的T形槽
常用量具	游标卡尺		游标卡尺是一种测量长度、内外径、深度的量具。游标卡尺由主尺和附在主尺上能滑动的游标两部分构成。主尺一般以毫米为单位，而游标上则有10、20或50个分格，根据分格的不同，游标卡尺可分为十分度游标卡尺、二十分度游标卡尺、五十分度格游标卡尺等，游标为10分度的9mm、20分度的19mm、50分度的49mm
	千分尺		千分尺又称螺旋测微器，是比游标卡尺更精密的测量长度的工具，用它测长度可以准确到0.01mm，测量范围为几个厘米。它的一部分加工成螺距为0.5mm的螺纹，当它在固定套管的螺套中转动时，将前进或后退，活动套管和螺杆连成一体。其周边等分成50个分格。螺杆转动的整圈数由固定套管上间隔0.5mm的刻线去测量，不足一圈的部分由活动套管周边的刻线去测量，最终测量结果需要估读一位小数

续表

种类	名称	图例	作用
常用量具	百分表		百分表是利用精密齿条齿轮机构制成的表式通用长度测量工具。通常由测头、量杆、防震弹簧、齿条、齿轮、游丝、圆表盘及指针等组成

三、数控铣床的基本操作

1. 数控铣床基本操作过程

序号	操作方式	具体操作步骤
1		打开机床电源，按下机床操作面板上的电源开关绿色按键启动数控系统，该操作将装载CNC系统，此操作需等待十几秒钟
2		按下急停按键。机床运行过程中，在危险或紧急情况下，按下“急停”按钮，CNC即进入急停状态，伺服进给及主轴运转立即停止，工作控制柜内的进给驱动电源被切断，松开“急停”按钮（左旋此按钮，自动跳起），CNC进入复位状态
3		启动机床主轴。按下主轴正转 主轴正转 按键，启动数控铣床主轴

2. 数控铣床开关机操作（表 2-9）

表 2-9　数控铣床开关机的操作步骤

序号	开机	序号	关机
1	开压缩空气阀门	1	将工作台移至安全位置
2	开主机电源	2	按下急停按电钮
3	开 NC 电源	3	关 NC 电源
4	松开急停按钮	4	关主机电源
5	机床回零(自动/手动)	5	关压缩空气阀门

3. 数控铣床系统面板的操作（表 2-10）

表 2-10　数控铣床系统面板的操作

<table>
<tr><th>项目</th><th>技术参数</th><th colspan="2">操作任务</th><th>备注</th></tr>
<tr><td rowspan="8">控制单元的操作</td><td>熟悉控制面板</td><td rowspan="8">操作方案</td><td rowspan="8">1. 数控系统的开启
2. 手动操作+X 轴、−X 轴的方向的移动
3. 手动操作+Y 轴、−Y 轴的方向的移动
4. 手动操作 Z 轴的进给和退刀
5. 主轴正转按钮启动主轴
6. 主轴停止按钮的熟悉
7. 机床急停按钮的使用</td><td rowspan="8">注意在操作过程中，防止出现撞刀等情况</td></tr>
<tr><td>熟悉按键</td></tr>
<tr><td>X 轴方向按钮</td></tr>
<tr><td>Y 轴方向按钮</td></tr>
<tr><td>Z 轴方向按钮</td></tr>
<tr><td>急停按钮</td></tr>
<tr><td>主轴正转按钮</td></tr>
<tr><td>主轴停止按钮</td></tr>
<tr><td>界面各命令的应用</td><td rowspan="2">指令功能</td><td>熟悉各指令的应用</td><td>X 轴、Y 轴、Z 轴的方向手动进给操作，主轴正反转按钮的操作等</td><td rowspan="2">注意主轴停止操作和旋转操作</td></tr>
<tr><td>主轴转速的调整</td><td>操作方案</td><td>1. 在系统程序输入单元中调整主轴转速
2. 在控制单元中调节主轴转速</td></tr>
</table>

4. 快速定位操作

控制机床运动的前提是建立机床坐标系。因此，系统在接通电源后应首先进行机床各轴回原点的操作，当所有坐标轴回原点后，便建立了机床坐标系。图 2-20 是数控系统各按键。

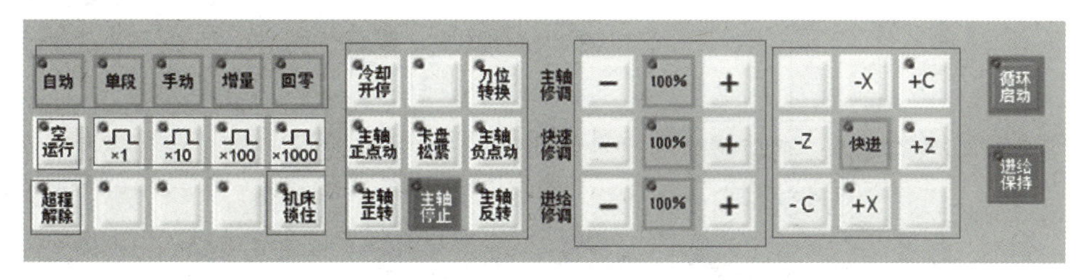

图 2-20　数控系统各按键

① 按下回参考点按钮，系统进入回参考点模式。

② 依次选择相应的坐标轴如“、、”，然后按下正向移动“+”按钮，使各轴分别回参考原点。

③ 按下“手动”按键（指示灯亮），系统处于点动运行方式。

④ 选择进给速度。

⑤ 按住“＋X”或“－X”按键（指示灯亮），X 轴产生正向或负向连续移动：松开“＋X”或“－X”按键（指示灯灭），X 轴减速停止。依同样方法，按下“＋Y”、“－Y”、“＋Z”、“－Z”按键，使 Y、Z 轴产生正向或负向连续移动。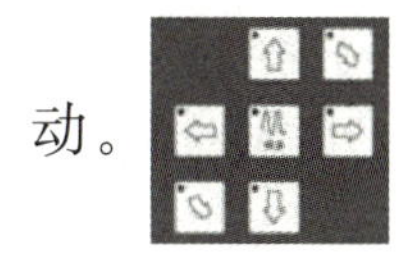

⑥ 手动快速移动。在点动进给时，先按下“快进”按键，然后再按坐标轴按键，则该轴将产生快速运动。

⑦ 手动进给速度选择。按下手动按键，进给速率为系统参数“最高快移速度”的 1/3 乘以进给修调选择的进给倍率。快速移动的进给速率为系统参数“最高快移速度”乘以快速修调选择的快移倍率。进给速度选择的方法为：按下进给修调或快速修调右侧的按键（指示灯亮），进给修调或快速修调倍率被置为 100%：按下“＋”按键，修调位率增加 10%，按下“－”按键，修调倍率递减 10%。

5. 建立工件坐标系方式及对刀步骤

6. 数控铣床的启动及检验

① 操作者应先开启机床电源，将整个机床处于正常加工的状态，并启动主轴，如图 2-21～图 2-23 所示。

序号	操作方式	操作内容
1	第一步:对刀 X 轴 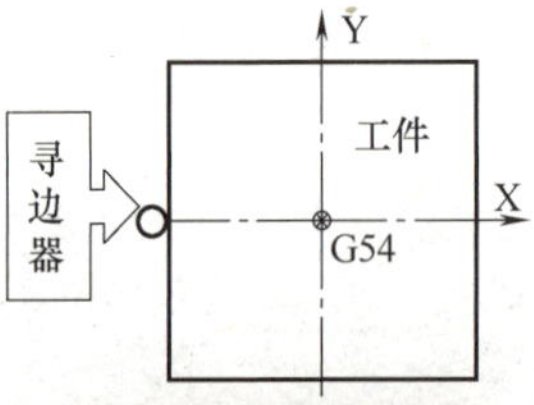  Y 工件 寻边器 X G54	①启动机床。 ②回参考点。(开机必须回零,否则运行程序时会报警)方法:按[回参考点]→按【+Z】→按【+X】→按【+Y】→机床一般会先快速再慢速接近回零位置→耐心等待【+Z】【+X】【+Y】零点灯全部亮起则完成回零操作 ③对刀:对 X 轴,在【MDI】中输入“M03S600”回车,按【循环启动】按钮。【增量】灯亮用手轮用×100 档将寻边器移近工件左侧,再用×10 档将寻边器移至工件左侧如图状态
2	第二步:X 轴对刀方法 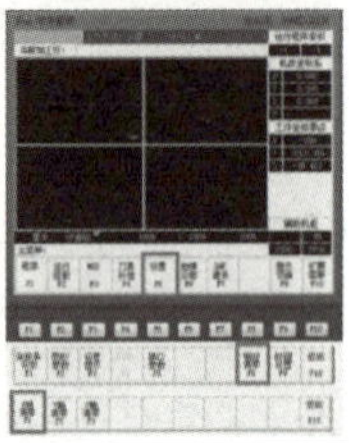	X 坐标相对清零【设置 F5】【相对清零 F8】【X 轴清零 F1】【F10 返回】
3	第三步:X 轴对刀方法 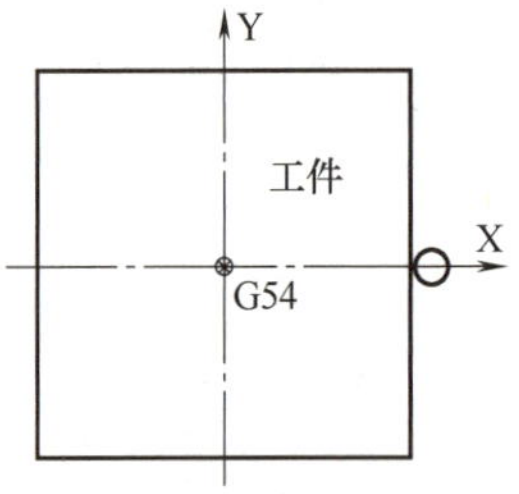 Y 工件 X G54	将寻边器+Z 提起,并移到工件右侧,同第一步方法相同将寻边器移至工件右侧
4	第四步:X 轴对刀方式 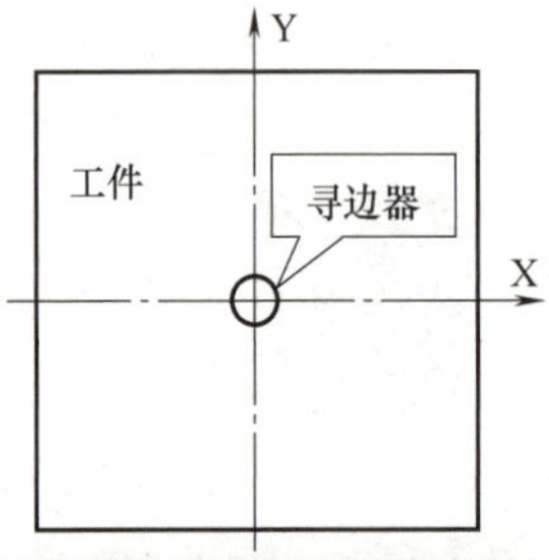 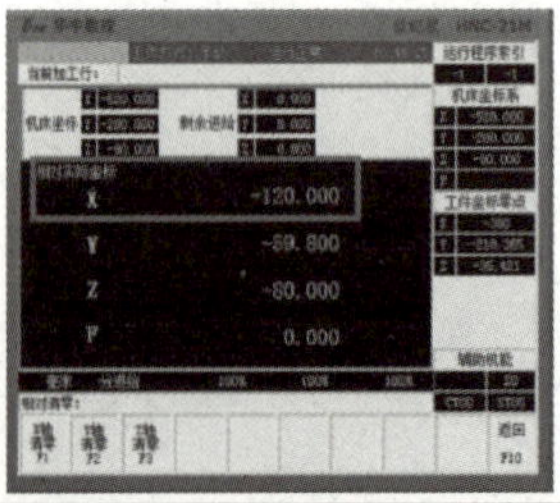 Y 工件 寻边器 X X -120.000 Y -89.800 Z -80.000 F 0.000	观察此时相对坐标 X 的数值(图中为-120),将这个数除以 2 就是 X 轴原点。用手轮将寻边器移至这个数(图中例子是移到-60)处

续表

序号	操作方式	操作内容
5	第五步:设置X坐标 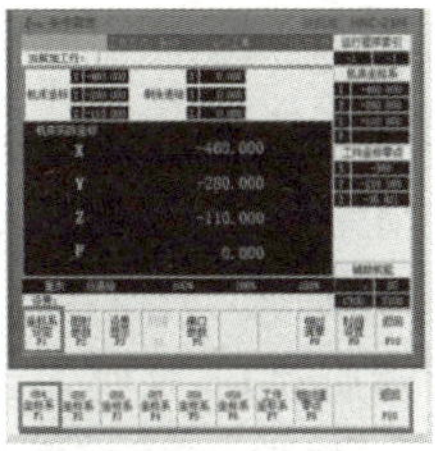 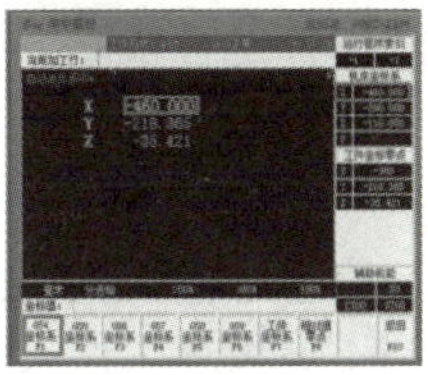	设置X坐标。G54抄数:按【坐标系设定F1】→【G54坐标系F1】→进入自动坐标系G54画面。在坐标值中输入机床坐标系中的X数值后enter回车
6	第六步:Z轴对刀方式 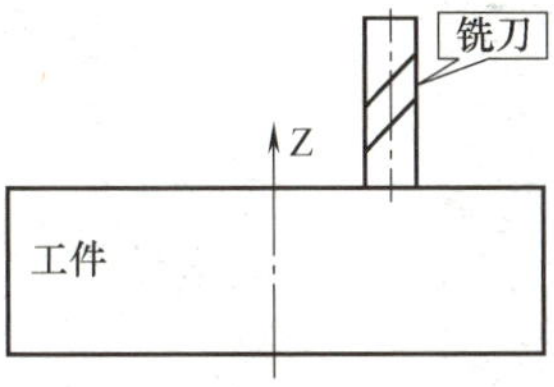 铣刀 Z 工件	G54确定。按【返回F10】进入主菜单画面。按【MDI F3】进入“MDI运行画面”。按【单段】按钮灯亮，在“MDI运行”中输入“G54”enter回车,按【循环启动】按钮。则X轴对刀完成。然后【F10返回】,观察工件坐标系位置中X变成0 对Y轴,同X轴对刀方法对Y轴 对Z轴,将寻边器更换为铣刀,主轴旋转,【增量】灯亮用手轮将铣刀移至贴住工件上表面
7	第七步:Z轴坐标对刀方式 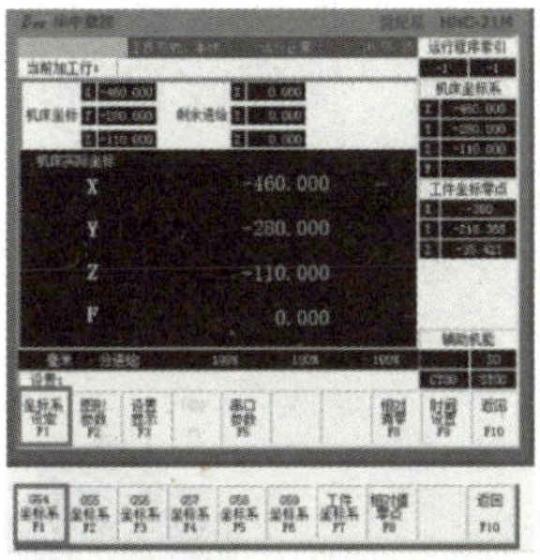 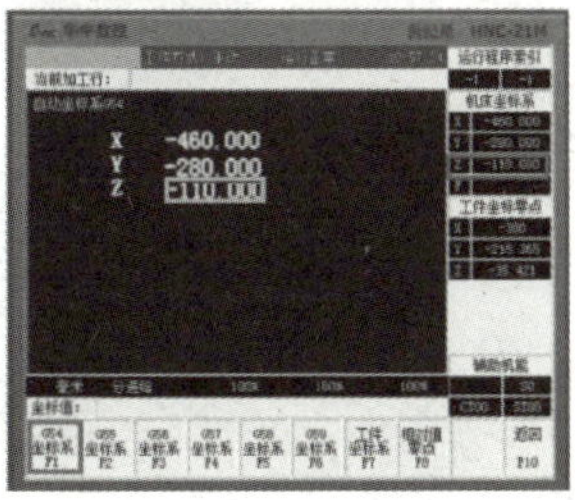	设置Z坐标。G54抄数:按【坐标系设定F1】→【G54坐标系F1】→进入自动坐标系G54画面。在坐标值中输入机床坐标系中的Z数值后enter回车 G54确定。按【返回F10】进入主菜单画面。按【MDI F3】进入“MDI ”运行画面。按【单段】按钮灯亮,在“MDI运行”中输入“G54”enter回车,按【循环启动】按钮。则Z轴对刀完成。然后【F10返回】,观察工件坐标系位置中Z变成0

续表

序号	操作方式	操作内容
8	第八步：手轮对刀校验	用手轮摇开铣刀(随意远离位置)。在主菜单画面，按【MDI F3】进入"MDI运行画面"。按【单段】按钮灯亮，在"MDI运行"中输入"M03S800G01X0Y0F500" enter回车。按【循环启动】。这时刀具就会自动定位至工件中心正上方。再输入Z10，按【循环启动】，主轴停止观察，看Z轴位置是否相符

注：1. 如换刀后不需对X、Y轴对刀，只需对Z轴，注意不能破坏工件表面。

2. 如果工件调头换向，则要XYZ轴都重新对刀。

3. 关机，再开机必须回参考点，不需要重新对刀。

图 2-21　打开机床电源

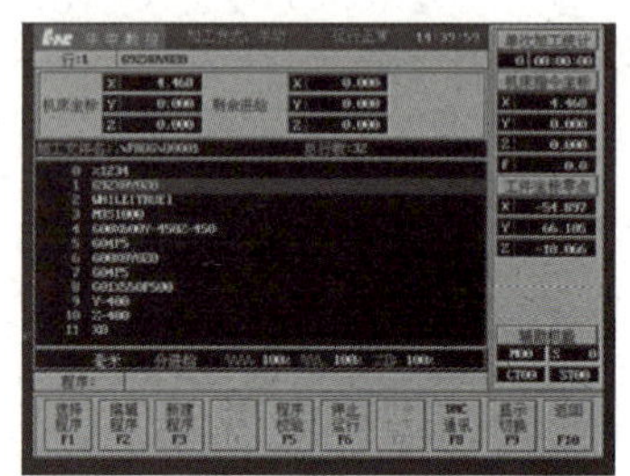

图 2-22　程序的输入及状态显示

图 2-23　启动机床主轴

② 操作者输入程序并检验，观看图2-22中程序显示的状态，是否能执行程序加工，如出现加工不正常状态，说明加工程序有误，需修改程序。

思考： 观察每个学生完成的基本操作过程是否符合正确规范的操作流程。

③ X、Z、Y轴部件的手动操作检验。图2-24为手动按键控制机床，图2-25为机床坐标系，图2-26为手持单元。

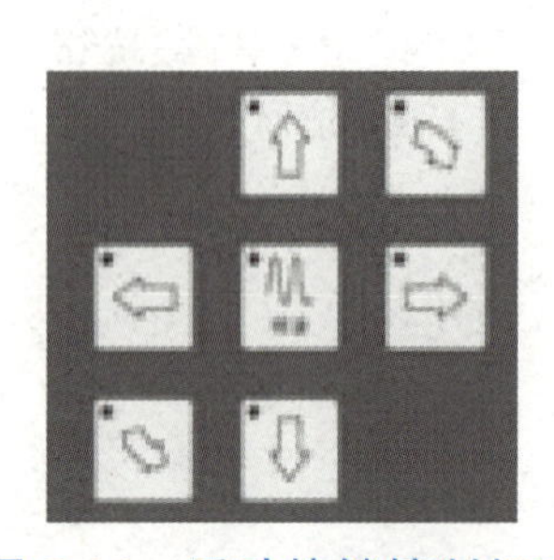

图 2-24　手动按键控制机床

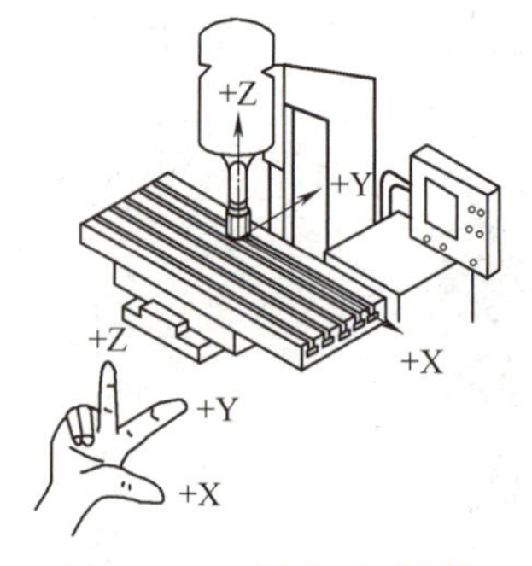

图 2-25　机床坐标系

图 2-26　手持单元

操作者根据机床坐标轴，按下 X、Y、Z 坐标轴按键或者用手持单元分别对各轴进行手动操作。观察在操作+X、−X，+Y、−Y，+Z、−Z 运动方向。

思考：每个学生是否正确认识各坐标轴方向的操作。

四、数控铣床基本操作常见问题及其处理方法

表 2-11　数控铣床基本操作常见问题及其处理方法

问题类型		产生原因	预防措施
数控铣床操作	撞刀	1. 各坐标轴的方向不熟悉 2. 手动对刀的操作不当	1. 严格要求对坐标轴的熟悉 2. 机床启动后必须按规定执行返回参考点的操作 3. 严格要求手动操作的方式
	超程	操作时容易按下加速键或对坐标轴方向不熟悉，导致坐标（主轴、工作台）超程	1. 可通过机床预设和严格检查来避免 2. 出现超程警报，可通过手动操作移动滑板消除

活动六　数控铣床操作任务评价

（1）团队展示数控铣床操作与编程基础知识学习成果。

（2）对数控铣床操作学习质量进行评价。

① 团队自检与互检。

② 填写质检表（表 2-12）。

③ 评价争议解决（学生质检争议解决学生评价委员会与教师结合完成）。

表 2-12　数控铣床操作学习质量评价表

项目		评分标准	配分	检测记录			得分
				自检	互检	得分	合计
机床启停操作		不规范一处扣 1 分	5				
控制面板操作	工作台移动操作	操作不规范一次扣 1 分	10				
	主轴运动操作		5				
程序编制	快速定位编程	代码应用与程序格式错误一处扣 1 分	10				
	直线插补编程		10				
	圆弧插补编程		10				
	程序输入操作	操作错误一次扣 1 分	5				
	程序执行操作		5				

续表

<table>
<tr><th colspan="2" rowspan="2">项目</th><th rowspan="2">评分标准</th><th rowspan="2">配分</th><th colspan="3">检测记录</th><th>得分</th></tr>
<tr><th>自检</th><th>互检</th><th>得分</th><th>合计</th></tr>
<tr><td rowspan="2">工具安装操作</td><td>平口钳安装操作</td><td rowspan="2">操作错误一次扣1分</td><td>5</td><td></td><td></td><td></td><td rowspan="6"></td></tr>
<tr><td>卡盘安装操作</td><td>5</td><td></td><td></td><td></td></tr>
<tr><td rowspan="2">刀具安装操作</td><td>刀具在铣床上安装</td><td>操作错误一次扣5分</td><td>10</td><td></td><td></td><td></td></tr>
<tr><td>寻边对刀操作</td><td>操作错误一次扣5分</td><td>10</td><td></td><td></td><td></td></tr>
<tr><td rowspan="2">安全文明生产</td><td>安全操作</td><td>出现安全事故扣5分</td><td>5</td><td></td><td></td><td></td></tr>
<tr><td>文明生产</td><td>工具刀具量具放置不规范扣5分</td><td>5</td><td></td><td></td><td></td></tr>
<tr><td colspan="8">经验积累与问题解决</td></tr>
<tr><td colspan="3">经验积累</td><td colspan="5">问题解决</td></tr>
<tr><td colspan="3"></td><td colspan="5"></td></tr>
<tr><td colspan="3"></td><td colspan="5"></td></tr>
<tr><td rowspan="2">签审</td><td>评价委员会签字</td><td colspan="6">年　月　日</td></tr>
<tr><td>指导老师签字</td><td colspan="6">年　月　日</td></tr>
</table>

说明：出现评价争议必须由学生评价委员会、指导教师与争议双方共同按照质检标准复检解决。

活动七　数控铣床操作任务评价

一、学习过程与成果展示

① 团队展示数控铣床操作整个学习过程与学习成果（含学习任务书和操作演示）。

记录在表2-13中。

表2-13　数控铣床基本操作任务书

序号	具体任务	记录过程
1	独立启停数控铣床的主轴	
2	手动控制X、Y、Z方向	
3	熟悉控制面板单元	

② 团队间展开交流学习。

二、数控铣床操作学习任务考核评价

（一）学习效能评价

序号	项目	内容	程度	不能的原因
1	知识学习	能正确掌握数控系统吗？	□能 □不能	
2		能独立完成程序的输入吗？	□能 □不能	
3		能理解数控机床坐标系和工件坐标系的建立吗？	□能 □不能	
4		能理解G代码、M代码、F代码等含义吗？	□能 □不能	
5	技能学习	能根据零件图要求合理选择工具以及量具吗？	□能 □不能	
6		能安全熟练地完成工件的安装吗？	□能 □不能	
7		能安全熟练地完成数控铣床各坐标轴的手动操作吗？	□能 □不能	
8		能安全熟练地操作数控铣床完成机床回参考点的操作吗？	□能 □不能	
经验积累与问题解决				
经验积累			存在问题	
签审	(评价委员会意见) 年 月 日			
	(指导教师意见) 年 月 日			

（二）数控铣床操作学习任务综合职业能力评价

任务名称			学习团队		任务时间		
评价指标			评价情况	否定评价原因	自评	互评	合评
1	学习能力	学习态度	□优秀 □良好 □一般 □差				
2		知识学习	□优 □良 □中 □差				
3		技能学习	□优 □良 □中 □差				
4		工作过程	□优化 □合理 □一般 □不合理				
5		操作方法	□正确 □大部分正确 □不正确				
6		问题解决	□及时 □较及时 □不及时				
7		产品质量	□合格 □返修 □报废				
8		完成时间	□提前 □准时 □延后 □未完成				
9		成果展示	□清晰流畅 □需要补充 □不清晰流畅				

续表

任务名称				学习团队		任务时间	
评价指标			评价情况	否定评价原因	自评	互评	合评
10	职业素养	安全规范	□很好 □好 □较好 □不好				
11		规章执行	□很好 □好 □较好 □不好				
12		分工协作	□很好 □好 □较好 □不好				
13		沟通交流	□很好 □好 □较好 □不好				
14		处突能力	□从容泰然 □需要助力 □无所适从				
15		创新能力	□优秀 □良好 □一般 □不足				
16		规划掌控	□很好 □好 □较好 □不好				

团队评价	任务总结：				亮点优点	
					缺点不足	
	团队自评	□优 □良 □中 □差	团队互评	□优 □良 □中 □差	团队总评	

个人评价	姓名	对应团队评价16项指标																总评
		1	2	3	4	5	6	7	8	9	10	11	12	13	14	15	16	

评价确认	评价委员会意见	年 月 日
	指导教师意见	年 月 日
	教务部门意见	年 月 日

三、拓展任务布置

（一）选择题

1. 数控铣床的加工方式主要以（　　）为主。

A. 车削　　B. 铣削　　C. 钻削　　D. 磨削

2. 数控铣床手持单元的控制必须按下控制面板中的（　　）按钮，才能正常运行。

A. 主轴正转　　B. 手动　　C. 自动　　D. 增量

3. 常见的立式数控铣床的主运动是（　　）。

A. 工件　　B. 车刀　　C. 铣刀　　D. 镗刀

（二）填空题

1. 数控铣床的主运动是________________。

2. 数控铣床按类型分为____________、____________和____________。

3. 数控铣床的手持单元坐标分为________轴、________轴、________轴。

4. 数控铣床代码 G90 是________________作用。

（三）问答题

1. 数控铣床的加工原理是什么？

2. 数控铣床具体对刀步骤是什么？

3. 数控铣床的加工特点是什么？

四、接续任务学习准备

请收集整理关于数控铣床维护保养的相关知识与学习资料。

任务二　数控铣床的维护保养

活动一　数控铣床维护保养的分析

一、任务描述

任务名称	数控铣床的维护保养		任务时间	
学习目标	知识目标	1. 能正确进行数控铣床的加工原理分析 2. 能正确分析数控铣床的基本组成 3. 能正确分析数控铣床的基本故障的排除方法 4. 能正确分析数控铣床的故障排除的使用工具		
	技能目标	1. 能正确进行数控铣床冷却液的加入 2. 能正确熟悉数控铣床的各结构部件及工作原理		
	职业素养	1. 能严格遵守和执行数控铣削加工场地的规章制度和劳动管理制度 2. 能主动获取数控铣床的基本操作知识，并进行总结反思，团结协作，进行有效沟通 3. 能在规定时间内完成工作任务 4. 能从容分析和处置在操作数控铣床过程中出现的问题与突发事件		

续表

<table>
<tr><td>任务名称</td><td colspan="2">数控铣床的维护保养</td><td>任务时间</td><td></td></tr>
<tr><td rowspan="2">重点难点</td><td>重点</td><td>1. 数控铣床的基本结构
2. 掌握数控铣床的工作原理
3. 熟悉数控铣床的冷却液加入方法</td><td rowspan="2">突破手段</td><td rowspan="2"></td></tr>
<tr><td>难点</td><td>1. 掌握数控铣床冷却液的加入方法
2. 掌握常用的数控铣床维修工具</td></tr>
<tr><td>学习情境</td><td colspan="4">1. 地点:铣削加工技术一体化教室(车间或场地)
2. 学习设备、工具:数控铣床及配套工具、游标卡尺、千分尺、程序校验软件、多媒体设备与计算机网络资源等
3. 学习资料:学习任务书,XK713 型号华中数控铣床手册,数控铣削加工、机械制图、技术材料与热理、公差配合与技术测量等教材,轴类零件相关视频、动画、微课以及网络学习资源</td></tr>
<tr><td>学习方法</td><td colspan="4">1. 数控铣床的基本操作、数控机床常见故障的维护与检测手册、数控铣床安全操作技能相结合,理实一体,手脑并用,学做结合
2. 本任务以学生自主学习为主,进行资料查询、问题解决与决策、加工实施、质量检测与控制、学习效果的评价
3. 教师在学生学习过程中适时地对学生进行指导、示范、考核评价</td></tr>
</table>

二、数控铣床保养的目的

① 延长机床的加工寿命。

② 保持好机床的加工精度。

③ 便于及发现机床故障隐患，避免停机损失。

活动二　数控铣床维护保养的内容

一、数控铣床常见的故障

机械故障：数控机床的主机部分，主要包括机械、润滑、冷却、排屑、液压、气动和防护等装置的故障。

电气故障：电气故障分为弱电故障与强电故障。

系统性故障：通常指的是只要满足一定的条件或超过某一设定的限度，工作中的数控机床必然会发生故障。

随机性故障：通常指数控机床在同样的条件下工作时偶然发生一次或两次故障。

有报警显示故障和无报警显示故障。

二、对数控机床操作人员的要求

① 有较高的思想素质。工作勤勤恳恳，具有良好的职业道德，能刻苦钻研技

术，并具有较丰富的实践经验。

② 熟练掌握各种操作与编程。能正确熟练地对自己所负责的数控机床进行各种操作，并熟练掌握编程方法，能编制出正确优化的加工程序，避免因操作失误或编程错误造成碰撞而导致机床故障。

③ 深入了解机床特性，掌握机床运行规律。对机床的特性有较深入的了解，并能逐步摸索掌握运行中的情况及某些规律。对由操作人员负责进行的日常维护及保养工作能正确熟练地掌握，从而保持机床的良好状态。

④ 熟知操作规程及维护和检查的内容。应熟知本机床的基本操作规程和安全操作规程、日常维护和检查的内容及达到的标准、保养和润滑的具体部位及要求。

⑤ 认真处理并做好记录。对运行中发现的任何不正常的情况和征兆都能认真处理并做好记录。一旦发生故障，要及时正确地做好应急处理，并尽快找维修人员进行维修。修理过程中，与维修人员密切配合，共同完成对机床故障的诊断及修理工作。

三、数控铣床的日常保养内容

每天下班前做好车床的清扫卫生，清除铁屑，擦净导轨部位的冷却液，防止导轨生锈。数控车床日常保养见表 2-14。

表 2-14　数控车床日常保养

序号	检查周期	检查部位	检查要求
1	每天	导轨润滑油箱	检查油标、油量、及时添加润滑油、润滑泵能定时启动打油及停止
2	每天	压缩空气气源力	检查气动控制系统压力，应在正常范围
3	每天	气源自动分水滤水器	及时清理分水器中滤除的水分，保证自动工作正常
4	每天	气液转换器和增压器面	发现油面不够时及时补足油
5	每天	主轴润滑恒温油箱	工作正常，油量充足并调节温度范围
6	每天	机床液压系统	油箱、液压泵无异常噪声，压力表正常，管路及各接头无泄漏，工作台面高度正常
7	每天	液压平衡系统	平衡压力指示正常，快速移动时平衡阀工作正常
8	每天	CNC 的 I/O 单元	光电阅读机清洁，机械结构润滑良好
9	每天	各种电器柜散热通风装置	各电柜冷却风扇工作正常，风道过滤网无堵塞
10	每天	各种防护装置	导轨、机床防护罩等应无松动、漏水

续表

序号	检查周期	检查部位	检查要求
11	每半年	滚珠丝杠	清洗丝杠上旧的润滑脂，涂上新油脂
12	每半年	液压油路	清洗溢流阀、减压阀、滤油器、清洗油箱底、更换或过滤液压油
13	每半年	主轴润滑恒温油箱	清洗过滤器，更换润滑脂
14	每年	检查并更换直流伺服电动机碳刷	检查换向器表面，吹净碳粉，去除毛刺，更换长度过短的电刷，并跑和后才使用
15	每年	润滑液压泵，滤油器清洗	清理润滑油池底，更换过滤器
16	不定期	检查各轴上导轨镶条、压滚轮松紧状态	按机床说明书调整
17	不定期	冷却箱	检查液面高度，冷却液太脏时需要更换并清理水箱底部，经常清洗过滤器
18	不定期	排屑器	经常清理切屑，检查无卡住等
19	不定期	清理废油池	及时清除滤油池中的废油，以免外泄
20	不定期	调整主轴驱动松紧带	按机床说明书调整

四、数控铣床维护保养基本要求

见表2-15。

表2-15　数控铣床维护保养基本要求

序号	时间周期	保养内容	登记时间	登记人
1	每班维护	班前要对设备进行点检，查看有无异状，检查油箱及润滑装置的油质、油量，并按润滑图表规定加油		
2	周末维护	在每周末和节假日前，用1～2h较彻底地清洗设备，清除油污		
3	数控机床的定期维护	在维修工辅导配合下，由操作工进行的定期维修作业，按设备管理部门的计划执行		
4	每月维护	(1)真空清扫控制柜内部； (2)检查、清洗或更换通风系统的空气滤清器； (3)检查全部按钮和指示灯是否正常； (4)检查全部电磁铁和限位开关是否正常； (5)检查并紧固全部电缆接头，并查看有无腐蚀、破损； (6)全面查看安全防护设施是否完整牢固		

五、点检的定义及作用

日常检查是一项由操作工人和维修工人每天执行的例行维护工作中的一项主要工作，其目的是及时发现数控机床运行的不正常情况，并予以排除。日常点检是日常检查的一种好方法。所谓点检是指，为了维持数控机床规定的机能，按照标准要求（通常是利用点检卡），对数控机床的某些指定部位，通过人的感觉器官（目视、手触、问诊、听声、嗅诊）和检测仪器，进行有无异状的检查，使各部分的不正常现象能够及早发现。

① 能早期发现数控机床的隐患和劣化程度，以便采取有效措施，及时加以消除，避免因突发故障而影响产量和质量、增加维修费用、缩短寿命、妨碍安全卫生。

② 可以减少故障重复出现，提高开动率。

③ 可以使操作工人交接班内容具体化、规格化，易于执行。

④ 可以对单台数控机床的运转情况积累资料，便于分析、摸索维修规律。

活动二　数控铣床维护保养知识交流学习

一、思政教育

陈行行：我能行

用在某尖端武器装备上的薄薄壳体，通过他的手，产品合格率从以前难以逾越的50%提升到100%；他用比头发丝还细0.02mm的刀头，在直径不到2cm的圆盘上打出36个小孔；他推翻以前工艺，优化设备、程序、加工方法后，成功实现某分子泵动叶轮144片薄壁叶片整体加工，加工时间由原来的9小时缩短到2小时，效率提高4倍多，加工质量也大幅提升。他就是中国工程物理研究院机械制造工艺研究所加工中心操作工、特聘高级技师、“大国工匠”陈行行。

二、数控车床维护保养交流学习

① 团队展示活动一、二学习的过程与成果。

② 交流学习，发现、分析、解决问题（学生主体，教师引导）。

三、填写交流学习记录表

见表2-16。

表2-16　交流学习记录表

学习过程成果描述(引导描述)	1. 运用哪些已学知识解决了哪些问题？ 2. 运用了哪些方法学习了哪些新知识？解决了哪些问题？ 3. 学习过程中是如何进行交流互动、合作学习的？完成了哪些学习任务并获得了哪些成果？ 4. 学习过程中你遇到了哪些问题？是通过什么途径解决的？效果如何？

续表

	学习内容	学习记录	通关审定
主要知识的学习应用记录	数控铣床保养维护的目的		
	数控铣床对维护保养操作员的要求		
	数控铣床日常保养的内容		
	数控铣床维护保养的工具的认识		
	数控铣床常见的故障		
创造性学习	创新点 1		
	创新点 2		
审定签字	指导教师签字： 年 月 日		

活动三 数控铣床维护保养操作

一、数控铣床维护保养工具的准备

参见模块一项目一任务二活动四。

二、数控铣床维护保养操作

见表 2-17。

表 2-17 数控铣床维护保养操作

序号	维护项目	图示	具体操作
1	润滑油的加入		检查数控车床润滑油的油位，并及时加注润滑油至标准的位置
2	数控铣床的冷却液的加入		数控铣床的切削液主要为乳化液。根据铣削过程的冷却液冲击量来决定加入量。用搅拌棒慢慢搅动塑料桶内的水使其形成漩涡后再慢慢注入切削液原液。将调配好的切削液倒入机床的切削液液箱内。待切削液液箱内的液面达到所要求的液面后开启机床循环切削液。检测切削液的浓度是否达到所要求的浓度，若未达到则用稀释后的切削液调整系统内切削液的浓度

续表

序号	维护项目	图示	具体操作
3	工作台清洁维护		用毛刷清洁刀架，操作者应将切屑清扫干净，防止装夹工件夹紧程度受影响
4	数控铣床的导轨的清洁		导轨是起导向及支承作用，即保证运动部件在外力作用下能准确地移动一定方向。先用毛刷把机床导轨面上的切屑及冷却液清理干净，防止导轨出现位置误差
5	导轨维护保养		切屑清理干净后在导轨面及溜板根部加注润滑油。使导轨面处于干净润滑状态，防止发生锈蚀影响数控铣床的位置精度
6	工具、量具的摆放	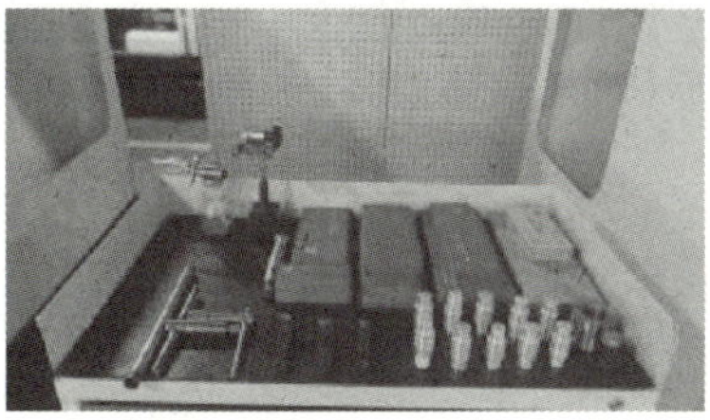	工作完成后，采用纱布对工具和量具进行清洁，并对工具量具做好维护保养
7	配电箱的检查		检查配电箱的通风口是否存在有灰尘的堵塞。做好通风口的清洁，以免发生堵塞

活动四　数控铣床维护保养任务检查

（1）团队展示数控车床维护保养知识与保养操作学习成果。

（2）对数控车床维护保养学习质量进行评价。

① 团队自检与互检。

② 填写自检表（表 2-18）。

表 2-18　数控铣床维护保养操作任务学习质量评价表

<table>
<tr><th rowspan="2">序号</th><th rowspan="2">检测项目</th><th rowspan="2">检测指标</th><th rowspan="2">评分标准</th><th rowspan="2">配分</th><th colspan="2">检测记录</th><th rowspan="2">得分</th></tr>
<tr><th>自检</th><th>互检</th></tr>
<tr><td>1</td><td>维保目的</td><td>理解维保目的</td><td>不理解不得分</td><td>10</td><td></td><td></td><td></td></tr>
<tr><td>2</td><td>维保内容</td><td>熟悉维保内容</td><td>不熟悉 1 项扣 2 分</td><td>20</td><td></td><td></td><td></td></tr>
<tr><td>3</td><td rowspan="4">维保操作</td><td>齐备操作工具</td><td>准备不充分不得分</td><td>10</td><td></td><td></td><td></td></tr>
<tr><td>4</td><td>遵守维保规章</td><td>违规一项扣 5 分</td><td>20</td><td></td><td></td><td></td></tr>
<tr><td>5</td><td>安全维保操作</td><td>违规一项扣 5 分</td><td>20</td><td></td><td></td><td></td></tr>
<tr><td>6</td><td>按指令实施维保</td><td>违规 1 项扣 2 分</td><td>10</td><td></td><td></td><td></td></tr>
<tr><td>7</td><td colspan="2">文明生产</td><td>安全熟练无违章</td><td>10</td><td></td><td></td><td></td></tr>
<tr><td colspan="2" rowspan="4">问题分析</td><td>产生问题</td><td>原因分析</td><td colspan="4">解决方案</td></tr>
<tr><td></td><td></td><td colspan="4"></td></tr>
<tr><td></td><td></td><td colspan="4"></td></tr>
<tr><td></td><td></td><td colspan="4"></td></tr>
<tr><td colspan="2" rowspan="2">签阅</td><td>评价团队意见</td><td colspan="5">年　月　日</td></tr>
<tr><td>指导教师意见</td><td colspan="5">年　月　日</td></tr>
</table>

说明：出现评价争议必须由学生评价委员会、指导教师与争议双方共同按照质检标准复检解决。

活动五　数控铣床维护保养学习任务考核评价

一、学习过程与成果展示

① 团队展示数控车床维护保养整个学习过程与学习成果（含学习任务书和操作演示）。

② 团队间展开交流学习。

二、数控车床操作学习任务考核评价

（一）学习效能评价

见表 2-19。

（二）综合能力评价

团队内部与团队之间进行数控铣床维护保养任务的综合评价，并完成 2-20 综合评价表填写与上报。

表 2-19　数控铣床故障诊断维护任务学习效能评价表

序号	项目	内容	程度	不能的原因
1	知识学习	能正确掌握数控系统吗?	□能 □不能	
2		能独立完成机床简单故障的排除吗?	□能 □不能	
3		能解除机床工作台或主轴超程故障吗?	□能 □不能	
4		能完成数控铣床日常点检的填写吗?	□能 □不能	
5	技能学习	能判断撞刀的故障吗?	□能 □不能	
6		能解除机床超程故障吗?	□能 □不能	
7		能解决冷却液流动慢的故障吗?	□能 □不能	
8		能安全熟练地操作数控铣床完成机床的回参考点的操作吗?	□能 □不能	

经验积累与问题解决	
经验积累	存在问题

签审	评价委员会意见　　年　月　日
	指导教师意见　　年　月　日

表 2-20 数控铣床维护保养任务综合评价表

<table>
<tr><td colspan="3">专业：________</td><td>班级：________</td><td colspan="4">年 月 日</td></tr>
<tr><td colspan="2">任务名称</td><td colspan="2"></td><td>学习团队</td><td></td><td>任务时间</td><td></td></tr>
<tr><td colspan="3">评价指标</td><td>评价情况</td><td>否定评价原因</td><td>自评</td><td>互评</td><td>合评</td></tr>
<tr><td>1</td><td rowspan="9">学习能力</td><td>学习态度</td><td>□优秀 □良好 □一般 □差</td><td></td><td></td><td></td><td></td></tr>
<tr><td>2</td><td>知识学习</td><td>□优 □良 □中 □差</td><td></td><td></td><td></td><td></td></tr>
<tr><td>3</td><td>技能学习</td><td>□优 □良 □中 □差</td><td></td><td></td><td></td><td></td></tr>
<tr><td>4</td><td>工作过程</td><td>□优化 □合理 □一般 □不合理</td><td></td><td></td><td></td><td></td></tr>
<tr><td>5</td><td>操作方法</td><td>□正确 □大部分正确 □不正确</td><td></td><td></td><td></td><td></td></tr>
<tr><td>6</td><td>问题解决</td><td>□及时 □较及时 □不及时</td><td></td><td></td><td></td><td></td></tr>
<tr><td>7</td><td>产品质量</td><td>□合格 □返修 □报废</td><td></td><td></td><td></td><td></td></tr>
<tr><td>8</td><td>完成时间</td><td>□提前 □准时 □延后 □未完成</td><td></td><td></td><td></td><td></td></tr>
<tr><td>9</td><td>成果展示</td><td>□清晰流畅 □需要补充 □不清晰流畅</td><td></td><td></td><td></td><td></td></tr>
<tr><td>10</td><td rowspan="7">职业素养</td><td>安全规范</td><td>□很好 □好 □较好 □不好</td><td></td><td></td><td></td><td></td></tr>
<tr><td>11</td><td>规章执行</td><td>□很好 □好 □较好 □不好</td><td></td><td></td><td></td><td></td></tr>
<tr><td>12</td><td>分工协作</td><td>□很好 □好 □较好 □不好</td><td></td><td></td><td></td><td></td></tr>
<tr><td>13</td><td>沟通交流</td><td>□很好 □好 □较好 □不好</td><td></td><td></td><td></td><td></td></tr>
<tr><td>14</td><td>处突能力</td><td>□从容泰然 □需要助力 □无所适从</td><td></td><td></td><td></td><td></td></tr>
<tr><td>15</td><td>创新能力</td><td>□优秀 □良好 □一般 □不足</td><td></td><td></td><td></td><td></td></tr>
<tr><td>16</td><td>规划掌控</td><td>□很好 □好 □较好 □不好</td><td></td><td></td><td></td><td></td></tr>
<tr><td rowspan="3">团队评价</td><td colspan="5" rowspan="2">任务总结：</td><td>亮点优点</td><td></td></tr>
<tr><td>缺点不足</td><td></td></tr>
<tr><td>团队自评</td><td>□优 □良 □中 □差</td><td>团队互评</td><td>□优 □良 □中 □差</td><td></td><td>团队总评</td><td></td></tr>
</table>

续表

	姓名	对应团队评价16项指标																总评
		1	2	3	4	5	6	7	8	9	10	11	12	13	14	15	16	
个人评价																		

评价确认	评价委员会意见	年 月 日
	指导教师意见	年 月 日
	教务部门意见	年 月 日

说明：1. 总评分为优（单项优秀占比95%～100%）、良（单项优秀占比75%～90%）、中（单项良好占比60%～75%）、差（单项良好占比60%以下）4个等级。

2. 互评出现评价争议时，必须由评价委员会、指导教师与当事团队或个人共同按照评价标准评议解决。

三、拓展任务布置

（一）选择题

1. 数控铣床的工作台导轨清洁后应加入（　　）。

A. 润滑油　　B. 机油　　C. 乳化液　　D. 煤油

2. 数控铣床导轨、主轴等部件该用（　　）加入润滑油。

A. 毛刷　　B. 油壶　　C. 棉纱　　D. 油枪

3. 数控铣床的冷却液是（　　）。

A. 机油　　B. 煤油　　C. 乳化液　　D. 水

（二）填空题

1. 数控铣床由________、________、________、________和________组成。

2. 数控铣床冷却液分为____________、____________、____________。

3. 数控铣床出现故障时，____________灯亮起，系统终止执行加工。

（三）问答题

1. 数控铣床和加工中心的区别是什么？

2. 数控铣床常见的故障有哪些？怎么解除？

四、接续任务学习准备

① 请收集整理关于平面零件加工的相关知识与学习资料。

② 进行平面零件加工的相关设备工具准备。

项目二 轮廓类零件铣削加工

任务一 平面零件轮廓铣削加工

活动一 平面零件轮廓铣削加工任务分析

一、任务描述

<table>
<tr><td>任务名称</td><td colspan="2">平面零件轮廓的铣削加工</td><td>任务时间</td><td></td></tr>
<tr><td rowspan="3">学习目标</td><td>知识目标</td><td colspan="3">1. 能正确分析平面零件轮廓的工艺性结构
2. 能正确分析平面零件轮廓的技术要求和工艺知识
3. 能编制正确合理的平面零件轮廓铣削加工工艺
4. 能完成平面零件轮廓铣削程序编制知识的学习与应用
5. 能编制平面零件轮廓正确合理的数控铣削加工程序</td></tr>
<tr><td>技能目标</td><td colspan="3">1. 能正确熟练地操作数控铣床完成合格平面零件轮廓的铣削加工
2. 能正确熟练地使用游标卡尺和千分尺完成平面零件轮廓的质量检测与控制</td></tr>
<tr><td>职业素养</td><td colspan="3">1. 能严格遵守和执行零件铣削加工场地的规章制度和劳动管理制度
2. 能主动获取与平面零件轮廓铣削加工工艺与程序编制相关的有效信息，展示工作成果，对学习、工作进行总结反思，能与他人合作，进行有效沟通
3. 能保质、保量、按时完成工作任务
4. 能从容分析和处置平面零件轮廓铣削加工过程中出现的问题与突发事件</td></tr>
<tr><td rowspan="2">重点难点</td><td>重点</td><td>1. 平面零件轮廓铣削加工工艺、程序编制与校验
2. 操作数控铣床完成平面零件轮廓铣削加工
3. 平面零件轮廓加工质量的检测与控制</td><td rowspan="2">突破手段</td><td rowspan="2">通过观看操作视频、微课、示范讲解等方式突破重难点</td></tr>
<tr><td>难点</td><td>1. 平面零件轮廓铣数控加工工艺、程序的编制与校验
2. 操作数控铣床完成平面零件轮廓铣削加工和尺寸精度的控制</td></tr>
</table>

二、支承座零件铣削结构工艺性分析

（一）支承座零件作用

支承座起到承载机器的重量和负荷的作用，它的目的是保证机械平稳正常运行。

（二）平面轮廓的结构工艺性分析

如图 2-27 所示，支承座平面和轮廓部分是由 94mm×40mm×60mm 的六面体和两个 22mm×40mm×50mm 台阶轮廓组成，采用盘铣刀和立铣刀完成加工。

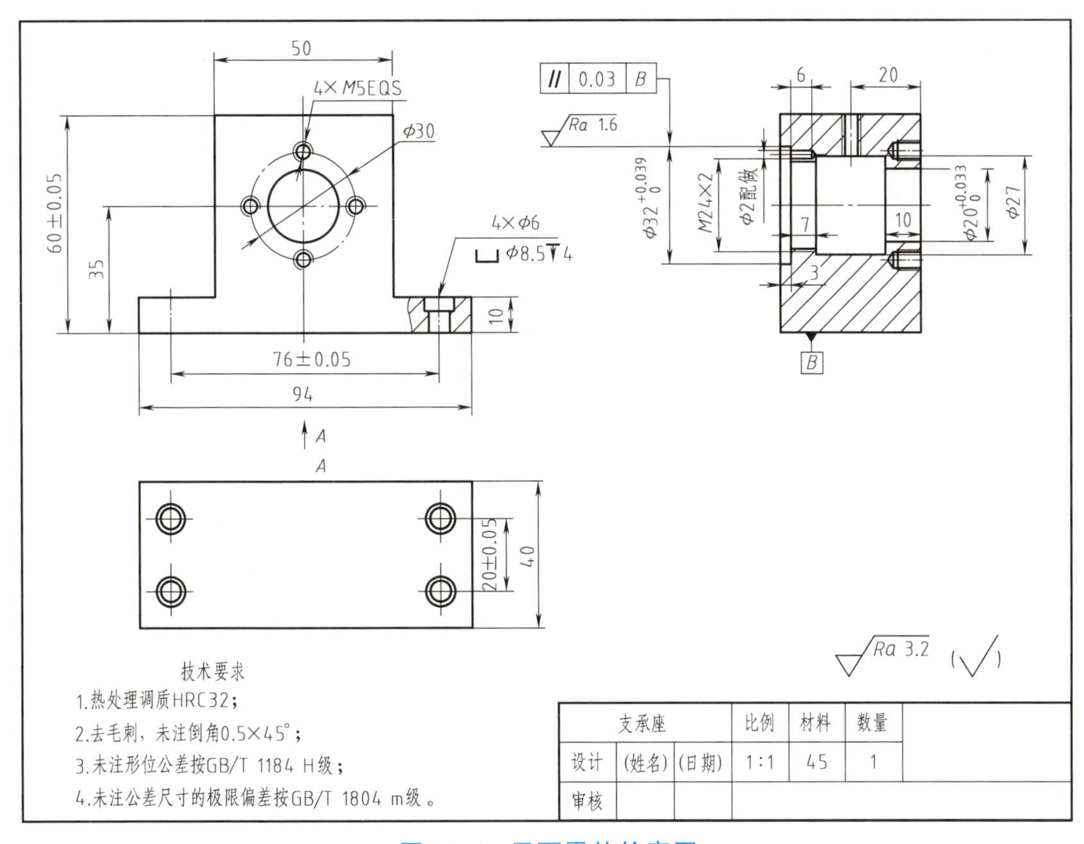

图 2-27　平面零件轮廓图

三、完成任务的资料、资源准备

见表 2-21。

表 2-21　平面零件轮廓加工需使用的学习资料与资源

类别	名称	作用
教材	数控铣削加工技术、公差配合与测量技术、机械制图、机械基础、金属材料与热处理、操作手册等	用于加工工艺与加工程序编制与校验
导学资料	学习任务书与考核评价工具(效能与综合)	用于引导学生自主学习
助学资料	平面零件轮廓数控铣削加工工艺、程序编制以及加工、质检操作的动画、微课、视频等	提高平面零件轮廓铣削加工任务的学习效能与质量

活动二　平面零件轮廓加工工艺与程序编制

一、平面零件轮廓加工工艺编制

（一）零件技术要求分析

见表 2-22。

表 2-22　技术要求分析表

项目	技术参数/mm	加工、定位方案选择		备注
尺寸精度	94	平面和轮廓加工方案	1. 粗精铣 94mm×40mm 平面 2. 粗精铣 94mm×60mm 平面 3. 粗精铣 40mm×60mm 平面 4. 粗精铣 22mm×40mm×50mm 台阶轮廓	注意粗精铣刀分开使用与切削用量的合理选择
	40			
	60±0.05			
	50			
	10			
	Ra3.2			
形位公差	平面度 0.02	定位基准选择与安装	为保证零件加工的平面度，先加工基准面，然后加工对面面，采用平口钳安装加工。注意第二次翻面安装必须进行找正操作	

（二）平面零件轮廓机械加工工艺编制知识学习

1. 铣削方式

铣削加工时，根据铣刀与工件接触点的切削速度方向与工件进给方向的不同分为顺铣和逆铣两种铣削方式，见表 2-23。

表 2-23　顺铣和逆铣

铣削方式	图示	说明	特点
顺铣	F F 为切削力。	铣削加工时，铣刀与工件接触点的切削速度方向与工件的进给方向相同的铣削方式	1. 切削力方向与夹紧力方向相反，利于工件夹紧，利于细长、薄壁工件铣削 2. 铣刀磨损慢，寿命比逆铣长 3. 加工表面质量较好 4. 切入工件时铣刀容易损坏 5. 加工时容易产生爬行、扎刀现象
逆铣	F	铣削加工时，铣刀与工件接触点的切削速度方向与工件的进给方向相反的铣削方式	1. 切削力方向与夹紧力方向相反，不利于工件夹紧 2. 刀具磨损快，寿命叫顺铣短 3. 工件表面容易产生加工硬化现象 4. 加工进给平稳连续，不会出现爬行、扎刀现象

续表

铣削方式	图示	说明	特点
顺铣和逆铣的选择		1. 一般情况都选择逆铣进行加工 2. 选择顺铣的条件： (1)铣细长、薄壁等刚性强度较差、不易夹紧的工件时，宜选择顺铣 (2)加工余量较小、加工表面质量要求高时，宜选择顺铣 (3)选择顺铣时，工台螺母与丝杠间的轴向间隙必须调整到0.01～0.04mm的范围内	

2. 平面轮廓铣削的铣削方式

见表2-24。

表2-24　平面轮廓铣削方式

铣削方式	图示	铣刀选择	加工特点
端铣		盘铣刀	1. 端铣的副切削刃对已加工表面有修光作用，能使粗糙度降低。周铣的工件表面则有波纹状残留面积 2. 同时参加切削的端铣刀齿数较多，切削力的变化程度较小，因此工件是振动较周铣为小 3. 端铣刀的刀杆伸出较短，刚性好，刀杆不易变形可用较大的切削用量 4. 端铣加工质量好，生产质量高。铣削平面大多采用端铣。但是周铣对加工各种型面的适应性较广，而有些型面(如成形面等)则不能用端铣
周铣		立铣刀	

3. 铣削用量选择

(1) 铣削用量的选择原则　在充分利用铣刀的切削性能和机床性能、保证加工质量的前提下，获得高生产率和较低加工成本。

(2) 铣削用量的选择　见表2-25。

表2-25　铣削用量的选择

铣削用量参数	选择原则
切削厚度	1. 在工艺系统刚度、强度允许的条件下，加工精度不高时，粗铣可选择一次进给铣去全部余量 2. 当粗糙度 Ra 值小于6.3μm时，必须粗精铣分开，粗铣应为精铣留下0.5～2mm的加工余量

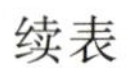
续表

铣削用量参数	选择原则
进给量选择	1. 粗铣时，在工艺系统刚度、强度许可的前提下，为提高生产率，可选择较大的进给量 2. 精铣时，为获得较小的表面粗糙度，应选择较小的进给量
铣削速度	1. 粗铣时，因选择了较大的切削深度和进给量，为使工艺系统具有足够的强度刚度，选择较小的切削速度 2. 精铣时，由于切削深度和进给量都较小，为保证生产率，应选择较高的切削速度

二、编制零件机械加工工艺

见表 2-26。

表 2-26　机械加工工艺表　　单位：mm

<table>
<tr><td colspan="7">工艺过程卡</td><td colspan="5" rowspan="3"></td></tr>
<tr><td colspan="2">零件名称</td><td>手柄</td><td>机械编号</td><td></td><td>零件编号</td><td></td></tr>
<tr><td colspan="2">材料名称</td><td>调质45</td><td>坯料尺寸</td><td>预调制
96×42×62</td><td>件数</td><td>1</td></tr>
<tr><td colspan="2" rowspan="2">工序</td><td rowspan="2">工种</td><td rowspan="2">工步</td><td rowspan="2">工序内容</td><td rowspan="2">设备</td><td rowspan="2">刀具</td><td colspan="3">工艺参数</td><td rowspan="2">检验量具</td><td rowspan="2">评定</td></tr>
<tr><td>S</td><td>f</td><td>a_p</td></tr>
<tr><td rowspan="2">1</td><td rowspan="2">铣平面</td><td rowspan="2">铣</td><td>1</td><td>铣 94×40 基准平面</td><td>铣床</td><td>ϕ45 面铣刀</td><td>1000</td><td>100</td><td>1</td><td>游标卡尺</td><td></td></tr>
<tr><td>2</td><td>铣 94×40 平行平面</td><td>铣床</td><td>ϕ45 面铣刀</td><td>1000</td><td>100</td><td>1</td><td>游标卡尺</td><td></td></tr>
<tr><td rowspan="2">2</td><td rowspan="2">铣平面</td><td rowspan="2">铣</td><td>1</td><td>铣 94×60 基准平面</td><td>铣床</td><td>ϕ45 面铣刀</td><td>1000</td><td>100</td><td>1</td><td>游标卡尺</td><td></td></tr>
<tr><td>2</td><td>铣 94×60 平行平面</td><td>铣床</td><td>ϕ45 面铣刀</td><td>1000</td><td>100</td><td>1</td><td>游标卡尺</td><td></td></tr>
<tr><td rowspan="2">3</td><td rowspan="2">铣平面</td><td rowspan="2">铣</td><td>1</td><td>铣 40×60 基准平面</td><td>铣床</td><td>ϕ45 面铣刀</td><td>1000</td><td>100</td><td>1</td><td>游标卡尺</td><td></td></tr>
<tr><td>2</td><td>铣 40×60 平行平面</td><td>铣床</td><td>ϕ45 面铣刀</td><td>1000</td><td>100</td><td>1</td><td>游标卡尺</td><td></td></tr>
<tr><td>4</td><td>铣台阶轮廓</td><td>铣</td><td>1</td><td>铣 22×40×50 台阶轮廓</td><td>铣床</td><td>ϕ22 立铣刀</td><td>1600</td><td>100</td><td>50</td><td>游标卡尺</td><td></td></tr>
</table>

续表

工序		工种	工步	工序内容	设备	刀具	工艺参数			检验量具	评定
							S	f	a_p		
5	倒角	铣	1	C0.5 倒角	铣床	ϕ6 倒角刀	1600	100	0.5	游标卡尺	
6	检测										
工艺员意见		年　月　日									
工艺合理性审定		指导教师(签章)： 年　月　日									

说明：1. 初学者由指导教师带领学生一起编制；熟练者由学生学习团队自主学习编制。

2. 此工艺仅作为参考，工艺顺序、刀具选择和切削用量可结合具体的技术条件选择。

三、平面零件轮廓铣削加工程序编制

（一）平面轮廓零件数控铣削程序编制知识学习与应用

1. 坐标平面的确定 G17/G18/G19

图例	程序代码与程序格式	编程说明
ZY平面G19　ZX平面G18　XY平面G17	G17;(选择 XY 平面)	在数控铣削加工过程中，通常需要指定机床在哪个平面先进行插补运动。在进行圆弧插补和建立刀具半径补偿时，必须用该组指令选择所在的加工平面。采用刀具长度补偿功能时，平面选择决定了长度补偿的坐标轴，长度补偿轴为选择加工平面的第三坐标轴 G17/G18/G19 为模态指令，可互相注销。对于立式数控铣床，G17 为缺省值
	G18;(选择 ZX 平面)	
	G19;(选择 ZY 平面)	
注意事项	G17/G18/G19 指令在 G00 和 G01 指令中无效	

2. 绝对编程 G90 与增量编程 G91

指令	格式	含义	编程举例	
G90	G90 X_Y_Z_	G90 指令是指绝对值编程，坐标轴的编程值是相对于工件原点的	使用 G90、G91 编程，使刀具从 A 点移到 B 点	G90 X60 Y45
G91	G90 X_Y_Z_	G91 相对指令指相对值编程，坐标轴的编程值是终点相对于前一位置而言的，该值等于移动的距离		G91 X40 Y30
注意事项		G90、G91 为模态指令，可相对注销，其中 G90 为默认值		

3. 快速定位 G00 指令

指令	格式	含义	编程举例	
G00	G00 X_Y_Z_;	X、Y、Z 为定位终点坐标。G90 时为终点在工件坐标系中的坐标；G91 时为终点相对于定位起点的坐标值	使用 G00 编程，要求刀具从 A 点速定位到 C 点	G00 X75 Y45
注意事项	G00 指令一般用于加工前快速定位和加工后快速退刀，它是一个模态指令 G00 指令刀具相对于工件以各轴预先设定的速度，从当前位置快速移动到程序段指令的目标点。G00 指令中的速度由机床参数设定，不能用 F 指定，快速移动的速度可借助操作面板上的进给修调倍率按键修正。由于各轴以各自的速度移动，不能保证同时到达终点，其运动轨迹不一定是两点的连线。在操作时一定要非常小心，以免刀具与工件发生碰撞，常见的做法是将 Z 轴首先移动到安全高度再执行 G00 指令			

4. 直线插补指令 G01

指令	格式	含义	编程举例	
G01	G00 X_Y_Z_F_	X、Y、Z、为线性进给终点，F 为进给速度，G90 时为终点在工件坐标系中的坐标；G91 时为终点相对于定位起点的坐标值	使用 G01 编程，要求刀具从 A 点速定位到 B 点	G01 X75 Y45 F200
注意事项	G01 指令一般用于线性切削加工，它是一个模态指令 G01 指令以联运的方式，按 F 规定的合成进给速度，从当前位置按线性线路移动到程序段指令的终点。其中，F 批定的进给速度，直到新的值被指定之前，一直有效，不用对每个程序段都指定 F			

5. 主轴控制指令 M03、M04、M05

指令	格式	含义	注意事项
M03	M03 S_	启动主轴以程序中编制的主轴速度顺时针方向(从 Z 轴正向朝 Z 轴负向看)旋转	M03、M04 为模态前作用 M 功能，M05 为模态后作用 M 功能，M05 为缺省功能 M03、M04、M05 可相互注销
M03	M04 S_	启动主轴以程序中编制的主轴速度逆时针方向旋转	

续表

指令	格式	含义	注意事项
M05		使主轴停止旋转	M03、M04 为模态前作用 M 功能，M05 为模态后作用 M 功能，M05 为缺省功能 M03、M04、M05 可相互注销
M30		程序结束并返回到零件程序头	

6. 程序结束指令 M02、 M30

指令	格式	含义	注意事项
M02	M02	程序结束	M30 和 M02 功能基本相同，只是 M30 指令还兼有控制返回到零件程序头(%)的作用。使用 M30 的程序结束后，若要重新执行该程序，只需再次按操作面板上的“循环启动”键
M30	M30	程序结束并返回到零件程序头	

（二）平面零件轮廓铣削加工程序编制

1. 平面零件轮廓编程坐标系选定与坐标点计算

使用 CAD 软件，通过图形绘制，使用坐标标注法来确定编程坐标点的坐标。如图 2-28 所示。

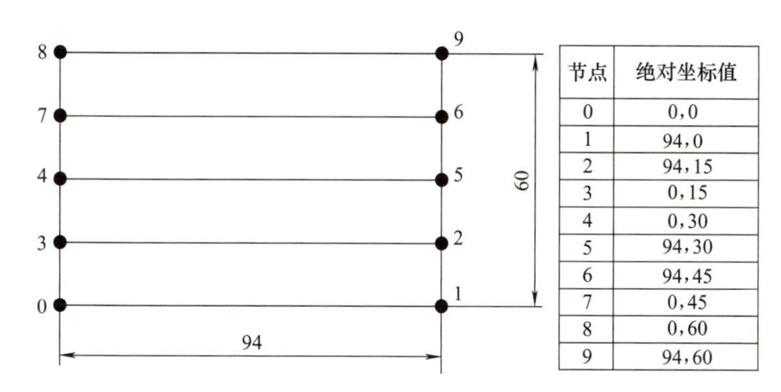

节点	绝对坐标值
0	0,0
1	94,0
2	94,15
3	0,15
4	0,30
5	94,30
6	94,45
7	0,45
8	0,60
9	94,60

图 2-28　CAD 绘图法坐标计算

2. 平面零件轮廓数控铣削加工程序编制

（1）平面粗加工程序编制（94×60）

程序名:O1234		
程序号	程序	说明
N10	G54X0Y0Z100	快速定位到工件零点上方 100mm 处
N20	M03S1000	主轴正转
N30	M08	冷却液开
N40	G00X-30Y20	快速定位到安全下刀点
N50	Z5	快速移到工件上方 5mm 处
N60	G01Z-1F100	切入工件 1mm

续表

程序号	程序	说明
N70	X94	铣 94mm×60mm 平面
N80	Y40	
N90	X-30	
N100	Z5	切出工件
N110	G00Z100	Z 方向退刀
N120	M05	主轴停止
N130	M30	程序结束,返回程序起点

（2）平面粗加工程序编制（94×40）

程序名:O2234		
程序号	程序	说明
N10	G54X0Y0Z100	快速定位到工件零点上方 100mm 处
N20	M03S1000	主轴正转
N30	M08	冷却液开
N40	G00X-30Y10	快速定位到安全下刀点
N50	Z5	快速移到工件上方 5mm 处
N60	G01Z-1F100	切入工件 1mm
N70	X94	铣 94mm×40mm 平面
N80	Y30	
N90	X-30	
N100	Z5	切出工件
N110	G00Z100	Z 方向退刀
N120	M05	主轴停止
N130	M30	程序结束,返回程序起点

（3）平面粗加工程序编制（60×40）

程序名:O3234		
程序号	程序	说明
N10	G54X0Y0Z100	快速定位到工件零点上方 100mm 处
N20	M03S1000	主轴正转

续表

程序号	程序	说明
N30	M08	冷却液开
N40	G00X-30Y10	快速定位到安全下刀点
N50	Z5	快速移到工件上方 5mm 处
N60	G01Z-1F100	切入工件 1mm
N70	X60	铣 60mm×40mm 平面
N80	Y30	
N90	X-30	
N100	Z5	切出工件
N110	G00Z100	Z 方向退刀
N120	M05	主轴停止
N130	M30	程序结束,返回程序起点

（4）平面零件轮廓加工程序编制

程序名:O4234		
程序号	程序	说明
N10	G54X0Y0Z100	快速定位到工件零点上方 100mm 处
N20	M03S1000	主轴正转
N30	M08	冷却液开
N40	G00X-25Y-22	快速定位到安全下刀点
N50	Z5	快速移到工件上方 5mm 处
N60	G01Z-50F100	切入工件 1mm
N70	Y20	铣 22mm×40mm 两台阶轮廓
N80	Z5	
N90	X25Y-22	
N100	Z-50	
N110	Y20	
N120	Z5	切出工件
N130	G00Z100	Z 方向退刀
N140	M05	主轴停止
N150	M30	程序结束,返回程序起点

注：初学者由指导教师带领学生一起编制；熟练者由学生学习团队自主学习编制。

活动三 平面零件轮廓加工工艺与加工程序审定

一、思政教育

从编外检修工到“机电大王”

杨杰是一名绞车司机，也是全国煤炭系统青年技术能手。他发明的“数字化需求动态检修法”填补了煤炭行业提升设备检修方法的空白。他在做好绞车司机本职工作的同时，还酷爱钻研检修技能，被同事戏称为“编外检修工”。他热爱专业技术工作，对本职工作有强烈的责任感，遇到问题不动摇、有钻劲，向书本问、向内行问、向实践问，经过不懈努力，逐渐成长为“机电大王”。

技能提升需要不断地学习，更需要加强对专业技术领域的学习。我们需要更加注重对专业领域的操作技能、专业理论、职业标准等方面的学习。

二、团队展示活动一、二学习过程与学习成果

① 进行学习过程与成果描述。

② 交流学习，发现、分析、解决问题（学生主体，教师引导）。

三、交流学习记录

（一）加工工艺正确性审定与优化

项目	要求	存在问题	改正措施
定位基准选择	1. 粗加工时必须符合粗基准的选择原则 2. 精加工时必须符合精基准的选择原则		
工艺过程	工序工步划分与编排顺序及其内容必须符合企业常规生产的工艺流程，便于生产管理		
加工参数	1. 粗加工工艺参数选择必须满足工艺系统的强度、刚性和提高效率、降低成本的要求 2. 精加工工艺参数选择原则是提高效率、降低成本		
设备工具	设备工具必须选择正确、齐备，并符合当前的技术状况		
刀具选择	刀具的类型、形状与参数选择必须满足零件表面形状以及加工性质（粗加工、半精加工、精加工）的要求		
检测工具	检测工具必须根据零件结构、检测项目、精度要求等选择，必须正确、齐备		
工时定额	工时定额设定必须合理		
其他			

（二）数控加工程序正确性审定与优化

项目	要求	存在问题	改正措施
程序格式	数控加工程序格式必须与所选定数控系统的编程格式相符		
程序指令	在保证质量提高效率减低成本前提下，做到正确与优化		
程序顺序	程序顺序必须与工艺过程相符		
程序参数	程序工艺参数必须与加工工艺选定参数相符		

活动四　平面零件轮廓数控铣削加工任务执行

一、材料与设备工具准备

见表2-27。

表2-27　平面零件轮廓加工坯料、设备与工量具准备

类别		型号/规格/尺寸/mm	作用
坯料准备		96×42×62	加工平面零件轮廓
设备准备	数控铣床	XK713	加工平面、沟槽、内外轮廓、孔、螺纹等加工
工具准备	平口钳	0～160	安装工件
	平口钳扳手	与平口钳配套	夹紧工件
	平行垫铁	18件160×4	工件定位
	铜棒	ϕ30×20	敲击找正工件
	其他		
刀具准备	刀柄	BT40	安装铣刀
	盘铣刀	ϕ50	加工平面
	立铣刀	ϕ12	加工台阶轮廓
量具准备	游标卡尺	0～200mm	用于长度、宽度尺寸测量
	深度游标卡尺	0～200mm	用于高度尺寸测量
其他			

二、工件的安装

（一）长方体铣削加工

见表2-28。

表 2-28　长方体铣削加工方法

安装方法	示意图	特点及应用
平口钳夹持安装	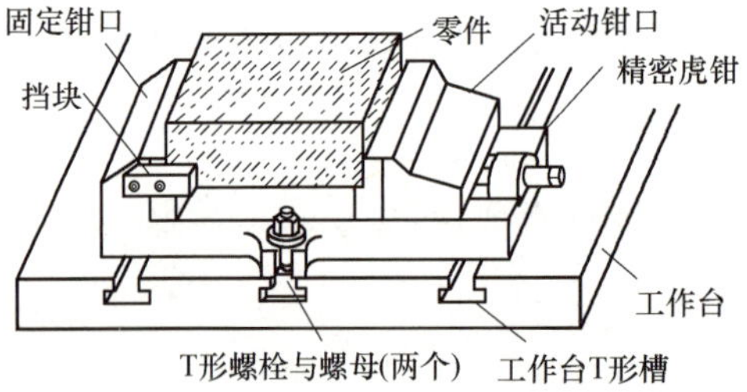 精密平口钳安装工件	
铣削加工	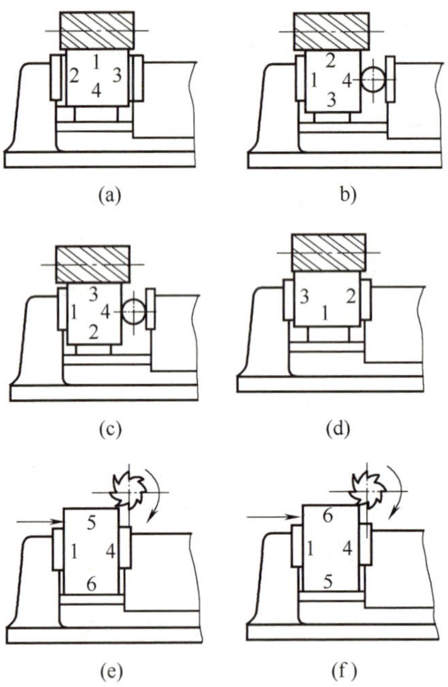 长方体铣削加工顺序	第1步先铣削面1，作为精基面(图a)。第2步将已加工的面1作为基准面贴紧固定钳口。在活动钳口与工件之间的中部垫一个圆棒后夹紧，然后加工相邻的面2(图b)。面2对面1的垂直度取决于固定钳口与水平走刀的垂直度。在活动钳口与工件之间垫一个圆棒，是为了使夹紧力集中在钳口中部，以利于面1与固定钳口可靠地贴紧。第3步把加工过的面2朝下，同样按上述方法，使基面1紧贴固定钳口。夹紧时，用手锤轻轻敲打工件，使面2贴紧平口钳，就可以加工面4(图c)。第4步加工面3，如(图d)。把面1放在平行垫铁上，工件直接夹在两个钳口之间。夹紧时要求用手锤轻轻敲打，使面1与垫铁贴实

(二)斜面铣削

见表2-29。

表 2-29　斜面铣削方法

加工方法	图示	说明
斜置工件法	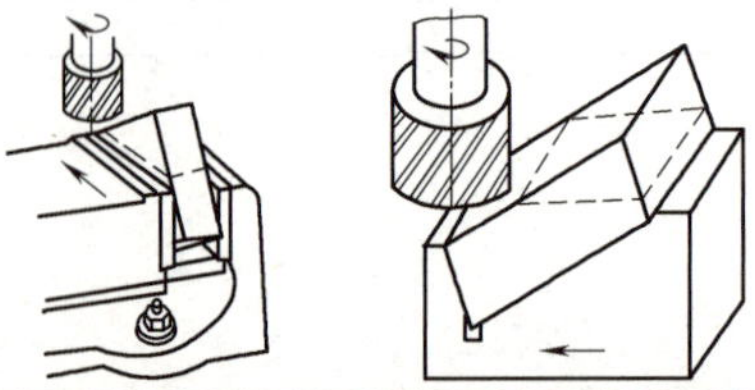	将工件倾斜一定角度安装，将斜面转化为水平面或垂直面加工。注意工件的倾斜角度一定要使用百分表、万能量角器进行准确找正

续表

加工方法	图示	说明
斜置刀具法		转动铣床铣头，将刀具倾斜一定角度安装
数控铣削法		使用数控程序语言，控制铣刀进行斜面加工

三、刀具的安装要求

1. 铣刀的装夹

（1）铣床刀具安装辅件　常用的刀具安装辅件有锁刀座、专用扳手等，如图 2-29 所示 。

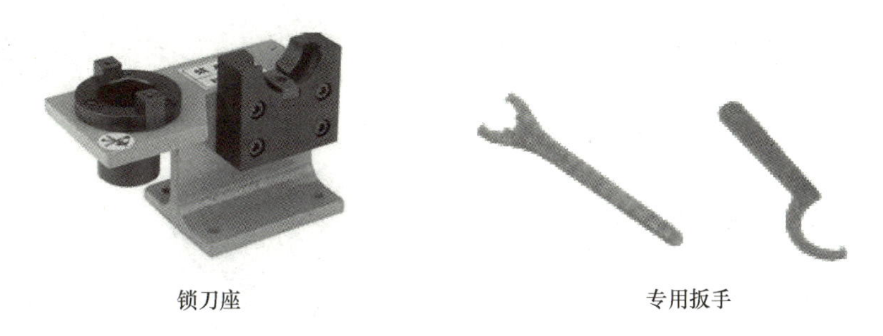

图 2-29　常用刀具安装辅件

（2）常用铣床刀具的安装

1）直柄立铣刀的安装　将立铣刀装入弹簧夹套后，一同塞入工具系统头部，在卸刀座上用专用扳手上紧，最后将拉钉装入刀柄并拧紧，见图 2-30。

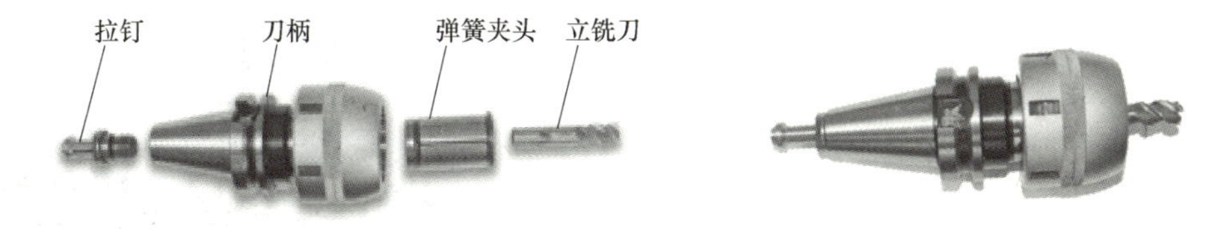

图 2-30　直柄立铣刀的安装顺序

2）面铣刀的安装　将面铣刀刀盘找正安装在刀柄上，将刀盘固定螺栓旋紧，最后将拉钉装入刀柄并拧紧，见图 2-31。

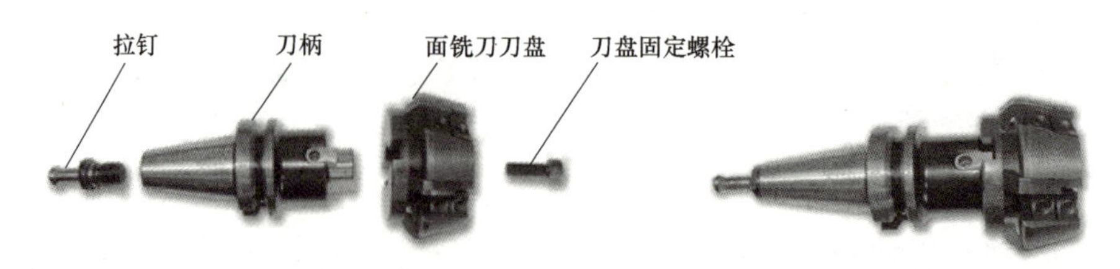

图 2-31　面铣刀的安装顺序

2. 对刀操作

X、Y 向对刀	将 ϕ10mm 的偏心式寻边器用刀柄装到主轴上	 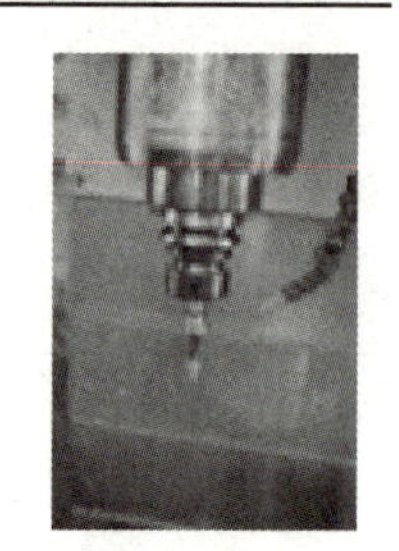
	MDI 方式输入程序段 MO3 S300；自动运行程序，启动主轴正转	
	手轮方式下在 X 方向控制机床的坐标移动使寻边器接近工件左侧被测表面并缓慢与其接触	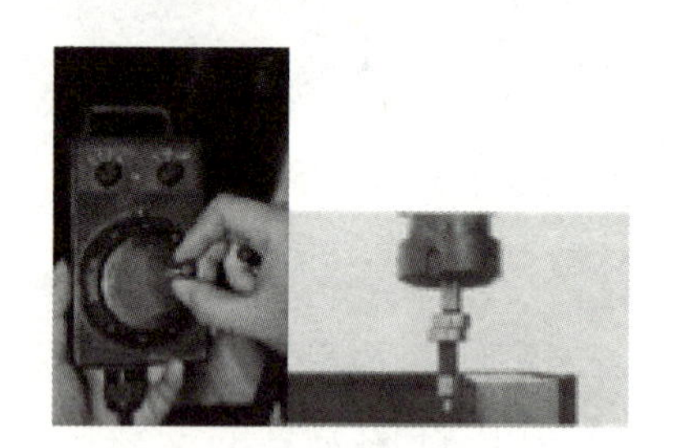
	进一步仔细调整位置，直到偏心式寻边器上下两部分同轴	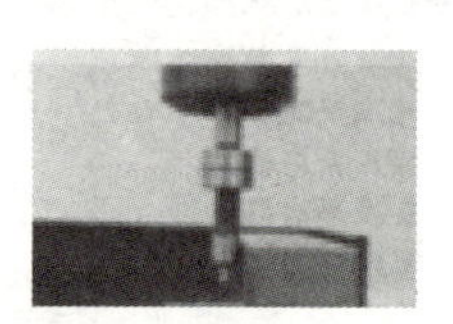
	手轮方式下在 Z 方向控制刀具向上离开工件上表面	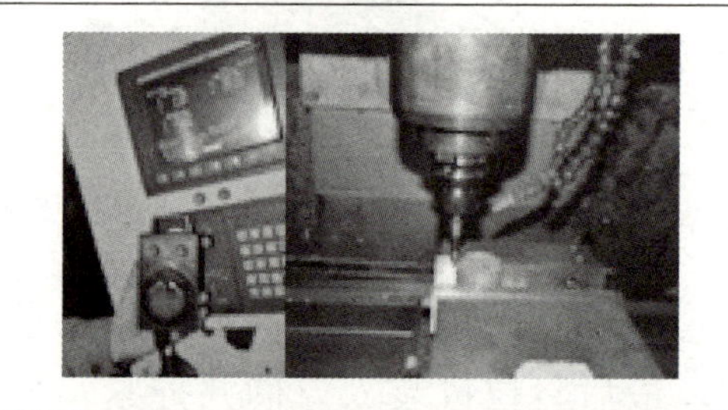

续表

X、Y向对刀	计算此位置的X方向工件坐标值	坐标值计算结果－(50/2＋10/2)＝－30
	 按“OFFSET SETTING”键→“坐标系”→选中“G54”→输入“X-30”→再按面板上的“测量”键。系统会自动计算坐标并弹到所选的G54存储地址中	 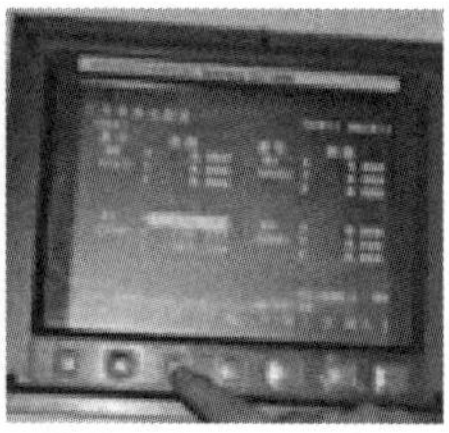
	同样步骤完成Y方向对刀	
Z向对刀	安装ϕ10mm立铣刀，选用ϕ10对刀棒辅助对刀	 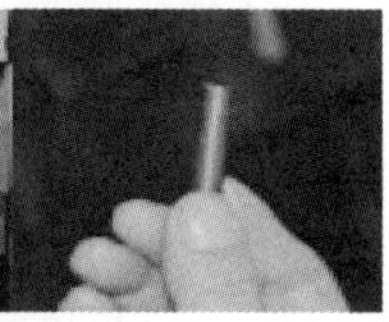
	快速移动刀具和工作台，使刀具端面接近工件上表面	
	手轮方式快速摇至接近工件上表面→向下慢摇(高倍率)对刀棒滚动刚好不通过→调低倍率上摇至对刀棒刚好通过	 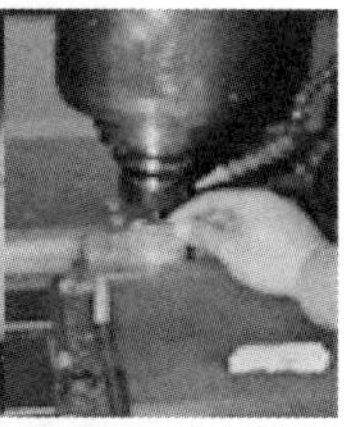
	按“OFFSET SETTING”键→“坐标系”→选中“G54”→输入“Z10”→再按面板上的“测量”键。系统会自动计算坐标并弹到所选的G54存储地址中 	 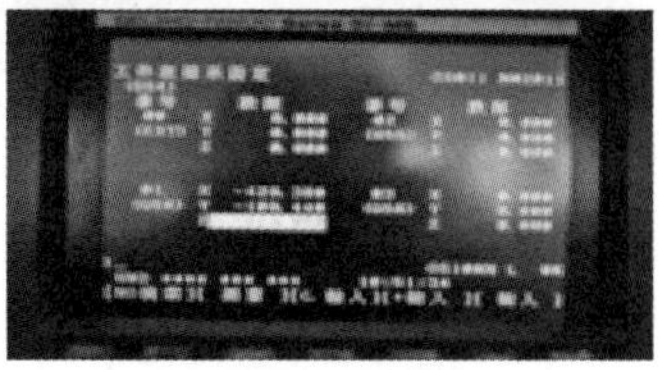

四、操作数控铣床完成平面零件轮廓的加工

（一）程序输入操作

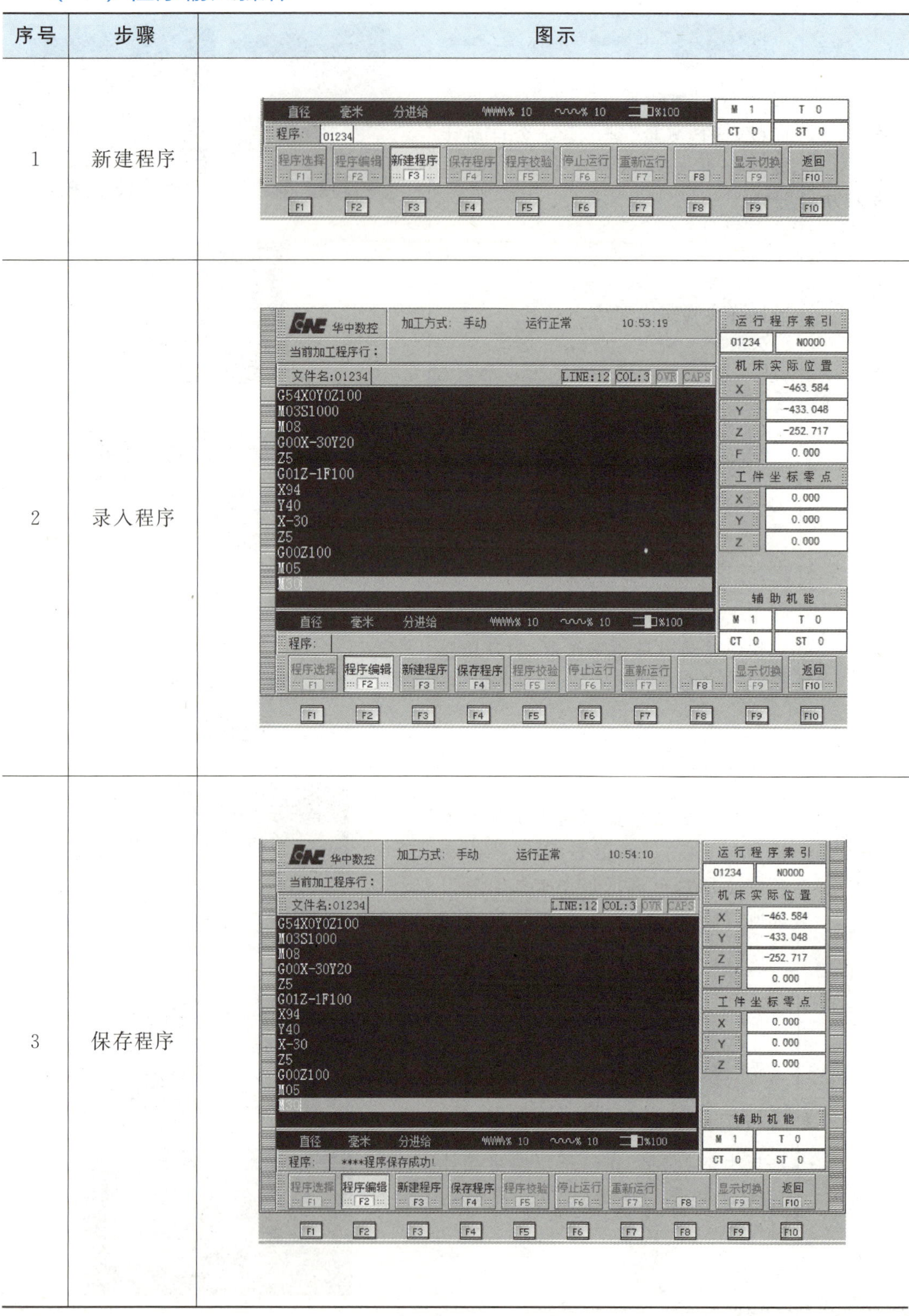

序号	步骤	图示
1	新建程序	
2	录入程序	
3	保存程序	

续表

序号	步骤	图示
4	程序校验	华中数控 加工方式：自动 运行正常 10:59:46 当前加工程序行：G54X0Y0Z100 G54X0Y0Z100 M03S1000 M08 G00X-30Y20 Z5 G01Z-1F100 X94 Y40 X-30 Z5 程序选择 程序编辑 新建程序 保存程序 程序校验 停止运行 重新运行 显示切换 主菜单
注意事项		

（二）零件铣削加工操作过程与方法

序号	操作步骤	操作内容	图示
1	自动/单段粗加工零件并检测	1. 在刀具磨损值当中预留出精加工余量 2. 选择要加工的程序 3. 自动/单段＋循环启动	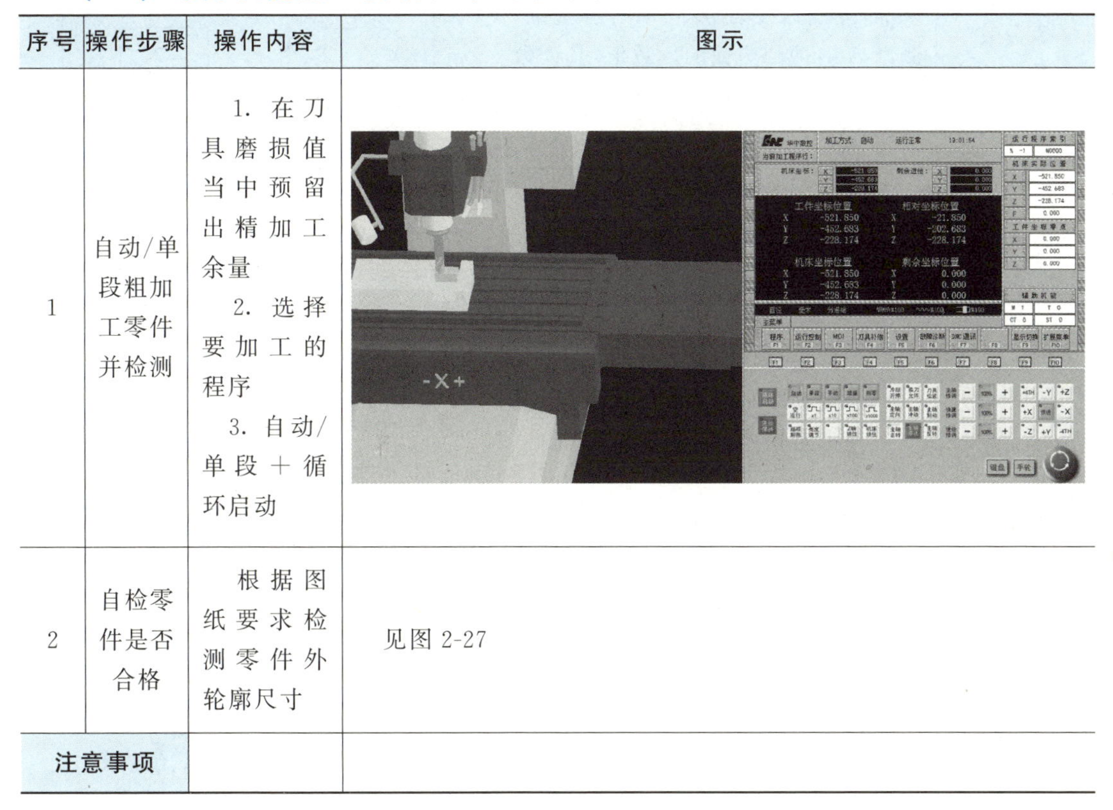
2	自检零件是否合格	根据图纸要求检测零件外轮廓尺寸	见图 2-27
注意事项			

五、平面零件的位置精度检测

检测方法	说明	图示
直线度检测	粗加工或精度要求不高时，可使用刀口尺＋塞尺检测 精加工或精度要求较高时，可使用百分表检测	
百分表检测平面度	将工件放置在平板上以底平面为基准，移动百分表测量出平面上各点的数值，其高点与最低点的读数差即为被测平面的平面度误差。用此方法，也可进行平行度检测	a1 a2 a3 b1 b2 b3 c1 c2 c3
百分表检测垂直度	将工件放置在平板上以底平面为基准，将百分表在测量范围内上下移动，其最大与最小读数值之差即为零件的垂直度误差。精度要求不高时，可使用角尺＋塞尺检测	磁铁 百分表 平台 零件 直角尺
百分表对称度检测	将工件放置在平板上以底平面为基准，分别以底面和上平面为基准。测出A、B两凸肩面的读数值，其读数差的1/2即为凸肩或凹槽的对称度误差	磁铁 A B 平台 A B

六、常见问题及其处理方法

问题类型		产生原因	预防措施
铣床操作	撞刀	1. 程序输入有误或程序错误 2. 启动程序时未按规定返回参考点 3. 对刀后未检验就开始铣削加工	1. 必须进行严格的程序校验 2. 机床启动后必须按规定执行返回参考的操作 3. 必须严格按操作步骤执行操作
	超程	增量式测量，机床断电后未重新设定坐标	1. 可通过机床预设和严格检查来避免 2. 出现超程警报，可通过手动操作移动滑板消除
尺寸误差过大		1. 伺服电机未完全固定在丝杠上 2. 刀补数值出现较大误差	1. 通过在伺服电机与丝杠连接轴上做记号，然后操作工作台倍率移动来减少或消除二者不同步造成的尺寸误差 2. 精准对刀、精准计算、细致操作

活动五 平面零件轮廓加工质量检测

（1）团队展示加工完成的平面轮廓零件。

（2）对平面零件轮廓进行质量检查与评价。

① 加工质量自检、互检与质量评价，并填写表 2-30。

② 评价争议解决（质检争议解决由学生评价委员会与教师结合完成）。

表 2-30 平面轮廓零件加工质检表

<table>
<tr><th rowspan="2">序号</th><th rowspan="2">检测项目</th><th rowspan="2" colspan="2">检测指标/mm</th><th rowspan="2">评分标准</th><th rowspan="2">配分</th><th colspan="2">检测记录</th><th rowspan="2">得分</th></tr>
<tr><th>自检</th><th>互检</th></tr>
<tr><td>1</td><td rowspan="7">尺寸精度</td><td colspan="2">94</td><td>超差 0.01 扣 2 分，扣完为止</td><td>20</td><td></td><td></td><td></td></tr>
<tr><td>2</td><td colspan="2">40</td><td>超差 0.01 扣 2 分，扣完为止</td><td>20</td><td></td><td></td><td></td></tr>
<tr><td>3</td><td colspan="2">60±0.05</td><td>超差 0.01 扣 2 分，扣完为止</td><td>10</td><td></td><td></td><td></td></tr>
<tr><td rowspan="2">4</td><td colspan="2">50</td><td>超差 0.01 扣 2 分，扣完为止</td><td>10</td><td></td><td></td><td></td></tr>
<tr><td colspan="2">10</td><td>超差 0.01 扣 2 分，扣完为止</td><td>10</td><td></td><td></td><td></td></tr>
<tr><td>5</td><td colspan="2">Ra3.2</td><td>超差 0.01 扣 2 分，扣完为止</td><td>5</td><td></td><td></td><td></td></tr>
<tr><td>6</td><td colspan="2">未注倒角 C1</td><td>不合格不得分</td><td>5</td><td></td><td></td><td></td></tr>
<tr><td>7</td><td>形位公差</td><td>平面度</td><td>未注公差
按 6～8 级</td><td>超差 1 项扣 6 分</td><td>5</td><td></td><td></td><td></td></tr>
<tr><td>8</td><td>表面粗糙度</td><td colspan="2">Ra3.2（6 处）</td><td>一处不合格扣 0.5 分</td><td>5</td><td></td><td></td><td></td></tr>
<tr><td>9</td><td colspan="3">文明生产</td><td>无违章操作</td><td>10</td><td></td><td colspan="2"></td></tr>
<tr><td rowspan="4" colspan="2">问题分析</td><td colspan="2">产生问题</td><td colspan="2">原因分析</td><td colspan="3">解决方案</td></tr>
<tr><td colspan="2"></td><td colspan="2"></td><td colspan="3"></td></tr>
<tr><td colspan="2"></td><td colspan="2"></td><td colspan="3"></td></tr>
<tr><td colspan="2"></td><td colspan="2"></td><td colspan="3"></td></tr>
<tr><td rowspan="2" colspan="2">签阅</td><td colspan="4">评价团队意见</td><td colspan="3">年 月 日</td></tr>
<tr><td colspan="4">指导教师意见</td><td colspan="3">年 月 日</td></tr>
</table>

说明：出现评价争议必须由学生评价委员会、指导教师与争议双方共同按照质检标准复检解决。

活动六 平面零件轮廓数控铣削加工任务评价与接续任务布置

① 各团队展示学习任务过程与学习成果，进行交流学习。

② 平面轮廓零件数控铣削加工学习效能评价（表 2-31）。

表 2-31 平面轮廓加工任务学习效能评价表

序号	项目	内容	程度	不能的原因
1	知识学习	能对支承座零件平面轮廓进行结构工艺性分析吗？	□能 □不能	
2		能编制出正确合理的平面零件轮廓的数控铣加工工艺吗？	□能 □不能	
3		能使用 G00、G01、S、F 指令编制正确合理的平面零件轮廓的数控加工程序吗？	□能 □不能	
4		能编制和校验只承座零件平面轮廓的加工程序吗？	□能 □不能	
5	技能学习	能合理选择平面零件轮廓加工的设备、工具以及量具吗？	□能 □不能	
6		能安全熟练地完成工件与刀具的安装与对刀操作吗？	□能 □不能	
7		能使用数控模拟软件对曲面零件轮廓的加工工艺与程序进行校验与优化吗？	□能 □不能	
8		能安全熟练地操作数控铣床完成支承座零件曲面轮廓的铣削加工吗？	□能 □不能	
9		能正确合理地选择量具与测量方法对支承座零件平面轮廓进行质量检测与控制吗？	□能 □不能	

经验积累与问题解决	
经验积累	存在问题

签审	
签审	（评价委员会意见） 年 月 日
	（指导教师意见） 年 月 日

③ 支承座零件平面轮廓数控铣削加工综合能力评价。

请复制附录表 5，团队完成数控铣床操作任务综合能力评价并填写评价表。

一、平面零件外轮廓数控铣削加工知识与技能学习巩固

（一）知识学习与应用

1. 绝对值编程指令是（ ）

A. G90 B. G91 C. G94 D. G95

2. 在直线插补指令中，没有指定（ ）时，进给速度为系统设定的最大

加工速度。

A. F 值　　　　B. S 值　　　　C. V 值　　　　D. W 值

3. G00 指令速度是由（　　）设定。

A. 系统参数　　　　B. F 值　　　　C. S 值

4. 粗铣平面时，因加工表面质量不均，选择铣刀直径要________，精铣时，铣刀直径要________些，尽量包容加工面宽度。

5. 在数控加工过程中，________基准的主要作用是保证加工表面之间的相互位置精度。

6. 立铣刀按齿数可分为________、________、________三种。

7. 判断对错：安装铣床虎钳时，应校正钳口之平等度及垂直度。（　　）

8. 判断对错：使用铣床虎钳夹持工件时，可使用合成树脂或软质手捶敲打工件，以确实定位。（　　）

9. 判断对错：G 代码可分为模态 G 代码和非模态 G 代码。（　　）

（二）技能学习与应用

完成如图 2-32 所示连接块零件的图形绘制、数控加工工艺与程序编制，操

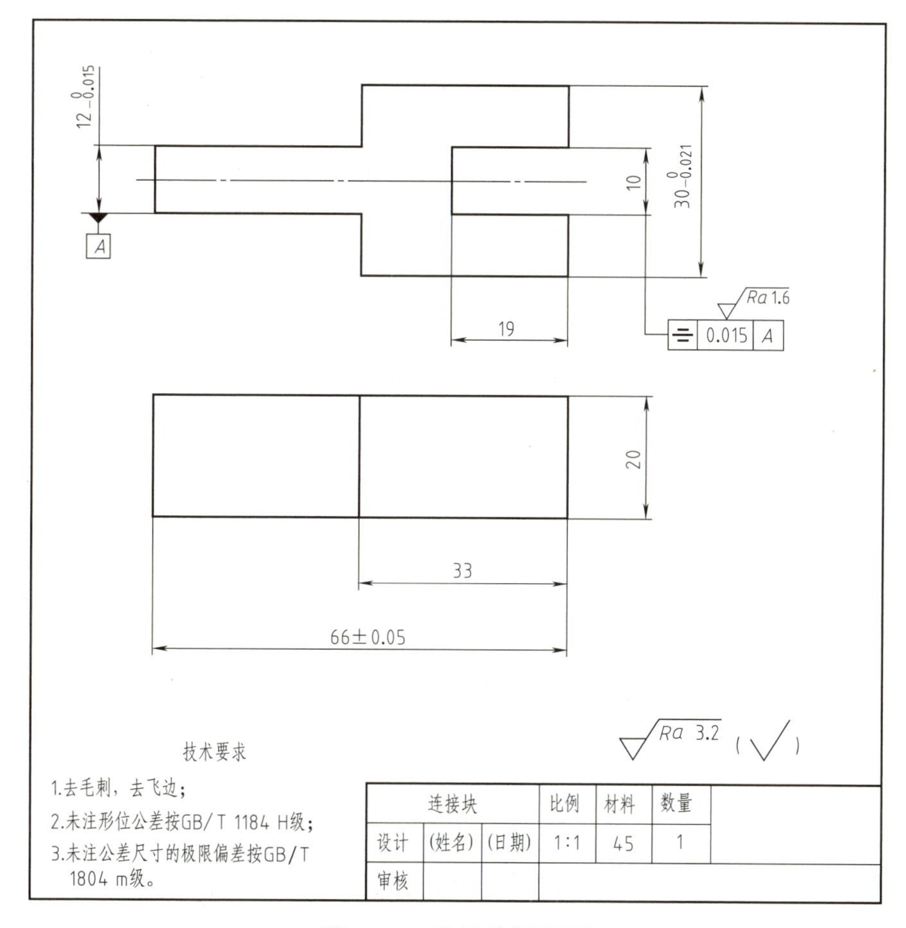

图 2-32　连接块零件图

作数控铣床完成该零件数控铣削加工。

二、 接续任务布置

① 曲面零件轮廓编程知识学习。

② 曲面零件轮廓刀具准备。

任务二　基座零件曲面轮廓的铣削加工

活动一　基座零件曲面轮廓铣削加工任务分析

一、任务描述

<table>
<tr><td>任务名称</td><td colspan="2">基座零件曲面轮廓的铣削加工</td><td>任务时间</td><td></td></tr>
<tr><td rowspan="3">学习目标</td><td>知识目标</td><td colspan="3">1. 能正确分析基座零件曲面轮廓的工艺结构与技术要求
2. 能编制正确合理的基座零件曲面轮廓铣削加工工艺
3. 能完成基座零件曲面轮廓铣削程序编制知识的学习与应用
4. 能编制基座零件曲面轮廓合理的数控铣削加工程序</td></tr>
<tr><td>技能目标</td><td colspan="3">1. 能正确熟练地操作数控铣床完成合格基座零件曲面轮廓的铣削加工
2. 能正确熟练地使用游标卡尺和 R 规完成基座零件曲面轮廓的质量检测与控制</td></tr>
<tr><td>职业素养</td><td colspan="3">1. 能严格遵守和执行零件铣削加工场地的规章制度和劳动管理制度
2. 能主动获取与基座零件曲面轮廓铣削加工工艺和程序编制相关的有效信息，展示工作成果，对学习、工作进行总结反思，能与他人合作，进行有效沟通
3. 能保质、保量、按时完成工作任务
4. 能从容分析和处置曲面零件轮廓铣削加工过程中出现的问题与突发事件</td></tr>
<tr><td rowspan="2">重点难点</td><td>重点</td><td>1. 曲面零件轮廓铣削加工工艺、程序编制与校验
2. 操作数控铣床完成基座零件曲面轮廓铣削加工
3. 基座零件曲面轮廓加工质量的检测与控制</td><td rowspan="2">突破手段</td><td rowspan="2">通过观看加工操作视频、微课、示范讲解等方式突破重难点</td></tr>
<tr><td>难点</td><td>1. 曲面零件轮廓铣数控加工工艺、程序的编制与校验
2. 操作数控铣床完成基座零件曲面轮廓铣削加工和尺寸精度的控制</td></tr>
</table>

二、基座零件曲面轮廓铣削结构工艺性分析

（一）基座曲面轮廓的作用

① 保证零件强度刚度的条件下，减轻零件结构重量。

② 增加零件装配时接触的稳定性。

（二）曲面零件轮廓的结构

基座零件曲面轮廓部分是由 6mm×R6mm 和 2mm×R20mm 圆弧曲面及平面构成的深为 5mm 的封闭轮廓型腔。采用铣削完成加工。零件图如图 2-33 所示。

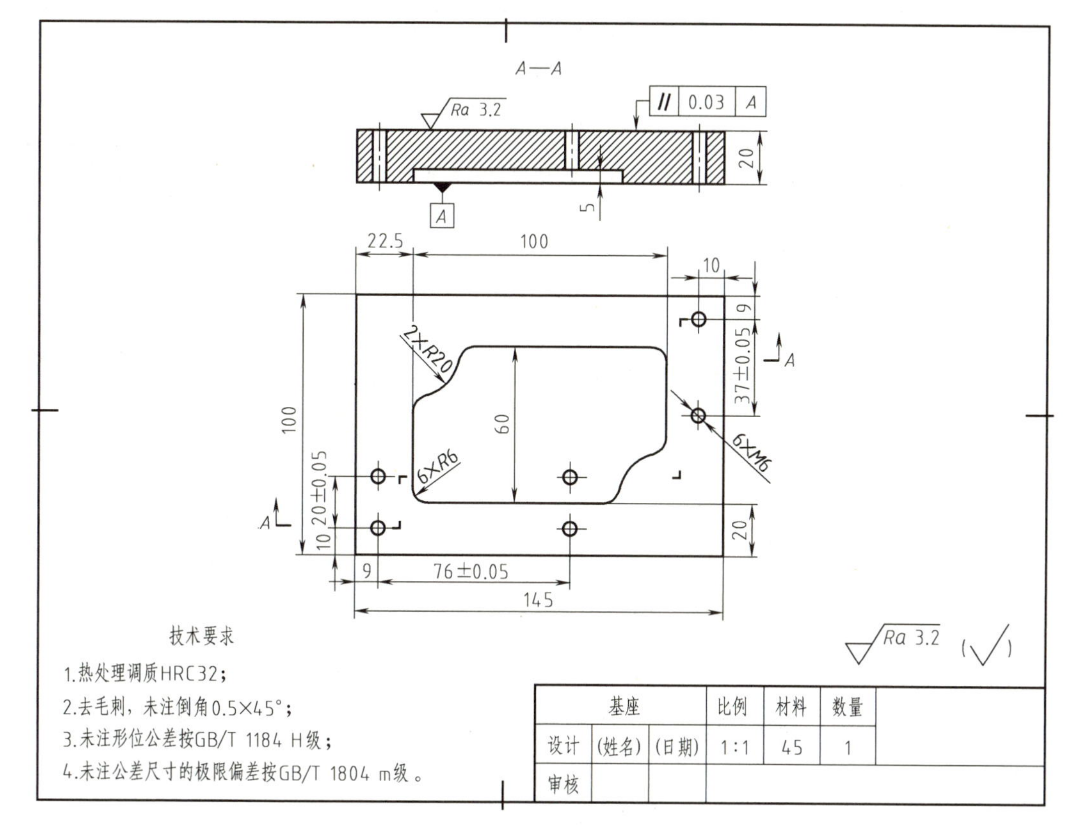

图 2-33　基座零件图

三、完成任务的资料、资源准备

见表 2-32。

表 2-32　基座零件曲面轮廓加工需使用的学习资料与资源

类别	名称	作用
教材	数控铣削加工技术、公差配合与测量技术、机械制图、机械基础、金属材料与热处理、操作手册等	用于加工工艺与加工程序编制、校验以及加工与质检操作的知识与技能学习
导学资料	学习任务书与考核评价工具(效能与综合)	用于引导学生自主学习

续表

类别	名称	作用
助学资料	基座曲面零件轮廓数控铣削加工工艺、程序编制以及加工、质检操作的动画、微课、视频等	提高曲面零件轮廓铣削加工任务的学习效能与质量

活动二　基座零件曲面轮廓加工工艺与加工程序编制

一、基座零件曲面轮廓加工技术要求分析

见表 2-33。

表 2-33　技术要求分析表

项目	技术参数/mm	加工、定位方案选择		备注
尺寸精度	6×R6	曲线型沟槽加工方案	1. 采用 ϕ10 的立铣刀分层加工 2. 保证粗糙度，采用粗精铣完成加工	注意铣刀与切削用量的合理选择
	2×R20			
	5			
	100			
	60			
	Ra3.2			
形位公差	平面度 0.03	定位基准选择与安装	为保证曲面轮廓加工的平面度，一次装夹完成加工	注意工件安装时的找正与夹紧

二、零件曲面轮廓加工工艺编制知识学习

（一）使用立铣刀铣削加工台阶与沟槽

见表 2-34。

表 2-34　使用立铣刀铣削加工台阶与沟槽

加工任务	图示	说明
台阶铣削		对于工件上深度较大或多台阶，可在立式铣床上使用立铣刀加工 由于立铣刀刚度和强度较弱，铣削时应选择较小的切削用量，否则易产生让刀现象，严重时会造成铣刀折断

续表

加工任务		图示	说明
沟槽铣削	通槽		通槽铣削加工时，必须控制槽的位置和槽的深度
	半通槽		铣削加工时，必须控制槽的位置、深度和槽的长度
	封闭槽	2 1	铣削加工时，必须控制槽的位置、深度和长度。加工时应先钻出预孔 1，然后使用立铣刀铣槽 2
	注意事项	1. 选择铣刀直径时，必须稍小于沟槽宽度 2. 在铣削具有对称度要求凸肩和沟槽时，可使用尺寸链技术和加工时的对刀加以保证	

（二）零件曲面轮廓常用的加工方法

① 对尺寸和形状较小曲面轮廓，一般采用成形刀具加工，如倒圆角等。

② 对于尺寸较大的曲面轮廓，则采用轮廓仿形加工，如靠模加工和数控铣轮廓仿形加工。

（三）确定装夹方式和加工方案

① 装夹方式：采用平口钳装夹，底部用等高垫铁垫起，使加工面高于 8mm 以上。

② 加工方案：遵循先粗后精的原则，以底面为基准，采用立铣刀粗精铣曲面零件轮廓，一次装夹完成曲面零件轮廓加工。

（四）零件曲面加工常用刀具及选择

曲面轮廓形状	铣刀选择	图示
直壁平底轮廓	立铣刀	
斜壁平底轮廓	锥形铣刀	
凸凹曲面轮廓	球头铣刀	

（五）编制曲面零件轮廓的机械加工工艺

见表 2-35。

表 2-35　曲面零件机械加工工艺编制表　　单位：mm

工艺过程卡													
零件名称		基座	机械编号		零件编号								
材料名称		调质 45	坯料尺寸	预调制 96×42×62	件数	1							
工序		工种	工步	工序内容	设备	刀具	工艺参数			检验量具	评定
							S	f	a_p		
1	铣六面	铣	1	（前任务已完成）	铣床	ϕ50 面铣刀	1	100	1000	游标卡尺	
2	粗铣	铣	1	粗铣曲面轮廓	铣床	ϕ10 立铣刀	2.5	200	1200	游标卡尺	
3	精铣	铣	1	精铣曲面轮廓	铣床	ϕ10 立铣刀	0.5	100	1600	游标卡尺	
4	倒角	铣	1	倒角 C0.5	铣床	ϕ6 倒角刀	0.5	100	1600	游标卡尺	
5	检测										
工艺员意见		年　月　日									
工艺合理性审定		指导教师(签章)： 年　月　日									

说明：1. 初学者由指导教师带领学生一起编制；熟练者由学生学习团队自主学习编制。

2. 此工艺仅作为参考，可在工艺顺序、刀具选择和切削用量选择上结合具体的技术条件选择。

三、曲面零件轮廓铣削加工程序编制

（一）曲面零件轮廓数控铣削程序编制知识学习与应用

1. 圆弧插补指令 G02/G03 编程

见表 2-36。

2. 刀具半径补偿 G41/G42/G40

（1）刀具半径补偿原理

见表 2-37。

表 2-36　圆弧插补编程

圆弧方向及图例	程序格式	含义	
	G02	顺时针方向的圆弧插补	
	G03	逆时针方向的圆弧插补	
XY平面 X平面 ZY平面	终点半径编程 G17　G02/G03 X_Y_R_F_; G18　G02/G03 X_Z_R_F_; G19　G02/G03 Y_Z_R_F_; 终点圆心编程 G17　G02/G03 X_Y_I_J_F_; G18　G02/G03 X_Z_I_K_F_; G19　G02/G03 Y_Z_J_K_F_;	圆弧终点 X,Y,Z	在绝对编程时(G90),表示刀具移动的圆弧终点在工件坐标系中的坐标
			相对编程时(G91),表示刀具移动的圆弧终点相对于圆弧起点的增量值
		圆弧中心 I,J,K	圆弧起点到圆弧中心所作矢量分别在X、Y、Z坐标轴方向上的分矢量,且分矢量方向指向圆心
		R:表示圆弧的半径 F:表示进给速度(mm/min或m/min)	

编程练习

	程序	说明	图例
绝对编程	G90 G03 X25 Y40 I-20 J0 F50; 或 G90 G03 X25 Y40 R20 F50;	刀具从起点到终点逆时针加工	终点(X, Y) 圆心(I, J) 起点
增量编程	G91 G03 X-20 Y20 I-20 J0 F50; 或 G91 G03 X-20 Y20 R20 F50;	刀具从起点到终点逆时针加工	

用ϕ8的刀具,沿双点画线加工距离工件上表面3mm深凹槽

00028

程序号	程序	说明	图例
N10	G54 X0 Y0 Z50	快速定位到工件坐标系零点上方50mm处	
N20	M03 S500	主轴以500r/mins速度正转	
N30	G00 X19 Y24	快速定位到下刀点	

续表

	程序号	程序	说明	图例
编程练习	N40	Z5	安全起到点	
	N50	G01 Z-3 F400	下刀深度3mm	
	N60	Y56	铣圆弧轮廓	
	N70	G02 X29 Y66 R10		
	N80	G01 X71		
	N90	G02 X81 Y56 R10		
	N100	G01 Y24		
	N110	G02 X71 Y14 R10		
	N120	G01 X29		
	N130	G02 X19 Y24 R10		
	N140	G00 Z50	Z方向退刀	
	N150	X0 Y0	回到零点	
	N160	M30	程序结束并返回主程序	
注意	当用半径指定圆心位置时，在同一半径 R 的情况下，从圆弧的起点到终点有两个圆弧的可能性。一般规定当圆心角 $\alpha \leqslant 180°$ 时，用“+R”表示；当圆心角 $\alpha > 180°$ 时，用“-R”表示			

表 2-37　刀具半径补偿原理

加工现象	没有刀具半径补偿	原理说明
尺寸小了		刀具半径补偿G41与G42用错或者刀具直径选择错误
尺寸正好		G41为刀具半径左补偿，在加工外轮廓时为顺时针，加工内轮廓时为逆时针；G42为刀具半径右补偿，在加工外轮廓时为逆时针，加工内轮廓时为顺时针。正确选择了刀具半径补偿和刀具直径

刀具半径补偿的实质就是根据铣削加工的位置与方向将铣刀的加工位置沿需要的方向进行半径偏移。

（2）刀具半径补偿的程序格式与方向判别

学习内容	图例	程序代码	程序格式	说明
程序代码与格式	工件 G41 G42	G41	G41/G42　X_Y_D_； 其中 D：为刀具寄存器代号。范围 D00—D99。	刀具半径左补偿
		G42		刀具半径右补偿
		G40	G41/G42　X_Y_D_； 取消刀具半径补偿	关闭左右补偿的方式，刀具沿加工轮廓切削
补偿方向判别	工件 G41 G41	G41 刀具半径左补偿	刀具半径补偿方向判别原则	
	工件 G42 G42	G42 刀具半径右补偿	假设工件不动，沿刀具前进（相对）的反向判别，刀具在工件轮廓左边即为左补偿（G41），刀具在工件左右边即为右补偿（G42）	
刀补编程	例：G41 X_Y_D01；		刀具直径为 10mm，这时在暂存器编号“1”里补偿量就输入“5”	
特点	采用这种方式进行编程时，不需要计算刀具中心运动轨迹坐标值，而只按工件的轮廓进行编程，补偿量输入到控制装置寄存器编号的数值给定，编程简单方便，大部分数控程序均采用此方法进行编制，加工程序得到简化，可改变偏置量数据得到任意的加工余量。即对于粗加工和精加工可用同一程序、同一刀具			

（3）刀具补偿的建立与取消

刀具半径补偿编程时，刀具补偿的建立与取消必须在工件外进行（如图 2-34a 所示）。否则将会造成工件过切而报废（如图 2-34b、c 所示）。

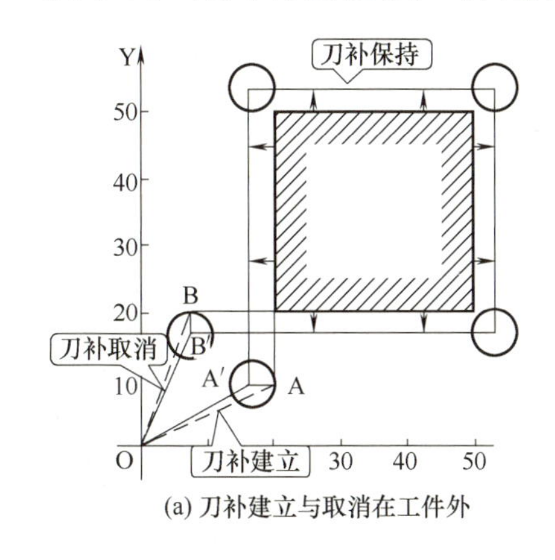

(a) 刀补建立与取消在工件外

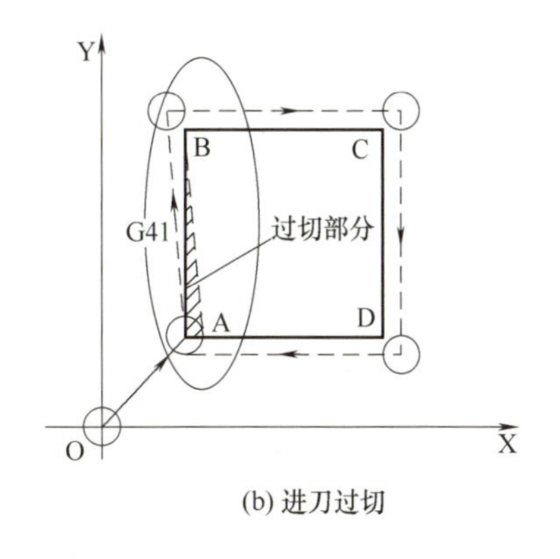

(b) 进刀过切

图 2-34

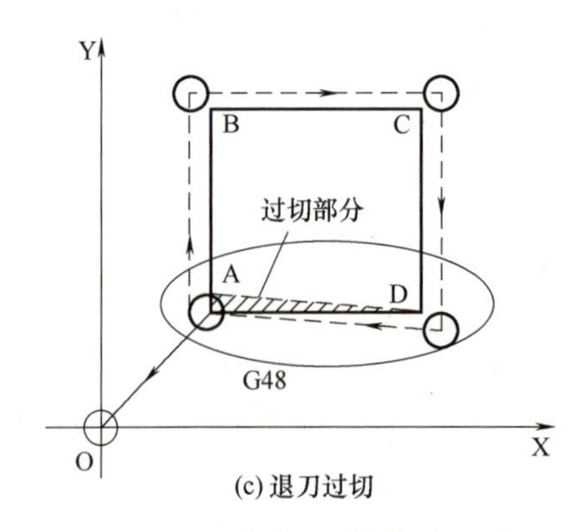

(c)退刀过切

图 2-34　刀具半径补偿的建立与取消

(4) 刀具补偿的编程练习

<table>
<tr><td>注意事项</td><td colspan="4">1. G41、G42 通常和指令连用(也就是要激活),激活刀具偏置不但可以用直线指令 G01,也可以通过快速点定位指令 G00。但一般情况下 G41 和 G42 和 G02、G03 不能出现在同一程序段内,这样会引起报警
2. 必须指定加工平面(默认 G17 平面)
3. 必须指定偏置号(D_)
4. 在偏置平面内要指定轴的移动</td></tr>
<tr><td rowspan="16">编程练习</td><td colspan="4">O0028</td></tr>
<tr><td>程序号</td><td>程序编制</td><td>说明</td><td>图例</td></tr>
<tr><td>N10</td><td>G54Z0Y0Z100</td><td>快速定位到工件坐标系零点上方 100mm 处</td><td rowspan="14">R10
R10
20
R20
R20
30</td></tr>
<tr><td>N20</td><td>X-40 Y50</td><td>快速移动到安全下刀点</td></tr>
<tr><td>N30</td><td>M03 S500</td><td>主轴以 500/min 速度正转</td></tr>
<tr><td>N40</td><td>G01 Z-3 F400</td><td>下刀深度 3mm</td></tr>
<tr><td>N50</td><td>G01 G41 X5 Y30 D01 F400</td><td>建立刀具半径左补偿</td></tr>
<tr><td>N60</td><td>X30</td><td rowspan="8">铣削圆弧轮廓</td></tr>
<tr><td>N70</td><td>G02 X38.66 Y25 R10</td></tr>
<tr><td>N80</td><td>G01 X47.32 Y10</td></tr>
<tr><td>N90</td><td>G02 X30 Y0 R20</td></tr>
<tr><td>N100</td><td>G01 X0</td></tr>
<tr><td>N110</td><td>G02 X0 Y20 R10</td></tr>
<tr><td>N120</td><td>G03 Y40 R10</td></tr>
<tr><td>N130</td><td>G03 Y40 R10</td></tr>
</table>

续表

	程序号	程序编制	说明	图例
编程练习	N140	G00 G90 G40 X-40 Y50	取消刀具半径	
	N150	G00 Z50	退刀	
	N160	M30	程序结束返回主程序	

3. 刀具长度补偿 G43/G44/G49

指令	格式	含义	说明
G43	$\begin{Bmatrix} G17 \\ G18 \\ G19 \end{Bmatrix} \begin{Bmatrix} G43 \\ G44 \\ G49 \end{Bmatrix} \begin{Bmatrix} G00 \\ G01 \end{Bmatrix}$ X_Y_Z_H_	刀具长度正方向补偿（补偿轴终点加上偏置值）	X、Y、Z G00/G01 的参数，即刀补建立或取消的终点。 H G43/G44 的参数，即刀具长度补偿偏置号（H00-H99），它代表了刀补表中对应长度补偿值。 G43、G44、G49 都是模态代码，可相互注销。 垂直于 G17/ G18 /G19 所选平面的轴受到长度补偿。偏置号改变时，新的偏置并不加在旧的偏置上
G44		刀具长度负方向补偿（补偿轴终点减去偏置值）	
G49		取消刀具长度补偿	

（二）曲面零件轮廓铣削加工程序编制

1. 曲面零件轮廓编程坐标系选定与坐标点计算

使用CAD软件，通过图形绘制，使用坐标标注法来确定编成坐标点的坐标，如图 2-35 所示。

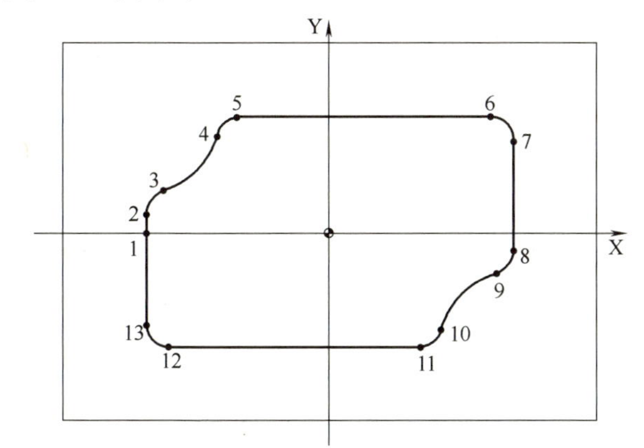

节点	绝对坐标值
1	−50，0
2	−50，4.93
3	−45.59，10.72
4	−31.44，25.38
5	−25.60，30
6	44，30
7	50，24
8	50，− 4.7
9	45.38，− 10.54
10	30.54，− 25.38
11	24.70，− 30
12	− 44，− 30
13	− 50，− 24

图 2-35　CAD 绘图法坐标计算

2. 曲面零件轮廓数控铣削加工程序编制

程序名:O5234		
程序号	程序	说明
N10	G54X0Y0Z100	快速定位到工件零点上方100mm处
N20	M03S1000	主轴正转
N30	M08	冷却液开
N40	G41G00X-50Y0	快速定位到安全下刀点
N50	Z5	快速移到工件上方5mm处
N60	G01Z-5F100	切入工件1mm
N70	Y4.93	加工曲面轮廓
N80	G02X-45.59Y10.72R6	
N90	G03X-31.44Y25.38R20	
N100	G02X-25.60Y30R6	
N110	G01X44 Y30	
N120	G02X50Y24R6	
N130	G01X50 Y-4.7	
N140	G02X45.38 Y-10.54R6	
N150	G03X30.54 Y-25.38R20	
N160	G02X24.70 Y-30R6	
N170	G01X44 Y30	
N180	G02X-50 Y-24R6	
N190	G01X-50Y0	
N200	Z5	切出工件
N210	G00Z100	Z方向退刀
N220	M05	主轴停止
N230	M30	程序结束,返回程序起点

注：初学者由指导教师带领学生一起编制；熟练者由学生学习团队自主学习编制。

活动三　曲面零件轮廓加工工艺与加工程序审定

一、思政教育

关于创新——艺术的生命在于创新

齐白石自学成为画家，荣获世界和平奖。面对已经取得的成功，他并不满足，而是不断汲取历代名画家的长处，改变自己作品的风格。他60岁以后的画，明显地不同于60岁以前。在70岁和80岁年纪，他的画的风格再度变化。据说，齐白石的一生，曾五易画风，他晚年的作品比早期的作品更具独特的风格。

二、团队展示活动一、二学习过程与学习成果

① 进行学习过程与成果描述。

② 交流学习，发现、分析、解决问题（学生主体，教师引导）。

三、交流学习记录

（一）加工工艺正确性审定与优化

项目	要求	存在问题	改正措施
定位基准选择	1. 粗加工时必须符合粗基准的选择原则 2. 精加工时必须符合精基准的选择原则		
工艺过程	工序工步划分与编排顺序及其内容必须符合企业常规生产的工艺流程，便于生产管理		
加工参数	1. 粗加工工艺参数选择必须满足工艺系统的强度、刚性和提高效率、降低成本的要求 2. 精加工工艺参数选择原则是提高效率、降低成本		
设备工具	设备工具必须选择正确、齐备，并符合当前的技术状况		
刀具选择	刀具的类型、形状与参数选择必须满足零件表面形状以及加工性质（粗加工、半精加工、精加工）的要求		
检测工具	检测工具必须根据零件结构、检测项目、精度要求等选择，必须正确、齐备		
工时定额	工时定额设定必须合理		
其他			

（二）数控加工程序正确性审定与优化

项目	要求	存在问题	改正措施
程序格式	数控加工程序格式必须与所选定数控系统的编程格式相符		
程序指令	在保证质量提高效率减低成本前提下，做到正确与优化		
程序顺序	程序顺序必须与工艺过程相符		
程序参数	程序工艺参数必须与加工工艺选定参数相符		

（三）填写交流学习表

请复制附录表 4，填写学习记录表。

活动四　曲面零件轮廓数控铣削加工任务执行

一、材料与设备工具准备

见表 2-38。

表 2-38　基座零件曲面轮廓数控铣削加工材料设备工具准备表　　单位：mm

类别		型号/规格/尺寸	作用
坯料准备		145×100×20 的 45 优质碳素结构钢板料	用于加工曲面轮廓
设备	数控铣床	XK713	用于加工曲面轮廓零件
工具准备	平口钳	0～160	安装工件
	平口钳扳手	与平口钳配套	夹紧工件
	平行垫铁	18 件 160×4	工件定位
	铜棒	ϕ30×20	敲击找正工件
	其他		
刀具准备	刀柄	BT40	安装铣刀
	粗精铣立铣刀	ϕ10	粗精加工曲面轮廓
	倒角刀	ϕ6	倒角
量具	游标卡尺	0～25mm	用于槽深度尺寸测量
	R 规	R6、R20	用于圆弧半径测量
其他			

二、铣刀的安装

1. 铣刀的装夹

① 立铣刀伸出不能太长。

② 保证装夹牢靠。

2. 对刀操作

① X、Y 方向对刀同上一任务。

② Z 方向对刀为已加工表面，采用 Z 轴对刀仪对刀。

③ Z 轴设定器的使用：Z 轴设定器主要用于确定工件坐标系原点在机床坐标系的 Z 轴坐标，或者说是确定刀具在机床坐标系中的高度。Z 轴设定器有光电式和指针式等类型，如图 2-36 所示。通过光电指示或指针判断刀具与对刀器是

否接触，对刀精度一般可达 0.005mm。Z 轴设定器带有磁性表座，可以牢固地附着在工件或夹具上，其高度一般为 50mm 或 100mm。

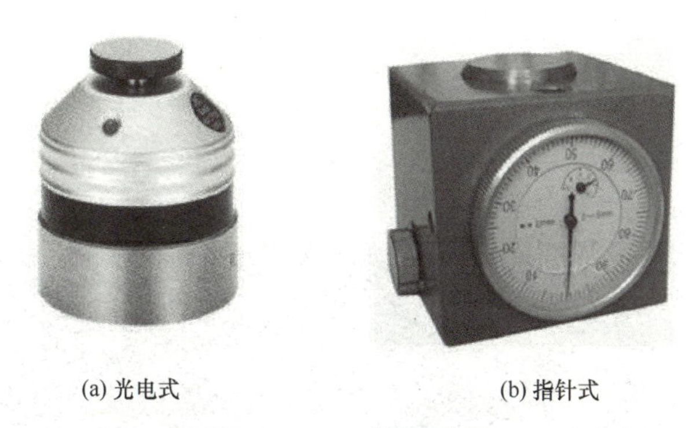

(a) 光电式　　(b) 指针式

图 2-36　Z 轴设定器

三、操作数控铣床完成曲面轮廓零件的加工

（一）程序输入操作

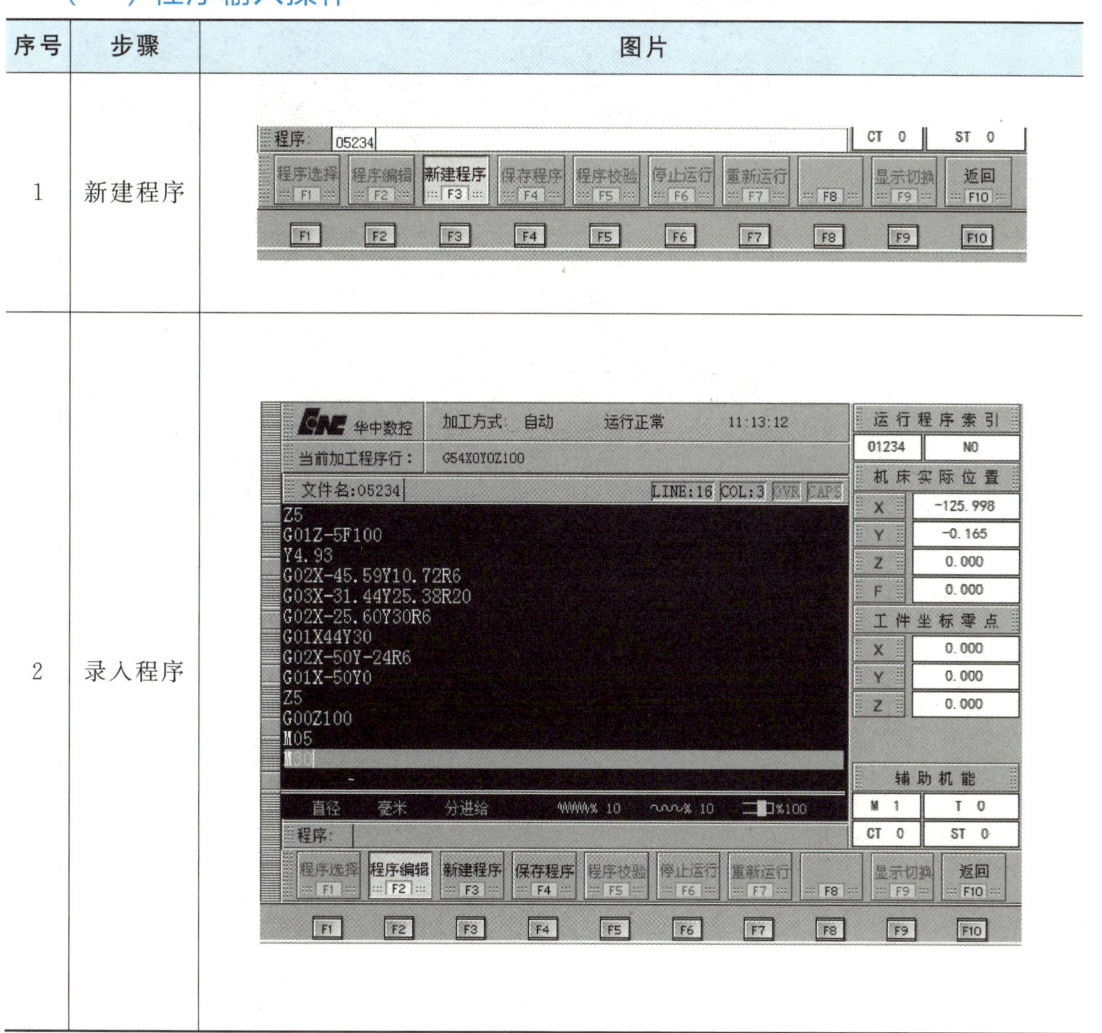

序号	步骤	图片
1	新建程序	
2	录入程序	

续表

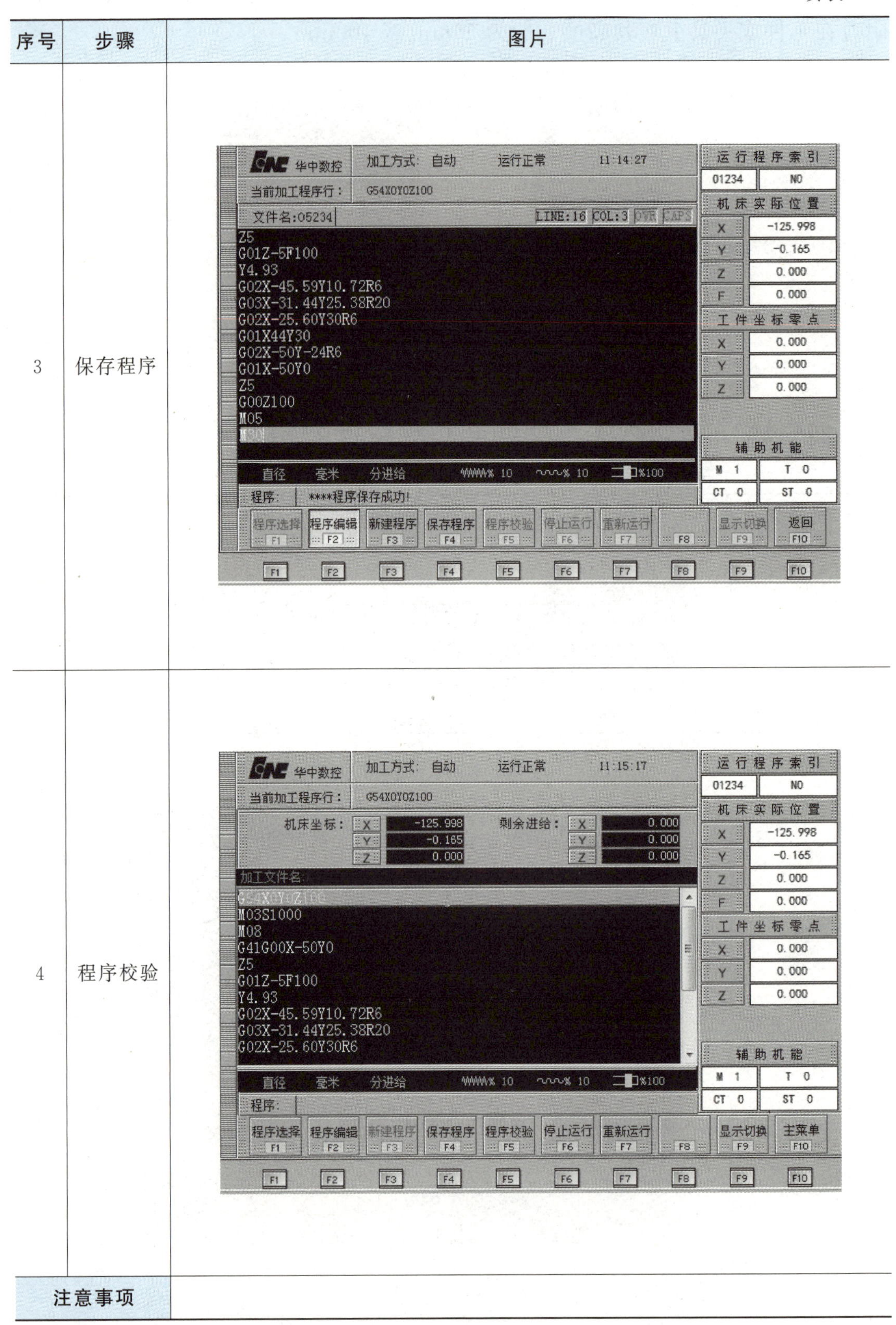

序号	步骤	图片
3	保存程序	
4	程序校验	
注意事项		

（二）零件铣削加工操作过程与方法

序号	操作步骤	操作内容	图示
1	自动/单段粗加工零件	1. 在刀具磨损值当中预留出精加工余量 2. 选择要加工的程序 3. 自动/单段+循环启动	
2	自检零件是否合格	检测零件曲面轮廓尺寸	见图 2-33。
注意事项			

四、常见问题及其处理方法

见模块二项目二任务一活动四。

活动五　曲面零件轮廓加工质量检测

（1）团队展示加工完成的曲面轮廓零件。

（2）对曲面轮廓零件进行质量检查。

① 加工质量自检、互检与质量评价，并填写表 2-39。

② 评价争议解决（质检争议解决由学生评价委员会与教师结合完成）。

表 2-39　曲面轮廓零件加工质检表

序号	检测项目	检测指标/mm		评分标准	配分	检测记录		得分
						自检	互检	
1	尺寸精度	6×*R*6		超差 0.01 扣 2 分	18			
2		2×*R*20		超差 0.01 扣 2 分	12			
3		5		超差 0.01 扣 2 分	20			
4		100		超差 0.01 扣 2 分	10			
5		60		超差 0.01 扣 2 分	10			
6		未注倒角 *C*1		不合格不得分	5			
7		锐边倒棱		不合格不得分	5			
8	形位公差	平面度	未注公差按 6～8 级	不合格不得分	5			

续表

序号	检测项目	检测指标/mm	评分标准	配分	检测记录		得分
					自检	互检	
9	表面粗糙度	$Ra3.2$	不合格不得分	5			
10	文明生产		无违章操作	10			
问题分析		产生问题	原因分析	解决方案			
签阅		评价团队意见		年　月　日			
		指导教师意见		年　月　日			

说明：出现评价争议必须由学生评价委员会、指导教师与争议双方共同按照质检标准复检解决。

活动六　基座零件曲面轮廓数控铣削加工任务评价与接续任务布置

一、基座零件曲面轮廓数控铣削加工学习任务评价

① 各团队展示学习任务过程与学习成果，进行交流学习。

② 进行曲面轮廓零件数控铣削加工学习效能评价。

见表 2-40。

表 2-40　曲面轮廓加工任务学习效能评价表

序号	项目	内容	程　度	不能的原因
1	知识学习	能对基座零件曲面轮廓进行结构工艺性分析吗？	□能 □不能	
2		能编制出正确合理的沟槽的数控铣加工工艺吗？	□能 □不能	
3		能使用 G02、G03、S、F 指令编制正确合理的曲面零件轮廓的数控加工程序吗？	□能 □不能	
4		能正确使用 G41、G42、G40 指令完成刀补的建立与取消吗？	□能 □不能	
5		能编制和校验基座零件曲面轮廓的加工程序吗？	□能 □不能	
6	技能学习	能合理选择曲面零件轮廓加工的设备、工具以及量具吗？	□能 □不能	
7		能安全熟练地完成工件与刀具的安装与对刀操作吗？	□能 □不能	

续表

序号	项目	内容	程　度	不能的原因
8	技能学习	能使用数控模拟软件对曲面零件轮廓的加工工艺与程序进行校验与优化吗？	□能 □不能	
9		能安全熟练地操作数控铣床完成基座零件曲面轮廓的铣削加工吗？	□能 □不能	
10		能正确合理地选择量具与测量方法对基座零件曲面轮廓进行质量检测与控制吗？	□能 □不能	
经验积累与问题解决				
经验积累			存在问题	
签审	评价委员会意见　　年　月　日			
	指导教师意见　　年　月　日			

③ 进行基座零件曲面轮廓数控铣削加工综合能力评价。

请复制附录表 5，团队完成数控铣床操作任务综合能力评价并填写评价表。

二、曲面轮廓零件数控铣削加工知识与技能学习巩固

（一）知识学习与应用

1. 在圆弧插补指令 G02、G03 中，可用圆弧半径 R 指令代替 I、K 指定，当 R 为正值时，表示加工圆弧（　　）

A. 小于 180°　　B. 大于 180°　　C. 由 X、Z 地址的值确定

2. 使刀具轨迹在工件左侧沿编程轨迹移动的 G 代码为（　　）

A. G40　　B. G41　　C. G42　　D. G43

3. 在圆弧插补指令中，圆心坐标以地址 I、K 指定，它们分别对应于（　　）

A. XY 坐标　　B. XZ 坐标　　C. Y Z 坐标　　D. UV 坐标

4. 在使用 G41 或 G42 指令的程序段中不能用________、________指令。

5. 在程序的最前面必须标明________。

6. 在圆弧插补指令中，圆心坐标以地址 I、K 指定，它们分别对应于________、________。

7. 铣削平面轮廓曲线工件时，铣刀半径要________轮廓的________凹圆半径。

8. 判断对错：圆弧插补指令（G02、G03）中，I、K 地址的值无方向，用绝

对值表示。（　　）

9. 判断对错：程序以 M02 或 M30 结束，而子程序以 M99JI 结束。（　　）

10. 判断对错：圆弧插补与直线插补一样，均可以在空间任意方位实现。（　　）

（二）技能学习与应用

完成如图所示 2-37 零件的图形绘制、数控加工工艺与程序编制，操作数控铣床完成该零件数控铣削加工。所用材料为 45 钢。

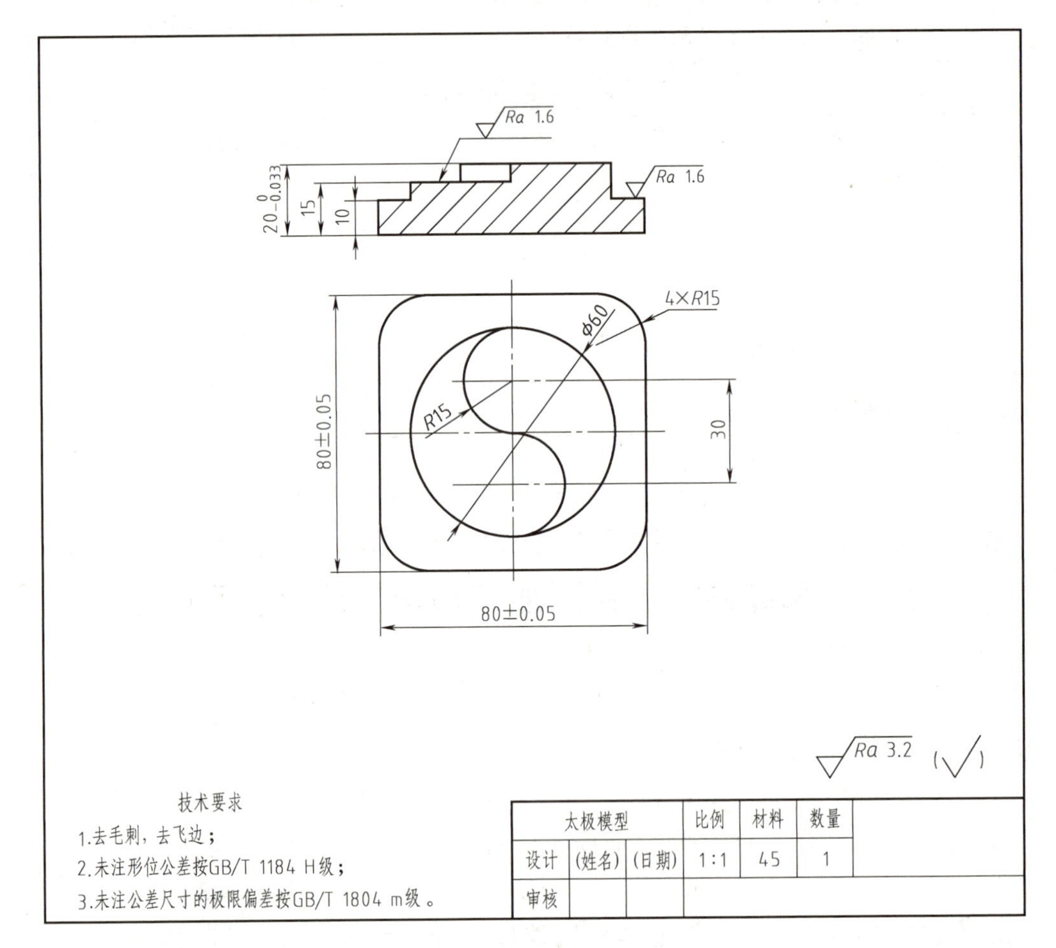

图 2-37　太极模型零件图

三、接续任务布置

① 孔及孔系零件刀具准备。

② 孔及孔系零件编程知识学习。

孔及孔系零件的铣削加工

任务一　盖板零件通孔的铣削加工

活动一　盖板零件通孔铣削加工任务分析

一、任务描述

<table>
<tr><td>任务名称</td><td colspan="2">盖板零件通孔的铣削加工</td><td>任务时间</td><td></td></tr>
<tr><td rowspan="3">学习目标</td><td>知识目标</td><td colspan="3">1. 能正确分析盖板零件通孔的工艺性结构
2. 能正确分析盖板零件通孔的技术要求和工艺
3. 能编制正确合理的盖板零件通孔铣削加工工艺
4. 能完成盖板零件通孔铣削程序编制知识的学习与应用
5. 能编制合理的盖板零件通孔数控铣削加工程序</td></tr>
<tr><td>技能目标</td><td colspan="3">1. 能正确熟练地操作数控铣床完成合格盖板零件通孔的铣削加工
2. 能正确熟练地使用内径千分尺和塞规完成盖板零件通孔的质量检测与控制</td></tr>
<tr><td>职业素养</td><td colspan="3">1. 能严格遵守和执行零件铣削加工场地的规章制度和劳动管理制度
2. 能主动获取与盖板铣削加工工艺与程序编制相关的有效信息，展示工作成果，对学习、工作进行总结反思，能与他人合作，进行有效沟通
3. 能保质、保量、按时完成工作任务
4. 能从容分析和处置盖板铣削加工过程中出现的问题与突发事件</td></tr>
<tr><td rowspan="2">重点难点</td><td>重点</td><td>1. 盖板零件通孔铣削加工工艺、程序编制与校验
2. 操作数控铣床完成盖板零件通孔铣削加工
3. 盖板零件通孔加工质量的检测与控制</td><td rowspan="2">突破手段</td><td rowspan="2">通过观看操作视频、微课、示范讲解等方式突破重难点</td></tr>
<tr><td>难点</td><td>1. 盖板零件通孔铣削数控加工工艺、程序的编制与校验
2. 操作数控铣床完成盖板零件通孔铣削加工和尺寸精度的控制</td></tr>
</table>

二、盖板零件通孔铣削结构工艺性分析

（一）盖板零件的作用

盖板在零件上用于与其他零件配合装配，起到防尘和密封的作用。

（二）盖板零件通孔的作用结构工艺性分析

如图 2-38 所示，盖板零件通孔部分是由 1 个 $\phi28$ 的孔和 4 个 $\phi10$ 孔及 2 个 $\phi7.1$ 的孔组成，本任务是完成通孔的加工，采用钻孔和镗孔加工。

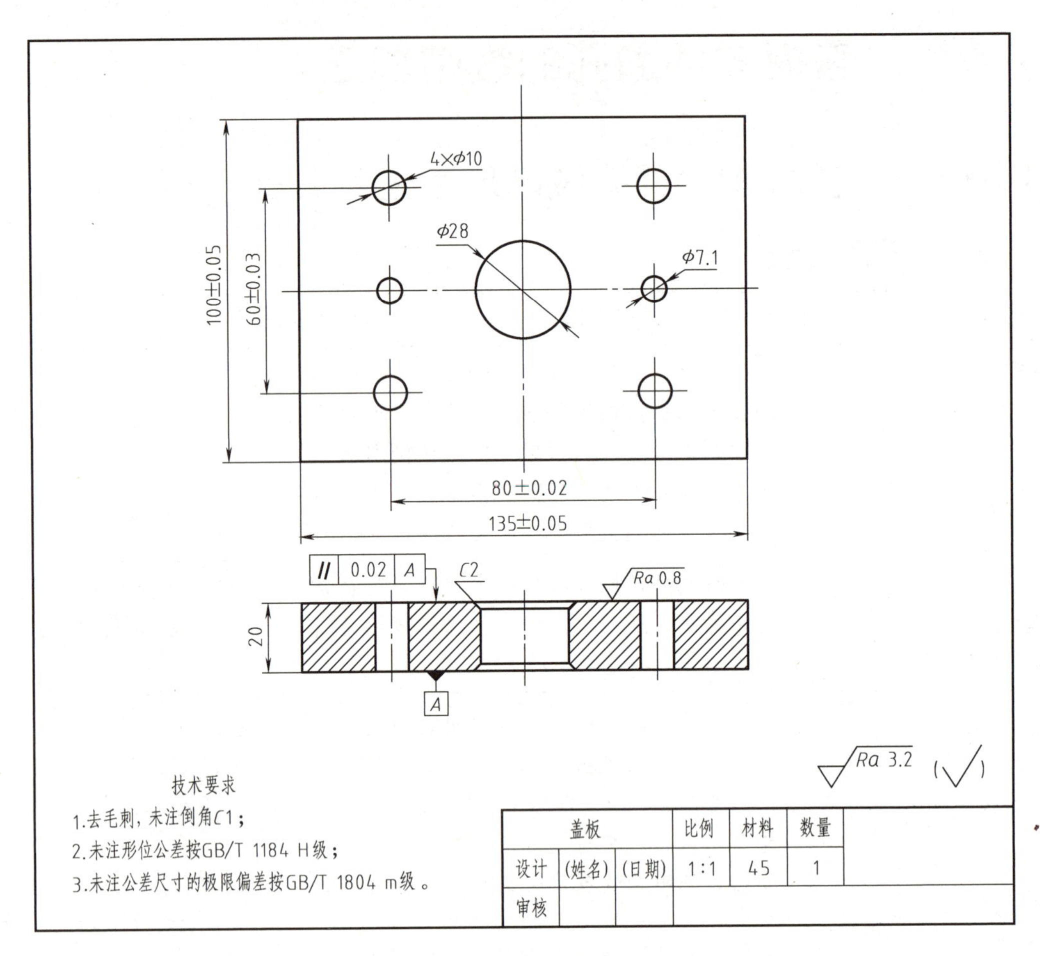

图 2-38　盖板零件图

三、完成任务的资料、资源准备

见表 2-41。

表 2-41　盖板零件通孔加工需使用的学习资料与资源

类别	名称	作用
教材	数控铣削加工技术、公差配合与测量技术、机械制图、机械基础、金属材料与热处理、操作手册等	用于加工工艺与加工程序编制与校验

续表

类别	名称	作用
导学资料	学习任务书与考核评价工具(效能与综合)	用于引导学生自主学习
助学资料	数控铣削指令应用编程的微课以及铣床操作与量具使用视频等	直观展示学习任务

活动二　盖板零件通孔加工工艺与程序编制

一、盖板零件通孔加工工艺编制

（一）盖板零件通孔加工技术要求分析

见表 2-42。

表 2-42　技术要求分析表

项目	技术参数	加工、定位方案选择		备注
尺寸精度	$\phi28$	通孔加工方案	1. 打中心孔 2. 钻孔 3. 铣孔 4. 镗孔	
	$\phi10$			
	$\phi7.1$			
	60±0.03			
	80±0.02			
	20			
	C2			
	未注尺寸公差			
	Ra3.2			

（二）盖板零件通孔常用的加工方法

小孔（2～13mm 的孔）可以采用钻孔加工。大孔（13～25mm 的孔）可以采用铣孔加工。超大孔（25mm 以上的孔）可以采用镗孔加工。

（三）确定装夹方式和加工方案

① 装夹方式：采用平口钳装夹，底部用等高垫铁垫起，使加工面高出 8mm 以上。

② 加工方案：遵循先粗后精的原则，以底平面为基准，加工通孔，采用麻花钻、铣刀、镗刀加工。

（四）盖板零件通孔加工常用刀具既选择

盖板形状	铣刀选择	图例
ϕ10 小孔	立铣刀	
ϕ28 大孔	镗刀	

（五）编制盖板零件通孔的机械加工工艺

工艺过程卡											
零件名称		盖板	机械编号		零件编号						
材料名称		调质 45	坯料尺寸	预调制 96×42×62	件数	1					
工序		工种	工步	工序内容	设备	刀具	工艺参数			检验量具	评定
							S	f	a_p		
1	铣六面	铣	1	（前任务已完成）	铣床	ϕ45 面铣刀	1000	100	1	游标卡尺	
2	钻孔	铣	1	钻 ϕ7.1 孔	铣床	ϕ7.1 钻头	500	60	3	游标卡尺	
3	钻孔	铣	1	钻 ϕ10 孔	铣床	ϕ10 钻头	240	30	3	游标卡尺	
4	铣孔	镗	1	铣 ϕ28 孔		ϕ10 立铣刀	720	80	3		

续表

<table>
<tr><td colspan="2" rowspan="2">工序</td><td rowspan="2">工种</td><td rowspan="2">工步</td><td rowspan="2">工序内容</td><td rowspan="2">设备</td><td rowspan="2">刀具</td><td colspan="3">工艺参数</td><td rowspan="2">检验量具</td><td rowspan="2">评定</td></tr>
<tr><td>S</td><td>f</td><td>a_p</td></tr>
<tr><td>5</td><td>倒角</td><td>铣</td><td>1</td><td>倒角 C0.5</td><td>铣床</td><td>ϕ6 倒角刀</td><td>1600</td><td>100</td><td>0.5</td><td>游标卡尺</td><td></td></tr>
<tr><td>6</td><td>检测</td><td></td><td></td><td></td><td></td><td></td><td></td><td></td><td></td><td></td><td></td></tr>
<tr><td colspan="2">工艺员意见</td><td colspan="10">年　月　日</td></tr>
<tr><td colspan="2">工艺合理性审定</td><td colspan="10">指导教师(签章)：
年　月　日</td></tr>
</table>

说明：1. 初学者由指导教师带领学生一起编制；熟练者由学生学习团队自主学习编制。

2. 此工艺仅作为参考，工艺顺序、刀具选择和切削用量可结合具体的技术条件选择。

二、编制完成盖板零件通孔铣削加工程序

（一）盖板零件通孔数控铣削程序编制知识学习与应用

孔加工固循环指令有 G73 G74 G76 G80-G89，通常由六个动作组成，如图 2-39 所示。

① X 和 Y 轴快速定位到孔中心的位置上。

② 快速运行到靠近孔上方的安全高度平面（R 平面）。

③ 钻、镗孔（工进）。

④ 在孔底做需要的动作（暂停、主轴准停、刀具移动等）。

⑤ 退回到安全平面高度或初始平面高度。

⑥ 快速退回到初始点的位置。

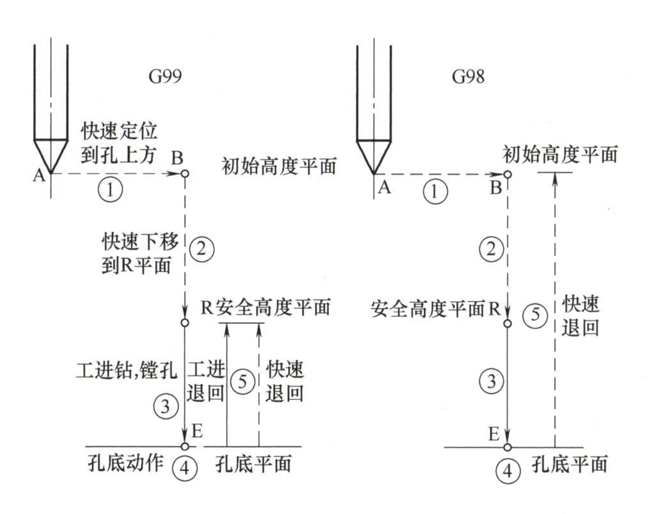

图 2-39　孔加工

2. 固定循环指令格式

指令	格式	含义	说明
G73-(G89)	G90(G91)G99(G98)G73(~G89)X_Y_Z_R_Q_P_F_S_L_	G——孔加工固定循环(G73~G89) X、Y——孔在XY平面的坐标位置(绝对值或增量值) Z——孔底的Z坐标值(绝对值或增量值) R——R点的Z坐标值(绝对值或增量值) Q——每次进给深度(G73、G83);刀具位移量(G76、G87) P——暂停时间,ms F——切削进给的进给量,mm/min L——固定循环的重复次数。只循环一次时L可不指定 G98、G99为孔加工完后的回退方式指令 G98指令是返回初始平面高度处,G99则是返回安全平面高度处	1. G73~G89是模态指令,G01~G03取消 2. 固定循环中的参数(Z、R、Q、P、F)是模态的 3. 在使用固定循环指令前要使主轴启动 4. 固定循环指令不能和后指令M代码同时出现在同一程序段 5. 在固定循环中,刀具半径尺寸补偿无效,刀具长度补偿有效 6. 当用G80取消固定循环后,那些在固定循环之前的插补模态恢复 7. 当某孔加工完后还有其他同类孔需要接续加工时,一般使用G99指令;只有当全部同类孔都加工完成后,或孔间有比较高的障碍需跳跃的时候,才使用G98指令,这样可节省抬刀时间

G73~G89为孔加工方式指令，对应的固定循环功能见表2-43。

表2-43 固定循环功能

G指令	加工动作Z向	在孔底的动作	回动作Z向	用途
G73	间歇进给		快速进给	高速钻深孔
G74	切削进给(主轴反转)	主轴正转	切削进给	反转攻螺纹
G76	切削进给	主轴定向停止	快速进给	精镗循环
G80			快速进给	取消固定循环
G81	切削进给		快速进给	定点钻循环
G82	切削进给	暂停	快速进给	锪孔
G83	间歇进给		快速进给	钻深孔

续表

G指令	加工动作Z向	在孔底的动作	回动作Z向	用途
G84	切削进给(主轴正转)	主轴反转	切削进给	攻螺纹
G85	切削进给		切削进给	镗循环
G86	切削进给	主轴停止	切削进给	镗循环
G87	切削进给	主轴停止	手动或快速	反镗循环
G88	切削进给	暂停、主轴停止	手动或快速	镗循环
G89	切削进给	暂停	切削进给	镗循环

各循环方式说明如下。

指令	格式	说明	指令动作图
G73高速深孔钻削	G73 X_ Y_ Z_ R_ Q_ F_	每次背吃刀量为q(用增量表示,在指令中给定);退刀量为d,由NC系统内部通过参数设定。G73指令在钻孔时是间歇进给,有利于断屑、排屑,适用于深孔加工	G73(G98) G73(G99) 起始点 R点 Q d Z点 快速定位 切削进给
G76精镗	G76 X_ Y_ Z_ R_ Q_P_F_;	Q——刀具移动量(正值、非小数、1.0mm) P——孔底暂停,ms 加工到孔底时,主轴停止在定向位置上;然后,使刀头沿孔径向离开已加工内孔表面后抬刀退出,这样可以高精度、高效率地完成孔加工,退刀时不损伤已加工表面。刀具的横向偏移量由地址Q来给定,Q总是正值,移动方向由系统参数设定	G76(G98) 主轴正转 CW 起始点 CCW R点 Z点 OSS Q G78(G96) 主轴正转 CW 快速进给 切削进给 主轴定向停止 OSS 刀具中心偏移(快速进给)

续表

指令	格式	说明	指令动作图
G81一般钻孔循环	G81 X_ Y_Z_R_ F_	用于定点钻	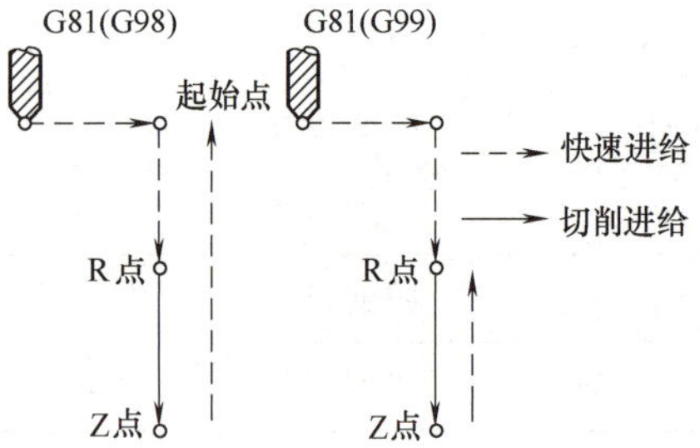 G81(G98) G81(G99) 起始点 快速进给 切削进给 R点 R点 Z点 Z点
G82	G82 X_ Y_Z_R_P _F_;	P——孔底暂停时间，ms，动作过程和G81类似，但该指令将使刀具在孔底暂停，暂停时间由P指定。孔底暂停可确保孔底平整。常用于做锪孔、做沉头台阶孔	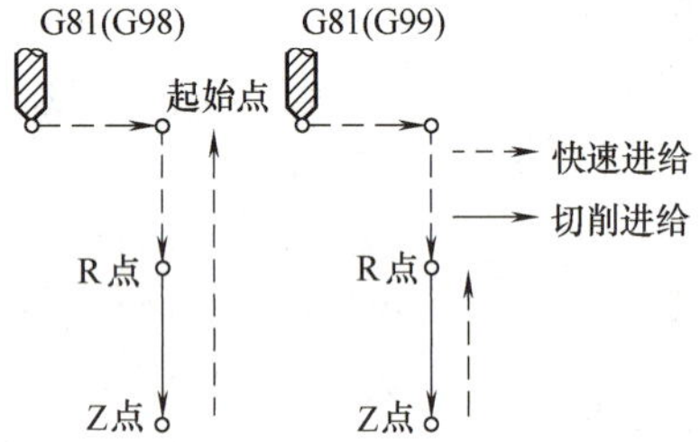 G81(G98) G81(G99) 起始点 快速进给 切削进给 R点 R点 Z点 Z点
G83	G83 X_ Y_Z_R_Q _F_	Q——每次进给深度q、d与G73相同，G83和G73的区别是：G83指令在每次进刀q深度后都返回安全平面高度处，再下去作第二次进给，这样更有利于钻深孔时的排屑	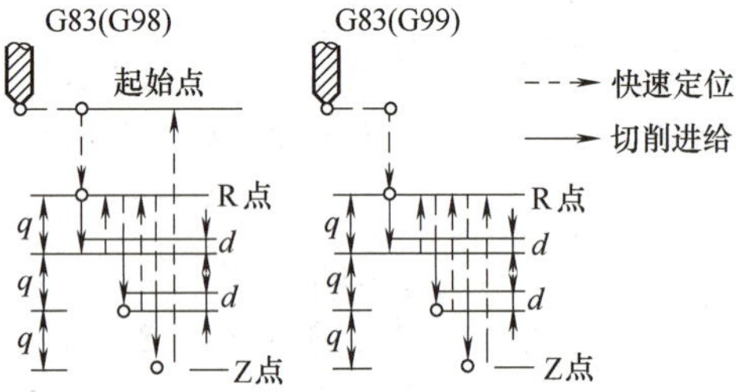 G83(G98) G83(G99) 起始点 快速定位 切削进给 R点 R点 q d q d Z点 Z点
G85镗孔		动作过程和G81一样，G85进刀和退刀时都为工进速度，且回退时主轴照样旋转	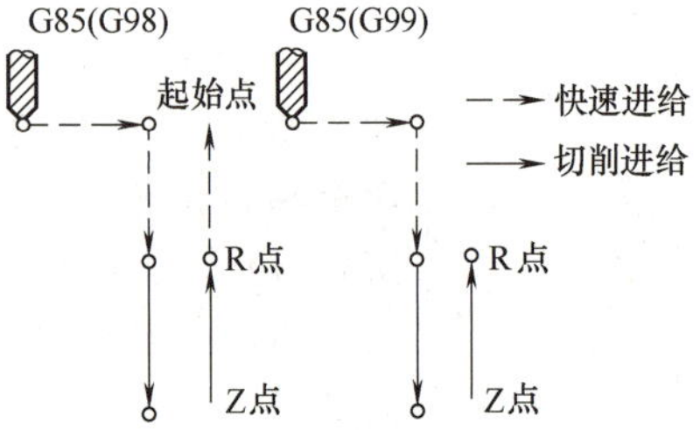 G85(G98) G85(G99) 起始点 快速进给 切削进给 R点 R点 Z点 Z点

续表

指令	格式	说明	指令动作图
G87	G87 X_ Y_ Z_R_ Q_F_	X,Y 孔的位置 Z——加工深度 R——从初始水平位置到 R 点（孔底）的距离 Q——刀具偏移量 F——进给率 K——加工次数（仅限于需要重复时使用） 执行时，X、Y 轴定位后，主轴准停，刀具以反刀尖的方向偏移，并快速下行到孔底（此即其 R 平面高度）。在孔底处，顺时针启动主轴，刀具按原偏移量摆回加工位置，在 Z 轴方向上一直向上加工到孔终点（此即其孔底平面高度）。在这个位置上，主轴再次准停后刀具又进行反刀尖偏移，然后向孔的上方移出，返回原点后刀具按原偏移量摆正，主轴正转，继续执行下一程序段	A　B　OSS　G98　E　OSS　q　R

（二）盖板零件通孔铣削加工程序编制

1. 盖板零件通孔编程坐标系选定与坐标点计算

如图 2-40 所示。

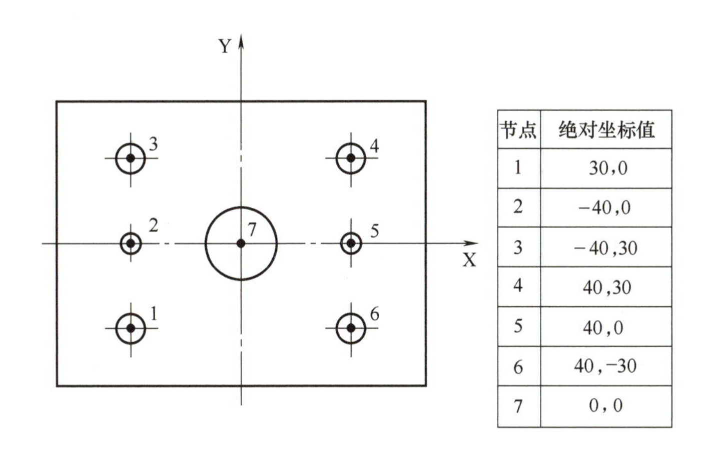

节点	绝对坐标值
1	30,0
2	-40,0
3	-40,30
4	40,30
5	40,0
6	40,-30
7	0,0

图 2-40　CAD 绘图法坐标计算

2. 盖板零件螺纹孔数控铣削加工程序编制

（1）ϕ10 孔加工程序编制

程序名:O2021		
程序号	程序	说明
N10	G54G00X0Y0	刀具定位
N20	G43G00Z100H01	快速移动到工件上表面 100mm 处,建立长度补偿
N30	M03S240	主轴正转,转速为 240r/min
N40	M08	冷却液开
N50	G83X-40Y-30Z-22R5Q3F30	G83 进行加工 ϕ10 孔
N60	X-40Y30	
N70	X40Y30	
N80	X40Y-30	
N90	G49G00Z100	退刀,取消长度补偿
N100	M05	主轴停止
N110	M30	程序停止

（2）ϕ7.1 孔加工程序编制

程序名:O2021		
程序号	程序	说明
N10	G54G00X0Y0	刀具定位
N20	G43G00Z100H01	快速移动到工件上表面 100mm 处,建立长度补偿
N30	M03S240	主轴正转,转速为 240r/min
N40	M08	冷却液开
N10	G83X-40Y0Z-22R5Q3F30	G83 进行加工 ϕ7.1 孔
N60	X40Y0	
N70	G49G00Z100	退刀,取消长度补偿
N80	M05	主轴停止
N90	M30	程序停止

（3）ϕ12 孔加工程序编制

程序名:O2021		
程序号	程序	说明
N10	G54G00X0Y0	刀具定位
N20	G43G00Z100H01	快速移动到工件上表面100mm处,建立长度补偿
N30	M03S240	主轴正转,转速为240r/min
N40	M08	冷却液开
N10	G83X-0Y0Z-22R5Q3F30	G83进行加工 ϕ12中心孔
N70	G49G00Z100	退刀,取消长度补偿
N80	M05	主轴停止
N90	M30	程序停止

（4） ϕ28孔加工程序编制

程序名:O2021		
程序号	程序	说明
N10	G54G00X0Y0	刀具定位
N20	G43G00Z100H01	快速移动到工件上表面100mm处,建立长度补偿
	M03S1600	主轴正转,转速为1600r/min
	Z-21	铣 ϕ28孔
	G41G01X-14D01F100	
	G02I-14	
	G40X0Y0	
	Z5	退刀
	G49G00Z100	快速移动到工件上方100mm处
	M05	主轴停止
	M30	程序停止

活动三　盖板加工工艺与加工程序审定

一、思政教育

团结协作、开拓创新：港珠澳大桥奇迹背后的故事

港珠澳大桥连接香港、广东珠海和澳门，总长约55千米，是中国建设史上

里程最长、投资最多、施工难度最大的跨海桥梁项目。港珠澳大桥被英国《卫报》誉为“现代世界七大奇迹之一”。港珠澳大桥的建成，彰显了我们国家综合国力的提升，也是我国科学研究、社会服务创新能力和水平不断提升的体现。大桥的构思、可行性论证、立项、施工、监控等一系列超级工程，无不体现我国科技工作者们开拓创新、团结协作干大事的精神。“为中华之崛起而读书”从来就不是一句只用来喊的口号。那些让我们敬仰的、为港珠澳大桥做出巨大贡献的学者与工程师，正是用自己学到的知识，来反哺国家和民族，助力大国崛起。同学们从现在开始，就要在学习中团结合作，开展合作学习、创新学习，脚踏实地，刻苦钻研。

二、团队展示活动一、二学习过程与学习成果

① 进行学习过程与成果描述。

② 交流学习，发现、分析、解决问题（学生主体，教师引导）。

三、交流学习记录

（一）加工工艺正确性审定与优化

项目	要求	存在问题	改正措施
定位基准选择	1. 粗加工时必须符合粗基准的选择原则 2. 精加工时必须符合精基准的选择原则		
工艺过程	工序工步划分与编排顺序及其内容必须符合企业常规生产的工艺流程，便于生产管理		
加工参数	1. 粗加工工艺参数选择必须满足工艺系统的强度、刚性和提高效率、降低成本的要求 2. 精加工工艺参数选择原则是提高效率，降低成本		
设备工具	设备工具必须选择正确、齐备，并符合当前的技术状况		
刀具选择	刀具的类型、形状与参数选择必须满足零件表面形状以及加工性质（粗加工、半精加工、精加工）的要求		
检测工具	检测工具必须根据零件结构、检测项目、精度要求等选择，必须正确、齐备		
工时定额	工时定额设定必须合理		
其他			

（二）数控加工程序正确性审定与优化

项目	要求	存在问题	改正措施
程序格式	数控加工程序格式必须与所选定数控系统的编程格式相符		
程序指令	在保证质量、提高效率、降低成本前提下，做到正确与优化		
程序顺序	程序顺序必须与工艺过程相符		
程序参数	程序工艺参数必须与加工工艺选定参数相符		

注：在条件允许的情况下，可使用CAD/CAM或数控模拟软件进行程序校验与优化。

活动四　盖板零件通孔数控铣削加工任务执行

一、材料与设备工具准备

见表2-44。

表2-44　盖板零件通孔数控铣削加工材料设备工具准备表

类别		型号/规格/尺寸/mm	作用
坯料准备		135×100×20的45优质碳素结构钢板料	用于加工盖板通孔
设备	数控铣床	XK713	用于加工平面、沟槽、内外轮廓、孔、螺纹等加工
工具准备	平口钳	0-160	安装工件
	平口钳扳手	与平口钳配套	夹紧工件
	平行垫铁	18件 160×4	工件定位
	铜棒	ϕ30×20	敲击找正工件
	其他		
刀具准备	刀柄	BT40	安装铣刀
	粗精铣立铣刀	ϕ10	粗精加工通孔
	镗刀	ϕ10	镗孔
量具	游标卡尺	0～25mm	用于孔尺寸测量
	塞规		用于孔尺寸测量
其他			

二、刀具的安装

1. 直柄钻头及铰刀的安装

将直柄麻花钻装入钻夹头端部，用手的力量将端部旋紧，最后将拉钉装入刀柄并拧紧，见图2-41。

2. 镗刀的安装

把镗刀装入刀柄中，并用内六方扳手旋紧，最后将拉钉装入刀柄并拧紧，见图2-42。

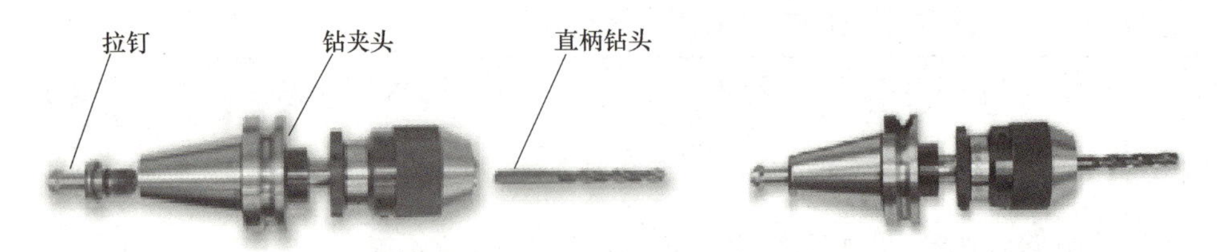

图 2-41　钻头的安装顺序

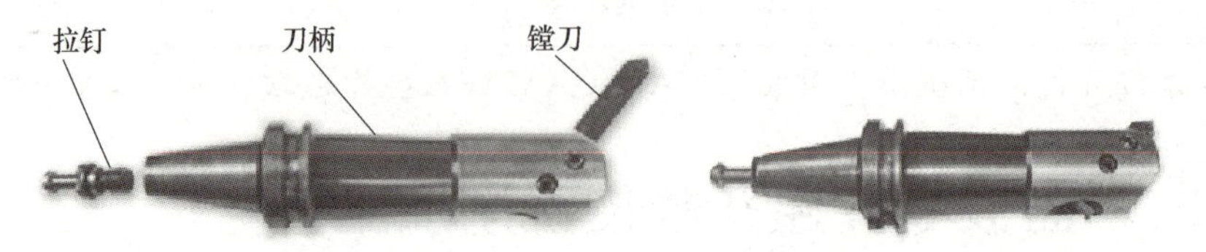

图 2-42　粗镗刀的安装顺序

3. 对刀操作

① X、Y 向对刀，采用寻边器对刀，同前面任务。

② Z 向对刀，采用 Z 轴对刀仪对刀，同前面任务。

三、操作数控铣床完成盖板零件通孔的加工

（一）程序输入操作

序号	步骤	图片
1	新建程序	直径 毫米 分进给 程序: O2021 程序选择 F1 程序编辑 F2 新建程序 F3 保存程序 F4 程序校验 F5 停止运行 F6 重新运行 F7 F8
2	录入程序	文件名:O2021 G54X0Y0Z100 G43G00Z100H01 M03S240 M08 G83X-40Y-30Z-22R5Q3F30 X-40Y30 X40Y30 X40Y-30 G49G00Z100 M05 M30

续表

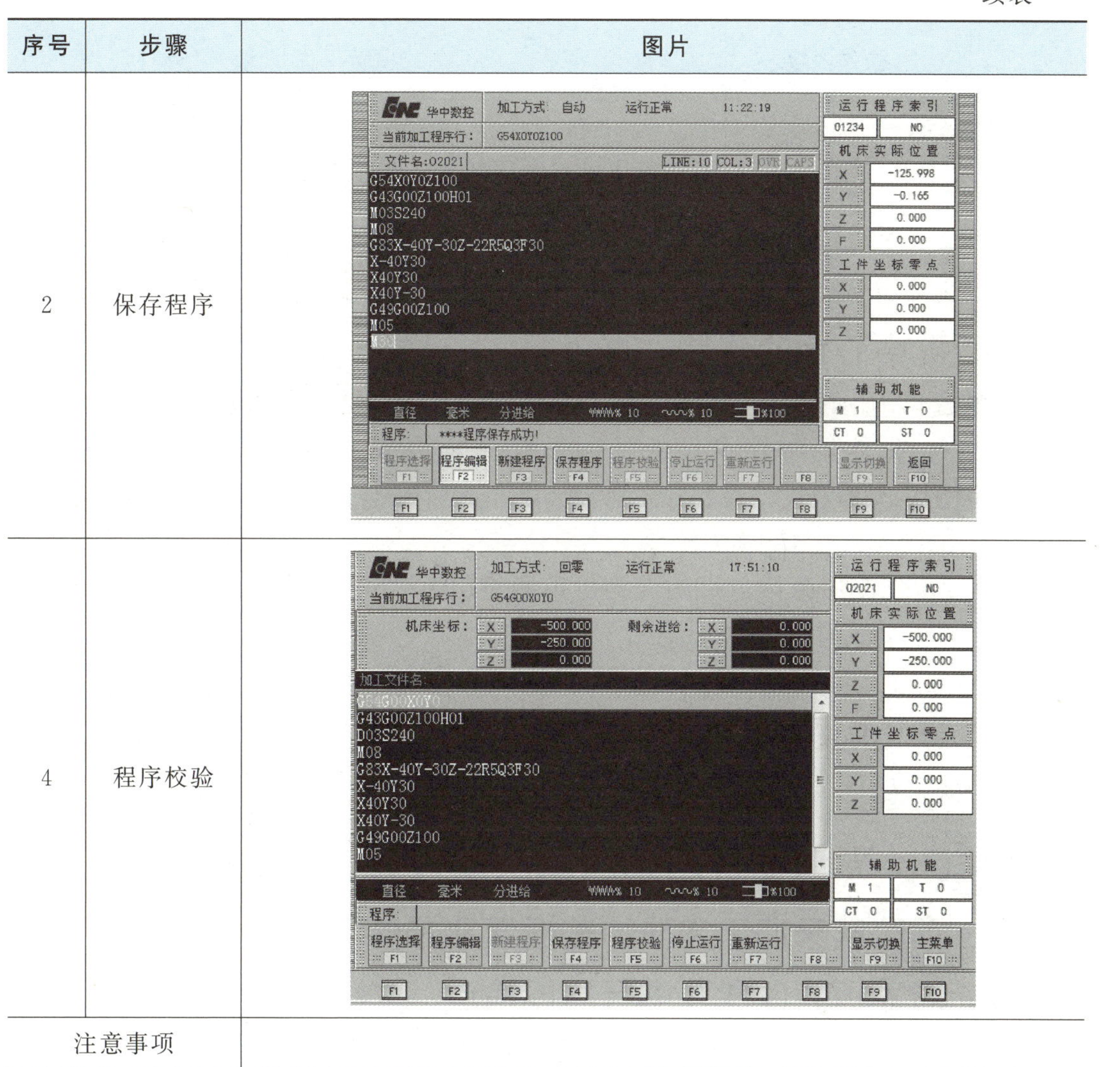

序号	步骤	图片
2	保存程序	
4	程序校验	
注意事项		

（二）零件铣削加工操作过程与方法

序号	操作步骤	操作内容	图示
1	自动/单段粗加工零件	1. 在刀具磨损值当中预留出精加工余量 2. 选择要加工的程序 3. 自动/单段+循环启动	

续表

序号	操作步骤	操作内容	图示
2	自检零件是否合格	根据盖板零件图完成检测	见图 2-38。
注意事项			

四、孔中心距的测量

如图 2-43 所示的零件，使用游标卡尺测量孔的中心距的方法有两种。

方法 1：先使用游标卡尺的外测量爪测量出 M 值，然后使用以下公式计算出中心距 A 值。

$$A=M+(d_1+d_2)/2$$

方法 2：先使用游标卡尺的外测量爪测量出 L 值，然后使用以下公式计算出中心距 A 值。

$$A=L-(d_1+d_2)/2$$

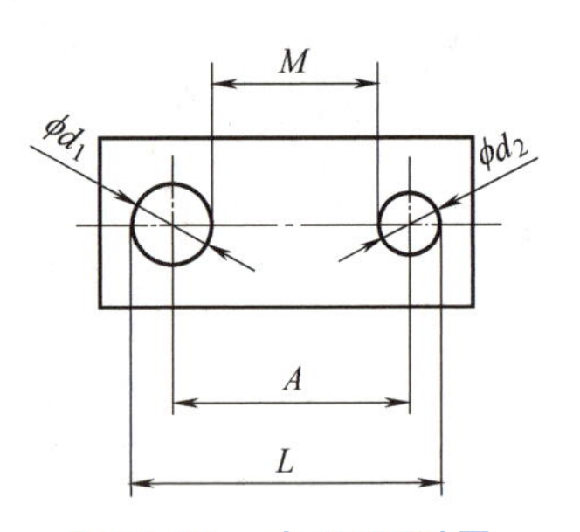

图 2-43　中心距测量

五、常见问题及其处理方法

见模块二项目二任务一活动四。

活动五　盖板零件通孔加工质量检测

一、团队展示加工完成的盖板通孔零件

二、对盖板零件通孔进行质量检查

① 加工质量自检、互检与质量评价，并填写表 2-45。

② 评价争议解决（质检争议解决由学生评价委员会与教师结合完成）。

表 2-45　盖板零件通孔加工质检表

序号	检测项目	检测指标/mm	评分标准	配分	检测记录		得分
					自检	互检	
1	尺寸精度	$\phi28$	超差 0.01 扣 2 分，扣完为止	20			
2		$\phi10$	超差 0.01 扣 2 分，扣完为止	10			
3		$\phi7.1$	超差 0.01 扣 2 分，扣完为止	10			
4		60±0.03	超差 0.01 扣 2 分，扣完为止	10			
5		80±0.02	超差 0.01 扣 2 分，扣完为止	10			
6		20	超差 0.01 扣 2 分，扣完为止	10			
7		$C2$	超差 0.01 扣 2 分，扣完为止	10			
8		未注倒角 $C1$	一处不合格扣 1 分，扣完为止	5			

续表

序号	检测项目	检测指标/mm	评分标准	配分	检测记录		得分
					自检	互检	
9	表面粗糙度	$Ra3.2$	一处不合格扣1分，扣完为止	5			
10	文明生产		无违章操作	10			
问题分析	产生问题		原因分析	解决方案			
签阅	评价团队意见			年 月 日			
	指导教师意见			年 月 日			

说明：出现评价争议必须由学生评价委员会、指导教师与争议双方共同按照质检标准复检解决。

活动六 盖板零件通孔数控铣削加工任务评价与接续任务布置

一、盖板零件通孔数控铣削加工学习任务评价

① 各团队展示学习任务过程与学习成果，进行交流学习。

② 盖板零通孔数控铣削加工学习效能评价。

见表2-46。

表2-46 盖板零件通孔加工任务学习效能评价表

序号	项目	内容	程度	不能的原因
1	知识学习	能对盖板零件通孔进行结构工艺性分析吗？	□能 □不能	
2		能编制出正确合理的盖板零件通孔的数控铣加工工艺吗？	□能 □不能	
3		能使用G73、S、F指令编制正确合理的盖板通孔的数控加工程序吗？	□能 □不能	
4		能正确使用G49、G43指令完成刀补长度的建立与取消吗？	□能 □不能	
5		能编制和校验盖板零件通孔的加工程序吗？	□能 □不能	
6	技能学习	能合理选择盖板零件通孔加工的设备、工具以及量具吗？	□能 □不能	
7		能安全熟练地完成工件与刀具的安装与对刀操作吗？	□能 □不能	

续表

序号	项目	内容	程　度	不能的原因
8	技能学习	能使用数控模拟软件对盖板零件通孔的加工工艺与程序进行校验与优化吗？	□能 □不能	
9		能安全熟练地操作数控铣床完成盖板零件通孔的铣削加工吗？	□能 □不能	
10		能正确合理地选择量具与测量方法对盖板零件通孔进行质量检测与控制吗？	□能 □不能	

经验积累与问题解决	
经验积累	存在问题

签审		
签审	评价委员会意见	年　月　日
	指导教师意见	年　月　日

③ 盖板零件通孔数控铣削加工综合能力评价。

请复制附录表 5，团队完成数控铣床操作任务综合能力评价并填写评价表。

二、盖板零件通孔数控铣削加工知识与技能学习巩固

（一）知识学习与应用

1. 取消孔加工固定循环一般用（　　）。

A. G43　　B. G49　　C. G28　　D. G80

2.（　　）是刀具进刀切削时由快进转为工进的高度平面。

A. 初始平面　　B. R 平面　　C. 孔底平面　　D. 零件表面

3. 孔加工暂停指令是（　　）。

A. G05　　B. G02　　C. G32　　D. G80

4. 孔的形状精度主要有圆度和________。

5. 不管选择了哪个平面，孔加工都是在________上定位，并在 Z 轴方向上进行孔加工。

6. 使用 G99，刀具将返回到________的 R 点。

7. 判断对错：数控铣可钻孔、镗孔、铰孔、铣平面、铣斜面、铣槽、铣曲面（凸轮）、攻螺纹等。（　　）

8. 判断对错：孔的尺寸精度就是指孔的直径尺寸。（　　）

9. 判断对错：“M08”指令表示冷却液打开。（　　）

（二）技能学习与应用

完成如图 2-44 零件的图形绘制、数控加工工艺与程序编制，操作数控铣床完成该零件数控铣削加工。所用材料为 45 钢。

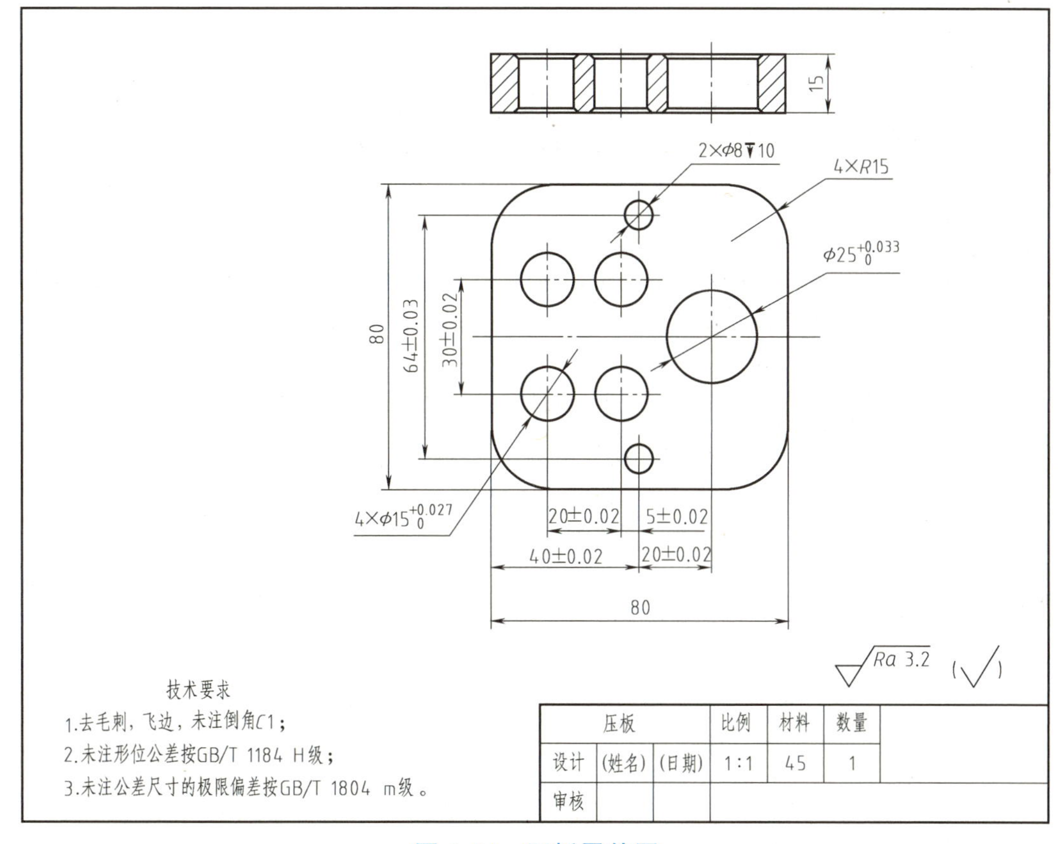

图 2-44　压板零件图

三、接续任务布置

螺纹孔加工用到哪些刀具？

螺纹孔加工用到哪些编程指令？

任务二　盖板零件螺纹孔的铣削加工

活动一　盖板零件螺纹孔铣削加工任务分析

一、任务描述

任务名称	盖板零件螺纹孔的铣削加工		任务时间	
学习目标	知识目标	1. 能正确分析盖板零件螺纹孔的工艺性结构 2. 能正确分析盖板零件螺纹孔的技术要求和工艺 3. 能编制正确合理的盖板零件螺纹孔铣削加工工艺 4. 能完成盖板零件螺纹孔铣削程序编制知识的学习与应用 5. 能编制盖板零件螺纹孔合理的数控铣削加工程序		

续表

<table>
<tr><td>任务名称</td><td colspan="2">盖板零件螺纹孔的铣削加工</td><td>任务时间</td><td></td></tr>
<tr><td rowspan="2">学习目标</td><td>技能目标</td><td colspan="3">1. 能正确熟练地操作数控铣床完成合格盖板零件螺纹孔的铣削加工
2. 能正确熟练地使用内径千分尺和塞规完成盖板零件螺纹孔的质量检测与控制</td></tr>
<tr><td>职业素养</td><td colspan="3">1. 能严格遵守和执行零件铣削加工场地的规章制度和劳动管理制度
2. 能主动获取与盖板铣削加工工艺与程序编制相关的有效信息，展示工作成果，对学习、工作进行总结反思，能与他人合作，进行有效沟通
3. 能保质、保量、按时完成工作任务
4. 能从容分析和处置盖板铣削加工过程中出现的问题与突发事件</td></tr>
<tr><td rowspan="2">重点难点</td><td>重点</td><td>1. 盖板零件螺纹孔铣削加工工艺、程序编制与校验
2. 操作数控铣床完成盖板零件螺纹孔铣削加工
3. 盖板零件螺纹孔加工质量的检测与控制</td><td rowspan="2">突破手段</td><td rowspan="2">通过观看操作视频、微课、示范讲解等方式突破重难点</td></tr>
<tr><td>难点</td><td>1. 盖板零件螺纹孔铣削数控加工工艺、程序的编制与校验
2. 操作数控铣床完成盖板零件螺纹孔铣削加工和尺寸精度的控制</td></tr>
</table>

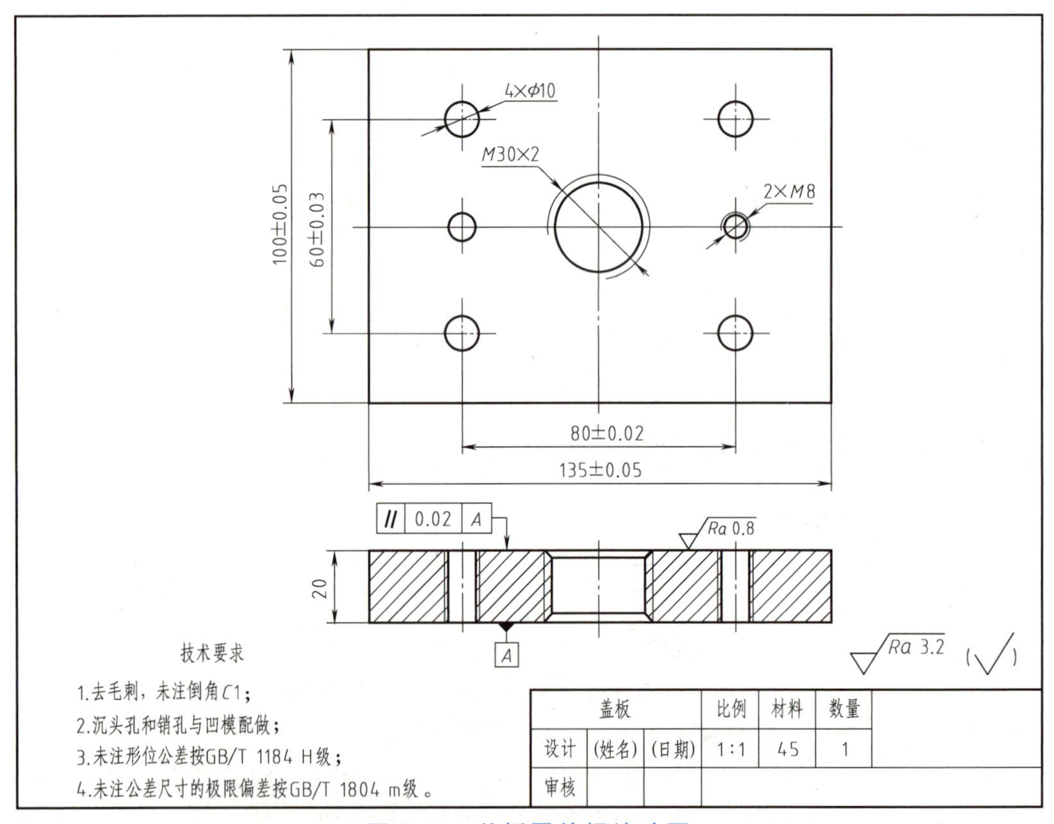

图 2-45　盖板零件螺纹孔图

二、盖板螺纹孔铣削结构工艺性分析

（一）盖板零件螺纹孔的作用

盖板零件螺纹孔在零件上用于与其他外螺纹零件配合，起到连接和固定的作用。

（二）盖板零件螺纹孔的结构

盖板零件螺纹孔部分是由 2 个 M8 的螺纹孔和 1 个 M30 螺纹孔组成，本任务是完成盖板零件螺纹孔的加工，采用攻螺纹和铣螺纹加工。如图 2-45 所示。

三、完成任务的资料、资源准备

同表 2-41。

活动二　盖板零件螺纹孔加工工艺与程序编制

一、盖板零件螺纹孔加工工艺编制

（一）盖板零件螺纹孔加工技术要求分析

项目	技术参数/mm	加工、定位方案选择		备注
尺寸精度	*M*8	螺纹孔加工方案	攻 M8 内螺纹 铣 M30 螺纹	
	*M*30			
	20			
	*Ra*3.2			

（二）盖板零件螺纹孔常用的加工方法

尺寸小的螺纹或者单个螺纹采用手攻螺纹加工。多个螺纹孔加工可以采用机攻螺纹加工。尺寸较大的螺纹采用铣螺纹加工。

（三）确定装夹方式和加工方案

① 装夹方式：采用平口钳装夹，底部用等高垫铁垫起，使加工面高于 8mm 以上。

② 加工方案：遵循先粗后精的原则，采用丝锥攻螺纹或者铣刀铣螺纹，一次装夹完成盖板零件螺纹孔的加工。

（四）盖板螺纹加工常用刀具选择

螺纹尺寸	铣刀选择	图例
小螺纹孔	丝锥	

续表

螺纹尺寸	铣刀选择	图例
大螺纹孔	螺纹铣刀	

（五）编制盖板的机械加工工艺

工艺过程卡											
零件名称		盖板	机械编号		零件编号						
材料名称		调质45	坯料尺寸	预调制96×42×62	件数	1					
工序		工种	工步	工序内容	设备	刀具	工艺参数			检验量具	评定
							S	f	a_p		
1	铣六面	铣	1	前任务已完成	铣床						
2	钻孔	铣	1	前任务已完成	铣床						
3	攻螺纹	铣	1	攻 $M8$	铣床	$M8$ 丝锥	240	30	3	螺纹塞规	
4	铣螺纹	镗	1	铣 $M30$ 螺纹	铣床	螺纹铣刀	800	80	2	螺纹塞规	
5	检测										
工艺员意见		年　月　日									
工艺合理性审定		指导教师(签章)： 年　月　日									

二、编制完成盖板零件螺纹孔铣削加工程序

（一）盖板零件螺纹孔数控铣削程序编制知识学习与应用

指令	格式	含义	说明
G84 攻丝加工	G84 X_Y_Z_R_F_	其中 X、Y 为盖板零件螺纹孔中心的坐标，Z 为盖板零件螺纹孔底深度的坐标，R 为参考点平面的位置，F 为进给速度，其值为主轴转速和螺距乘积。G84 攻丝循环指令的加工动作过程为：(1)位，丝锥快速运行至工件安全平面；(2)位，丝锥快速移动到参考点平面；(3)位，攻丝加工至孔深尺寸；(4)位，在孔底主轴反转；(5)位，退出到参考点平面，准备加工下一孔，或快速退至工件安全平面	一般情况下 *M*6～*M*16、螺距小于 2mm 的精度不高的内螺纹较适合在数控铣床上采用攻丝加工
G02/G03 旋线插补功能	G02/G03X_Y_I_J_Z_F_；	程序中 G02 代表沿顺时针方向螺旋线插补；G03 代表沿逆时针方向螺旋线插补；X_Y_Z_代表螺旋线插补的终点坐标；I_J_代表螺旋线的轴心坐标相对于螺旋线起点坐标在 X、Y 方向对应的坐标增量，一条指令一次实现一个整圆的螺旋线插补。在实际加工中，若要实现多圈的螺旋线插补则可通过子程序或宏程序来编程，选择从上向下铣削或从下向上铣削都可以完成螺纹的加工，为了采用顺铣的方式，右旋螺纹要从下向上铣，这样有利于排屑	

（二）盖板零件螺纹孔铣削加工程序编制

1. 盖板零件螺纹孔编程坐标系选定与坐标点计算

使用 CAD 软件，通过图形绘制，使用坐标标注法来确定编程坐标点的坐标。如图 2-46 所示。

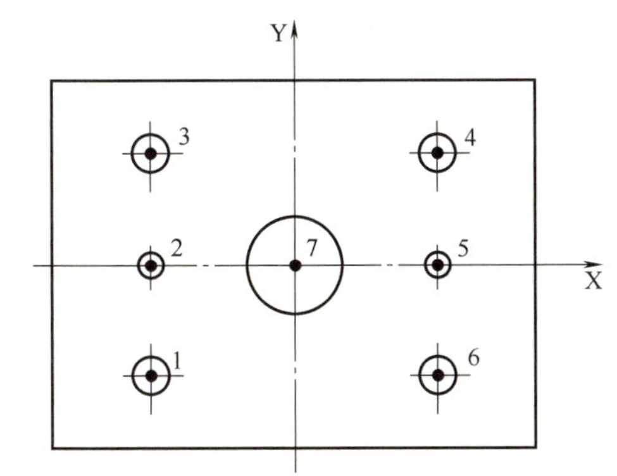

节点	绝对坐标值
1	30,0
2	-40,0
3	-40,30
4	40,30
5	40 0
6	40,-30
7	0,0

图 2-46　CAD 绘图法坐标计算

2. 盖板零件螺纹孔数控铣削加工程序编制

程序名:O3021		
程序号	程序	说明
N10	G54G00X0Y0	刀具定位
N20	M03S150	主轴正转,转速为 150r/min
N30	G43Z100H01	快速移动到工件上表面 100mm 处,建立长度补偿
N40	M08	冷却液开
N50	G99G84X-40Y0R10P2Z-22	加工 *M*8 螺纹
N60	X40Y0	
N70	G49G00X0Y0	退刀,取消长度补偿
N80	M05	主轴停止
N90	M30	程序停止

程序名:O2021		
程序号	程序	说明
N10	G54G00X0Y0	刀具定位
N20	G43G00Z100H01	快速移动到工件上表面 100mm 处,建立长度补偿
N30	M03S600	主轴正转,转速为 600r/min
N40	M08	冷却液开
N50	G00X10YO	快速定位到螺纹循环开始点
N60	Z2	安全起刀点
N70	M98P6688	调用子程序加工螺纹
N80	G00X0Y0	对刀
N90	G49G00Z100	抬刀,取消长度补偿
N100	M05	主轴停止
N110	M30	程序停止
N120	O6688	子程序文件名
N130	G02I-10J0Z-2F80	螺纹循环加工
N140	M99	子程序结束返回主程序

活动三　盖板加工工艺与加工程序审定

一、思政教育

大国工匠构筑“新国门”

2019 年 9 北京大兴国际机场正式投运，一个世界级水准的“新国门”在北京之南徐徐打开。在航站楼指廊工程施工中，北京建工人以工匠精神助力，总计打下 7195 根基础桩，浇筑 50 万立方米混凝土，撑起总投影面积 13.3 万平方米、重达 1.3 万吨的钢网架，以误差不超过 1 毫米的精度完成 9 万平方米铝板吊顶安装。一组组数据背后，体现了民族精神和现代水平的大国工匠风范。

二、团队展示活动一、二学习过程与学习成果

① 进行学习过程与成果描述。

② 交流学习，发现、分析、解决问题（学生主体，教师引导）。

三、交流学习记录

（一）加工工艺正确性审定与优化

项目	要求	存在问题	改正措施
定位基准选择	1. 粗加工时必须符合粗基准的选择原则 2. 精加工时必须符合精基准的选择原则		
工艺过程	工序工步划分与编排顺序及其内容必须符合企业常规生产的工艺流程，便于生产管理		
加工参数	1. 粗加工工艺参数选择必须满足工艺系统的强度、刚性和提高效率、降低成本的要求 2. 精加工工艺参数选择原则是提高效率、降低成本		
设备工具	设备工具必须选择正确、齐备，并符合当前的技术状况		
刀具选择	刀具的类型、形状与参数选择必须满足零件表面形状以及加工性质（粗加工、半精加工、精加工）的要求		
检测工具	检测工具必须根据零件结构、检测项目、精度要求等选择，必须正确、齐备		
工时定额	工时定额设定必须合理		
其他			

（二）数控加工程序正确性审定与优化

项目	要求	存在问题	改正措施
程序格式	数控加工程序格式必须与所选定数控系统的编程格式相符		

续表

项目	要求	存在问题	改正措施
程序指令	在保证质量、提高效率、降低成本前提下，做到正确与优化		
程序顺序	程序顺序必须与工艺过程相符		
程序参数	程序工艺参数必须与加工工艺选定参数相符		

注：在条件允许的情况下，可使用CAD/CAM或数控模拟软件进行程序校验与优化。

活动四　盖板数控铣削加工任务执行

一、材料与设备工具准备

盖板加工坯料、设备与工量具准备

类别		型号/规格/尺寸/mm	作用
坯料准备		135×100×20的45优质碳素结构钢板料	用于加工螺纹孔
设备	数控铣床	XK713	用于加工平面、沟槽、内外轮廓、孔、螺纹等加工
工具准备	平口钳	0～160	安装工件
	平口钳扳手	与平口钳配套	夹紧工件
	平行垫铁	18件160×4	工件定位
	铜棒	ϕ30×20	敲击找正工件
	其他		
刀具准备	刀柄	BT40	安装铣刀
	粗精铣立铣刀	M8丝锥	功螺纹
		ϕ10螺纹铣刀	铣螺纹
量具	游标卡尺	0～25mm	用于槽深度尺寸测量
	螺纹塞规		用于螺纹测量
其他			

二、刀具的安装

1. 螺纹铣刀的安装

因为刀柄的连接部位规格较少，部分丝锥在攻牙时，需要自制延长杆，以保证丝锥能装夹在刀柄上，如图2-47所示。自制延长杆另一作用就是加工较深的螺纹。螺纹铣刀装夹是专用刀杆，编程时要到刀具室弄清楚是否有对应的刀片、刀杆以及刀柄（如图 2-48 所示）等。

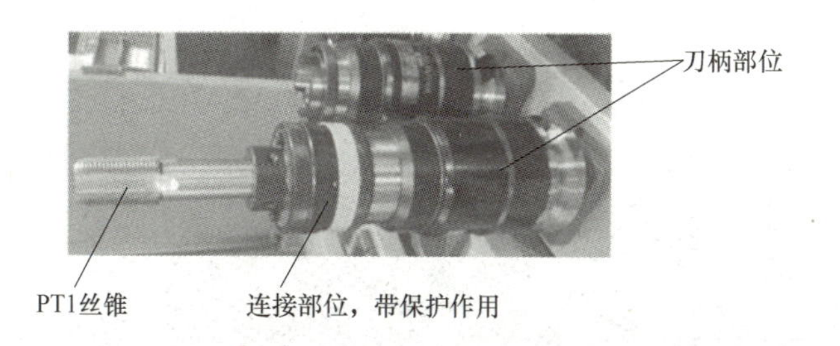

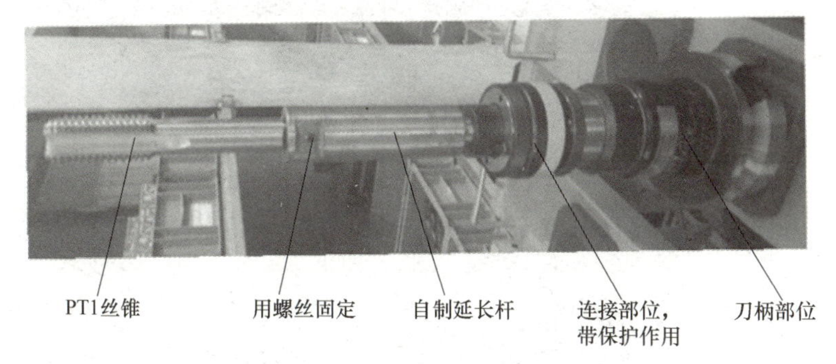

图 2-47　螺纹铣刀的安装

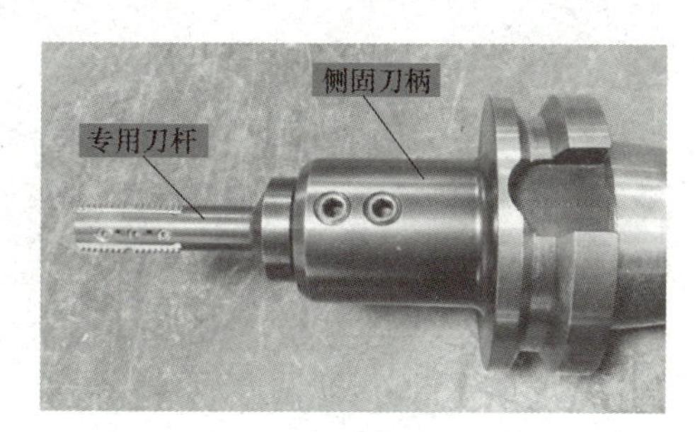

图 2-48　专用刀杆和侧固刀柄

2. 对刀操作

① X、Y 向对刀采用寻边器对刀，同前面任务。

② Z 向对刀采用 Z 轴对刀仪对刀，同前面任务。

三、操作数控铣床完成盖板零件螺纹孔的加工

（一）程序输入操作

序号	步骤	图示
1	新建程序	

续表

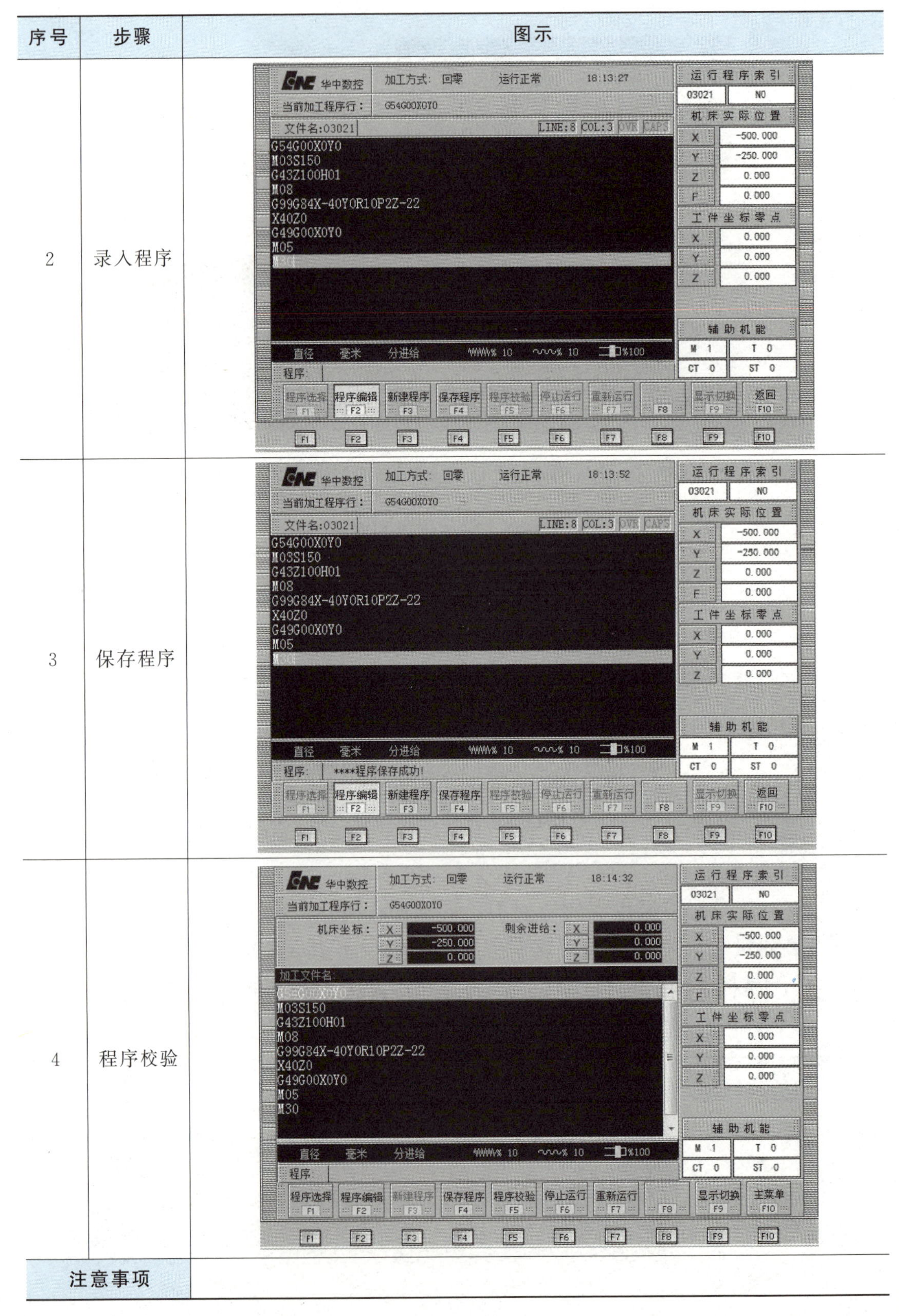

序号	步骤	图示
2	录入程序	
3	保存程序	
4	程序校验	
注意事项		

（二）零件铣削加工操作过程与方法

序号	操作步骤	操作内容	图示
1	自动/单段粗加工零件并检测	1. 在刀具磨损值当中预留出精加工余量 2. 选择要加工的程序 3. 自动/单段+循环启动	
2	自检零件是否合格	检测零件图纸要求完成螺纹孔尺寸检查	见图 2-45。
注意事项			

四、常见问题及其处理方法

见模块二项目二任务一活动四。

活动五　盖板零件螺纹孔加工质量检测

（1）团队展示加工完成的盖板零件螺纹孔零件。

（2）对盖板零件螺纹孔进行质量检查。

① 加工质量自检、互检与质量评价，并填写质量检测表。

② 评价争议解决（质检争议解决由学生评价委员会与教师结合完成）。

序号	检测项目	检测指标/mm	评分标准	配分	检测记录		得分
					自检	互检	
1	尺寸精度	2×M8	超差 0.01 扣 2 分	40			
2		M30	超差 0.01 扣 2 分	40			
3	表面粗糙度	Ra3.2	一处不合格扣 0.5 分	10			
4	文明生产		无违章操作	10			

	产生问题	原因分析	解决方案
问题分析			
签阅	评价团队意见	年　月　日	
	指导教师意见	年　月　日	

说明：出现评价争议必须由学生评价委员会、指导教师与争议双方共同按照质检标准复检解决。

活动六 盖板零件螺纹孔数控铣削加工任务评价与接续任务布置

一、盖板螺纹零件数控铣削加工学习任务评价

① 各团队展示学习任务过程与学习成果，进行交流学习。

② 盖板零件螺纹孔数控铣削加工学习效能评价。

序号	项目	内容	程度	不能的原因
1	知识学习	能对盖板零件螺纹孔进行结构工艺性分析吗?	□能 □不能	
2		能编制出正确合理的盖板零件螺纹孔的数控铣加工工艺吗?	□能 □不能	
3		能使用 G02、G84、S、F 指令编制正确合理的盖板盖板零件螺纹孔的数控加工程序吗?	□能 □不能	
4		能正确使用 G49、G44 指令完成刀补的建立与取消吗?	□能 □不能	
5		能编制和校验盖板零件螺纹孔的加工程序吗?	□能 □不能	
6	技能学习	能合理选择盖板零件螺纹孔加工的设备、工具以及量具吗?	□能 □不能	
7		能安全熟练地完成工件与刀具的安装与对刀操作吗?	□能 □不能	
8		能使用数控模拟软件对盖板零件螺纹孔的加工工艺与程序进行校验与优化吗?	□能 □不能	
9		能安全熟练地操作数控铣床完成盖板零件螺纹孔零件的铣削加工吗?	□能 □不能	
10		能正确合理地选择量具与测量方法对盖板零件螺纹孔零件进行质量检测与控制吗?	□能 □不能	

经验积累与问题解决	
经验积累	存在问题

签审	评价委员会意见	年 月 日
	指导教师意见	年 月 日

③ 盖板零件螺纹孔零件数控铣削加工综合能力评价。

请复制附录表 5，团队完成数控铣床操作任务综合能力评价并填写评价表。

二、盖板零件螺纹孔数控铣削加工知识与技能学习巩固

（一）知识学习与应用

1. 在 M20×2—7g6g—40 中，7g 表示____公差带代号，6g 表示大径公差带代号。

A. 大径　　B. 小径　　C. 中径　　D. 多线螺纹

2. 子程序调用和子程序返回是用那一组指令实现的____ 。

A. G98　G99　B. M98　M99　C. M98　M02　D. M99　M98

3. 螺纹攻丝指令用（　　）

A. G05　　B. G02　　C. G83　　D. G80

4. 判断对错：一般情况下螺距小于 2mm 的精度不高的内螺纹较适合在数控铣床上采用攻丝加工。（　　）

5. 数控铣床一般情况下，可以在一次装夹中，完成所需的________工序。

6. 数控系统能实现的________位移量等于各轴输出脉冲当量。

7. 判断对错：粗基准只能使用一次。（　　）

8. 判断对错：工件材料的强度、硬度越高，则刀具寿命越低。（　　）

9. 判断对错：高速钢刀具用于承受冲击力较大的场合，常用于高速切削。（　　）

（二）技能学习与应用

完成如图 2-49 所示零件的图形绘制、数控加工工艺与程序编制，操作数控铣床完成该零件数控铣削加工。所用材料为 45 钢。

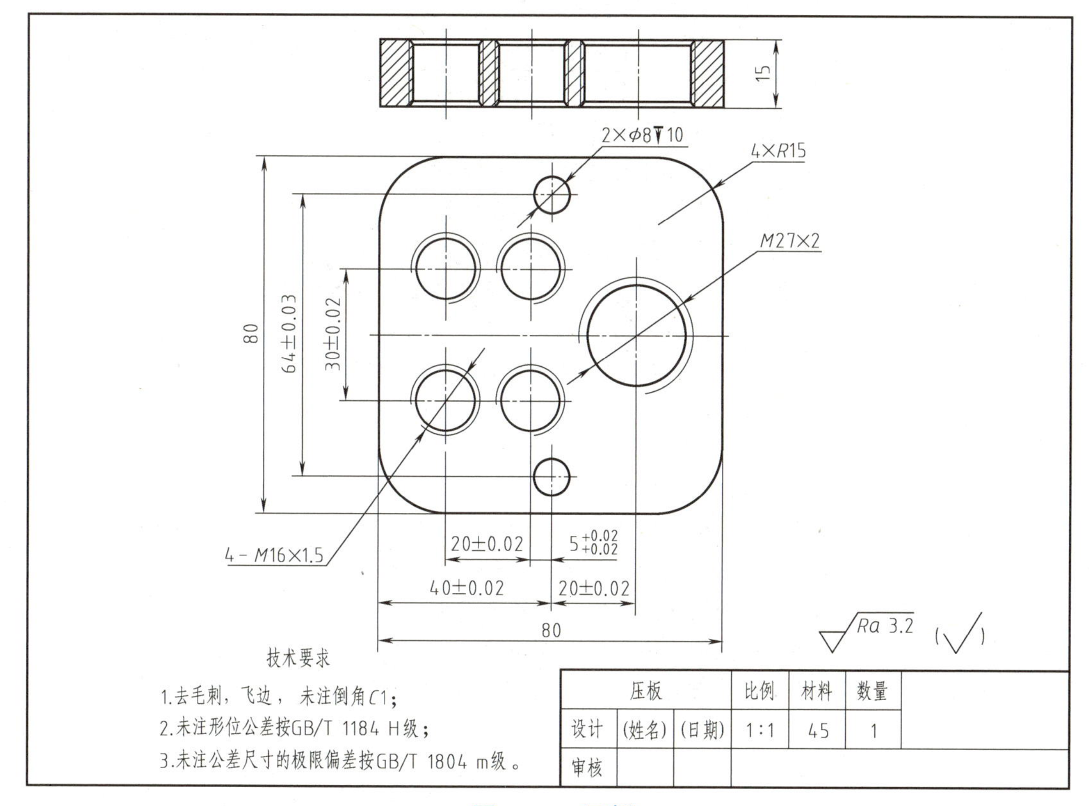

图 2-49　压板

三、接续任务布置

① 对于复杂零件编程用什么方法？

② 自动编程软件有哪些？

项目四 基于CAD/CAM数控铣复合零件的编程及加工

任务 复合零件的铣削加工

活动一 复合零件铣削加工任务分析

一、任务描述

<table>
<tr><td>任务名称</td><td colspan="2">复合零件的铣削加工</td><td>任务时间</td><td></td></tr>
<tr><td rowspan="3">学习目标</td><td>知识目标</td><td colspan="3">1. 能正确分析复合零件的工艺性结构
2. 能正确分析复合零件的技术要求和工艺
3. 能编制正确合理的复合零件铣削加工工艺
4. 能完成复合零件铣削程序编制知识的学习与应用
5. 能编制复合零件合理的数控铣削加工程序</td></tr>
<tr><td>技能目标</td><td colspan="3">1. 能正确熟练地操作数控铣床完成合格复合零件的铣削加工
2. 能正确熟练地使用游标卡尺和千分尺对复合零件进行质量检测与控制</td></tr>
<tr><td>职业素养</td><td colspan="3">1. 能严格遵守和执行零件铣削加工场地的规章制度和劳动管理制度
2. 能主动获取与复合铣削加工工艺与程序编制相关的有效信息，展示工作成果，对学习、工作进行总结反思，能与他人合作，进行有效沟通
3. 能保质、保量、按时完成工作任务
4. 能从容分析和处置复合铣削加工过程中出现的问题与突发事件</td></tr>
<tr><td rowspan="2">重点难点</td><td>重点</td><td>1. 复合零件铣削加工工艺、程序编制与校验
2. 操作数控铣床完成复合零件铣削加工
3. 复合零件加工质量的检测与控制</td><td rowspan="2">突破手段</td><td rowspan="2">通过观看操作视频、微课、示范讲解等方式突破重难点</td></tr>
<tr><td>难点</td><td>1. 复合零件铣削数控加工工艺、程序的编制与校验
2. 操作数控铣床完成复合零件铣削加工和尺寸精度的控制</td></tr>
</table>

二、复合铣削结构工艺性分析

（一）复合零件的作用

复合在零件上用于与其他零件配合，起到连接和固定的作用。

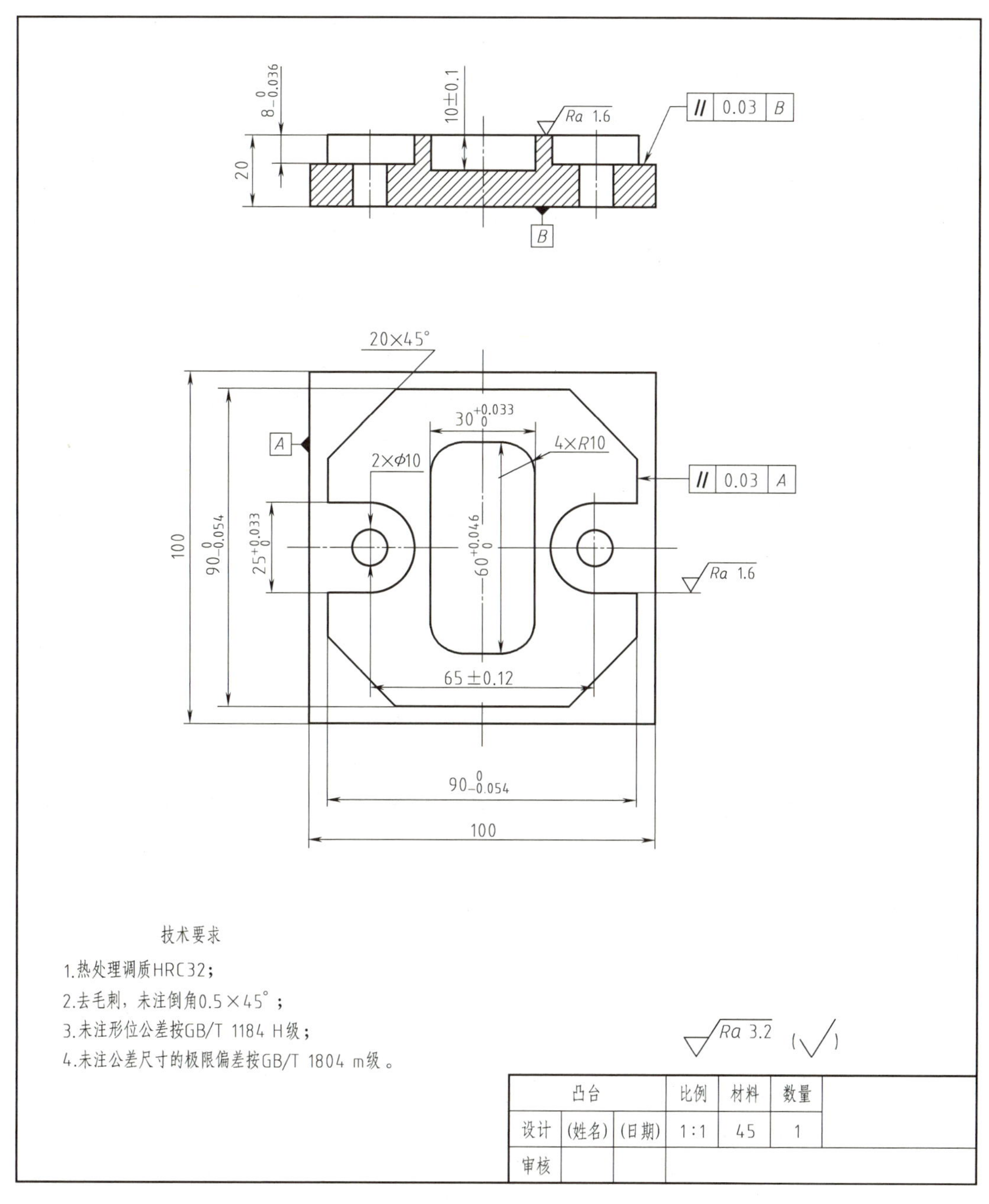

图 2-50　复合零件图

（二）复合零件的结构

复合零件是在 100mm×100mm×20mm 的长方体上铣削 90mm×90mm×8mm 的外轮廓，60mm×30mm×10mm 的内轮廓及 2×ϕ10mm 的通孔，采用 CAXA 软件编程进行铣加工。

三、完成任务的资料、资源准备

同表 2-41。

活动二 复合零件加工工艺与程序编制

一、复合零件加工工艺编制

（一）技术要求分析

项目	技术参数/mm	加工、定位方案选择		备注
尺寸精度	100 两处	复合零件加工方案	1. 铣平面 100×100 平面 2. 铣 100×100 外轮廓至深 22 3. 铣 100×100 平面控制总高为 20 4. 铣 90×90 外轮廓 5. 铣 60×30 内轮廓 6. 钻 ϕ10 孔 7. 倒角	注意铣刀与切削用量的合理选择
	$90_{-0.054}^{0}$ 两处			
	20			
	10±0.1			
	$8_{-0.036}^{0}$			
	$60_{0}^{0.046}$			
	$30_{0}^{+0.033}$			
	$25_{0}^{+0.033}$			
	2×R10			
	20×45°			
	倒棱			
	$Ra3.2$			
形位公差	平行度 0.03	定位基准选择与安装	为保证复合加工的平行度，一次装夹完成加工	注意工件安装时的找正与夹紧

（二）复合零件的加工方法

平面可以采用面铣刀加工。内外轮廓可以采用立铣刀加工。圆弧面、曲面可以采用球头铣刀加工。孔可以采用钻孔、铣孔、镗孔加工。

（三）确定装夹方式和加工方案

① 装夹方式：采用平口钳装夹，底部用等高垫铁垫起，使加工面高出 8mm 以上。

② 加工方案：遵循先粗后精的原则，采用立铣刀粗精铣内外轮廓，用麻花钻加工孔，两次装夹完成复合零件加工。

（四）复合零件加工常用刀具及选择

复合零件形状	铣刀选择	复合零件形状	铣刀选择
平面	立铣刀	圆弧面、曲面轮廓	球头铣刀
内外轮廓	立铣刀	孔	麻花钻、立铣刀、镗刀

（五）编制复合零件机械加工工艺

工艺过程卡											
零件名称		基座	机械编号		零件编号						
材料名称		45#	坯料尺寸	预调制 145×100×20	件数	1					
工序		工种	工步	工序内容	设备	刀具	工艺参数			检验量具	评定
							a_p	f	S		
1	铣六面	铣		铣平面 100×100 平面	铣床	ϕ10 立铣刀	1	100	1000	游标卡尺	
2	粗精铣	铣		铣 100×100 外轮廓至深 2mm	铣床	ϕ10 立铣刀	2.5	200	1200	游标卡尺、R 规	
3	精铣	铣		铣 100×100 平面控制总高为 20	铣床	ϕ10 立铣刀	0.5	100	1600	游标卡尺、R 规	
4	粗精铣	铣		铣 90×90 外轮廓	铣床	ϕ10 立铣刀	2	200	1800		
5	粗精铣	铣		铣 60×30 内轮廓	铣床	ϕ10 立铣刀	2	200	1800		
6	钻	铣		钻 ϕ10 孔	铣床	ϕ10 麻花钻	2	1000	1000		
7	倒角	铣		倒角	铣床	ϕ6 倒角刀	0.5	100	1600	游标卡尺	
8	检验										
工艺员意见		年　月　日									
工艺合理性审定		指导教师(签章)： 年　月　日									

注：单位 mm。

二、 编制完成复合铣削加工程序

加工内容	加工方式	刀具轨迹图
铣平面	刀具轨迹：共 1 条 1-平面区域粗加工 轨迹数据 加工参数 立铣刀:EdML_0 几何元素	

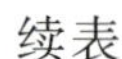
续表

加工内容	加工方式	刀具轨迹图
加工参数		
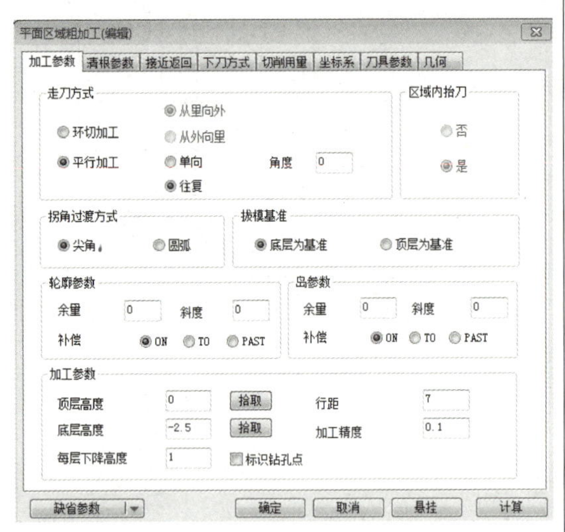	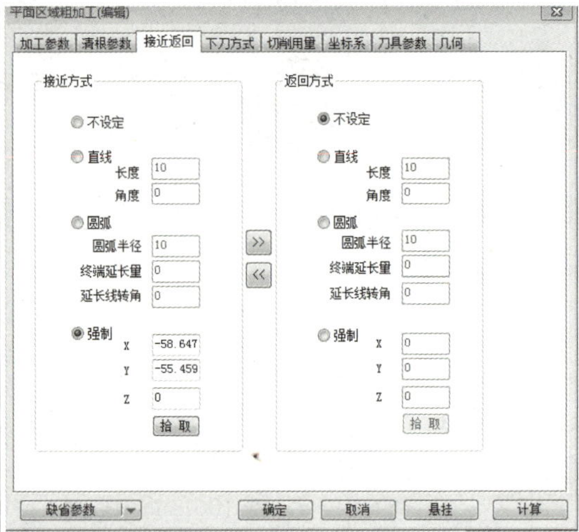	
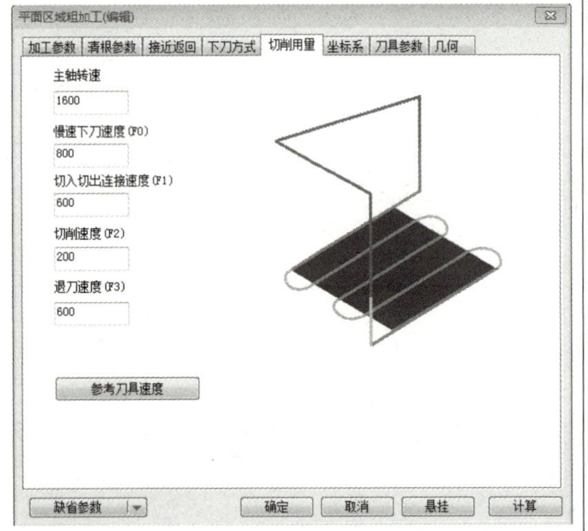	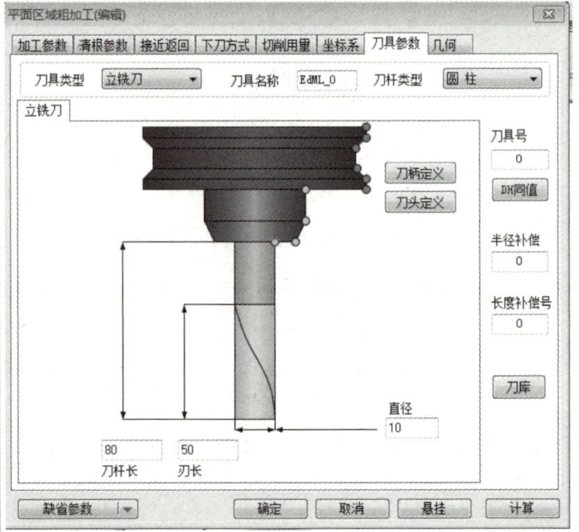	
其他参数设置：		

续表

加工内容	加工方式	刀具轨迹图
铣外轮廓		

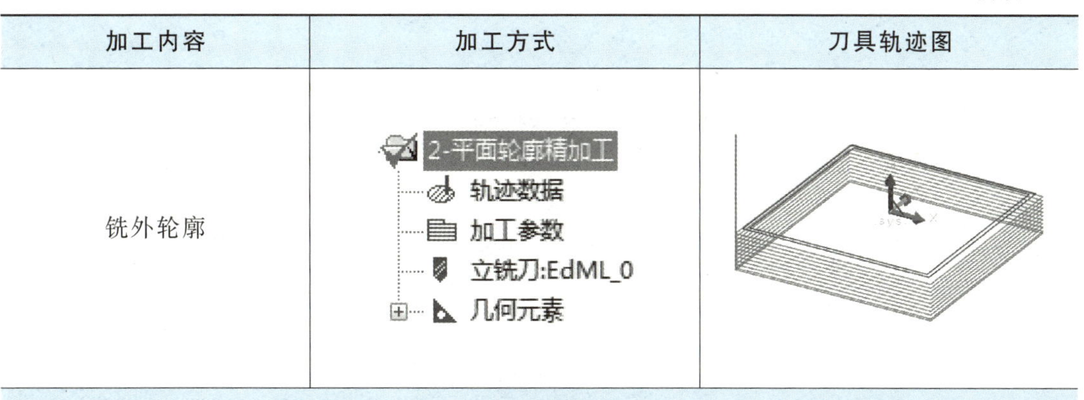

加工参数

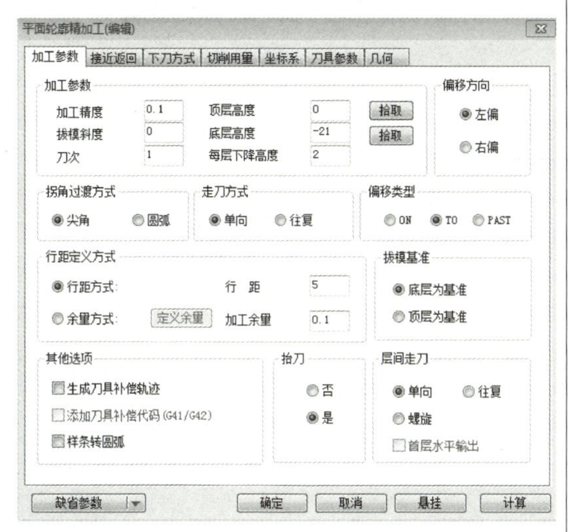

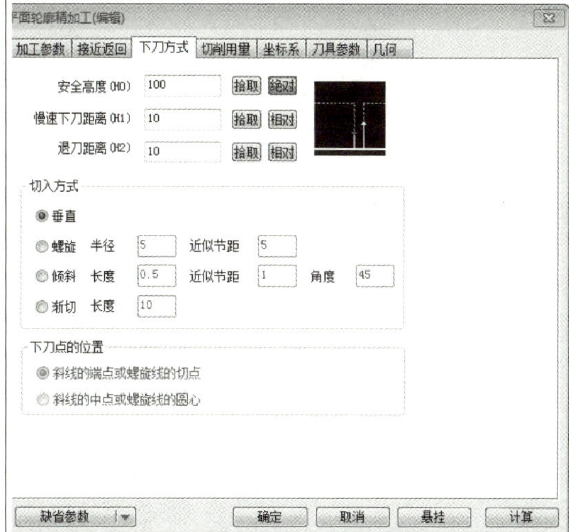

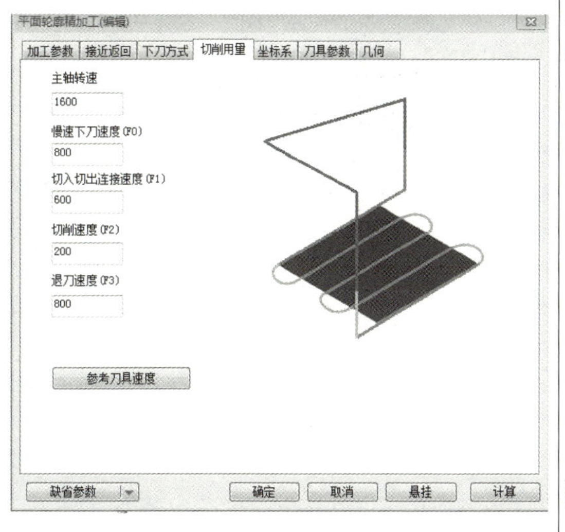

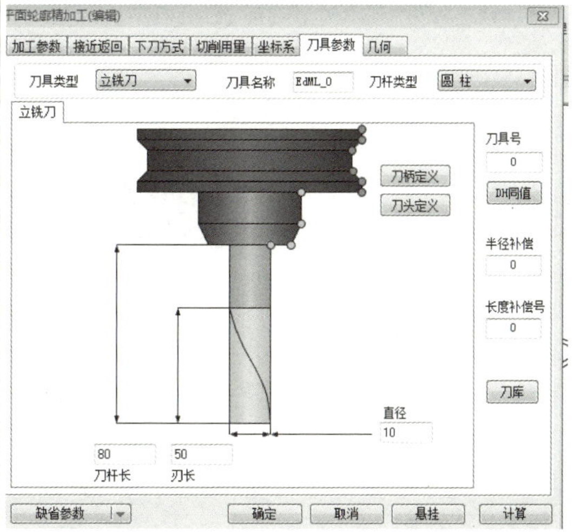

续表

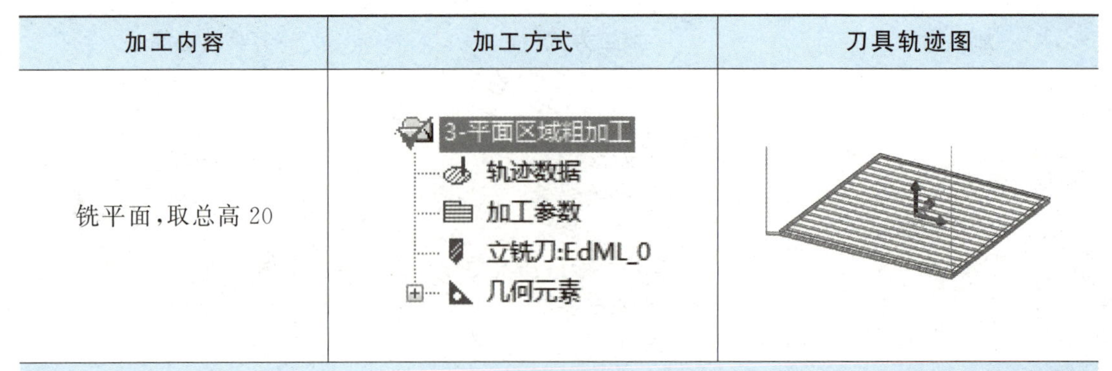

加工内容	加工方式	刀具轨迹图
铣平面，取总高 20	3-平面区域粗加工 轨迹数据 加工参数 立铣刀:EdML_0 几何元素	

加工参数	
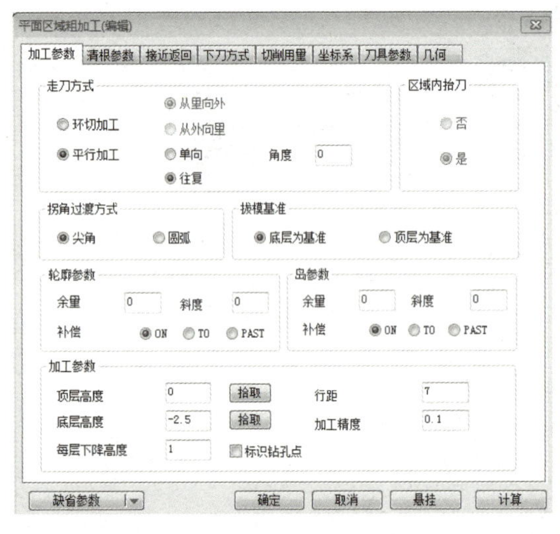	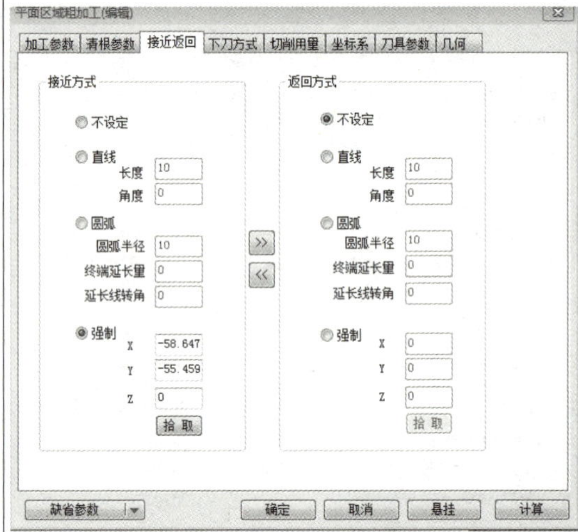
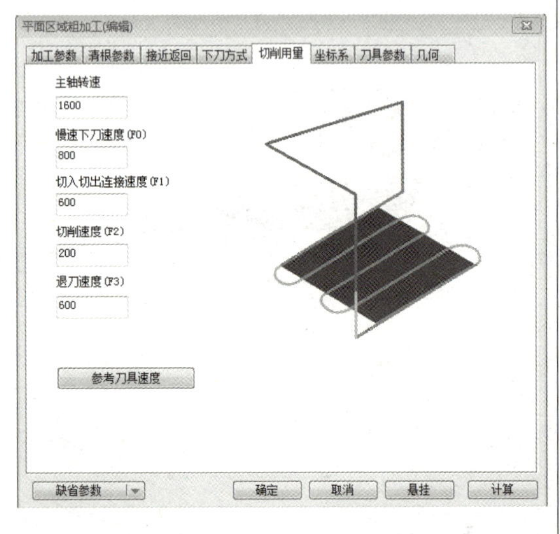	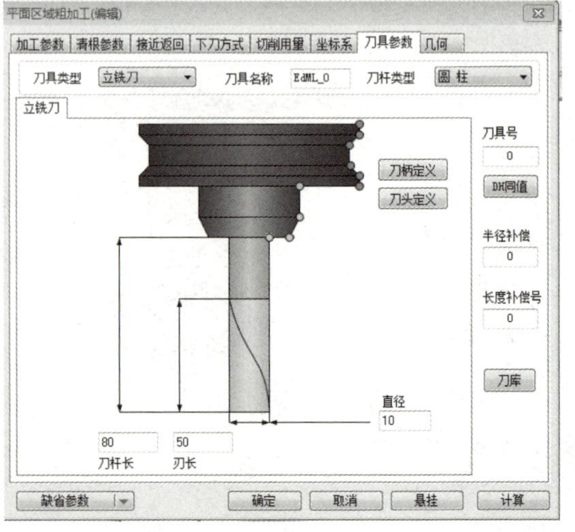

其他参数设置：

续表

加工内容	加工方式	刀具轨迹图
铣外轮廓		

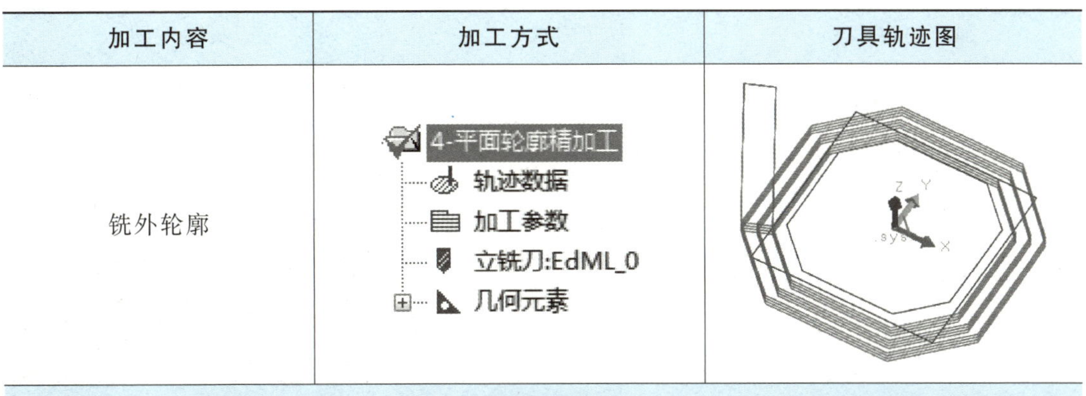

加工参数

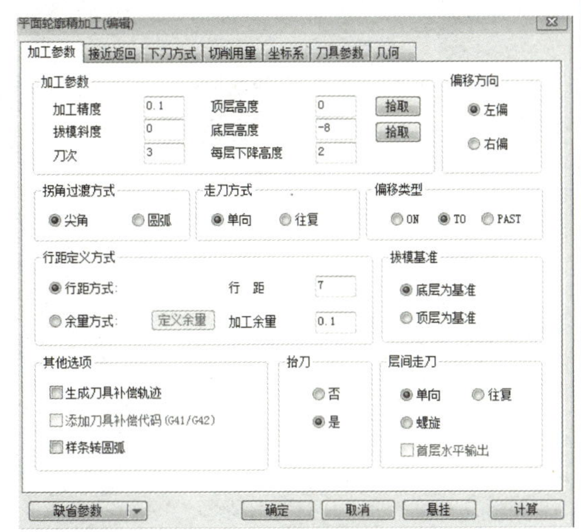

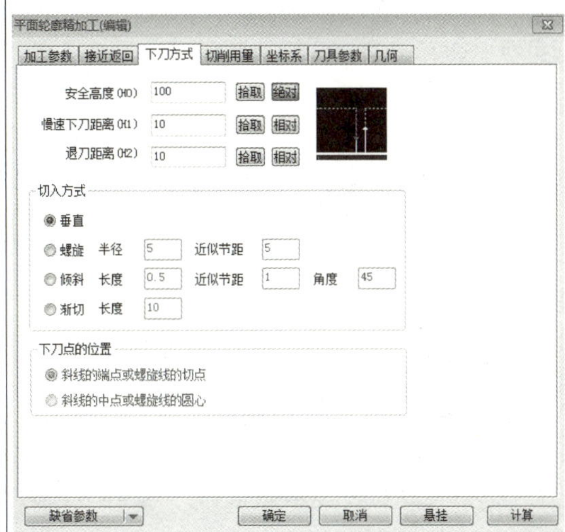

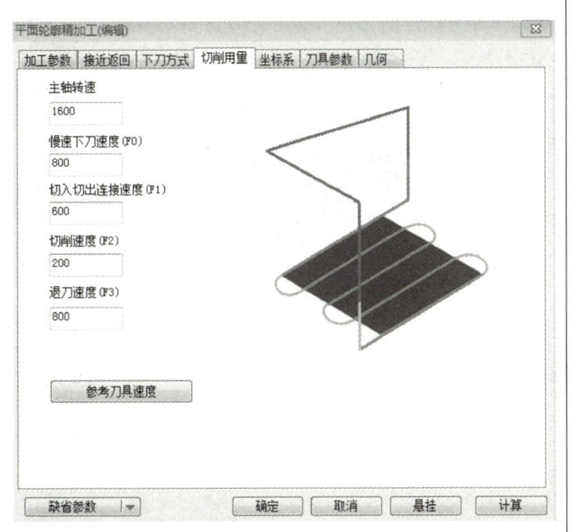

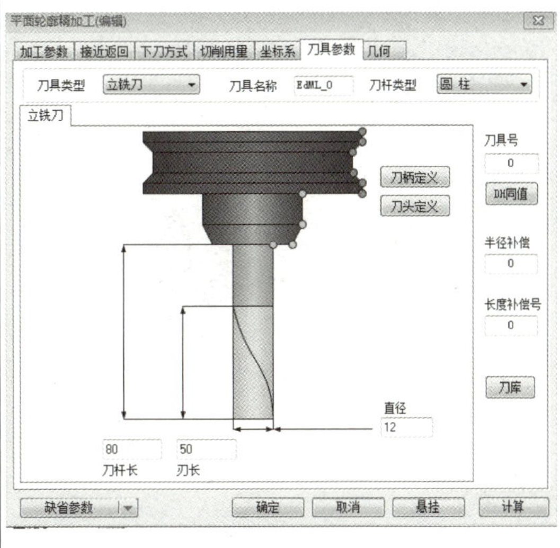

其他参数设置：

续表

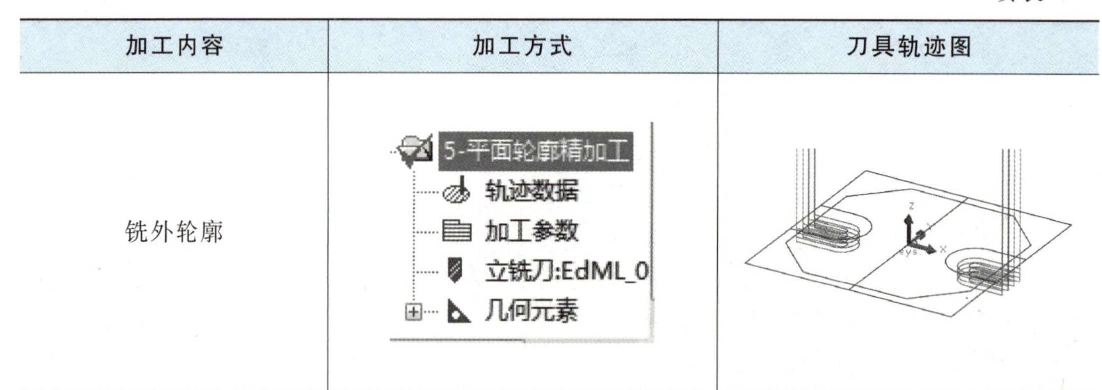

加工内容	加工方式	刀具轨迹图
铣外轮廓		
加工参数		

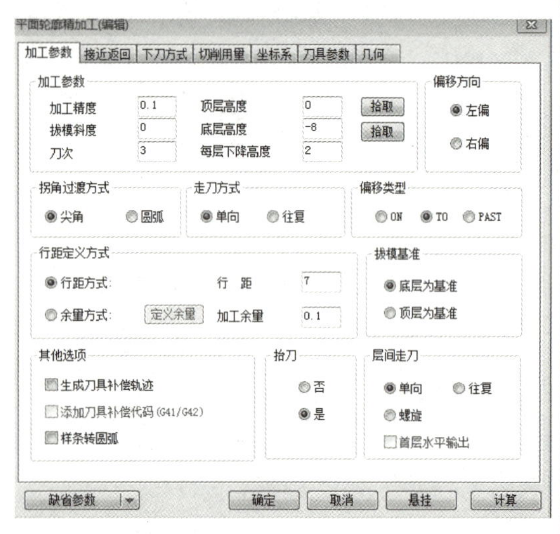

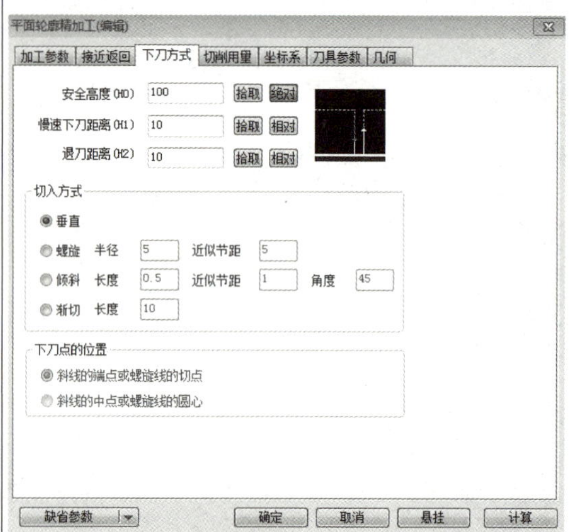

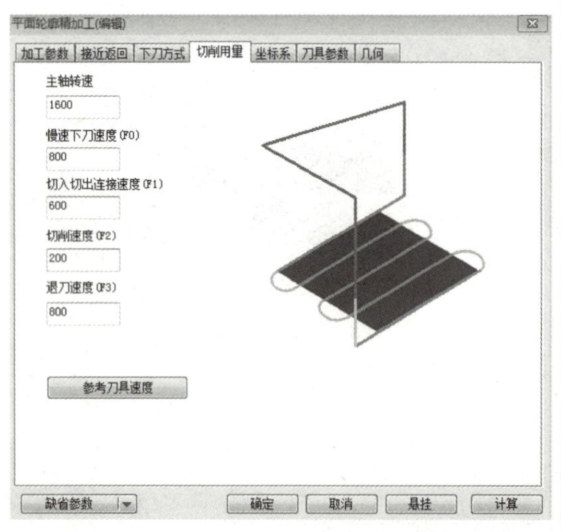

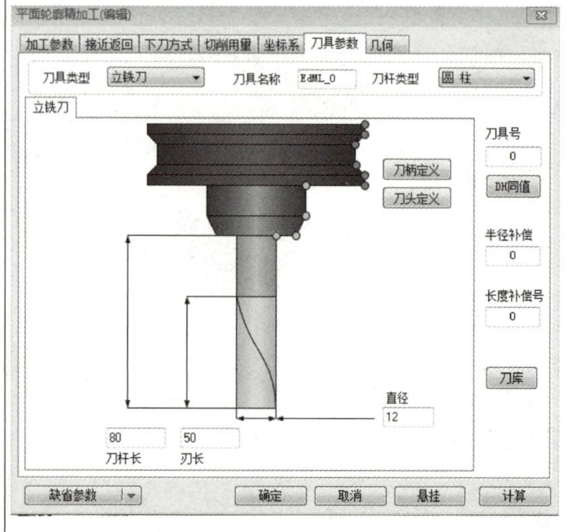

其他参数设置：

续表

加工内容	加工方式	刀具轨迹图
铣内轮廓	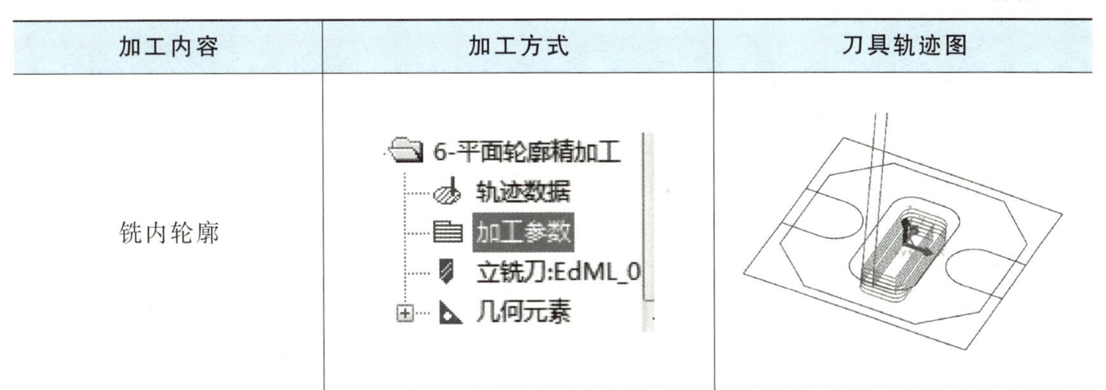	

加工参数

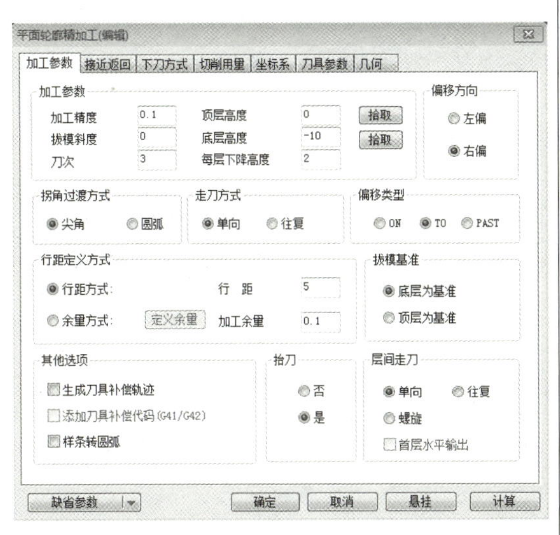

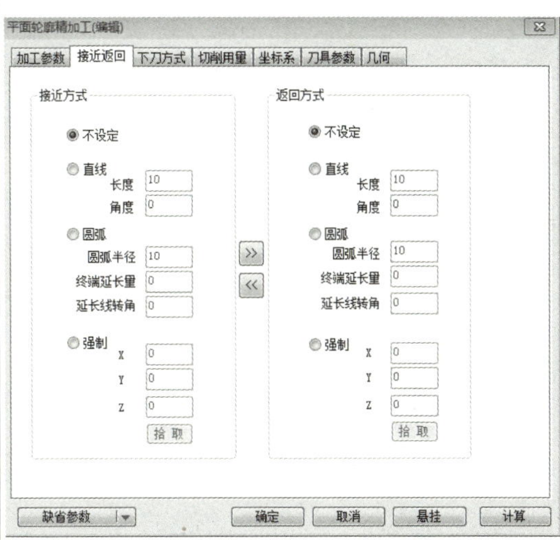

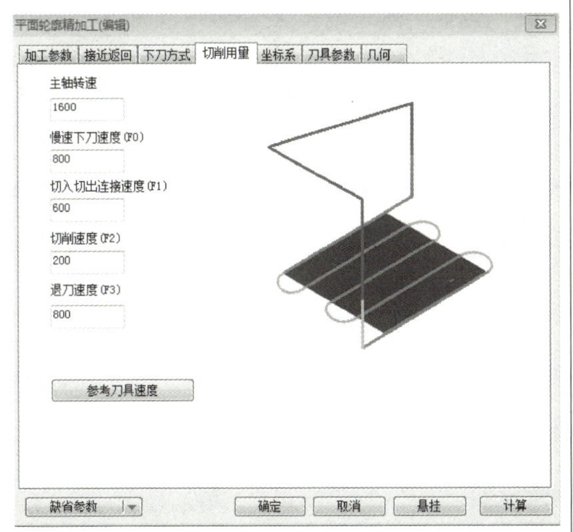

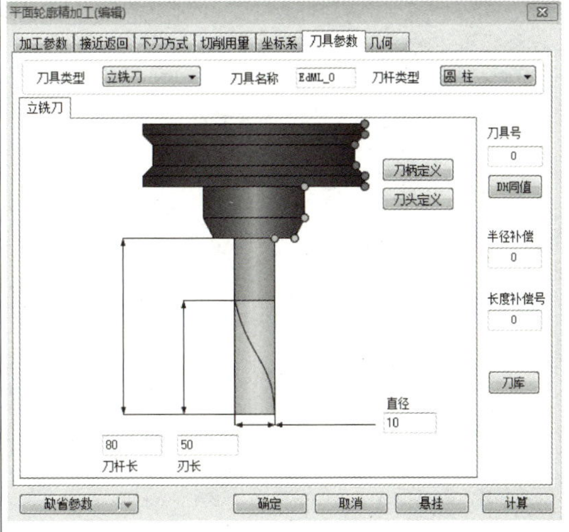

其他参数设置：

续表

加工内容	加工方式	刀具轨迹图
钻孔	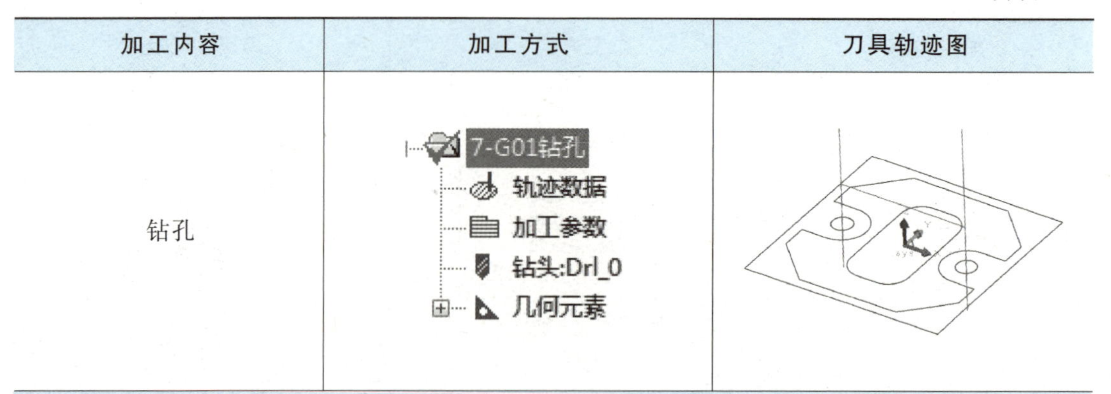	

加工参数	
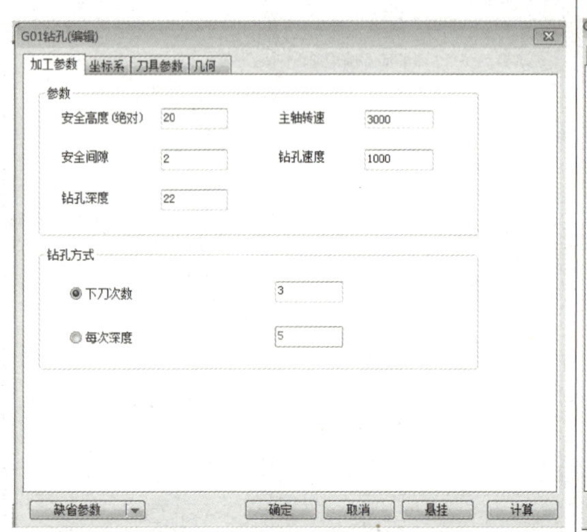	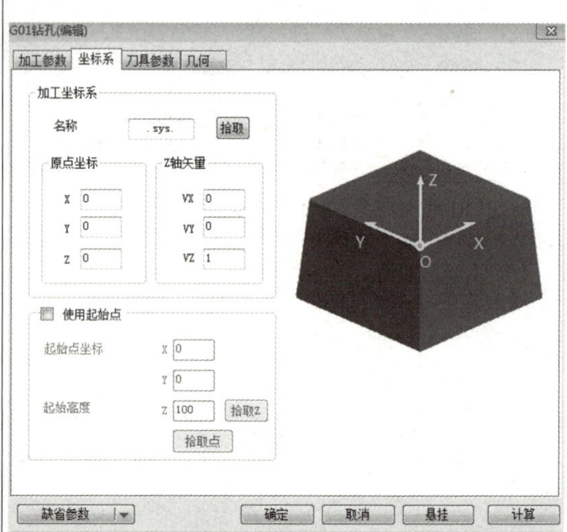
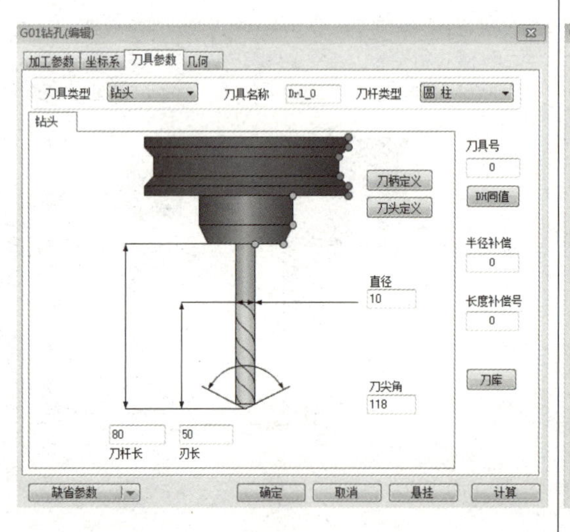	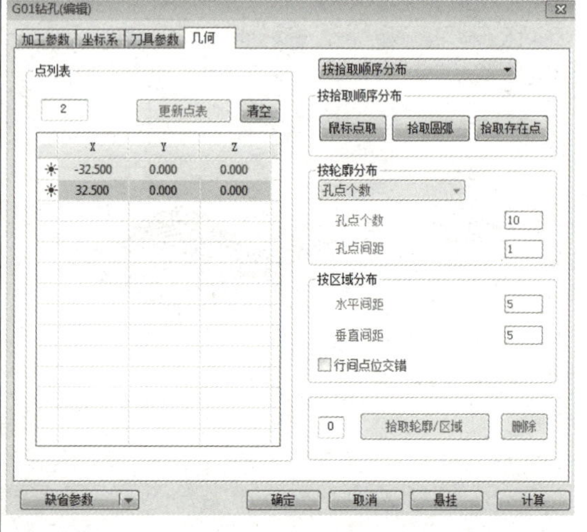

其他参数设置：

续表

加工内容	加工方式	刀具轨迹图
倒角	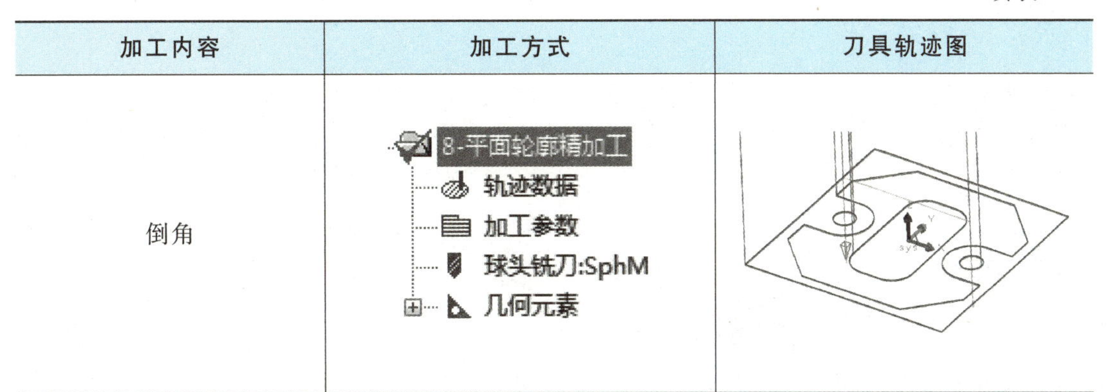	
加工参数		

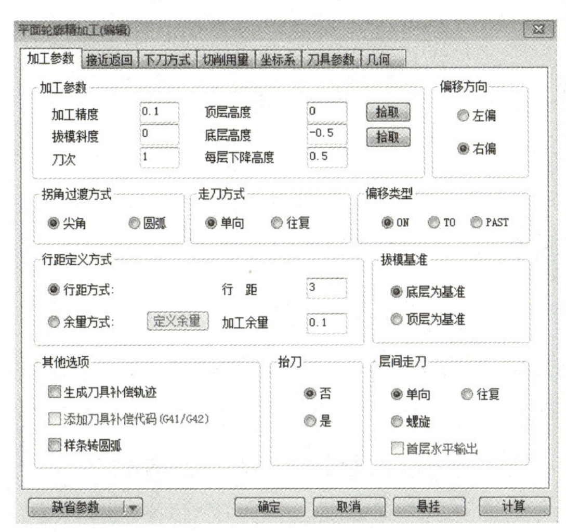

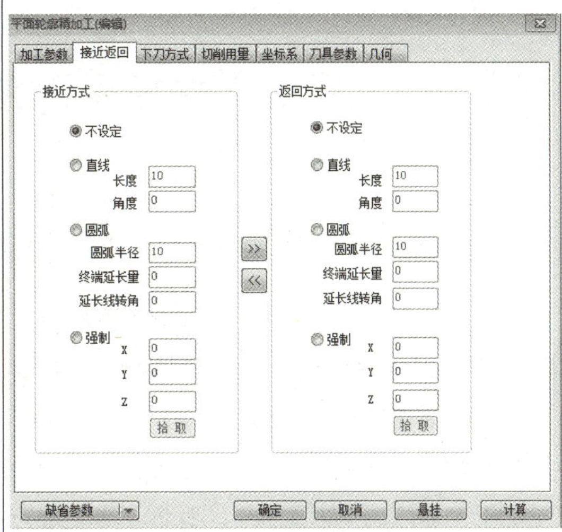

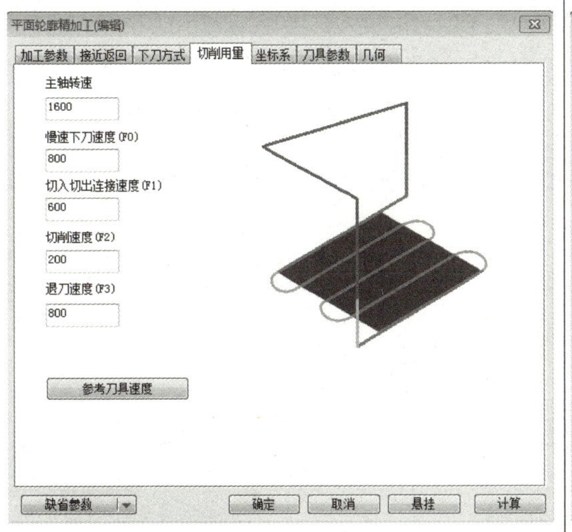

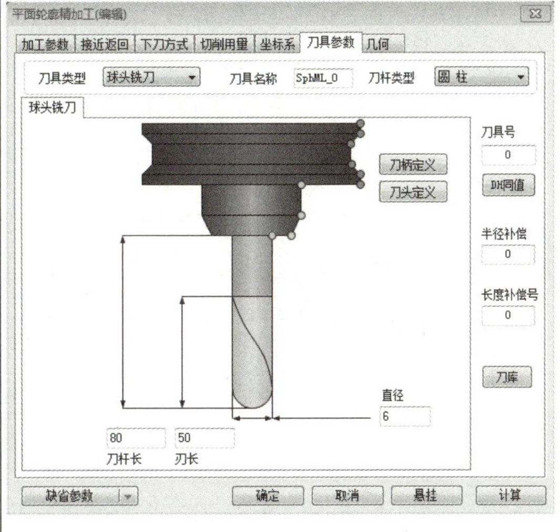

其他参数设置：

使用CAXA软件，通过图形绘制，使用后置处理生成加工程序，如图2-51所示。

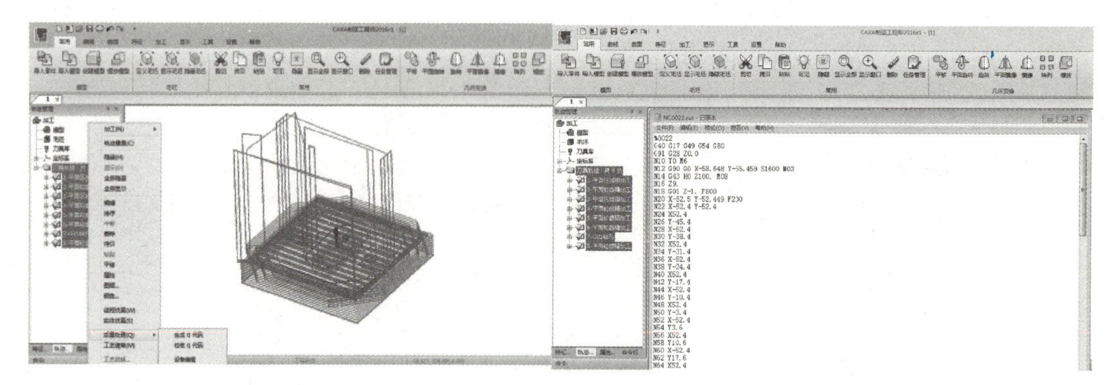

图2-51 CAXA软件生成及保存程序

活动三 复合零件加工工艺与加工程序审定

一、思政教育

不畏艰险、不怕困苦的艰苦奋斗精神

在绵延数百公里的木里县雪域高原上，一个人牵着一匹马驮着邮包默默行走的场景，成为了当地老百姓心中最温暖的形象。20年，他一个人跋山涉水、风餐露宿，按班准时地把一封封信件、一本本杂志、一张张报纸准确无误地送到每个用户手中；20年，他战胜孤独和寂寞，将党和政府的温暖、时代发展的声音和外面世界的变迁不断地传送到雪域高原的村村寨寨，把党和各族群众的心紧紧地连在了一起……这个人，就是木里藏族自治县邮政局的一个普通的苗族乡邮员；一个20年来每年都有330天以上独自行走在马班邮路上的邮递员；一个在雪域高原跋涉了26万公里、相当于走了21趟二万五千里长征、绕地球赤道6圈的共产党员——王顺友。

二、团队展示活动一、二学习过程与学习成果

① 进行学习过程与成果描述。

② 交流学习，发现、分析、解决问题（学生主体，教师引导）。

三、交流学习记录

（一）加工工艺正确性审定与优化

项目	要求	存在问题	改正措施
定位基准选择	1. 粗加工时必须符合粗基准的选择原则 2. 精加工时必须符合精基准的选择原则		

续表

项目	要求	存在问题	改正措施
工艺过程	工序工步划分与编排顺序及其内容必须符合企业常规生产的工艺流程，便于生产管理		
加工参数	1. 粗加工工艺参数选择必须满足工艺系统的强度、刚性和提高效率、降低成本的要求 2. 精加工工艺参数选择原则是提高效率，降低成本		
设备工具	设备工具必须选择正确齐备，并符合当前的技术状况		
刀具选择	刀具的类型、形状与参数选择必须满足零件表面形状以及加工性质（粗加工、半精加工、精加工）的要求		
检测工具	检测工具必须根据零件结构、检测项目、精度要求等选择，必须正确、齐备		
工时定额	工时定额设定必须合理		
其他			

（二）数控加工程序正确性审定与优化

项目	要求	存在问题	改正措施
程序格式	数控加工程序格式必须与所选定数控系统的编程格式相符		
程序指令	在保证质量、提高效率、降低成本前提下，做到正确与优化		
程序顺序	程序顺序必须与工艺过程相符		
程序参数	程序工艺参数必须与加工工艺选定参数相符		

注：在条件允许的情况下，可使用 CAD/CAM 或数控模拟软件进行程序校验与优化。

活动四　复合数控铣削加工任务执行

一、材料与设备工具准备

类别		型号/规格/尺寸/mm	作用
坯料准备		105×105×35 的 45 优质碳素结构钢板料	
设备准备	数控铣床	XK713	用于加工平面、沟槽、内复合、孔、螺纹等
工具准备	平口钳	0～160	安装工件
	平口钳扳手	与平口钳配套	夹紧工件

续表

类别		型号/规格/尺寸/mm	作用
工具准备	平行垫铁	18 件 160×4	工件定位
	铜棒	ϕ30×20	敲击找正工件
	其他		
刀具准备	刀柄	BT40	安装铣刀
	粗精铣立铣刀	ϕ10	粗精加工复合零件
	钻头	ϕ10	加工孔
	倒角刀	ϕ6	倒角
量具准备	游标卡尺	0～150	用于测量长宽尺寸
	深度游标卡尺	0～150	用于测量复合高度尺寸
其他			

二、铣刀的安装

立铣刀伸出不能太长。保证装夹牢靠。

X、Y 方向对刀同上一任务。Z 方向对刀为已加工表面，采用 Z 轴对刀仪对刀。

三、操作数控铣床完成复合零件的加工

（一）程序输入操作

序号	步骤	图示
1	生成程序	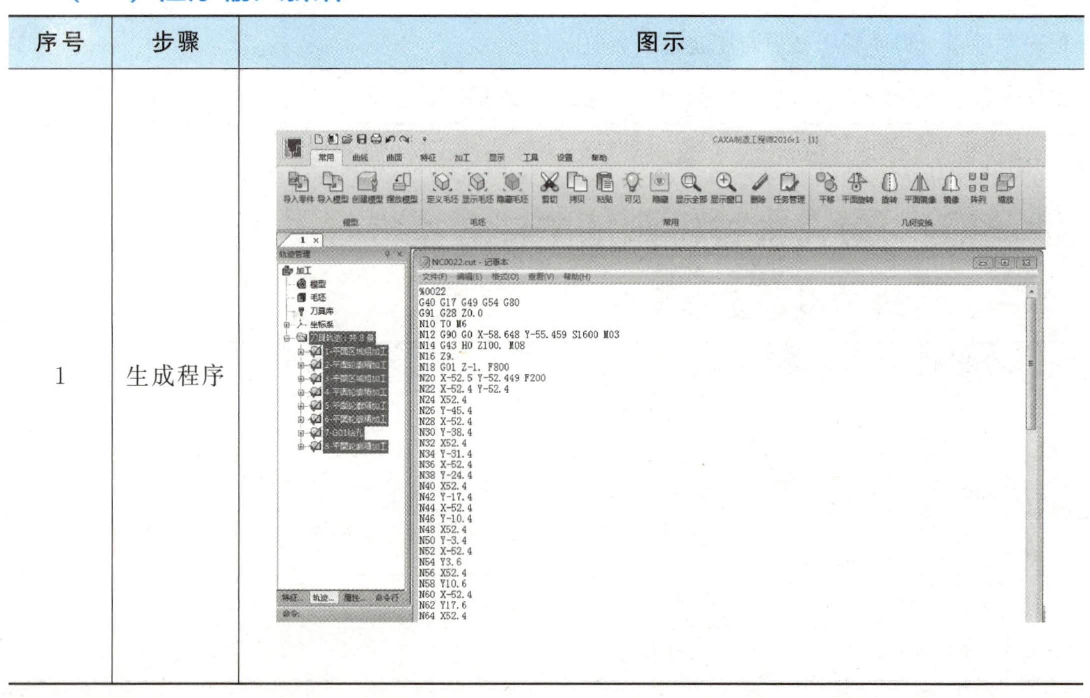

续表

序号	步骤	图示
2	传送程序	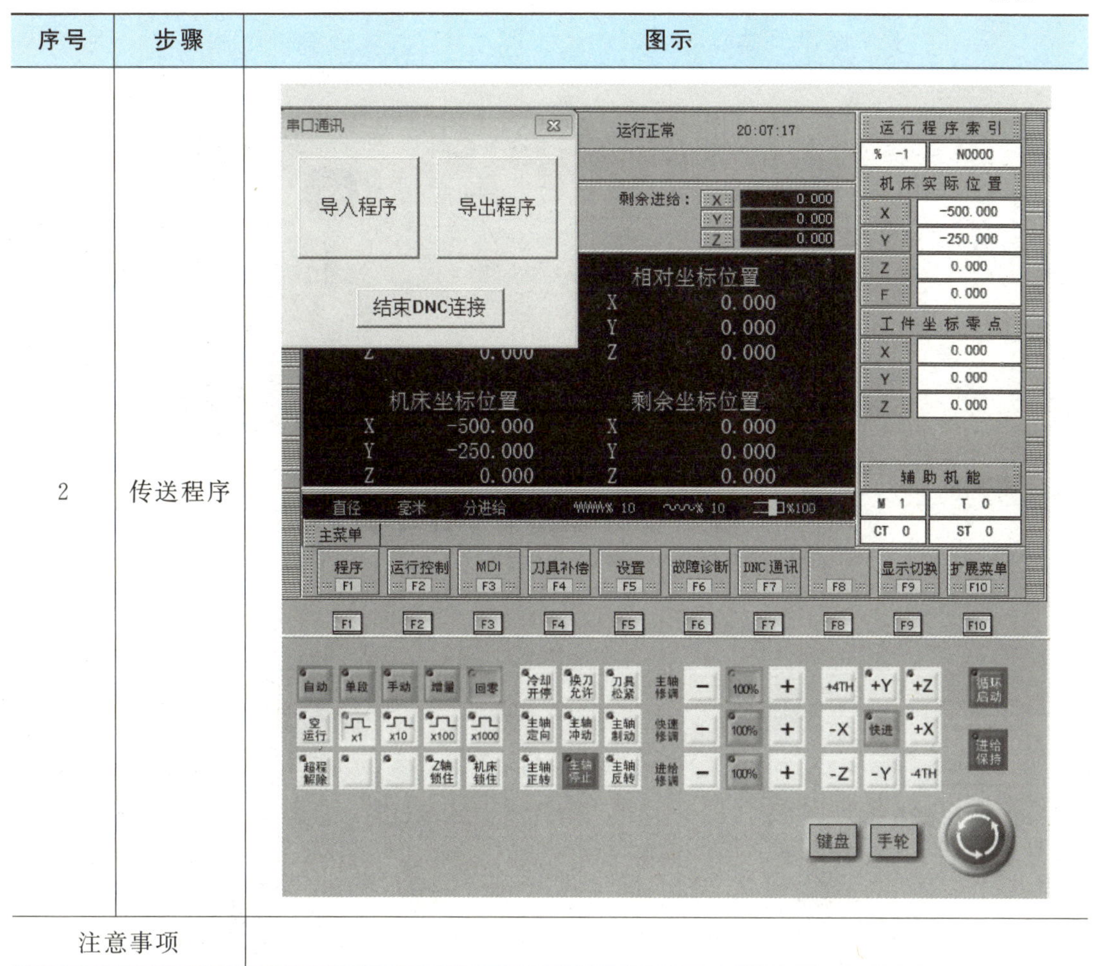
注意事项		

（二）零件铣削加工操作过程与方法

铣平面	铣外轮廓
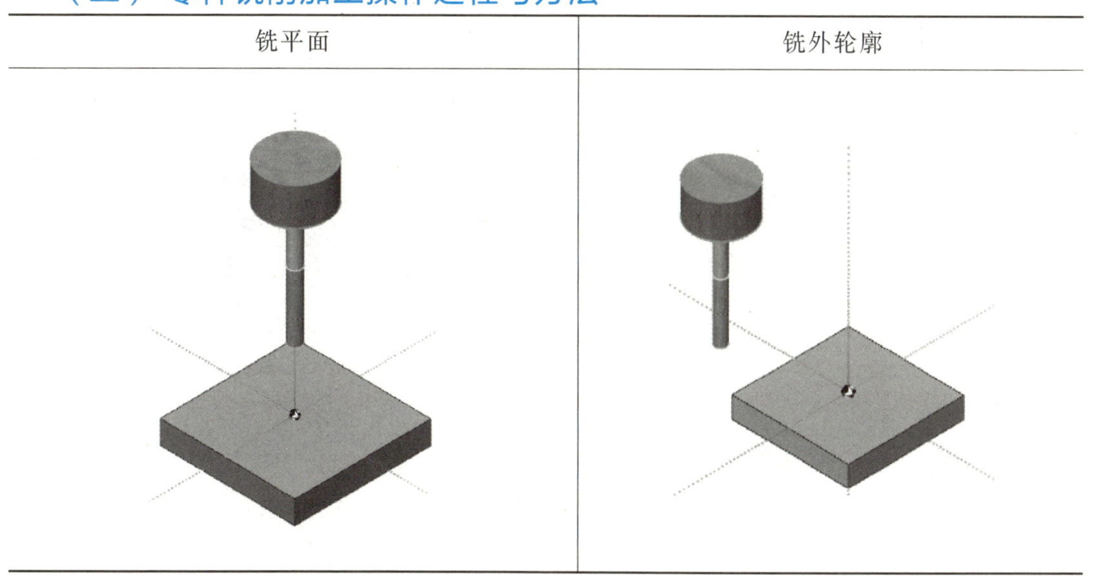	

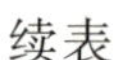
续表

铣平面,保证总高	铣外轮廓
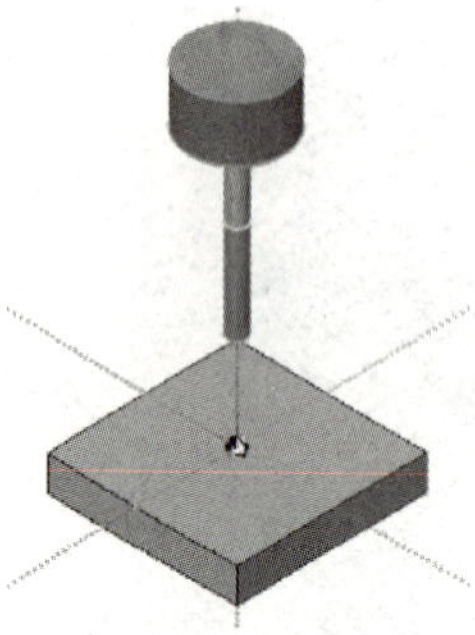	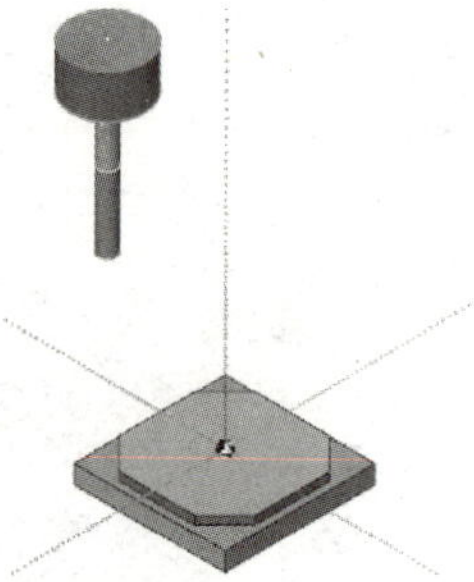
铣 U 形槽	铣内轮廓
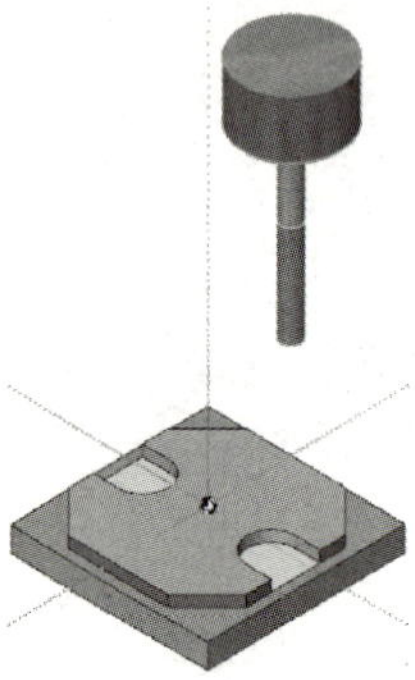	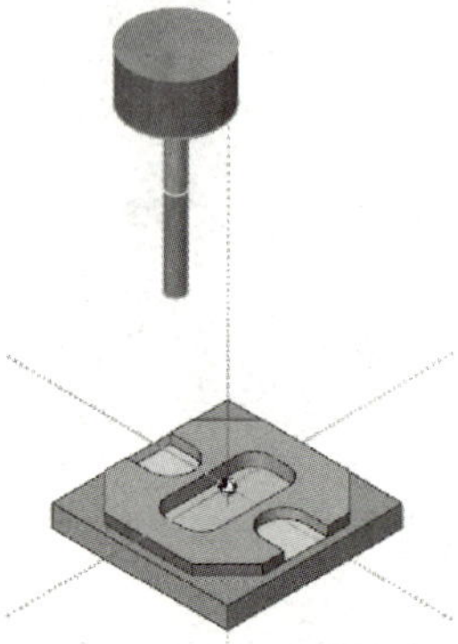
钻孔	倒角
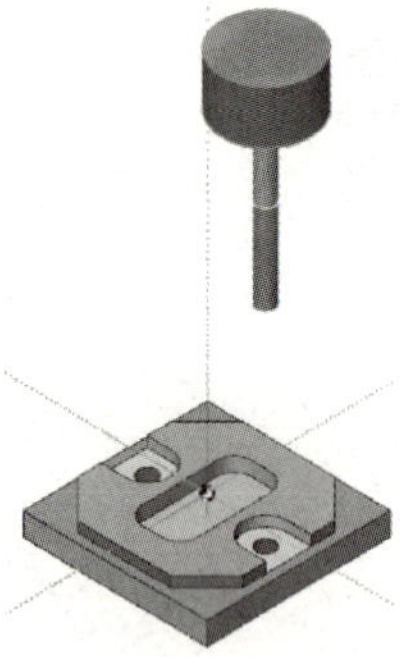	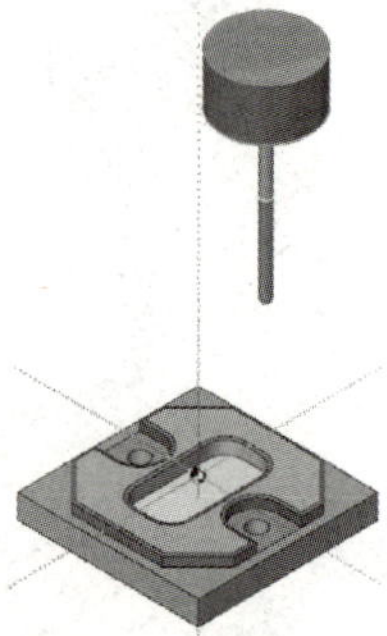

四、常见问题及其处理方法

见模块二项目二任务一活动四。

活动五　复合零件加工质量检测

一、学习团队展示加工完成的复合零件

二、对复合零件进行质量检查

① 加工质量自检、互检与质量评价，并填写质检表。

② 评价争议解决（质检争议解决由学生评价委员会与教师结合完成）。

序号	检测项目	检测指标/mm	评分标准	配分	检测记录		得分
					自检	互检	
1	尺寸精度	100 两处	超差 0.01 扣 2 分，扣完为止	10			
2		$90_{-0.054}^{0}$ 两处	超差 0.01 扣 2 分，扣完为止	10			
3		20	超差 0.01 扣 2 分，扣完为止	10			
4		10 ± 0.1	超差 0.01 扣 2 分，扣完为止	10			
5		$8_{-0.036}^{0}$	超差 0.01 扣 2 分，扣完为止	10			
6		$60_{0}^{0.046}$	超差 0.01 扣 2 分，扣完为止	5			
7		$30_{0}^{+0.033}$	超差 0.01 扣 2 分，扣完为止	5			
8		$25_{0}^{+0.033}$	超差 0.01 扣 2 分，扣完为止	10			
9		$2\times R10$	超差 0.01 扣 2 分，扣完为止	5			
10		$20\times45^{\circ}$	超差 0.01 扣 2 分，扣完为止	5			
11		倒棱		5			
12	表面粗糙度	$Ra1.6$	一处不合格扣 0.5 分	5			
13	文明生产		无违章操作	10			

问题分析	产生问题	原因分析	解决方案
签阅	评价团队意见　　年　月　日		
	指导教师意见　　年　月　日		

说明：出现评价争议必须由学生评价委员会、指导教师与争议双方共同按照质检标准复检解决。

活动六 复合零件数控铣削加工任务评价与接续任务布置

一、复合零件数控铣削加工学习任务评价

① 各团队展示学习任务过程与学习成果，进行交流学习。

② 进行复合零件数控铣削加工学习效能评价。

序号	项目	内容	程度	不能的原因
1	知识学习	能对复合零件进行结构工艺性分析吗？	□能 □不能	
2		能编制出正确合理的复合的数控铣加工工艺吗？	□能 □不能	
3		能使用CAXA软件编写复合零件的数控加工程序吗？	□能 □不能	
4		能编制和校验复合零件的加工程序吗？	□能 □不能	
5	技能学习	能合理选择复合零件加工的设备、工具以及量具吗？	□能 □不能	
6		能安全熟练地完成工件与刀具的安装与对刀操作吗？	□能 □不能	
7		能使用数控模拟软件对复合零件的加工工艺与程序进行校验与优化吗？	□能 □不能	
8		能安全熟练地操作数控铣床完成复合零件的铣削加工吗？	□能 □不能	
9		能正确合理地选择量具与测量方法对复合零件进行质量检测与控制吗？	□能 □不能	

经验积累与问题解决	
经验积累	存在问题

签审		
签审	评价委员会意见	年 月 日
	指导教师意见	年 月 日

③ 进行复合零件数控铣削加工综合能力评价。

请复制附录表5，团队完成数控铣床操作任务综合能力评价并填写评价表。

二、复合零件数控铣削加工知识与技能学习巩固

（一）知识学习与应用

1. CAXA软件编程中加工平面用（　　）加工方式。

A. 平面区域粗加工　B. 平面轮廓精加工　C. 等高线加工　D. 参数线加工

2. 清根加工属于（　　）加工。

A. 半精加工　　　　B. 精加工　　　　　C. 补加工　　　D. 其他

3. CAXA 制造工程师常用的命令以__________的方式显示在绘图区的上方。

4. 等距的生成方式有__________和__________两种。

5. 当铣刀磨损后，会出现哪些现象？

6. 对零件进行加工工艺分析时，主要分析哪些内容？

（二）技能学习与应用

完成如图 2-52 所示复合零件的图形绘制、数控加工工艺与程序编制，操作数控铣床完成该零件数控铣削加工。所用材料为 45 钢。

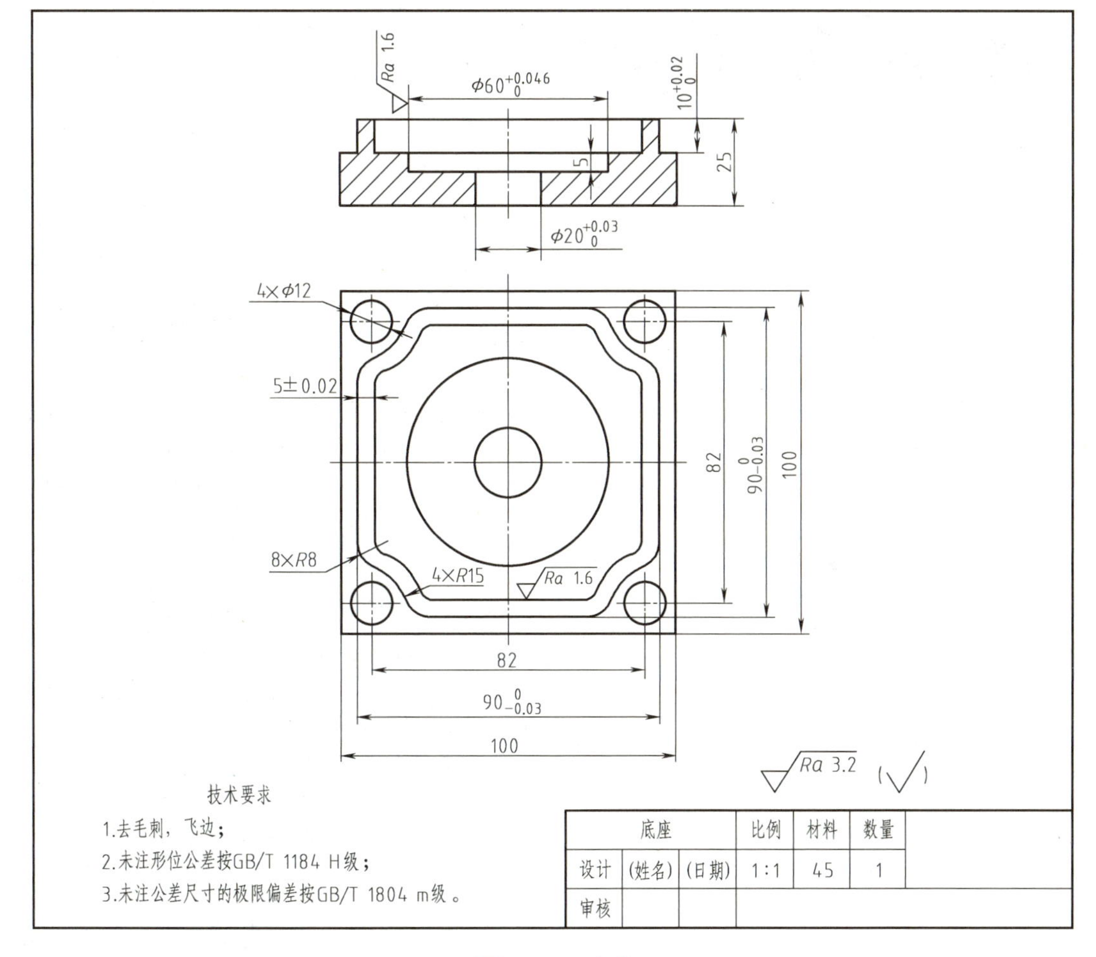

图 2-52　底座

三、接续任务布置

① 利用网络资源查询 CAD/CAM 软件种类、名称及应用特性。

② 请使用其他 CAD/CAM 技术控系统完成零件的建模、编程与加工。

模块三

数控车铣复合加工——偏心导杆机构

任务一　偏心导杆机构结构与工作原理

活动一　任务描述

<table>
<tr><td>任务名称</td><td colspan="2">偏心导杆机构结构与工作原理分析</td><td>任务时间</td><td></td></tr>
<tr><td rowspan="3">学习目标</td><td>知识目标</td><td colspan="3">1. 能正确阅读偏心导杆机构的装配图
2. 能正确分析偏心导杆机构的结构与工作原理</td></tr>
<tr><td>技能目标</td><td colspan="3">1. 能编制出合理的偏心导杆机构生产计划
2. 能根据偏心导杆机构制造的生产任务进行正确合理的分工</td></tr>
<tr><td>职业素养</td><td colspan="3">1. 能主动获取与偏心导杆机构结构原理相关的有效信息
2. 对学习与工作过程与结果进行总结反思，能与他人合作，进行有效沟通
3. 能遵守劳动纪律和安全规章保质、保量、按时完成工作任务</td></tr>
<tr><td>重点难点</td><td colspan="4">1. 偏心导杆机构的结构与工作原理分析
2. 偏心导杆机构的生产计划制定</td></tr>
<tr><td>学习情境</td><td colspan="4">1. 地点：数控加工一体化教室
2. 学习设备、工具：零件模型、多媒体设备与计算机网络资源等
3. 学习资料：任务书、教材、数控车铣加工手册及相关学习资源</td></tr>
<tr><td>学习方法</td><td colspan="4">1. 将偏心导杆机构的结构与工作原理分析和偏心导杆机构的拆装相结合实施一体化教学
2. 本任务以学生自主学习为主，进行咨询、决策、问题分析与解决、加工实施、质量检测与控制、学习效果的评价</td></tr>
</table>

活动二　偏心导杆机构结构与工作原理分析

一、偏心导杆机构的结构组成

填写表 3-1。

表 3-1　偏心导杆机构的结构

<table>
<tr><td colspan="3">构成零件</td><td rowspan="2">作用</td></tr>
<tr><td>序号</td><td colspan="2">零件名称</td></tr>
<tr><td></td><td rowspan="2">非标准件</td><td></td><td></td></tr>
<tr><td></td><td></td><td></td></tr>
</table>

续表

<table>
<tr><th colspan="3">构成零件</th><th rowspan="2">作用</th></tr>
<tr><th>序号</th><th colspan="2">零件名称</th></tr>
<tr><td></td><td rowspan="3">非标准件</td><td></td><td></td></tr>
<tr><td></td><td></td><td></td></tr>
<tr><td></td><td></td><td></td></tr>
<tr><td></td><td rowspan="2">标准件</td><td></td><td></td></tr>
<tr><td></td><td></td><td></td></tr>
</table>

二、 偏心导杆机构的工作原理

偏心导杆机构通过手柄转动带动传动旋转，在偏心套和连杆的作用下，将旋转运动转化为导杆的往复直线运动。

偏心导杆机构装配图与三维图见图 3-1。

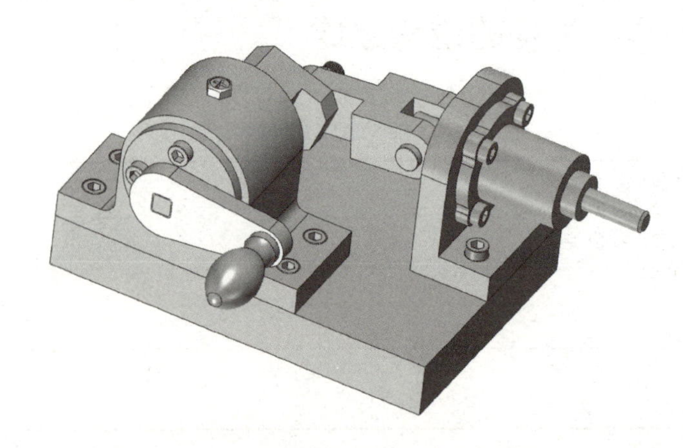

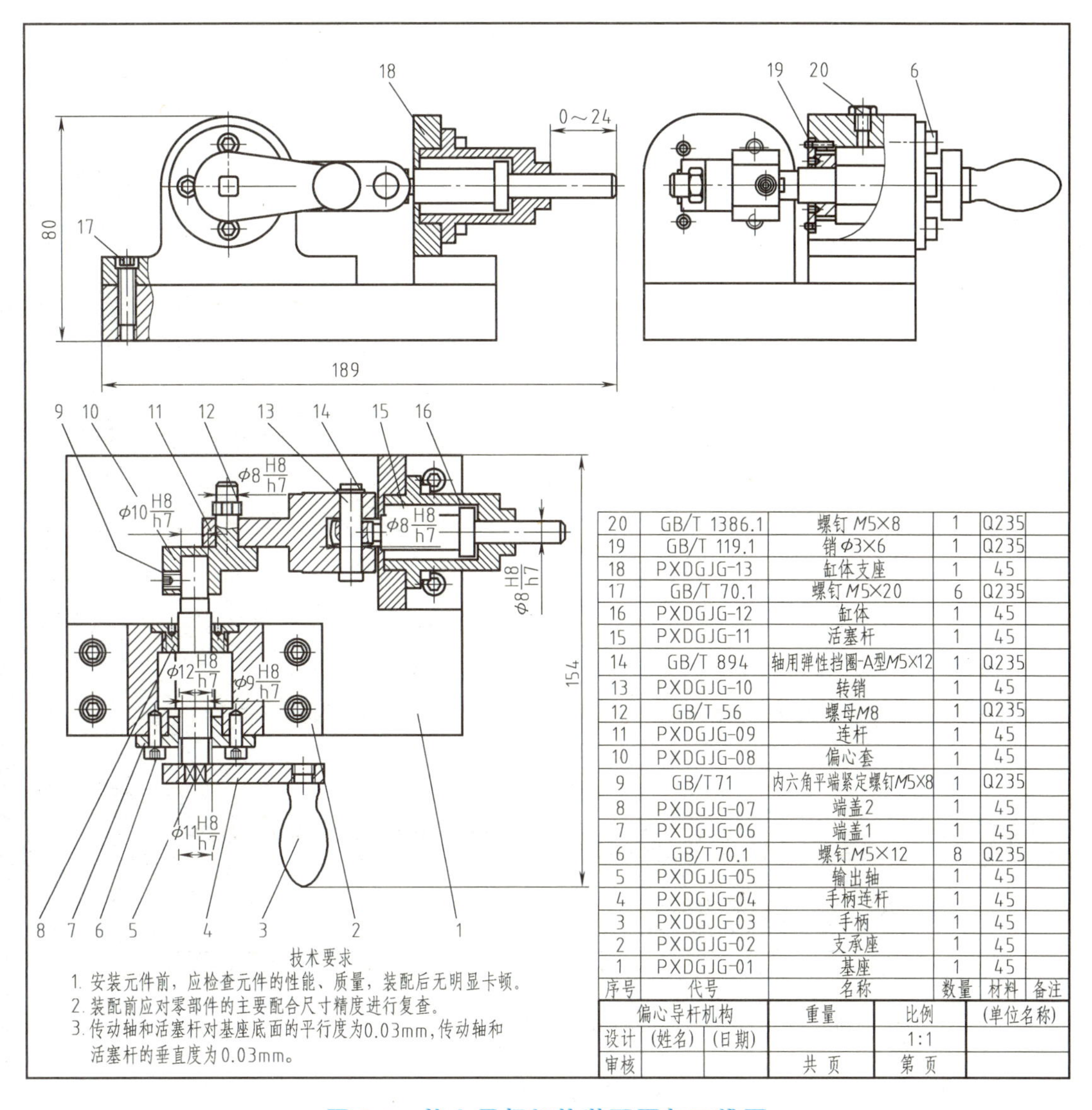

序号	代号	名称	数量	材料	备注
20	GB/T 1386.1	螺钉 M5×8	1	Q235	
19	GB/T 119.1	销 φ3×6	1	Q235	
18	PXDGJG-13	缸体支座	1	45	
17	GB/T 70.1	螺钉 M5×20	6	Q235	
16	PXDGJG-12	缸体	1	45	
15	PXDGJG-11	活塞杆	1	45	
14	GB/T 894	轴用弹性挡圈-A型M5×12	1	Q235	
13	PXDGJG-10	转销	1	45	
12	GB/T 56	螺母M8	1	Q235	
11	PXDGJG-09	连杆	1	45	
10	PXDGJG-08	偏心套	1	45	
9	GB/T71	内六角平端紧定螺钉M5×8	1	Q235	
8	PXDGJG-07	端盖2	1	45	
7	PXDGJG-06	端盖1	1	45	
6	GB/T70.1	螺钉M5×12	8	Q235	
5	PXDGJG-05	输出轴	1	45	
4	PXDGJG-04	手柄连杆	1	45	
3	PXDGJG-03	手柄	1	45	
2	PXDGJG-02	支承座	1	45	
1	PXDGJG-01	基座	1	45	

图 3-1　偏心导杆机构装配图与三维图

活动三　偏心导杆机构生产计划制定

填写表 3-2。

表 3-2　偏心导杆机构的生产计划制定表

非标准件加工		承制人	生产时间安排				检测人	加工说明
序号	零件名称		预计用时	开始时间	完成时间	实际用时		
1	基座							
2	支承座							
3	手柄连杆							

续表

非标准件加工		承制人	生产时间安排				检测人	加工说明
序号	零件名称		预计用时	开始时间	完成时间	实际用时		
4	手柄							
5	传动轴							
6	端盖 1							
7	端盖 2							
8	偏心套							
9	连杆							
10	活塞杆							
11	缸套							
12	缸套支座							
13	装配调试							

任务二　基座加工

活动一　基座加工任务和零件结构工艺性分析

一、基座加工任务描述

任务名称		基座加工	任务时间	
学习目标	知识目标	1. 能正确地进行基座的结构工艺性分析 2. 能编制出正确合理的基座机械加工工艺 3. 能编制出正确合理的基座数控铣削加工程序		
	技能目标	1. 能根据基座的结构工艺特点合理选择加工设备及工具、夹具、量具 2. 能安全熟练地操作铣床完成合格基座零件的加工 3. 能对基座的加工质量进行准确检测与质量控制		
	职业素养	1. 遵守劳动纪律，遵守安全规章 2. 能主动获取、筛选与应用关于基座加工的有效信息 3. 能与他人合作，进行有效沟通 4. 能保质、保量、按时完成工作任务，能对学习与工作进行总结反思		
重点难点	重点	1. 基座的机械加工工艺编制 2. 基座数控加工程序编制与验证优化 3. 基座的加工与质量检测		
	难点	1. 基座的机械加工工艺、数控加工程序编制与优化 2. 基座的加工与质量检测		

续表

任务名称	基座加工	任务时间	
学习情景	1. 地点：机加工车间或一体化教室 2. 学习设备、工具：数控铣床、磨床，计算机与网络 3. 学习资料：任务书，机械制图、数控铣削与编程、钳工技术等教材，机械加工工艺手册及相关学习资源		
学习方法	1. 将基座加工的知识与加工技能相结合实施一体化教学 2. 本任务以学生自主学习为主，进行资料查询、问题解决与决策、加工实施、质量检测与控制、学习效果的评价		

二、基座零件结构工艺性分析

1. 结构工艺性分析

图 3-2 所示基座零件是在六面体的基础上加工 6 个 $M6$ 的螺纹孔以及底部减重槽而成的。

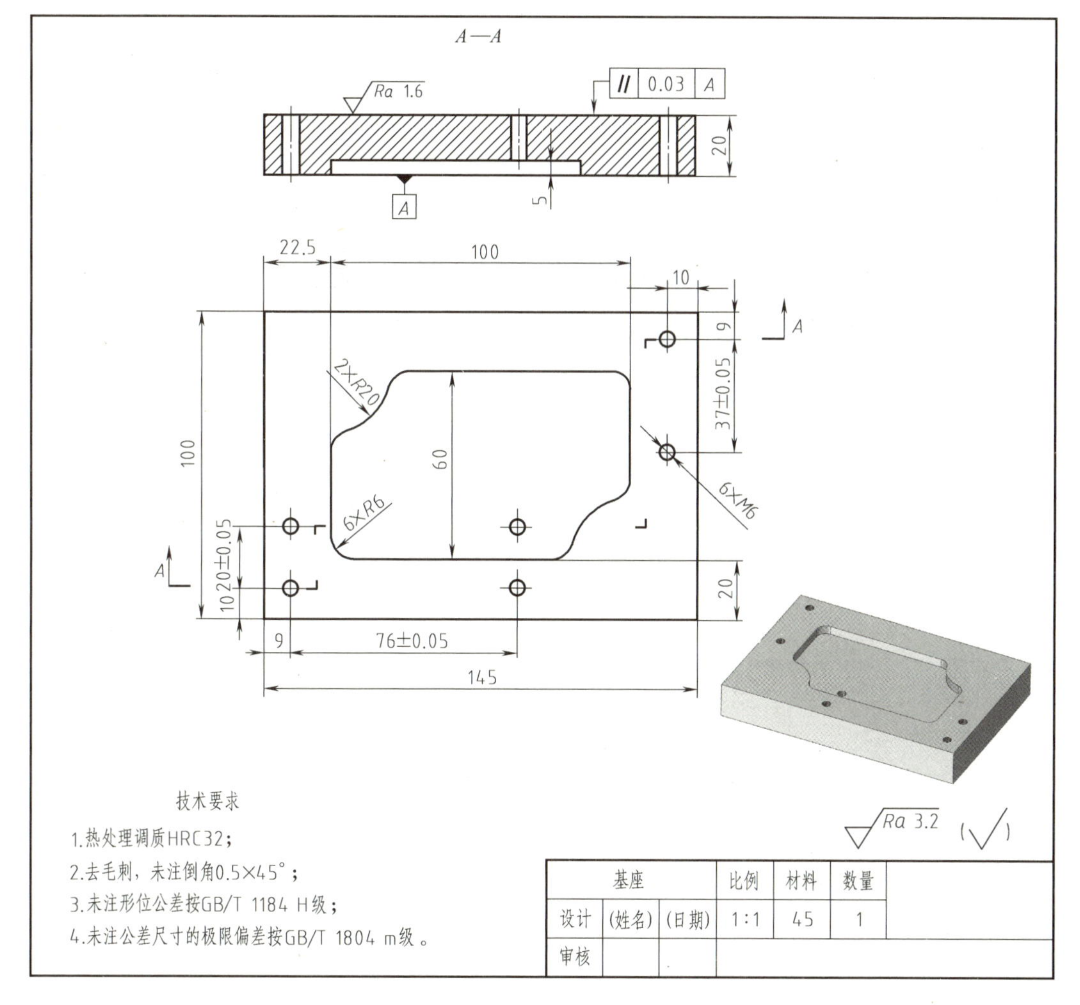

图 3-2　基座零件图与三维图

从零件的结构特点，该零件的六面体和成型减重腔的加工应该选择铣削加工。对于 $6\times M6$ 的螺纹孔既可采用数控铣削加工，也可以选择在装配时钳工配作加工。

2. 工艺计算与毛坯选择

钻螺纹底孔直径时，必须计算出 $M6$ 螺纹孔底孔直径：________。

坯料选择：基座零件毛坯请选择调质后的 45 优质碳素结构钢，其坯料尺寸________×________×________（单位：mm）。

活动二　编制基座零件的加工工艺与加工程序

一、基座零件加工技术要求分析

请复制附录表 1 填写基座零件的技术要求参数与分析结论。

二、编制基座零件的机械加工工艺

1. 定位基准选择。

通过零件图读识，基座零件加工时应选择底平面和两个相互垂直的侧面作为定位基准。加工和装配时，为避免两件反装引起位置误差，请注意使用刻划加工做标记。

2. 编制基座加工的机械加工工艺。

请复制附录表 2 编制出基座零件完整的机械加工工艺。

三、编制基座零件加工的数控铣削加工程序

① 建立并图示基座减重型腔和螺纹孔系加工的工件坐标系。

② 编制基座零件的数控铣削加工程序。

编制基座零件六面体数控铣削加工程序。

编制基座零件底部型腔数控铣削加工程序。

编制基座零件 $6\times M6$ 螺纹孔底孔钻孔数控加工程序。

编制基座零件 $6\times M6$ 螺纹孔攻丝加工程序。如果螺纹孔采用钳工攻丝加工，则不必编制攻丝加工程序。

活动三　基座零件加工机械加工工艺与加工程序审定

1. 交流学习

团队展示和描述活动一、二的学习过程和成果，进行交流学习。

2. 问题解决

① 指导教师引导下发现、分析和解决工艺与程序编制过程中出现错误与问题。

② 使用数控加工模拟软件发现、分析和解决数控加工程序编制过程中出现的问题，并对加工工艺和加工程序进行优化。

3. 学习记录

复制附录表4，完成基座零件结构工艺分析、加工工艺和程序编制交流学习的记录。

活动四　基座零件的加工及质量检测与控制

一、加工设备与工具准备

填写表3-3。

表3-3　基座加工设备工具准备表

<table>
<tr><th colspan="3">设备与工夹量具名称</th><th>型号</th></tr>
<tr><td>加工设备</td><td colspan="2"></td><td></td></tr>
<tr><td>夹具</td><td colspan="2"></td><td></td></tr>
<tr><td rowspan="3">刀具</td><td>面加工</td><td></td><td></td></tr>
<tr><td rowspan="2">孔系加工</td><td></td><td></td></tr>
<tr><td></td><td></td></tr>
<tr><td rowspan="4">量具</td><td>长度检测</td><td></td><td></td></tr>
<tr><td>螺纹孔</td><td></td><td></td></tr>
<tr><td>圆弧半径</td><td></td><td></td></tr>
<tr><td>粗糙度</td><td></td><td></td></tr>
</table>

二、基座零件和刀具的安装

① 绘制基座零件在铣床上安装的示意图。

② 描述基座平面铣削对刀操作的步骤与注意事项。

三、操作数控铣床完成基座零件的加工和质量检测

① 描述加工程序输入的与校验操作。

② 操作数控铣床完成基座零件六面体加工，并描述其加工过程。

③ 操作数控铣床完成减重型腔的加工，并描述其加工过程。

④ 操作数控铣床完成基座零件孔系钻孔加工，并描述其加工过程。

⑤ 使用游标卡尺、R规、螺纹塞规完成基座零件在加工过程中的质量检测与控制。

活动五　基座零件加工质量检测

① 团队内部、团队之间交流学习。

② 团队内部、团队之间完成基座零件的质量检测与质量评价。

填写表 3-4。

表 3-4 基座零件加工检测评分表

序号	项目	检测指标/mm	评分标准	配分	检测记录		得分	
					自检	互检	项分	总分
1	尺寸精度	5	超差 0.02 扣 2 分，扣完为止	5				
2		20	超差 0.02 扣 2 分，扣完为止	5				
3		22.5	超差 0.02 扣 2 分，扣完为止	5				
4		100	超差 0.02 扣 0.5 分，扣完为止	2.5				
5		10	超差 0.02 扣 2 分，扣完为止	5				
6		9	超差 0.02 扣 2 分，扣完为止	5				
7		37±0.05	超差 0.02 扣 3 分，扣完为止	10				
8		6×$M6$	不合格不得分	2.5				
9		20	超差 0.02 扣 2 分，扣完为止	2.5				
10		60	超差 0.02 扣 0.5 分，扣完为止	2.5				
11		2×$R20$	超差 0.02 扣 2 分，扣完为止	5				
12		6×$R6$	超差 0.02 扣 0.5 分，扣完为止	2.5				
13		20±0.05	超差 0.02 扣 3 分，扣完为止	10				
14		10	超差 0.02 扣 2 分，扣完为止	5				
15		9	超差 0.02 扣 2 分，扣完为止	5				
16		76±0.05	超差 0.02 扣 3 分，扣完为止	10				
17		145	超差 0.02 扣 0.5 分，扣完为止	2.5				
18	形位公差	//0.03	超差 0.02 扣 0.5 分，扣完为止	2.5				

续表

序号	项目	检测指标/mm	评分标准	配分	检测记录		得分	
					自检	互检	项分	总分
19	表面粗糙度	Ra1.6	超差 0.02 扣 0.5 分，扣完为止	2.5				
20	安全文明		无违章操作	10				

问题分析	产生问题	原因分析	解决方案

活动六　基座零件加工考核评价

一、学习过程与成果展示

① 团队展示基座零件加工整个学习过程与学习成果（含学习任务书和加工的下基座零件）。

② 团队间展开交流学习。

二、基座零件加工学习任务考核评价

1. 学习效能评价

见表 3-5。

表 3-5　基座零件加工学习效能评价表

序号	项目	程度	不能的原因
1	你能正确分析基座零件的结构工艺吗？	□ 能　□ 不能	
2	你能正确读识和应用基座零件的技术要求吗？	□ 能　□ 不能	
3	你能编制出正确合理的基座零件机械加工工艺吗？	□ 能　□ 不能	
4	你能编制出正确合理的数控铣削加工程序吗？	□ 能　□ 不能	
5	你能正确合理地选择基座零件加工的设备与工量具？	□ 能　□ 不能	
6	你能安全熟练地操作数控铣床完成基座零件的加工吗？	□ 能　□ 不能	

续表

序号	项目	程度	不能的原因
7	你能在加工过程中对基座零件进行精确测量吗？	□ 能 □ 不能	
8	你能在学习过程中创造性地完成工作任务吗？	□ 能 □ 不能	
9	你能在学习过程中进行有效合作与沟通交流吗？	□ 能 □ 不能	
10	你能公正合理地评价自己和他人的学习吗？	□ 能 □ 不能	

<table>
<tr><td rowspan="4">问题积累</td><td>存在的问题</td><td>产生原因</td><td>解决方法</td><td>解决效果</td></tr>
<tr><td></td><td></td><td></td><td></td></tr>
<tr><td></td><td></td><td></td><td></td></tr>
<tr><td></td><td></td><td></td><td></td></tr>
<tr><td>你的意见和建议</td><td colspan="4"></td></tr>
</table>

2. 基座零件加工综合职业能力评价

请复制附表5综合职业能力评价表，完成基座零件加工任务的综合职业能力评价。

三、接续任务布置

① 各团队分别进行任务三的知识学习与资源准备。

② 各团队分别进行任务三的设备工具准备工作。

任务三 支承座加工

活动一 支承座加工任务描述和零件结构工艺性分析

一、任务描述

<table>
<tr><td>任务名称</td><td colspan="2">支承座加工</td><td>任务时间</td><td></td></tr>
<tr><td rowspan="2">学习目标</td><td>知识目标</td><td colspan="3">1. 能正确地进行支承座的结构工艺性分析
2. 能编制出正确合理的支承座机械加工工艺
3. 能编制出正确合理的支承座数控铣削加工程序</td></tr>
<tr><td>技能目标</td><td colspan="3">1. 能根据支承座的结构工艺特点合理选择加工设备及工具、夹具、量具
2. 能安全熟练地操作铣床完成合格支承座零件的加工
3. 能对支承座的加工质量进行准确检测与质量控制</td></tr>
</table>

续表

<table>
<tr><th>任务名称</th><th colspan="2">支承座加工</th><th>任务时间</th><th></th></tr>
<tr><td>学习目标</td><td>职业素养</td><td colspan="3">1. 遵守劳动纪律,遵守安全规章
2. 能主动获取、筛选与应用关于支承座加工的有效信息
3. 能与他人合作,进行有效沟通
4. 能保质、保量、按时完成工作任务,能对学习与工作进行总结反思</td></tr>
<tr><td rowspan="2">重点难点</td><td>重点</td><td colspan="3">1. 支承座的机械加工工艺编制
2. 支承座数控加工程序编制与验证优化
3. 支承座的加工与质量检测</td></tr>
<tr><td>难点</td><td colspan="3">1. 支承座的机械加工工艺、数控加工程序编制与优化
2. 支承座的加工与质量检测</td></tr>
<tr><td>学习情景</td><td colspan="4">1. 地点:机加工车间或一体化教室
2. 学习设备、工具:数控铣床、磨床,计算机与网络
3. 学习资料:任务书,机械制图、数控铣削与编程、钳工技术等教材,机械加工工艺手册及相关学习资源</td></tr>
<tr><td>学习方法</td><td colspan="4">1. 将支承座加工的知识的与加工技能相结合实施一体化教学
2. 本任务以学生自主学习为主,进行资料查询、问题解决与决策、加工实施、质量检测与控制、学习效果的评价</td></tr>
</table>

二、支承座零件结构工艺性分析

1. 结构工艺性分析

图 3-3 所示支承座零件外形主要由 94mm×40mm×10mm 的底板和尺寸为 50mm×40mm×50mm 及 $R25$ 的圆弧面的座体组成。

底板上包括 4×ϕ6、ϕ8.5 的沉头孔。座体上包括 ϕ27、ϕ20 和 ϕ2 的圆柱面和 $M24$×2 与 4×$M5$ 的螺纹孔组成。

从零件的结构特点看，该零件的外形必须使用铣削加工完成，ϕ27、ϕ20 与 $M24$×2 的加工面则需要使用镗孔和螺纹铣削加工完成，底板沉头孔和座体上螺纹孔需要使用数控铣床完成钻孔、锪孔和攻丝加工，ϕ2 的止动销孔需要在装配时配作加工。

2. 工艺计算与毛坯选择

$M24$×2 螺纹底孔的镗孔直径计算：______________________。

坯料选择：支承座零件毛坯选择调质后的 45 优质碳素结构钢，其坯料尺寸______×______×______（单位：mm）。

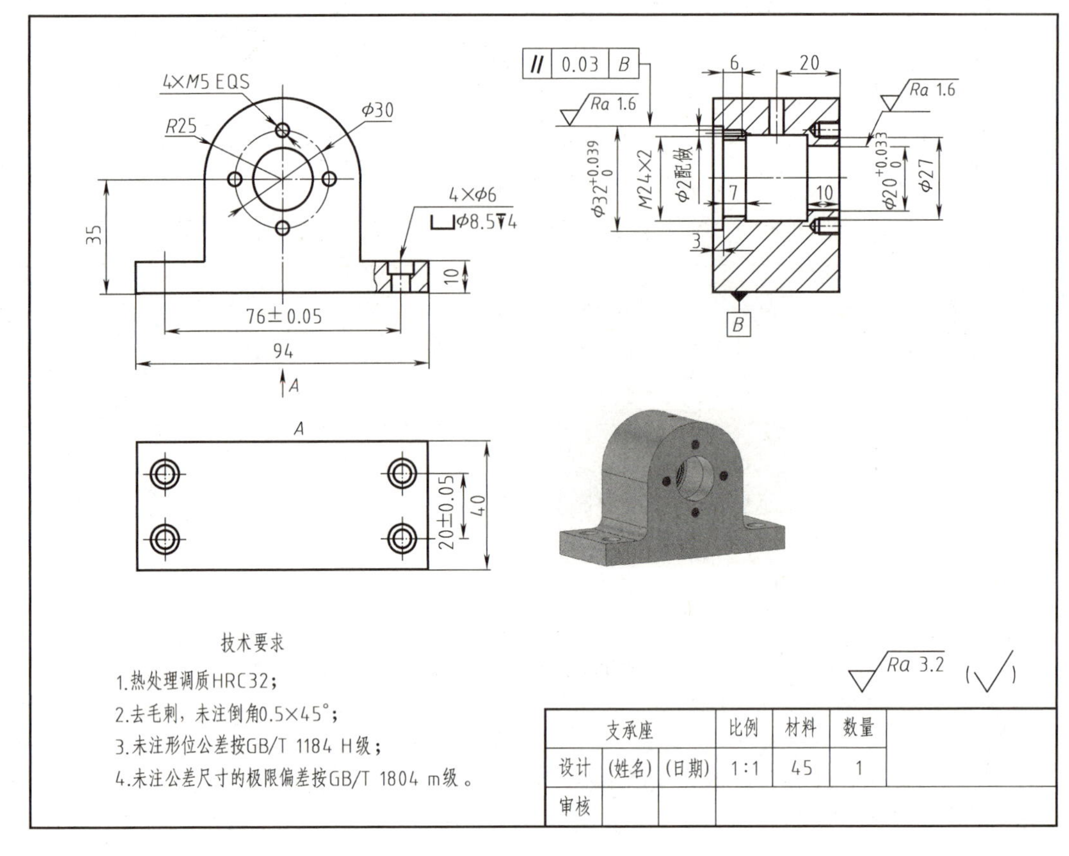

图 3-3　支承座零件图与三维图

活动二　编制支承座零件的加工工艺与加工程序

一、支承座零件加工技术要求分析

请复制附录表 1 填写支撑座零件的技术要求参数与分析结论。

二、编制支承座零件的机械加工工艺

1. 定位基准选择

① 六面体铣削和底板孔系加工应选择底面和两个相互垂直的侧面作为基准面。

② 座体的钻、镗孔加工以及 4×M5 螺孔钻攻加工应选择精加工后的前面或后面与底面、与之相邻并垂直的一组平面作为基准面。

③ 为避免加工和装配时出现反装错位现象，加工时请注意使用刻划加工做好基准标记。

2. 编制支承座加工的机械加工工艺

请复制附录表 2 编制出支承座零件完整的机械加工工艺。

三、编制支承座零件加工的数控铣削加工程序

请复制附录表 3，完成支承座数控铣削加工所有加工程序编制。

① 建立并图示支承座铣孔 $\phi 27$、$\phi 20$ 和铣 $M24\times 2$ 螺纹孔加工的工件坐标系。

② 编制加工程序。

编制支承座外形及阶台面铣削加工程序。

编制底板沉头孔孔系钻孔加工程序（含钻孔子程序编制与调用）。

编制座体 $\phi 27$、$\phi 20$ 与 $M24\times 2$ 的钻孔、镗孔、铣螺纹加工加工程序。

编制座体 $4\times M5$ 螺纹孔的钻孔加工程序（含钻孔子程序编制与调用）。螺纹用钳工攻丝加工。

安装螺纹孔的螺纹加工均使用钳工攻丝加工。

活动三 支承座零件加工机械加工工艺与加工程序审定

1. 交流学习

团队展示和描述活动一、二的学习过程和成果，进行交流学习。

2. 问题解决

① 在指导教师引导下发现、分析和解决工艺与程序编制过程中出现错误与问题。

② 使用数控加工模拟软件发现、分析和解决数控加工程序编制过程中出现的问题，并对加工工艺和加工程序进行优化。

3. 学习记录

复制附录表 4，完成支承座零件结构工艺分析、加工工艺和程序编制交流学习的记录。

活动四 支承座零件的加工及质量检测与控制

一、加工设备与工具准备

填写表 3-6。

表 3-6 支承座加工设备工具准备表

设备与工夹量具名称			型号
加工设备			
夹具			
刀具	平面加工		
	孔系加工		

续表

设备与工夹量具名称			型号
量具	长测量		
	螺纹孔		
	圆弧半径		
	粗糙度		

二、支承座零件和刀具的安装

① 绘制支承座零件在铣床上安装的示意图。

绘制出支承座外形铣削加工时的工件安装示意图。

绘制出支承座座体钻孔、镗孔加工时的安装示意图。

② 描述支承座镗孔和 $M24\times2$ 螺纹铣削加工对刀具的选择和对刀要求。

描述对铣削 $\phi27$ 孔的镗孔刀的选择要求。

描述对 $M24\times2$ 螺纹铣削的刀具选择、对刀要求与操作步骤。

三、操作数控铣床完成支承座零件的加工和质量检测

① 描述加工程序输入的与校验操作。

② 操作数控铣床完成支承座零件外形加工，并描述其加工过程。

③ 操作数控铣床完成 $4\times M5$ 孔系钻孔加工，并描述其加工过程（特别是关于钻孔子程序调用）。

④ 操作数控铣床完成 $\phi27$mm、$\phi20$mm 的钻孔、铣（镗）孔加工，并描述其加工过程。

⑤ 操作数控铣床完成 $M24\times2$ 的钻孔和螺纹孔的铣削加工，并描述其加工过程。

⑥ 使用游标卡尺、内径千分尺、螺纹塞规、R 规完成支承座零件在加工过程中的质量检测与控制。

活动五 支承座零件加工质量检测

① 团队内部、团队之间交流学习。

② 团队内部、团队之间完成支承座零件的质量检测与质量评价。

填写表 3-7。

活动六 支承座零件加工考核评价

一、学习过程与成果展示

① 团队展示支承座零件加工整个学习过程与学习成果（含学习任务书和加工的下支承座零件）。

② 团队间展开交流学习。

表 3-7　支承座零件加工检测评分表

序号	项目	检测指标	评分标准	配分	检测记录		得分	
					自检	互检	项分	总分
1	尺寸精度	$4\times M5$ EQS	不合格不得分	2.5				
2		$R25$	超差 0.02 扣 1 分，扣完为止	2.5				
3		$\phi30$	超差 0.02 扣 2 分，扣完为止	2.5				
4		76 ± 0.05	超差 0.02 扣 2 分，扣完为止	10				
5		94	超差 0.05 扣 0.5 分，扣完为止	2.5				
6		10	超差 0.05 扣 0.5 分，扣完为止	2.5				
7		20 ± 0.05	超差 0.02 扣 2 分，扣完为止	10				
8		40	超差 0.05 扣 0.5 分，扣完为止	2.5				
9		$\phi32^{+0.03}_{0}$	超差 0.02 扣 2 分，扣完为止	10				
10		$M24\times2$	不合格不得分	2.5				
11		$\phi2$	超差 0.1 扣 0.5 分，扣完为止	2.5				
12		6	超差 0.1 扣 0.5 分，扣完为止	5				
13		20	超差 0.02 扣 2 分，扣完为止	5				
14		7	超差 0.05 扣 0.5 分，扣完为止	2.5				
15		3	超差 0.02 扣 1 分，扣完为止	5				
16		10	超差 0.05 扣 0.5 分，扣完为止	2.5				
17		$\phi20^{+0.03}_{0}$	超差 0.02 扣 2 分，扣完为止	10				
18	形位公差	//0.03	不合格不得分	5				
19	表面粗糙度	$Ra1.6$	一处不合格扣 0.5 分，扣完为止	2.5				
20		$Ra3.2$	一处不合格扣 0.5 分，扣完为止	2.5				

续表

序号	项目	检测指标	评分标准	配分	检测记录		得分	
					自检	互检	项分	总分
21	安全文明		无违章操作	10				
问题分析	产生问题		原因分析			解决方案		

二、支承座零件加工学习任务考核评价

1. 学习效能评价

见表 3-8。

表 3-8　支承座零加工学习效能评价表

序号	项目	程度	不能的原因
1	你能正确分析支承座零件的结构工艺吗?	□ 能　□ 不能	
2	你能正确读识和应用支承座零件的技术要求吗?	□ 能　□ 不能	
3	你能编制出正确合理的支承座零件机械加工工艺吗?	□ 能　□ 不能	
4	你能编制出正确合理的孔系数控铣削加工程序吗?	□ 能　□ 不能	
5	你能编制出正确合理的铣(镗)孔加工程序吗?	□ 能　□ 不能	
6	你能编制出正确合理的螺纹孔铣削加工程序吗?	□ 能　□ 不能	
7	你能正确合理地选择支承座零件加工的设备与工具、量具吗?	□ 能　□ 不能	
8	你能安全熟练地操作数控铣床完成支承座零件的加工吗?	□ 能　□ 不能	
9	你能在加工过程中对支承座零件进行精确测量吗?	□ 能　□ 不能	
10	你能在学习过程中创造性地完成工作任务吗?	□ 能　□ 不能	
11	你能在学习过程中进行有效合作与沟通交流吗?	□ 能　□ 不能	
12	你能公正合理地评价自己和他人的学习吗?	□ 能　□ 不能	

续表

	存在的问题	产生原因	解决方法	解决效果
问题积累				
你的意见和建议				

2. 支承座零件加工综合职业能力评价

请复制附表5综合职业能力评价表，完成支承座零件加工任务的综合职业能力评价。

三、接续任务布置

① 各团队分别进行任务四的知识学习与资源准备。

② 各团队分别进行任务四的设备工具准备工作。

任务四　手柄连杆加工

活动一　手柄连杆加工任务描述和零件结构工艺性分析

一、任务描述

任务名称	手柄连杆加工		任务时间	
学习目标	知识目标	1. 能正确地进行手柄连杆的结构工艺性分析 2. 能编制出正确合理的手柄连杆机械加工工艺 3. 能编制出正确合理的手柄连杆数控铣削加工程序		
	技能目标	1. 能根据手柄连杆的结构工艺特点合理选择加工设备及工具、夹具、量具 2. 能安全熟练地操作铣床完成合格手柄连杆零件的加工 3. 能对手柄连杆的加工质量进行准确检测与质量控制		
	职业素养	1. 遵守劳动纪律，遵守安全规章 2. 能主动获取、筛选与应用关于手柄连杆加工的有效信息 3. 能与他人合作，进行有效沟通 4. 能保质、保量、按时完成工作任务，并能对学习与工作过程进行总结反思		

续表

任务名称	手柄连杆加工		任务时间	
重点难点	重点	1. 手柄连杆机械加工工艺编制 2. 手柄连杆数控加工程序编制与验证优化 3. 手柄连杆的加工与质量检测		
	难点	1. 手柄连杆的机械加工工艺、数控加工程序编制与优化 2. 手柄连杆的加工与质量检测		
学习情景	1. 地点：机加工车间或一体化教室 2. 学习设备、工具：数控铣床、磨床，计算机与网络 3. 学习资料：任务书，机械制图、数控铣削与编程、钳工技术等教材，机械加工工艺手册及相关学习资源			
学习方法	1. 将手柄连杆加工的知识与加工技能相结合实施一体化教学 2. 本任务以学生自主学习为主，进行资料查询、问题解决与决策、加工实施、质量检测与控制、学习效果的评价			

二、手柄连杆零件结构工艺性分析

1. 结构工艺性分析

图 3-4 所示手柄连杆由中心距为 40mm 的两段圆弧面和斜楔体构成其外形，$M6$ 螺纹孔和 7mm×7mm 的方榫孔构成其内部结构。

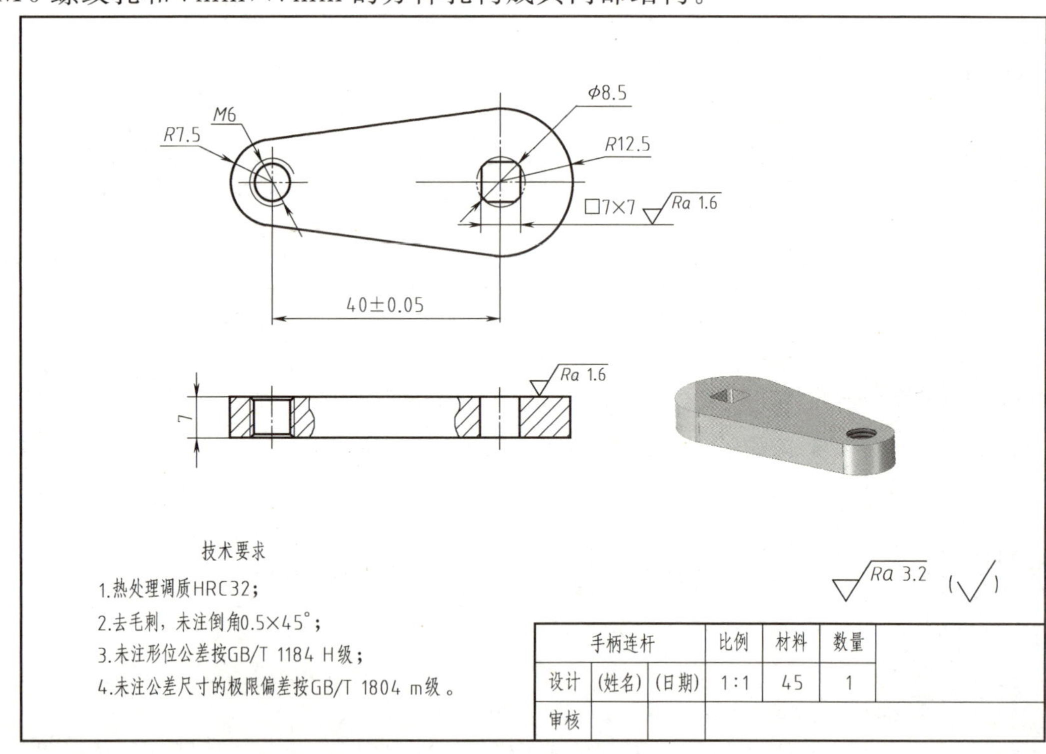

图 3-4　手柄连杆零件图与三维图

从零件的结构特点，该零件的外形需要使用铣削加工。螺纹孔既可以使用数控铣进行钻、攻加工，也可以可使用钳工加工。方榫孔既可以使用数控铣进行钻、铣加工，也可以可钳工钻、冲加工。

2. 毛坯选择

手柄连杆零件毛坯请选择调质后的45优质碳素结构钢，其坯料尺寸______×______×______（单位：mm）。

活动二 编制手柄连杆零件的加工工艺与加工程序

一、手柄连杆零件加工技术要求分析

请复制附录表1填写支撑座零件的技术要求参数与分析结论。

二、编制手柄连杆零件的机械加工工艺

1. 定位基准选择

通过零件图读识，手柄连杆零件加工时应选择底平面和两个相互垂直的侧面作为定位基准。加工和装配时，为避免两件反装引起位置误差，请注意使用刻划加工做标记。

2. 编制手柄连杆加工的机械加工工艺

请复制附录表2编制出手柄连杆零件完整的机械加工工艺。

三、编制手柄连杆零件加工的数控铣削加工程序

请复制附录表3完成手柄连杆的数控加工程序编制。

① 建立并图示手柄连杆轮廓铣削加工工件坐标系。

② 编制手柄数控铣削削加工程序。

活动三 手柄连杆零件加工机械加工工艺与加工程序审定

1. 交流学习

团队展示和描述活动一、二的学习过程和成果，进行交流学习。

2. 问题解决

① 在指导教师引导下发现、分析和解决工艺与程序编制过程中出现错误与问题。

② 使用数控加工模拟软件发现、分析和解决数控加工程序编制过程中出现的问题，并对加工工艺和加工程序进行优化。

3. 学习记录

复制附录表4完成手柄连杆零件结构工艺分析、加工工艺和程序编制交流学习的记录。

活动四　手柄连杆零件的加工及质量检测与控制

一、加工设备与工具准备

填写表 3-9。

表 3-9　手柄连杆加工设备工具准备表

设备与工夹量具名称			型号
加工设备			
夹具			
刀具	平面铣削		
	轮廓铣削		
	螺孔加工		
	方孔加工		
量具	长度测量		
	螺纹孔测量		
	圆弧测量		
	方孔测量		
	粗糙度		

二、手柄连杆零件和刀具的安装

① 绘制手柄连杆零件在铣床上安装的示意图。

② 描述手柄连杆轮廓铣削对刀操作的步骤与注意事项。

三、操作数控铣床完成手柄连杆零件的加工和质量检测

① 描述手柄连杆加工程序输入的与校验操作。

② 操作数控铣床完成手柄连杆零件轮廓加工，并描述其加工过程。

③ 使用钳工技术完成手柄连杆零件螺纹孔和方榫孔的加工，并描述其加工过程。

④ 使用游标卡尺、R 规、螺纹塞规完成手柄连杆零件在加工过程中的质量检测与控制。

活动五　手柄连杆零件加工质量检测

① 团队内部、团队之间交流学习。

② 团队内部、团队之间完成手柄连杆零件的质量检测与质量评价。

填写表 3-10。

表 3-10 手柄连杆零件加工检测评分表

序号	项目	检测指标/mm	评分标准	配分	检测记录		得分	
					自检	互检	项分	总分
1	尺寸精度	$R7.5$	超差 0.05 扣 2 分，扣完为止	10				
2		$M6$	不合格不得分	5				
3		40 ± 0.05	超差 0.02 扣 2 分，扣完为止	15				
4		$\phi8.5$	超差 0.05 扣 2 分，扣完为止	10				
5		$R12.5$	超差 0.05 扣 2 分，扣完为止	10				
6		□7×7	超差 0.02 扣 2 分，扣完为止	10				
7		7	超差 0.05 扣 2 分，扣完为止	10				
8	表面粗糙度	$Ra1.6$	一处不合格扣 0.5 分	10				
9		$Ra3.2$	一处不合格扣 0.5 分	10				
10	安全文明		无违章操作	10				
问题分析	产生问题	原因分析	解决方案					

活动六 手柄连杆零件加工考核评价

一、学习过程与成果展示

① 团队展示手柄连杆零件加工整个学习过程与学习成果（含学习任务书和加工的下手柄连杆零件）。

② 团队间展开交流学习。

二、手柄连杆零件加工学习任务考核评价

1. 学习效能评价

见表 3-11。

表 3-11　手柄连杆零件加工学习效能评价表

<table>
<tr><th>序号</th><th colspan="4">项目</th><th>程度</th><th>不能的原因</th></tr>
<tr><td>1</td><td colspan="4">你能正确分析手柄连杆零件的结构工艺吗？</td><td>□ 能　□ 不能</td><td></td></tr>
<tr><td>2</td><td colspan="4">你能正确读识和应用手柄连杆零件的技术要求吗？</td><td>□ 能　□ 不能</td><td></td></tr>
<tr><td>3</td><td colspan="4">你能编制出正确合理的手柄连杆零件机械加工工艺吗？</td><td>□ 能　□ 不能</td><td></td></tr>
<tr><td>4</td><td colspan="4">你能编制出正确合理的轮廓数控铣削加工程序吗？</td><td>□ 能　□ 不能</td><td></td></tr>
<tr><td>5</td><td colspan="4">你能正确合理地选择手柄连杆零件加工的设备与工具、量具吗？</td><td>□ 能　□ 不能</td><td></td></tr>
<tr><td>6</td><td colspan="4">你能安全熟练地操作数控铣床完成手柄连杆零件的加工吗？</td><td>□ 能　□ 不能</td><td></td></tr>
<tr><td>7</td><td colspan="4">你能在加工过程中对手柄连杆零件进行精确测量吗？</td><td>□ 能　□ 不能</td><td></td></tr>
<tr><td>8</td><td colspan="4">你能在学习过程中创造性地完成工作任务吗？</td><td>□ 能　□ 不能</td><td></td></tr>
<tr><td>9</td><td colspan="4">你能在学习过程中进行有效合作与沟通交流吗？</td><td>□ 能　□ 不能</td><td></td></tr>
<tr><td>10</td><td colspan="4">你能公正合理地评价自己和他人的学习吗？</td><td>□ 能　□ 不能</td><td></td></tr>
<tr><td rowspan="4">问题积累</td><td>存在的问题</td><td>产生原因</td><td colspan="2">解决方法</td><td colspan="2">解决效果</td></tr>
<tr><td></td><td></td><td colspan="2"></td><td colspan="2"></td></tr>
<tr><td></td><td></td><td colspan="2"></td><td colspan="2"></td></tr>
<tr><td></td><td></td><td colspan="2"></td><td colspan="2"></td></tr>
<tr><td>你的意见和建议</td><td colspan="6"></td></tr>
</table>

2. 手柄连杆零件加工综合职业能力评价

请复制附表 5 完成手柄连杆零件加工任务的综合职业能力评价。

三、接续任务布置

① 各团队分别进行任务五的知识学习与资源准备。

② 各团队分别进行任务五的设备工具准备工作。

任务五　手柄加工

活动一　手柄加工任务描述和零件结构工艺性分析

一、任务描述

<table>
<tr><td>任务名称</td><td colspan="2">手柄座加工</td><td>任务时间</td><td></td></tr>
<tr><td rowspan="3">学习目标</td><td>知识目标</td><td colspan="3">1. 能正确地进行手柄的结构工艺性分析
2. 能编制出正确合理的手柄机械加工工艺
3. 能编制出正确合理的手柄数控车削加工程序</td></tr>
<tr><td>技能目标</td><td colspan="3">1. 能根据手柄的结构工艺特点合理选择加工设备及工具、夹具、量具
2. 能安全熟练地操作车床完成合格手柄零件的加工
3. 能对手柄的加工质量进行准确检测与质量控制</td></tr>
<tr><td>职业素养</td><td colspan="3">1. 遵守劳动纪律，遵守安全规章
2. 能主动获取、筛选与应用关于手柄加工的有效信息
3. 能与他人合作，进行有效沟通
4. 能保质、保量、按时完成工作任务，能对学习与工作进行总结反思</td></tr>
<tr><td rowspan="2">重点难点</td><td>重点</td><td colspan="3">1. 手柄的机械加工工艺编制
2. 手柄数控车削加工程序编制与验证优化
3. 手柄的加工与质量检测</td></tr>
<tr><td>难点</td><td colspan="3">1. 手柄的机械加工工艺、数控加工程序编制与优化
2. 手柄的加工与质量检测</td></tr>
<tr><td>学习情景</td><td colspan="4">1. 地点：机加工车间或一体化教室
2. 学习设备、工具：数控车床、磨床，计算机与网络
3. 学习资料：任务书，机械制图、数控车削与编程、钳工技术等教材，机械加工工艺手册及相关学习资源</td></tr>
<tr><td>学习方法</td><td colspan="4">1. 将手柄加工的知识的与加工技能相结合实施一体化教学
2. 本任务以学生自主学习为主，进行资料查询、问题解决与决策、加工实施、质量检测与控制、学习效果的评价</td></tr>
</table>

二、手柄零件结构工艺性分析

1. 结构工艺性分析

图 3-5 所示手柄零件是在六面体的基础上加工 6 个 $M6$ 的螺纹孔以及底部减重槽而成的。

从零件的结构特点看，该零件的六面体和成形减重腔的加工应该选择车削加工。$6\times M6$ 的螺纹孔既可采用数控车削加工，也可以选择在装配时钳工配作加工。

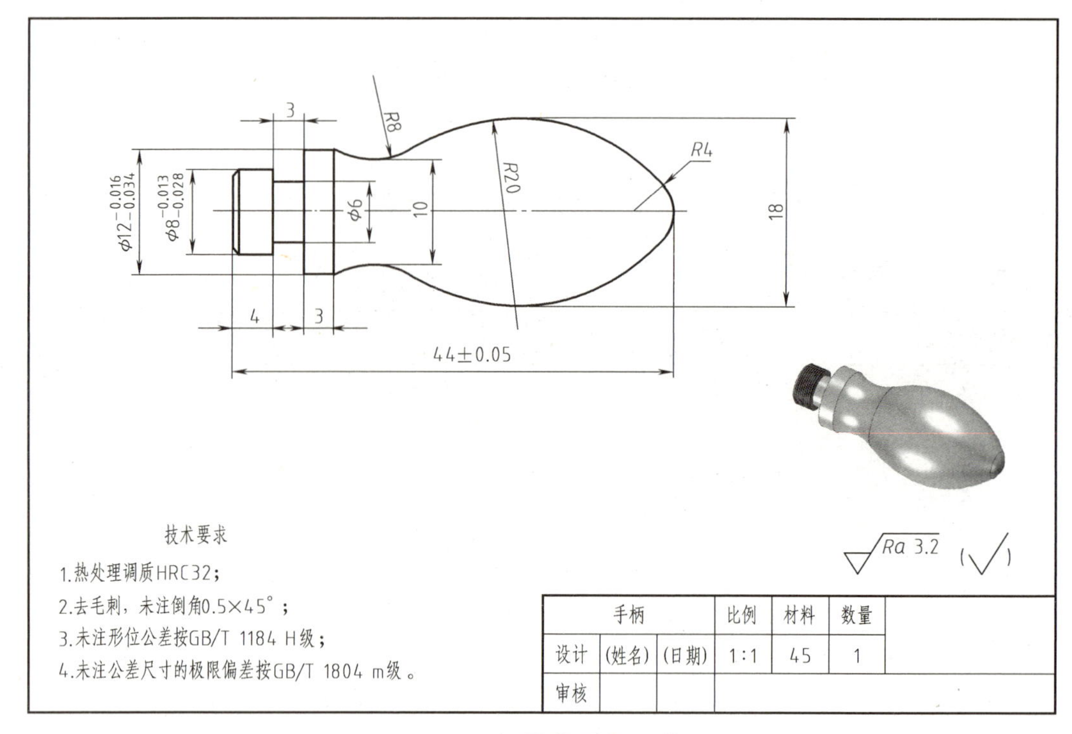

图 3-5　手柄零件图与三维图

2. 工艺计算与毛坯选择

钻螺纹底孔直径时，必须计算出 $M6$ 螺纹孔底孔直径：________________。

坯料选择：手柄零件毛坯请选择调质后的 45 优质碳素结构钢，其坯料尺寸 ______×______×______（单位：mm）。

活动二　编制手柄零件的加工工艺与加工程序

一、手柄零件加工技术要求分析

填写表 3-12。

表 3-12　手柄零件加工技术要求分析表（学生填写）

<table>
<tr><th>项目</th><th>技术参数</th><th colspan="2">加工、定位方案选择</th><th>备注</th></tr>
<tr><td rowspan="4">尺寸精度</td><td></td><td rowspan="7">表面加工方案</td><td rowspan="7"></td><td></td></tr>
<tr><td></td><td></td></tr>
<tr><td></td><td></td></tr>
<tr><td></td><td></td></tr>
<tr><td rowspan="3">表面粗糙度</td><td></td><td></td></tr>
<tr><td></td><td></td></tr>
<tr><td></td><td></td></tr>
</table>

续表

<table>
<tr><th>项目</th><th>技术参数</th><th colspan="2">加工、定位方案选择</th><th>备注</th></tr>
<tr><td rowspan="3">形位公差</td><td></td><td rowspan="3">定位基准选择与安装</td><td rowspan="3"></td><td></td></tr>
<tr><td></td><td></td></tr>
<tr><td></td><td></td></tr>
<tr><td>热处理</td><td></td><td>热处理工序选择</td><td></td><td></td></tr>
</table>

二、编制手柄零件的机械加工工艺

1. 定位基准选择

通过零件图读识，手柄零件是由 $M8$ 外螺纹、$\phi12$ 外圆柱面、沟槽与多段圆弧曲面构成。其轴向基准为 $\phi12$ 外圆阶台面，径向基准为零件的轴线。

2. 编制手柄加工的机械加工工艺

请复制附录表 2 编制出手柄零件完整的机械加工工艺。

三、编制手柄零件加工的数控车削加工程序

请复制附录表 3 完成手柄的数控加工程序编制。

① 建立并图示手柄左右两侧表面数控车削加工的工件坐标系。

② 编制手柄零件数控车削加工程序。

编制手柄零件圆弧曲面数控车削加工程序。

编制手柄零件圆柱面及沟槽数控车削加工程序。

编制手柄零件 $M8$ 螺纹数控车削加工程序。

活动三　手柄零件加工机械加工工艺与加工程序审定

1. 交流学习

团队展示和描述活动一、二的学习过程和成果，进行交流学习。

2. 问题解决

① 在指导教师引导下发现、分析和解决工艺与程序编制过程中出现错误与问题。

② 使用数控车削加工模拟软件发现、分析和解决数控加工程序编制过程中出现的问题，并对加工工艺和加工程序进行优化。

3. 学习记录

复制附录表 4 完成手柄零件结构工艺分析、加工工艺和程序编制交流学习的记录。

活动四 手柄零件的加工及质量检测与控制

一、加工设备与工具准备

填写表 3-13。

表 3-13 手柄加工设备工具准备表

设备与工夹量具名称			型号
加工设备			
夹具			
刀具	圆柱面加工		
	沟槽		
	曲面加工		
量具	直径、长度、沟槽		
	外螺纹		
	圆弧曲面		
	粗糙度		

二、手柄零件和刀具的安装

① 绘制手柄零件在车床上安装的示意图。

② 描述手柄圆弧曲面车削对刀操作的步骤与注意事项。

三、操作数控车床完成手柄零件的加工和质量检测

① 描述加工程序输入与校验操作。

② 操作数控车床完成手柄零件圆柱面及沟槽加工，并描述其加工过程。

③ 操作数控车床完成外螺纹的加工，并描述其加工过程。

④ 操作数控车床完成手柄零件圆弧曲面加工，并描述其加工过程。

⑤ 使用游标卡尺、R 规、螺纹套规完成手柄零件在车削加工过程中的质量检测与控制。

活动五 手柄零件加工质量检测

① 团队内部、团队之间交流学习。

② 团队内部、团队之间完成手柄零件的质量检测与质量评价。

填写表 3-14。

表 3-14 手柄零件加工检测评分表

序号	检测项目	检测指标/mm	评分标准	配分	检测记录		得分
					自检	互检	
1	尺寸精度	$\phi 8_{-0.028}^{-0.013}$	超差 0.01 扣 2 分	10			
2		$\phi 12_{-0.034}^{-0.016}$	超差 0.01 扣 2 分	10			
3		44±0.05	超差 0.01 扣 2 分	10			
4		3×ϕ6	超差 0.01 扣 2 分	10			
5		R4	不合格不得分	10			
6		R8	不合格不得分	10			
7		R20	不合格不得分	10			
8		M8	不合格不得分	6			
9		*C*1 倒角(1 处)	一处不合格扣 3 分	3			
10		*C*0.5 倒角(1 处)	一处不合格扣 2 分	1			
11	表面粗糙度	*Ra*3.2(4)处	一处不合格扣 2 分	8			
12	文明生产		无违章操作	10			

问题分析	产生问题	原因分析	解决方案
签阅	评价团队意见	年 月 日	
	指导教师意见	年 月 日	

活动六 手柄零件加工考核评价

一、学习过程与成果展示

① 团队展示手柄零件加工整个学习过程与学习成果（含学习任务书和加工的下手柄零件）。

② 团队间展开交流学习。

二、手柄零件加工学习任务考核评价

1. 学习效能评价

见表 3-15。

表 3-15 手柄零件加工学习效能评价表

<table>
<tr><th>序号</th><th colspan="2">项目</th><th>程度</th><th>不能的原因</th></tr>
<tr><td>1</td><td colspan="2">你能正确分析手柄零件的结构工艺吗?</td><td>□ 能 □ 不能</td><td></td></tr>
<tr><td>2</td><td colspan="2">你能正确读识和应用手柄零件的技术要求吗?</td><td>□ 能 □ 不能</td><td></td></tr>
<tr><td>3</td><td colspan="2">你能编制出正确合理的手柄零件机械加工工艺吗?</td><td>□ 能 □ 不能</td><td></td></tr>
<tr><td>4</td><td colspan="2">你能编制出正确合理的数控车削加工程序吗?</td><td>□ 能 □ 不能</td><td></td></tr>
<tr><td>5</td><td colspan="2">你能正确合理地选择手柄零件加工的设备与工具、量具?</td><td>□ 能 □ 不能</td><td></td></tr>
<tr><td>6</td><td colspan="2">你能安全熟练地操作数控车床完成手柄零件的加工吗?</td><td>□ 能 □ 不能</td><td></td></tr>
<tr><td>7</td><td colspan="2">你能在加工过程中对手柄零件进行精确测量吗?</td><td>□ 能 □ 不能</td><td></td></tr>
<tr><td>8</td><td colspan="2">你能在学习过程中创造性地完成工作任务吗?</td><td>□ 能 □ 不能</td><td></td></tr>
<tr><td>9</td><td colspan="2">你能在学习过程中进行有效合作与沟通交流吗?</td><td>□ 能 □ 不能</td><td></td></tr>
<tr><td>10</td><td colspan="2">你能公正合理地评价自己和他人的学习吗?</td><td>□ 能 □ 不能</td><td></td></tr>
<tr><td rowspan="4">问题积累</td><td>存在的问题</td><td>产生原因</td><td>解决方法</td><td>解决效果</td></tr>
<tr><td></td><td></td><td></td><td></td></tr>
<tr><td></td><td></td><td></td><td></td></tr>
<tr><td></td><td></td><td></td><td></td></tr>
<tr><td>你的意见和建议</td><td colspan="4"></td></tr>
</table>

2. 手柄零件加工综合职业能力评价

请复制附表 5 综合职业能力评价表，完成手柄零件加工任务的综合职业能力评价。

三、接续任务布置

① 各团队分别进行任务六的知识学习与资源准备。

② 各团队分别进行任务六的设备工具准备工作。

任务六　传动轴加工

活动一　传动轴加工任务描述和零件结构工艺性分析

一、任务描述

<table>
<tr><th>任务名称</th><td colspan="2">传动轴加工</td><th>任务时间</th><td></td></tr>
<tr><th rowspan="3">学习目标</th><td>知识目标</td><td colspan="3">1. 能正确地进行传动轴的结构工艺性分析
2. 能编制出正确合理的传动轴机械加工工艺
3. 能编制出正确合理的传动轴数控车削加工程序</td></tr>
<tr><td>技能目标</td><td colspan="3">1. 能根据传动轴的结构工艺特点合理选择加工设备及工具、夹具、量具
2. 能安全熟练地操作车床完成合格传动轴零件的加工
3. 能对传动轴的加工质量进行准确检测与质量控制</td></tr>
<tr><td>职业素养</td><td colspan="3">1. 遵守劳动纪律，遵守安全规章
2. 能主动获取、筛选与应用关于传动轴加工的有效信息
3. 能与他人合作，进行有效沟通
4. 能保质、保量、按时完成工作任务，能对学习与工作进行总结反思</td></tr>
<tr><th rowspan="2">重点难点</th><td>重点</td><td colspan="3">1. 传动轴的机械加工工艺编制
2. 传动轴数控车削加工程序编制与验证优化
3. 传动轴的加工与质量检测</td></tr>
<tr><td>难点</td><td colspan="3">1. 传动轴的机械加工工艺、数控加工程序编制与优化
2. 传动轴的加工与质量检测</td></tr>
<tr><th>学习情景</th><td colspan="4">1. 地点：机加工车间或一体化教室
2. 学习设备、工具：数控车床、磨床，计算机与网络
3. 学习资料：任务书，机械制图、数控车削与编程、钳工技术等教材，机械加工工艺手册及相关学习资源</td></tr>
<tr><th>学习方法</th><td colspan="4">1. 将传动轴加工的知识与加工技能相结合实施一体化教学
2. 本任务以学生自主学习为主，进行资料查询、问题解决与决策、加工实施、质量检测与控制、学习效果的评价</td></tr>
</table>

二、传动轴零件结构工艺性分析

1. 结构工艺性分析

通过图 3-6 零件图读识，传动轴零件是由 ϕ8.5mm×7mm、ϕ12mm×20mm、ϕ14mm×20mm、ϕ12mm×14mm、ϕ9mm×20mm 的 5 段圆柱面和 7mm×7mm 的方榫及 7.5mm 铣平构成。

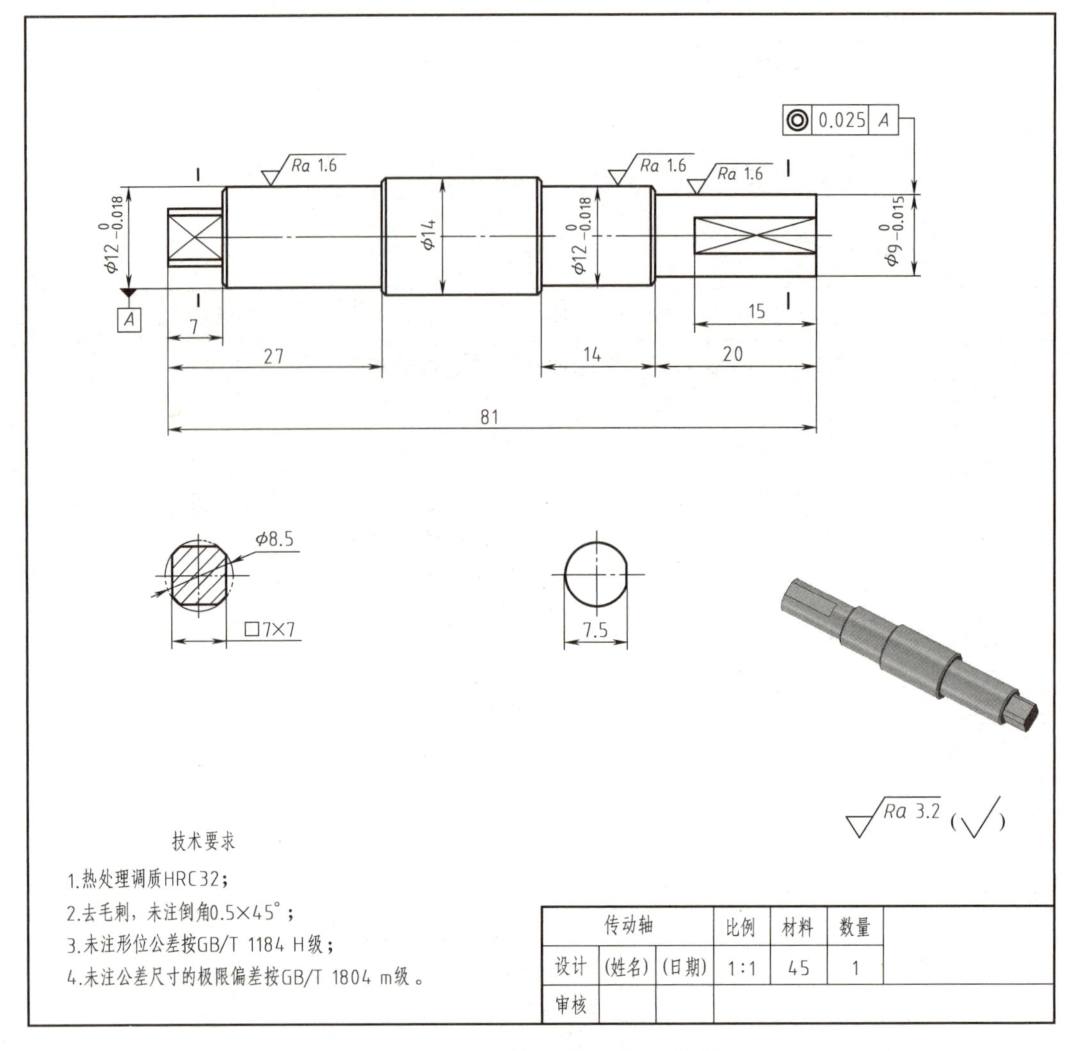

图 3-6　传动轴零件图与三维图

从零件的结构特点，该零件的六面体和成型减重腔的加工应该选择车削加工。对于 6×*M*6 的螺纹孔既可采用数控车削加工，也可以选择在装配时钳工配做加工。

2. 工艺计算与毛坯选择

钻螺纹底孔直径时，必须计算出 *M*6 螺纹孔底孔直径：________________。

坯料选择：传动轴零件毛坯请选择调质后的 45 优质碳素结构钢，其坯料尺寸________×________×________（单位：mm）。

活动二　编制传动轴零件的加工工艺与加工程序

一、传动轴零件加工技术要求分析

填写表 3-16。

表 3-16　传动轴零件加工技术要求分析表（学生填写）

<table>
<tr><th>项目</th><th>技术参数</th><th colspan="2">加工、定位方案选择</th><th>备注</th></tr>
<tr><td rowspan="4">尺寸精度</td><td></td><td rowspan="7">表面加
工方案</td><td rowspan="7"></td><td></td></tr>
<tr><td></td><td></td></tr>
<tr><td></td><td></td></tr>
<tr><td></td><td></td></tr>
<tr><td rowspan="3">表面粗糙度</td><td></td><td></td></tr>
<tr><td></td><td></td></tr>
<tr><td></td><td></td></tr>
<tr><td rowspan="3">形位公差</td><td></td><td rowspan="3">定位基
准选择
与安装</td><td rowspan="3"></td><td></td></tr>
<tr><td></td><td></td></tr>
<tr><td></td><td></td></tr>
<tr><td>热处理</td><td></td><td>热处理
工序选择</td><td></td><td></td></tr>
</table>

二、编制传动轴零件的机械加工工艺

1. 定位基准选择

通过零件图读识，长度方向基准是 ϕ14mm×20mm 圆柱面的左端面，径向基准是传动周零件的轴线。

2. 编制传动轴加工的机械加工工艺

请复制附录表 2 编制出传动轴零件完整的机械加工工艺。

三、编制传动轴零件加工的数控车削加工程序

请复制附录表 3 完成传动轴的数控加工程序编制。

① 建立并图示传动轴数控车削加工的工件坐标系。

② 编制传动轴零件数控车削加工程序。

编制传动轴零件数控车削粗加工程序。

编制传动轴零件数控车削精加工程序。

活动三　传动轴零件加工机械加工工艺与加工程序审定

1. 交流学习

团队展示和描述活动一、二的学习过程和成果，进行交流学习。

2. 问题解决

① 指导教师引导下发现、分析和解决工艺与程序编制过程中出现错误与问题。

② 使用数控车削加工模拟软件发现、分析和解决数控加工程序编制过程中出现的问题，并对加工工艺和加工程序进行优化。

3. 学习记录

复制附录表 4 完成传动轴零件结构工艺分析、加工工艺和程序编制交流学习的记录。

活动四 传动轴零件的加工及质量检测与控制

一、加工设备与工具准备

填写表 3-17。

表 3-17 传动轴加工设备工具准备表

设备与工夹量具名称			型 号
加工设备			
夹具			
刀具	圆柱面加工		
	方榫及铣平		
量具	直径、长度		
	方榫、铣平		
	同轴度		
	粗糙度		

二、传动轴零件和刀具的安装

① 绘制传动轴零件在车床上安装的示意图。

② 描述传动轴圆柱面车削对刀操作的步骤与注意事项。

三、操作数控车床完成传动轴零件的加工和质量检测

① 描述加工程序输入与校验操作。

② 操作数控车床完成传动轴零件端面及圆柱面，并描述其加工过程。

③ 操作普通铣床完成传动轴零件的方榫和铣平加工，并描述其加工过程。

④ 使用游标卡尺、千分尺进行传动轴零件在车削加工过程中的质量检测与控制。

活动五 传动轴零件加工质量检测

① 团队内部、团队之间交流学习。

② 团队内部、团队之间完成传动轴零件的质量检测与质量评价。

填写表 3-18。

表 3-18 传动轴零件加工检测评分表

<table>
<tr><th rowspan="2">序号</th><th rowspan="2">检测项目</th><th colspan="2" rowspan="2">检 测 指 标</th><th rowspan="2">评分标准</th><th rowspan="2">配分</th><th colspan="2">检测记录</th><th rowspan="2">得分</th></tr>
<tr><th>自检</th><th>互检</th></tr>
<tr><td>1</td><td rowspan="13">尺寸精度</td><td colspan="2">$\phi12_{-0.018}^{\ 0}$</td><td>超差 0.01 扣 2 分</td><td>10</td><td></td><td></td><td></td></tr>
<tr><td>2</td><td colspan="2">$\phi14$</td><td>超差 0.01 扣 2 分</td><td>10</td><td></td><td></td><td></td></tr>
<tr><td>3</td><td colspan="2">$\phi12_{-0.018}^{\ 0}$</td><td>超差 0.01 扣 2 分</td><td>10</td><td></td><td></td><td></td></tr>
<tr><td>4</td><td colspan="2">$\phi9_{-0.015}^{\ 0}$</td><td>超差 0.01 扣 2 分</td><td>10</td><td></td><td></td><td></td></tr>
<tr><td>5</td><td colspan="2">81</td><td>超差 0.02 扣 2 分</td><td>4</td><td></td><td></td><td></td></tr>
<tr><td>6</td><td colspan="2">20</td><td>超差 0.02 扣 2 分</td><td>4</td><td></td><td></td><td></td></tr>
<tr><td>7</td><td colspan="2">14</td><td>超差 0.02 扣 2 分</td><td>4</td><td></td><td></td><td></td></tr>
<tr><td>8</td><td colspan="2">15</td><td>超差 0.02 扣 2 分</td><td>4</td><td></td><td></td><td></td></tr>
<tr><td>9</td><td colspan="2">27</td><td>超差 0.02 扣 2 分</td><td>4</td><td></td><td></td><td></td></tr>
<tr><td>10</td><td colspan="2">7</td><td>超差 0.02 扣 2 分</td><td>4</td><td></td><td></td><td></td></tr>
<tr><td>11</td><td colspan="2">□7×7</td><td>超差 0.02 扣 2 分</td><td>4</td><td></td><td></td><td></td></tr>
<tr><td>12</td><td colspan="2">7.5</td><td>超差 0.02 扣 2 分</td><td>4</td><td></td><td></td><td></td></tr>
<tr><td>13</td><td colspan="2">$C0.5$ 倒角(4 处)</td><td>一处不合格扣 2 分</td><td>4</td><td></td><td></td><td></td></tr>
<tr><td>14</td><td>形位公差</td><td>同轴度</td><td>未注公差
按 6～8 级</td><td>超差扣 6 分</td><td>6</td><td colspan="2"></td><td></td></tr>
<tr><td>15</td><td>表面粗糙度</td><td colspan="2">$Ra3.2$(4 处)</td><td>一处不合格扣 2 分</td><td>8</td><td colspan="2"></td><td></td></tr>
<tr><td>16</td><td colspan="3">文明生产</td><td>无违章操作</td><td>10</td><td colspan="2"></td><td></td></tr>
<tr><td colspan="2" rowspan="4">问题分析</td><td colspan="2">产生问题</td><td colspan="2">原因分析</td><td colspan="3">解决方案</td></tr>
<tr><td colspan="2"></td><td colspan="2"></td><td colspan="3"></td></tr>
<tr><td colspan="2"></td><td colspan="2"></td><td colspan="3"></td></tr>
<tr><td colspan="2"></td><td colspan="2"></td><td colspan="3"></td></tr>
<tr><td colspan="2" rowspan="2">签阅</td><td colspan="7">评价团队意见　　　　　　　　　　年　月　日</td></tr>
<tr><td colspan="7">指导教师意见　　　　　　　　　　年　月　日</td></tr>
</table>

活动六 传动轴零件加工考核评价

一、学习过程与成果展示

① 团队展示传动轴零件加工整个学习过程与学习成果（含学习任务书和加

工的下传动轴零件)。

② 团队间展开交流学习。

二、传动轴零件加工学习任务考核评价

1. 学习效能评价

见表 3-19。

表 3-19 传动轴零加工学习效能评价表

<table>
<tr><th>序号</th><th colspan="2">项　目</th><th>程度</th><th>不能的原因</th></tr>
<tr><td>1</td><td colspan="2">你能正确分析传动轴零件的结构工艺吗?</td><td>□ 能　□ 不能</td><td></td></tr>
<tr><td>2</td><td colspan="2">你能正确读识和应用传动轴零件的技术要求吗?</td><td>□ 能　□ 不能</td><td></td></tr>
<tr><td>3</td><td colspan="2">你能编制出正确合理的传动轴零件机械加工工艺吗?</td><td>□ 能　□ 不能</td><td></td></tr>
<tr><td>4</td><td colspan="2">你能编制出正确合理的数控车削加工程序吗?</td><td>□ 能　□ 不能</td><td></td></tr>
<tr><td>5</td><td colspan="2">你能正确合理地选择传动轴零件加工的设备与工具、量具吗?</td><td>□ 能　□ 不能</td><td></td></tr>
<tr><td>6</td><td colspan="2">你能安全熟练地操作数控车床完成传动轴零件的加工吗?</td><td>□ 能　□ 不能</td><td></td></tr>
<tr><td>7</td><td colspan="2">你能在加工过程中对传动轴零件进行精确测量吗?</td><td>□ 能　□ 不能</td><td></td></tr>
<tr><td>8</td><td colspan="2">你能在学习过程中创造性地完成工作任务吗?</td><td>□ 能　□ 不能</td><td></td></tr>
<tr><td>9</td><td colspan="2">你能在学习过程中进行有效合作与沟通交流吗?</td><td>□ 能　□ 不能</td><td></td></tr>
<tr><td>10</td><td colspan="2">你能公正合理地评价自己和他人的学习吗?</td><td>□ 能　□ 不能</td><td></td></tr>
<tr><td rowspan="4">问题积累</td><td>存在的问题</td><td>产生原因</td><td>解决方法</td><td>解决效果</td></tr>
<tr><td></td><td></td><td></td><td></td></tr>
<tr><td></td><td></td><td></td><td></td></tr>
<tr><td></td><td></td><td></td><td></td></tr>
<tr><td>你的意见和建议</td><td colspan="4"></td></tr>
</table>

2. 传动轴零件加工综合职业能力评价

请复制附表 5 综合职业能力评价表，完成传动轴零件加工任务的综合职业能力评价。

三、接续任务布置

① 各团队分别进行任务七的知识学习与资源准备。

② 各团队分别进行任务七的设备工具准备工作。

任务七　端盖1加工

活动一　端盖1加工任务描述和零件结构工艺性分析

一、任务描述

任务名称	端盖1加工		任务时间	
学习目标	知识目标	1. 能正确地进行端盖1的结构工艺性分析 2. 能编制出正确合理的端盖1机械加工工艺 3. 能编制出正确合理的端盖1数控车削加工程序		
	技能目标	1. 能根据端盖1的结构工艺特点合理选择加工设备及工具、夹具、量具 2. 能安全熟练地操作车床完成合格端盖1零件的加工 3. 能对端盖1的加工质量进行准确检测与质量控制		
	职业素养	1. 遵守劳动纪律，遵守安全规章 2. 能主动获取、筛选与应用关于端盖1加工的有效信息 3. 能与他人合作，进行有效沟通 4. 能保质、保量、按时完成工作任务 5. 能主动展示工作过程与成果，对学习与工作进行总结反思		
重点难点	重点	1. 端盖1的机械加工工艺编制 2. 端盖1数控车削加工程序编制与验证优化 3. 端盖1的加工与质量检测		
	难点	1. 端盖1的机械加工工艺、数控加工程序编制与优化 2. 端盖1的加工与质量检测		
学习情景	1. 地点：机加工车间或一体化教室 2. 学习设备、工具：数控车床、磨床，计算机与网络 3. 学习资料：任务书，机械制图、数控车削与编程、钳工技术等教材，机械加工工艺手册及相关学习资源			
学习方法	1. 将端盖1加工的知识与加工技能相结合实施一体化教学 2. 本任务以学生自主学习为主，进行资料查询、问题解决与决策、加工实施、质量检测与控制、学习效果的评价			

二、端盖1零件结构工艺性分析

1. 结构工艺性分析

通过图3-7零件图读识，端盖1零件是由ϕ44mm×4mm、ϕ19mm×10mm的外圆柱面和ϕ11mm、ϕ9mm的内孔构成。

从零件的结构特点看，该零件的全部表面均适合在车床上加工。

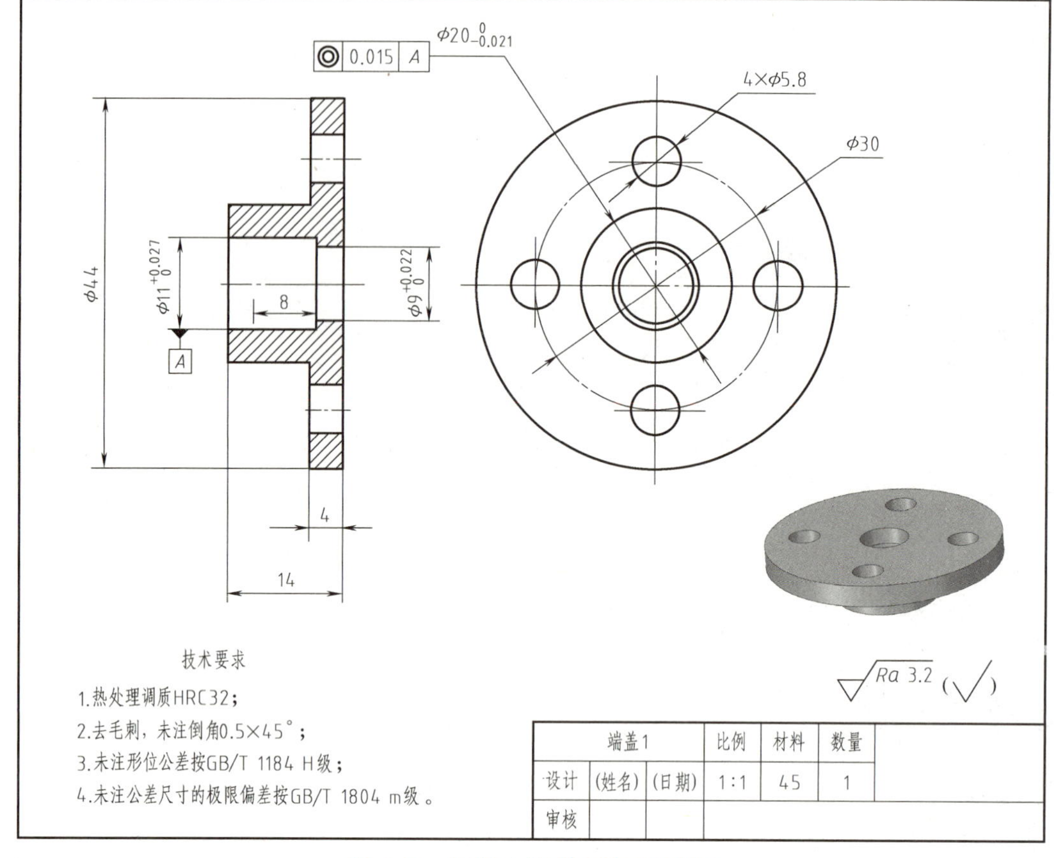

图 3-7 端盖 1 零件图与三维图

2. 毛坯选择

端盖 1 零件毛坯请选择调质后的 45 优质碳素结构钢，为坯料尺寸 ϕ45mm×16mm 的棒料型材。

活动二 编制端盖 1 零件的加工工艺与加工程序

一、端盖 1 零件加工技术要求分析

填写表 3-20。

二、编制端盖 1 零件的机械加工工艺

1. 定位基准选择

通过零件图读识，长度方向基准是 ϕ44mm×4mm 圆柱面的左端面，径向基准是端盖零件的轴线。

2. 编制端盖 1 加工的机械加工工艺

请复制附录表 2 编制出端盖 1 零件完整的机械加工工艺。

三、编制端盖 1 零件加工的数控车削加工程序

请复制附录表 3，完成端盖 1 的数控加工程序编制。

表 3-20　端盖 1 零件加工技术要求分析表（学生填写）

项目	技术参数	加工、定位方案选择		备注
尺寸精度		表面加工工方案		
表面粗糙度				
形位公差		定位基准选择与安装		
热处理		热处理工序选择		

① 建立并图示端盖 1 零件数控车削加工的工件坐标系。

② 编制端盖 1 零件数控车削加工程序。

编制端盖 1 零件端面数控车削加工程序。

编制端盖 1 零件外圆数控车削加工程序。

编制端盖 1 零件内孔的数控车削加工程序。

活动三　端盖 1 零件加工机械加工工艺与加工程序审定

1. 交流学习

团队展示和描述活动一、二的学习过程和成果，进行交流学习。

2. 问题解决

① 在指导教师引导下发现、分析和解决工艺与程序编制过程中出现的错误与问题。

② 使用数控车削加工模拟软件发现、分析和解决数控加工程序编制过程中出现的问题，并对加工工艺和加工程序进行优化。

3. 学习记录

复制附录表 4 完成端盖 1 零件结构工艺分析、加工工艺和程序编制交流学习的记录。

活动四　端盖 1 零件的加工及质量检测与控制

一、加工设备与工具准备

填写表 3-21。

表 3-21 端盖 1 加工设备工具准备表

设备与工夹量具名称			型号
加工设备			
夹具			
刀具	圆柱面加工		
	内孔加工		
量具	外圆		
	内孔		
	同轴度		
	粗糙度		

二、端盖 1 零件和刀具的安装

① 绘制端盖 1 零件在车床上安装的示意图，并描述为保证套类零件同轴度常用的安装方法。

② 描述端盖 1 内孔车削对刀操作的步骤与注意事项。

三、操作数控车床完成端盖 1 零件的加工和质量检测

① 描述加工程序输入的与校验操作。

② 操作数控车床完成端盖 1 零件端面及外圆柱面加工，并描述其加工过程。

③ 操作数控车床完成端盖 1 零件内孔加工，并描述其加工过程。

④ 使用游标卡尺、外径千分尺、内径千分尺、百分表进行端盖 1 零件在车削加工过程中的质量检测与控制。

活动五 端盖 1 零件加工质量检测

① 团队内部、团队之间交流学习。

② 团队内部、团队之间完成端盖 1 零件的质量检测与质量评价。

填写表 3-22。

表 3-22 端盖 1 零件加工检测评分表

序号	检测项目	检测指标/mm	评分标准	配分	检测记录		得分
					自检	互检	
1	尺寸精度	$\phi 20_{-0.021}^{0}$	超差 0.01 扣 2 分	12			
2		$\phi 11_{0}^{+0.021}$	超差 0.01 扣 2 分	12			
3		$\phi 9_{0}^{+0.022}$	超差 0.01 扣 2 分	12			
4		$\phi 44$	超差 0.01 扣 2 分	10			

续表

序号	检测项目	检测指标/mm		评分标准	配分	检测记录		得分
						自检	互检	
5	尺寸精度	4×ϕ5.8		超差 0.02 扣 2 分	6			
6		14		超差 0.02 扣 2 分	6			
7		4		超差 0.02 扣 2 分	6			
8		C0.5 倒角(3 处)		一处不合格扣 2 分	6			
9	形位公差	同轴度	未注公差按 6～8 级	超差扣 10 分	10			
10	表面粗糙度	Ra1.6(2 处) Ra3.2(3 处)		一处不合格扣 2 分	10			
11	文明生产			无违章操作	10			

	产生问题	原因分析	解决方案
问题分析			
签阅	评价团队意见		年 月 日
	指导教师意见		年 月 日

活动六 端盖 1 零件加工考核评价

一、学习过程与成果展示

① 团队展示端盖 1 零件加工整个学习过程与学习成果（含学习任务书和加工的下端盖 1 零件）。

② 团队间展开交流学习。

二、端盖 1 零件加工学习任务考核评价

1. 学习效能评价

见表 3-23。

2. 端盖 1 零件加工综合职业能力评价

请复制附表 5 综合职业能力评价表，完成端盖 1 零件加工任务的综合职业能力评价。

三、接续任务布置

① 各团队分别进行任务八的知识学习与资源准备。

表 3-23　端盖 1 零加工学习效能评价表

序号	项　　目		程度	不能的原因
1	你能正确分析端盖 1 零件的结构工艺吗?		□ 能　□ 不能	
2	你能正确读识和应用端盖 1 零件的技术要求吗?		□ 能　□ 不能	
3	你能编制出正确合理的端盖 1 零件机械加工工艺吗?		□ 能　□ 不能	
4	你能编制出正确合理的数控车削加工程序吗?		□ 能　□ 不能	
5	你能正确合理地选择端盖 1 零件加工的设备与工具、量具吗?		□ 能　□ 不能	
6	你能安全熟练地操作数控车床完成端盖 1 零件的加工吗?		□ 能　□ 不能	
7	你能在加工过程中对端盖 1 零件进行精确测量吗?		□ 能　□ 不能	
8	你能在学习过程中创造性地完成工作任务吗?		□ 能　□ 不能	
9	你能在学习过程中进行有效合作与沟通交流吗?		□ 能　□ 不能	
10	你能公正合理地评价自己和他人的学习吗?		□ 能　□ 不能	
问题积累	存在的问题	产生原因	解决方法	解决效果
你的意见和建议				

② 各团队分别进行任务八的设备工具准备工作。

任务八　端盖 2 加工

活动一　端盖 2 加工任务描述和零件结构工艺性分析

一、任务描述

任务名称	端盖 2 加工		任务时间	
学习目标	知识目标	1. 能正确地进行端盖 2 的结构工艺性分析 2. 能编制出正确合理的端盖 2 机械加工工艺 3. 能编制出正确合理的端盖 2 数控车削加工程序		
	技能目标	1. 能根据端盖 2 的结构工艺特点合理选择加工设备及工具、夹具、量具 2. 能安全熟练地操作车床完成合格端盖 2 零件的加工 3. 能对端盖 2 的加工质量进行准确检测与质量控制		

续表

<table>
<tr><td>任务名称</td><td colspan="2">端盖 2 加工</td><td>学习时间</td><td></td></tr>
<tr><td>学习目标</td><td>职业素养</td><td colspan="3">1. 遵守劳动纪律．遵守安全规章
2. 能主动获取、筛选与应用关于端盖 2 加工的有效信息
3. 能与他人合作，进行有效沟通
4. 能保质、保量、按时完成工作任务，能对学习与工作进行总结反思</td></tr>
<tr><td rowspan="2">重点难点</td><td>重点</td><td colspan="3">1. 端盖 2 的机械加工工艺编制
2. 端盖 2 数控车削加工程序编制与验证优化
3. 端盖 2 的加工与质量检测</td></tr>
<tr><td>难点</td><td colspan="3">1. 端盖 2 的机械加工工艺、数控加工程序编制与优化
2. 端盖 2 的加工与质量检测</td></tr>
<tr><td>学习情景</td><td colspan="4">1. 地点：机加工车间或一体化教室
2. 学习设备、工具：数控车床、磨床，计算机与网络
3. 学习资料：任务书，机械制图、数控车削与编程、钳工技术等教材，机械加工工艺手册及相关学习资源</td></tr>
<tr><td>学习方法</td><td colspan="4">1. 将端盖 2 加工的知识与加工技能相结合实施一体化教学
2. 本任务以学生自主学习为主，进行资料查询、问题解决与决策、加工实施、质量检测与控制、学习效果的评价</td></tr>
</table>

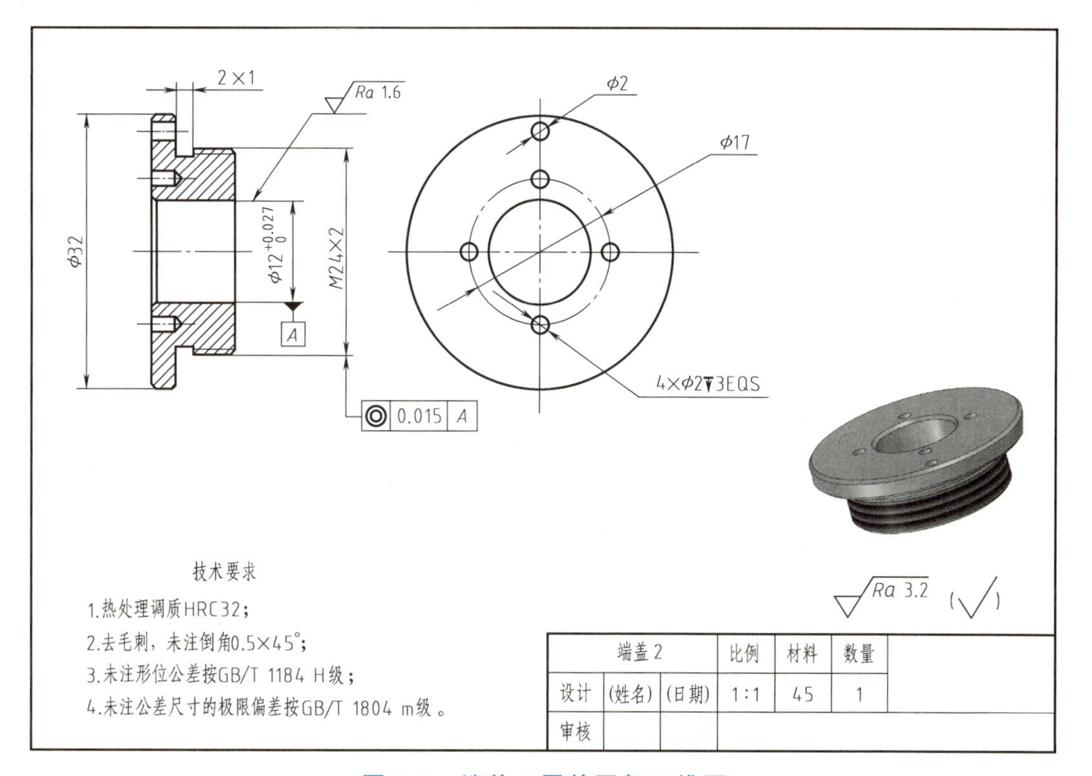

图 3-8　端盖 2 零件图与三维图

二、端盖 2 零件结构工艺性分析

1. 结构工艺性分析

通过图 3-8 零件图读识，端盖 2 零件是由 ϕ32mm×3mm 外圆柱面、2mm×1mm 的退刀槽、M24×2 的外螺纹和 ϕ10mm×10mm 的内孔构成。

根据零件的结构特点，该零件的全部表面均适合在车床上加工。

2. 毛坯选择

端盖 2 零件毛坯请选择调质后的 45 优质碳素结构钢，为坯料尺寸 ϕ35mm×12mm 的棒料型材。

活动二 编制端盖 2 零件的加工工艺与加工程序

一、端盖 2 零件加工技术要求分析

填写表 3-24。

表 3-24 端盖 2 零件加工技术要求分析表（学生填写）

<table>
<tr><th>项目</th><th>技术参数</th><th colspan="2">加工、定位方案选择</th><th>备注</th></tr>
<tr><td rowspan="4">尺寸精度</td><td></td><td rowspan="7">表面加工方案</td><td rowspan="7"></td><td></td></tr>
<tr><td></td><td></td></tr>
<tr><td></td><td></td></tr>
<tr><td></td><td></td></tr>
<tr><td rowspan="3">表面粗糙度</td><td></td><td></td></tr>
<tr><td></td><td></td></tr>
<tr><td></td><td></td></tr>
<tr><td rowspan="3">形位公差</td><td></td><td rowspan="3">定位基准选择与安装</td><td rowspan="3"></td><td></td></tr>
<tr><td></td><td></td></tr>
<tr><td></td><td></td></tr>
<tr><td>热处理</td><td></td><td>热处理工序选择</td><td></td><td></td></tr>
</table>

二、编制端盖 2 零件的机械加工工艺

1. 定位基准选择

通过零件图读识，长度方向基准是 ϕ32mm×3mm 圆柱面的右端面，径向基准是端盖 2 零件的轴线。

2. 编制端盖 2 加工的机械加工工艺

请复制附录表 2 编制出端盖 2 零件完整的机械加工工艺。

三、编制端盖 2 零件加工的数控车削加工程序

请复制附录表 3 完成端盖 2 的数控加工程序编制。

① 建立并图示端盖 2 零件数控车削加工的工件坐标系。

② 编制端盖 2 零件数控车削加工程序。

编制端盖 2 零件端面数控车削加工程序。

编制端盖 2 零件外圆数控车削加工程序。

编制端盖 2 零件内孔的数控车削加工程序。

活动三　端盖 2 零件加工机械加工工艺与加工程序审定

1. 交流学习

团队展示和描述活动一、二的学习过程和成果，进行交流学习。

2. 问题解决

① 在指导教师引导下发现、分析和解决工艺与程序编制过程中出现错误与问题。

② 使用数控车削加工模拟软件发现、分析和解决数控加工程序编制过程中出现的问题，并对加工工艺和加工程序进行优化。

3. 学习记录

复制附录表 4 完成端盖 2 零件结构工艺分析、加工工艺和程序编制交流学习的记录。

活动四　端盖 2 零件的加工及质量检测与控制

一、加工设备与工具准备

填写表 3-25。

表 3-25　端盖 2 加工设备工具准备表

设备与工夹量具名称			型　　号
加工设备			
夹具			
刀具	圆柱面加工		
	外螺纹		
	内孔加工		
	扳手孔定位孔		
量具	外圆		
	外螺纹		
	内孔		
	同轴度		
	表面粗糙度		

二、端盖 2 零件和刀具的安装

① 绘制端盖 2 零件在车床上安装的示意图。

② 描述端盖 2 外螺纹车削对刀操作的步骤与注意事项。

三、操作数控车床完成端盖 2 零件的加工和质量检测

① 描述加工程序输入的与校验操作。

② 操作数控车床完成端盖 2 零件端面及外圆柱面加工，并描述其加工过程。

③ 操作数控车床完成端盖 2 零件内孔加工，并描述其加工过程。

④ 使用游标卡尺、外径千分尺、内径千分尺、螺纹量规、百分表进行端盖 2 零件在车削加工过程中的质量检测与控制。

活动五　端盖 2 零件加工质量检测

① 团队内部、团队之间交流学习。

② 团队内部、团队之间完成端盖 2 零件的质量检测与质量评价。

填写表 3-26。

表 3-26　端盖 2 零件加工检测评分表

序号	项目	检测指标/mm	评分标准	配分	检测记录		得分	
					自检	互检	项分	总分
1	尺寸精度	$\phi32$	超差 0.01 扣 2 分，扣完为止	10				
2		$\phi4\times2$	超差 0.01 扣 2 分，扣完为止	10				
3		$\phi17$	超差 0.01 扣 2 分，扣完为止	10				
4		$\phi12^{+0.027}_{0}$	超差 0.01 扣 2 分，扣完为止	20				
5		$M24\times2$	超差 0.01 扣 2 分，扣完为止	10				
6		2×1	超差 0.01 扣 2 分，扣完为止	10				
7	形位公差	◎ 0.015 A	不合格不得分	10				
8	表面粗糙度	$Ra1.6$	降级不得分	10				
9	安全文明		无违章操作	10				

问题分析	产生问题	原因分析	解决方案

活动六　端盖2零件加工考核评价

一、学习过程与成果展示

① 团队展示端盖2零件加工整个学习过程与学习成果（含学习任务书和加工的下端盖2零件）。

② 团队间展开交流学习

二、端盖2零件加工学习任务考核评价

1. 学习效能评价

见表3-27。

表3-27　端盖2零件加工学习效能评价表

<table>
<tr><th>序号</th><th colspan="2">项　目</th><th>程度</th><th>不能的原因</th></tr>
<tr><td>1</td><td colspan="2">你能正确分析端盖2零件的结构工艺吗？</td><td>□ 能　□ 不能</td><td></td></tr>
<tr><td>2</td><td colspan="2">你能正确读识和应用端盖2零件的技术要求吗？</td><td>□ 能　□ 不能</td><td></td></tr>
<tr><td>3</td><td colspan="2">你能编制出正确合理的端盖2零件机械加工工艺吗？</td><td>□ 能　□ 不能</td><td></td></tr>
<tr><td>4</td><td colspan="2">你能编制出正确合理的数控车削加工程序吗？</td><td>□ 能　□ 不能</td><td></td></tr>
<tr><td>5</td><td colspan="2">你能正确合理地选择端盖2零件加工的设备与工具、量具吗？</td><td>□ 能　□ 不能</td><td></td></tr>
<tr><td>6</td><td colspan="2">你能安全熟练地操作数控车床完成端盖2零件的加工吗？</td><td>□ 能　□ 不能</td><td></td></tr>
<tr><td>7</td><td colspan="2">你能在加工过程中对端盖2零件进行精确测量吗？</td><td>□ 能　□ 不能</td><td></td></tr>
<tr><td>8</td><td colspan="2">你能在学习过程中创造性地完成工作任务吗？</td><td>□ 能　□ 不能</td><td></td></tr>
<tr><td>9</td><td colspan="2">你能在学习过程中进行有效合作与沟通交流吗？</td><td>□ 能　□ 不能</td><td></td></tr>
<tr><td>10</td><td colspan="2">你能公正合理地评价自己和他人的学习吗？</td><td>□ 能　□ 不能</td><td></td></tr>
<tr><td rowspan="4">问题积累</td><td>存在的问题</td><td>产生原因</td><td>解决方法</td><td>解决效果</td></tr>
<tr><td></td><td></td><td></td><td></td></tr>
<tr><td></td><td></td><td></td><td></td></tr>
<tr><td></td><td></td><td></td><td></td></tr>
<tr><td>你的意见和建议</td><td colspan="4"></td></tr>
</table>

2. 端盖2零件加工综合职业能力评价

请复制附表5完成端盖2零件加工任务的综合职业能力评价。

三、接续任务布置

① 各团队分别进行任务九的知识学习与资源准备。

② 各团队分别进行任务九的设备工具准备工作。

任务九 偏心套加工

活动一 偏心套加工任务描述和零件结构工艺性分析

一、任务描述

<table>
<tr><td>任务名称</td><td colspan="2">偏心套加工</td><td>任务时间</td><td></td></tr>
<tr><td rowspan="3">学习目标</td><td>知识目标</td><td colspan="3">1. 能正确地进行偏心套的结构工艺性分析
2. 能编制出正确合理的偏心套机械加工工艺
3. 能编制出正确合理的偏心套数控铣削加工程序</td></tr>
<tr><td>技能目标</td><td colspan="3">1. 能根据偏心套的结构工艺特点合理选择加工设备及工具、夹具、量具
2. 能安全熟练地操作铣床完成合格偏心套零件的加工
3. 能对偏心套的加工质量进行准确检测与质量控制</td></tr>
<tr><td>职业素养</td><td colspan="3">1. 遵守劳动纪律,遵守安全规章
2. 能主动获取、筛选与应用关于偏心套加工的有效信息
3. 能与他人合作,进行有效沟通
4. 能保质、保量、按时完成工作任务,能对学习与工作进行总结反思</td></tr>
<tr><td rowspan="2">重点难点</td><td>重点</td><td colspan="3">1. 偏心套的机械加工工艺编制
2. 偏心套数控加工程序编制与验证优化
3. 偏心套的加工与质量检测</td></tr>
<tr><td>难点</td><td colspan="3">1. 偏心套的机械加工工艺、数控加工程序编制与优化
2. 偏心套的加工与质量检测</td></tr>
<tr><td>学习情景</td><td colspan="4">1. 地点:机加工车间或一体化教室
2. 学习设备、工具:数控铣床、磨床,计算机与网络
3. 学习资料:任务书,机械制图、数控铣削与编程、钳工技术等教材,机械加工工艺手册及相关学习资源</td></tr>
<tr><td>学习方法</td><td colspan="4">1. 将偏心套加工的知识与加工技能相结合实施一体化教学
2. 本任务以学生自主学习为主,进行资料查询、问题解决与决策、加工实施、质量检测与控制、学习效果的评价</td></tr>
</table>

二、偏心套零件结构工艺性分析

1. 结构工艺性分析

图 3-9 所示偏心套零件由 35mm×25mm 的基体和加工在基体上的 ϕ10mm

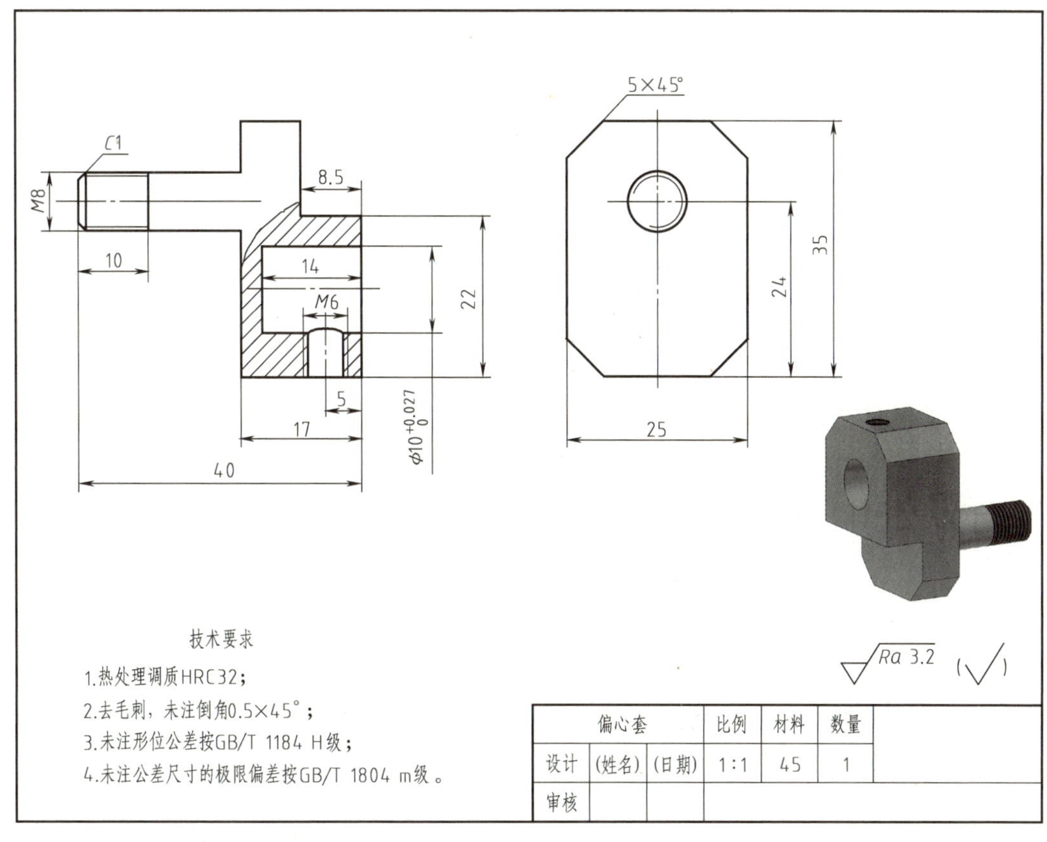

图 3-9　偏心套零件图与三维图

×14mm 的孔、$M8$ 的螺杆以及 $M6$ 的紧定螺钉孔构成。

根据零件的结构特点，为简化加工工艺，该零件的外形、孔及螺杆适合数控铣削加工。而 $M6$ 的紧定螺钉孔则在装配时钳工配作加工。

2. 毛坯选择

偏心套零件毛坯请选择调质后的 45 优质碳素结构钢，其坯料为尺寸 45mm×30mm 的型材。

活动二　编制偏心套零件的加工工艺与加工程序

一、偏心套零件加工技术要求分析

填写表 3-28。

二、编制偏心套零件的机械加工工艺

1. 定位基准选择

该零件长度方向的定位基准为 35mm×25mm 的左端面（加工右侧结构及孔时）或右端面（加工螺杆时），高度方向的基准为零件的底平面，宽度方向基准为 25mm 尺寸的侧面。

表 3-28 偏心套零件加工技术要求分析表（学生填写）

项目	技术参数	加工、定位方案选择		备注
尺寸精度		表面加工方案		
表面粗糙度				
形位公差		定位基准选择与安装		
热处理		热处理工序选择		

2. 编制偏心套加工的机械加工工艺

请复制附录表 2 编制出偏心套零件完整的机械加工工艺。

三、编制偏心套零件加工的数控铣削加工程序

请复制附录表 3 完成端盖 2 的数控加工程序编制。

① 建立并图示偏心套孔及螺杆数控铣削加工的工件坐标系。

② 编制偏心套加工程序。

编制偏心套零件六面体数控铣削加工程序。

编制偏心套零件台阶腔数控铣削加工程序。

编制偏心套零件 ϕ10mm×14mm 孔底孔钻孔数控加工程序。

编制偏心套零件 $M8$ 螺杆加工程序。

活动三 偏心套零件加工机械加工工艺与加工程序审定

1. 交流学习

团队展示和描述活动一、二的学习过程和成果，进行交流学习。

2. 问题解决

① 在指导教师引导下发现、分析和解决工艺与程序编制过程中出现错误与问题。

② 使用数控加工模拟软件发现、分析和解决数控加工程序编制过程中出现的问题，并对加工工艺和加工程序进行优化。

3. 学习记录

复制附录表4完成偏心套零件结构工艺分析、加工工艺和程序编制交流学习的记录。

活动四 偏心套零件的加工及质量检测与控制

一、加工设备与工具准备

填写表3-29。

表3-29 偏心套加工设备工具准备表

设备与工夹量具名称			型号
加工设备			
夹具			
刀具	六面体加工		
	孔加工		
	螺杆加工		
量具	长宽高测量		
	孔测量		
	螺杆测量		
	粗糙度		

二、偏心套零件和刀具的安装

① 绘制偏心套零件螺杆加工时在铣床上安装的示意图。

② 描述偏心套外螺纹铣削的对刀操作步骤与注意事项。

三、操作数控铣床完成偏心套零件的加工和质量检测

① 描述加工程序输入的与校验操作。

② 操作数控铣床完成偏心套零件六面体加工，并描述其加工过程。

③ 操作数控铣床完成阶台和孔的加工，并描述其加工过程。

④ 操作数控铣床完成偏心套零件螺杆加工，并描述其加工过程。

⑤ 使用游标卡尺、内径千分尺、螺纹环规完成偏心套零件在加工过程中的质量检测与控制。

活动五 偏心套零件加工质量检测

① 团队内部、团队之间交流学习。

② 团队内部、团队之间完成偏心套零件的质量检测与质量评价。

填写表 3-30。

表 3-30　偏心套零件加工检测评分表

序号	项目	检测指标/mm	评分标准	配分	检测记录		得分	
					自检	互检	项分	总分
1	尺寸精度	40	超差 0.01 扣 2 分，扣完为止	5				
2		17	超差 0.01 扣 2 分，扣完为止	10				
3		5	超差 0.01 扣 2 分，扣完为止	5				
4		14	超差 0.01 扣 2 分，扣完为止	5				
5		8.5	超差 0.01 扣 2 分，扣完为止	5				
6		10	超差 0.01 扣 2 分，扣完为止	5				
7		22	超差 0.01 扣 2 分，扣完为止	5				
8		$10^{+0.027}_{0}$	超差 0.01 扣 2 分，扣完为止	10				
9		$M8$	不合格不得分	10				
10		$M6$	不合格不得分	5				
11		25	超差 0.01 扣 2 分，扣完为止	5				
12		24	超差 0.01 扣 2 分，扣完为止	5				
13		35	超差 0.01 扣 2 分，扣完为止	5				
14		5×45°	超差 0.01 扣 2 分，扣完为止	5				
15	形位公差	无		0				
16	表面粗糙度	$Ra3.2$	降级不得分	5				
17	安全文明		无违章操作	10				

问题分析	产生问题	原因分析	解决方案

活动六　偏心套零件加工考核评价

一、学习过程与成果展示

① 团队展示偏心套零件加工整个学习过程与学习成果（含学习任务书和加工的下偏心套零件）。

② 团队间展开交流学习。

二、偏心套零件加工学习任务考核评价

1. 学习效能评价

见表 3-31。

表 3-31　偏心套零件加工学习效能评价表

<table>
<tr><th>序号</th><th colspan="2">项　　目</th><th>程度</th><th>不能的原因</th></tr>
<tr><td>1</td><td colspan="2">你能正确分析偏心套零件的结构工艺吗？</td><td>□ 能　□ 不能</td><td></td></tr>
<tr><td>2</td><td colspan="2">你能正确读识和应用偏心套零件的技术要求吗？</td><td>□ 能　□ 不能</td><td></td></tr>
<tr><td>3</td><td colspan="2">你能编制出正确合理的偏心套零件机械加工工艺吗？</td><td>□ 能　□ 不能</td><td></td></tr>
<tr><td>4</td><td colspan="2">你能编制出正确合理的数控铣削加工程序吗？</td><td>□ 能　□ 不能</td><td></td></tr>
<tr><td>5</td><td colspan="2">你能正确合理地选择偏心套零件加工的设备与工具、量具吗？</td><td>□ 能　□ 不能</td><td></td></tr>
<tr><td>6</td><td colspan="2">你能安全熟练地操作数控铣床完成偏心套零件的加工吗？</td><td>□ 能　□ 不能</td><td></td></tr>
<tr><td>7</td><td colspan="2">你能在加工过程中对偏心套零件进行精确测量吗？</td><td>□ 能　□ 不能</td><td></td></tr>
<tr><td>8</td><td colspan="2">你能在学习过程中创造性地完成工作任务吗？</td><td>□ 能　□ 不能</td><td></td></tr>
<tr><td>9</td><td colspan="2">你能在学习过程中进行有效合作与沟通交流吗？</td><td>□ 能　□ 不能</td><td></td></tr>
<tr><td>10</td><td colspan="2">你能公正合理地评价自己和他人的学习吗？</td><td>□ 能　□ 不能</td><td></td></tr>
<tr><td rowspan="4">问题积累</td><td>存在的问题</td><td>产生原因</td><td>解决方法</td><td>解决效果</td></tr>
<tr><td></td><td></td><td></td><td></td></tr>
<tr><td></td><td></td><td></td><td></td></tr>
<tr><td></td><td></td><td></td><td></td></tr>
<tr><td>你的意见和建议</td><td colspan="4"></td></tr>
</table>

2. 偏心套零件加工综合职业能力评价

请复制附表 5 完成偏心套零件加工任务的综合职业能力评价。

三、接续任务布置

① 各团队分别进行任务十的知识学习与资源准备。

② 各团队分别进行任务十的设备工具准备工作。

任务十　连杆加工

活动一　连杆加工任务描述和零件结构工艺性分析

一、任务描述

任务名称	连杆加工		任务时间	
学习目标	知识目标	1. 能正确地进行连杆的结构工艺性分析 2. 能编制出正确合理的连杆机械加工工艺 3. 能编制出正确合理的连杆数控铣削加工程序		
	技能目标	1. 能根据连杆的结构工艺特点合理选择加工设备及工具、夹具、量具 2. 能安全熟练地操作铣床完成合格连杆零件的加工 3. 能对连杆的加工质量进行准确检测与质量控制		
	职业素养	1. 遵守劳动纪律，遵守安全规章 2. 能主动获取、筛选与应用关于连杆加工的有效信息 3. 能与他人合作，进行有效沟通 4. 能保质、保量、按时完成工作任务，能对学习与工作进行总结反思		
重点难点	重点	1. 连杆的机械加工工艺编制 2. 连杆数控加工程序编制与验证优化 3. 连杆的加工与质量检测		
	难点	1. 连杆的机械加工工艺、数控加工程序编制与优化 2. 连杆的加工与质量检测		
学习情景	1. 地点：机加工车间或一体化教室 2. 学习设备、工具：数控铣床、磨床，计算机与网络 3. 学习资料：任务书，机械制图、机械基础、数控铣削与编程等教材，机械加工工艺手册及相关学习资源			
学习方法	1. 将连杆加工的知识与加工技能相结合实施一体化教学 2. 本任务以学生自主学习为主，进行资料查询、问题解决与决策、加工实施、质量检测与控制、学习效果的评价			

二、连杆零件结构工艺性分析

1. 结构工艺性分析

连杆零件是在 46mm×28mm×18mm 的基体加工而成的，包括对称台阶面的加工和 2×ϕ8mm 平行孔系的加工。如图 3-10 所示。

2. 毛坯选择

连杆零件毛坯请选择调质后的 45 优质碳素结构钢，坯料尺寸 50×30×22

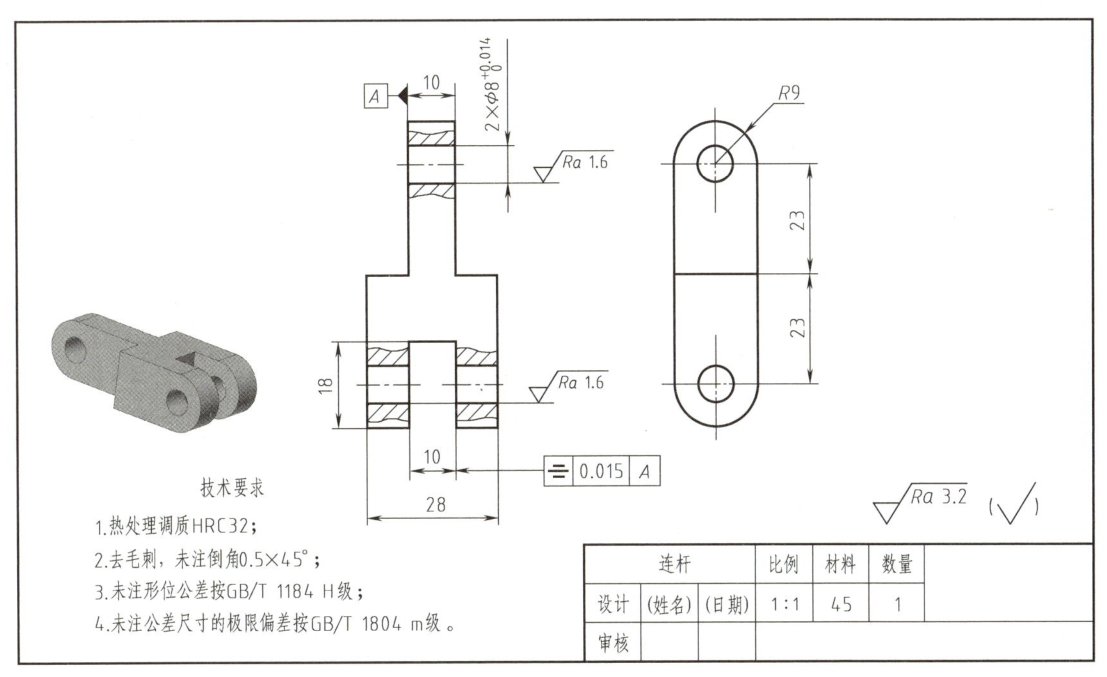

图 3-10　连杆零件图与三维图

（单位：mm）的型材。

活动二　编制连杆零件的加工工艺与加工程序

一、连杆零件加工技术要求分析

填写表 3-32。

表 3-32　连杆零件加工技术要求分析表（学生填写）

项目	技术参数	加工、定位方案选择		备注
尺寸精度		表面加工方案		
表面粗糙度				
形位公差		定位基准选择与安装		
热处理		热处理工序选择		

二、编制连杆零件的机械加工工艺

1. 定位基准选择

该零件长度方向的定位基准为 35mm×25mm 的左端面（加工右侧结构及孔时）或右端面（加工螺杆时），高度方向的基准为零件的底平面，宽度方向基准为 25mm 尺寸的侧面。

2. 编制连杆加工的机械加工工艺

请复制附录表 2 编制出连杆零件完整的机械加工工艺。

三、编制连杆零件加工的数控铣削加工程序

请复制附录表 3 完成端盖 2 的数控加工程序编制。

① 建立并图示连杆零件孔系数控铣削加工的工件坐标系。

② 连杆加工程序编制

编制连杆零件六面体数控铣削加工程序。

编制连杆零件台阶面数控铣削加工程序。

编制连杆零件 ϕ10mm×14mm 孔底孔钻孔数控加工程序。

编制连杆零件 $M8$ 螺杆加工程序。

活动三　连杆零件加工机械加工工艺与加工程序审定

1. 交流学习

团队展示和描述活动一、二的学习过程和成果，进行交流学习。

2. 问题解决

① 在指导教师引导下发现、分析和解决工艺与程序编制过程中出现的错误与问题。

② 使用数控加工模拟软件发现、分析和解决数控加工程序编制过程中出现的问题，并对加工工艺和加工程序进行优化。

3. 学习记录

复制附录表 4 完成连杆零件结构工艺分析、加工工艺和程序编制交流学习的记录。

活动四　连杆零件的加工及质量检测与控制

一、加工设备与工具准备

填写表 3-33。

二、连杆零件和刀具的安装

① 描述连杆零件 18mm×10mm 沟槽加工时保证对称度要求的方法。

② 描述连杆沟槽铣削的对刀操作步骤与注意事项。

表 3-33　连杆加工设备工具准备表

设备与工夹量具名称			型　　号
加工设备			
夹具			
刀具	六面体加工		
	孔加工		
量具	长宽高测量		
	孔测量		
	对称度测量		
	粗糙度		

三、操作数控铣床完成连杆零件的加工和质量检测

① 描述加工程序输入与校验操作。

② 操作数控铣床完成连杆零件六面体加工，并描述其加工过程。

③ 操作数控铣床完成阶台加工，并描述其加工过程。

④ 操作数控铣床完成连杆零件沟槽加工，并描述其加工过程。

⑤ 使用游标卡尺、内径千分尺、百分表完成连杆零件在加工过程中的质量检测与控制。

活动五　连杆零件加工质量检测

① 团队内部、团队之间交流学习。

② 团队内部、团队之间完成连杆零件的质量检测与质量评价。

填写表 3-34。

表 3-34　连杆零件加工检测评分表

序号	项目	检测指标/mm	评分标准	配分	检测记录		得分	
					自检	互检	项分	总分
1	尺寸精度	28	超差 0.01 扣 2 分，扣完为止	10				
2		10	超差 0.01 扣 2 分，扣完为止	10				
3		18	超差 0.01 扣 2 分，扣完为止	10				
4		10	超差 0.01 扣 2 分，扣完为止	10				
5		$2\times\phi 8^{+0.014}_{0}$	超差 0.01 扣 2 分，扣完为止	10				
6		$R9$	超差 0.01 扣 2 分，扣完为止	10				
7		23	超差 0.01 扣 2 分，扣完为止	5				
8		23	超差 0.01 扣 2 分，扣完为止	5				

续表

序号	项目	检测指标/mm	评分标准	配分	检测记录		得分	
					自检	互检	项分	总分
9	形位公差	⌯ 0.015 A	不合格不得分	10				
10	粗糙度	$Ra1.6$	降级不得分	5				
11		$Ra3.2$	降级不得分	5				
12	安全文明		无违章操作	10				

问题分析	产生问题	原因分析	解决方案

活动六　连杆零件加工考核评价

一、学习过程与成果展示

① 团队展示连杆零件加工整个学习过程与学习成果（含学习任务书和加工的下连杆零件）。

② 团队间展开交流学习。

二、连杆零件加工学习任务考核评价

1. 学习效能评价

见表 3-35。

表 3-35　连杆零件加工学习效能评价表

序号	项　　目	程度	不能的原因
1	你能正确分析连杆零件的结构工艺吗？	□ 能　□ 不能	
2	你能正确读识和应用连杆零件的技术要求吗？	□ 能　□ 不能	
3	你能编制出正确合理的连杆零件的机械加工工艺吗？	□ 能　□ 不能	
4	你能编制出正确合理的数控铣削加工程序吗？	□ 能　□ 不能	
5	你能正确合理地选择连杆零件加工的设备与工具、量具吗？	□ 能　□ 不能	
6	你能安全熟练地操作数控铣床完成连杆零件的加工吗？	□ 能　□ 不能	
7	你能在加工过程中对连杆零件进行精确测量吗？	□ 能　□ 不能	

续表

<table>
<tr><th>序号</th><th colspan="2">项　　目</th><th>程度</th><th>不能的原因</th></tr>
<tr><td>8</td><td colspan="2">你能在学习过程中创造性地完成工作任务吗？</td><td>□ 能　□ 不能</td><td></td></tr>
<tr><td>9</td><td colspan="2">你能在学习过程中进行有效合作与沟通交流吗？</td><td>□ 能　□ 不能</td><td></td></tr>
<tr><td>10</td><td colspan="2">你能公正合理地评价自己和他人的学习吗？</td><td>□ 能　□ 不能</td><td></td></tr>
<tr><td rowspan="4">问题积累</td><td>存在的问题</td><td>产生原因</td><td>解决方法</td><td>解决效果</td></tr>
<tr><td></td><td></td><td></td><td></td></tr>
<tr><td></td><td></td><td></td><td></td></tr>
<tr><td></td><td></td><td></td><td></td></tr>
<tr><td>你的意见和建议</td><td colspan="4"></td></tr>
</table>

2. 连杆零件加工综合职业能力评价

请复制附表5完成连杆零件加工任务的综合职业能力评价。

三、接续任务布置

① 各团队分别进行任务十一的知识学习与资源准备。

② 各团队分别进行任务十一的设备工具准备工作。

任务十一　活塞杆加工

活动一　活塞杆加工任务描述和零件结构工艺性分析

一、任务描述

<table>
<tr><th>任务名称</th><td colspan="2">活塞加工</td><th>任务时间</th><td></td></tr>
<tr><th rowspan="2">学习目标</th><td>知识目标</td><td colspan="3">1. 能正确地进行活塞杆的结构工艺性分析
2. 能编制出正确合理的活塞杆的机械加工工艺
3. 能编制出正确合理的活塞杆的数控车削加工程序</td></tr>
<tr><td>技能目标</td><td colspan="3">1. 能根据活塞杆的结构工艺特点合理选择加工设备及工具、夹具、量具
2. 能安全熟练地操作车床完成合格活塞杆零件的加工
3. 能对活塞杆的加工质量进行准确检测与质量控制</td></tr>
</table>

续表

学习目标	职业素养	1. 遵守劳动纪律,遵守安全规章 2. 能主动获取、筛选与应用关于活塞杆加工的有效信息 3. 能与他人合作,进行有效沟通 4. 能保质、保量、按时完成工作任务,能对学习与工作进行总结反思
重点难点	重点	1. 活塞杆的机械加工工艺编制 2. 活塞杆数控车削加工程序编制与验证优化 3. 活塞杆的加工与质量检测
	难点	1. 活塞杆的机械加工工艺、数控加工程序编制与优化 2. 活塞杆的加工与质量检测
学习情景	1. 地点:机加工车间或一体化教室 2. 学习设备、工具:数控车床、磨床,计算机与网络 3. 学习资料:任务书,机械制图、数控车削与编程、钳工技术等教材,机械加工工艺手册及相关学习资源	
学习方法	1. 将活塞杆加工的知识与加工技能相结合实施一体化教学 2. 本任务以学生自主学习为主,进行资料查询、问题解决与决策、加工实施、质量检测与控制、学习效果的评价	

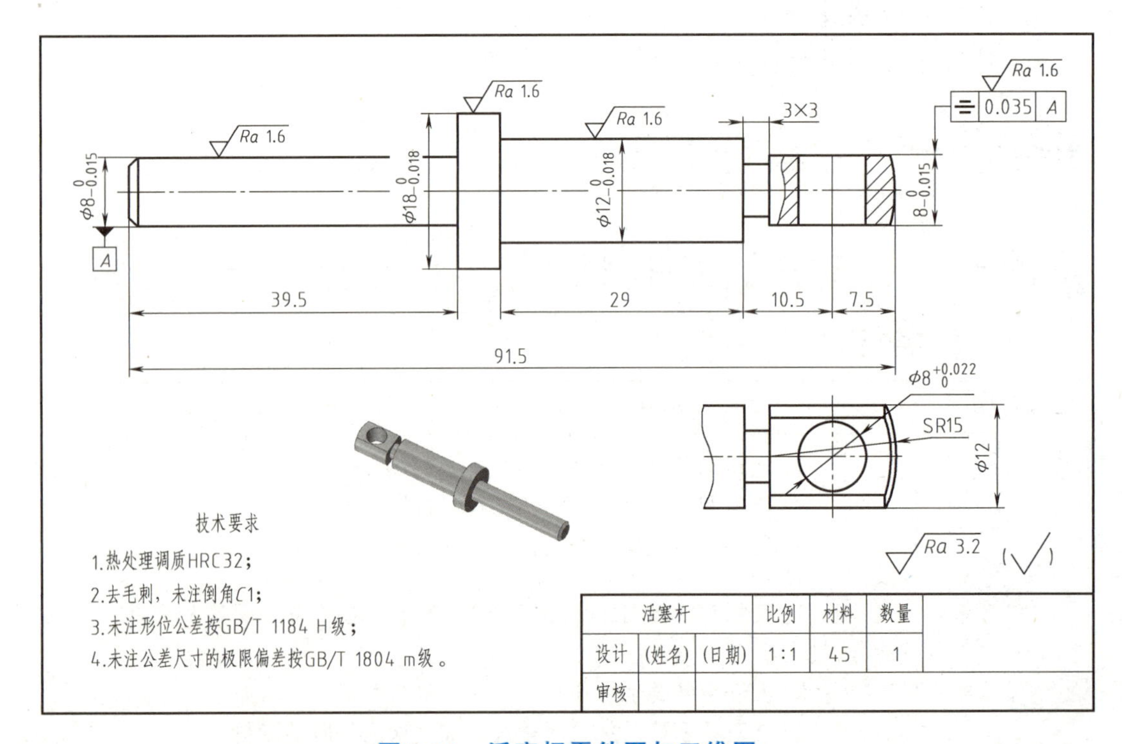

图 3-11 活塞杆零件图与三维图

二、活塞杆零件结构工艺性分析

1. 结构工艺性分析

通过图 3-11 零件图读识，活塞杆零件是由 $\phi 8 \times 39.5$、$\phi 18 \times 8$、$\phi 12 \times 29$、$\phi 12 \times 15$、3×3 沟槽、SR15 的球面与 8×15 的扁方形成的基体表面和 $\phi 8$ 内孔构成（单位：mm）。

根据零件的结构特点，该零件的圆柱体和 SR15 外表需要使用车削加工，8×15 的扁方和 $\phi 8$ 孔则需要铣削加工完成。

2. 毛坯选择

活塞杆零件毛坯请选择调质后的 45 优质碳素结构钢，坯料尺寸 $\phi 20\text{mm} \times 95\text{mm}$ 的棒料型材。

活动二　编制活塞杆零件的加工工艺与加工程序

一、活塞杆零件加工技术要求分析

请复制附录表 1 对活塞杆零件进行技术要求分析，并给出分析结论。

二、编制活塞杆零件的机械加工工艺

1. 定位基准选择

通过零件图读识，活塞杆长度方向基准是 $\phi 18$ 圆柱面的右端面，径向基准是活塞杆零件的轴线。

2. 编制活塞杆加工的机械加工工艺

请复制附录表 2 编制出活塞杆零件完整的机械加工工艺。

三、编制活塞杆零件加工的数控车削加工程序

请复制附录表 3 完成活塞杆的数控加工程序编制。

① 建立并图示车、铣加工工件坐标系。

② 编制活塞杆零件数控车削加工程序。

编制活塞杆零件圆柱面及球面数控车削加工程序。

编制活塞杆零件铣扁方数控铣削加工程序。

编制活塞杆零件内孔的钻、铣数控铣削加工程序。

活动三　活塞杆零件加工机械加工工艺与加工程序审定

1. 交流学习

团队展示和描述活动一、二的学习过程和成果，进行交流学习。

2. 问题解决

① 在指导教师引导下发现、分析和解决工艺与程序编制过程中出现的错误与问题。

② 使用数控车削加工模拟软件发现、分析和解决数控加工程序编制过程中出现的问题，并对加工工艺和加工程序进行优化。

3. 学习记录

复制附录表 4 完成活塞杆零件结构工艺分析、加工工艺和程序编制交流学习的记录。

活动四 活塞杆零件的加工及质量检测与控制

一、加工设备与工具准备

填写表 3-36。

表 3-36 活塞杆加工设备工具准备表

设备与工夹量具名称			型　号
加工设备			
夹具			
刀具	圆柱面加工		
	球面加工		
	内孔加工		
	扁方加工		
量具	外圆		
	球面		
	内孔		
	对称度		
	粗糙度		

二、活塞杆零件和刀具的安装

① 绘制活塞杆零件铣扁和孔加工在系床上安装的示意图。

② 描述活塞杆铣扁和孔加工对刀操作的步骤与注意事项。

三、操作数控车床完成活塞杆零件的加工和质量检测

① 描述加工程序输入与校验操作。

② 操作数控车床完成活塞杆零件外圆柱沟槽及球面加工，并描述其加工过程。

③ 操作数控铣床完成活塞杆零件扁方和内孔加工，并描述其加工过程。

④ 使用游标卡尺、外径千分尺、内径千分尺、R 规、百分表进行活塞杆零件在车削加工过程中的质量检测与控制。

活动五　活塞杆零件加工质量检测

① 团队内部、团队之间交流学习。

② 团队内部、团队之间完成活塞杆零件的质量检测与质量评价。

填写表 3-37。

表 3-37　活塞杆零件加工检测评分表

序号	项目	检测指标/mm	评分标准	配分	检测记录		得分	
					自检	互检	项分	总分
1	尺寸精度	$\phi 8_{-0.015}^{0}$	超差 0.01 扣 2 分,扣完为止	10				
2		$\phi 18_{-0.018}^{0}$	超差 0.01 扣 2 分,扣完为止	10				
3		$\phi 12_{-0.018}^{0}$	超差 0.01 扣 2 分,扣完为止	10				
4		$8_{-0.015}^{0}$	超差 0.01 扣 2 分,扣完为止	5				
5		$\phi 12$	超差 0.01 扣 2 分,扣完为止	5				
6		$\phi 8_{0}^{+0.022}$	超差 0.01 扣 2 分,扣完为止	10				
7		39.5	超差 0.01 扣 2 分,扣完为止	5				
8		29	超差 0.01 扣 2 分,扣完为止	5				
9		10.5	超差 0.01 扣 2 分,扣完为止	5				
10		7.5	超差 0.01 扣 2 分,扣完为止	5				
11		91.5	超差 0.01 扣 2 分,扣完为止	5				
12	形位公差	⌯ 0.035 A	不合格不得分	5				
13	表面粗糙度	1.6	降级不得分	5				
14		3.2	降级不得分	5				
15	安全文明		无违章操作	10				

问题分析	产生问题	原因分析	解决方案

活动六　活塞杆零件加工考核评价

一、学习过程与成果展示

① 团队展示活塞杆零件加工整个学习过程与学习成果（含学习任务书和加

工的下活塞杆零件）。

② 团队间展开交流学习。

二、活塞杆零件加工学习任务考核评价

1. 学习效能评价

见表 3-38。

表 3-38　活塞杆零件加工学习效能评价表

<table>
<tr><th>序号</th><th colspan="2">项　　目</th><th>程度</th><th>不能的原因</th></tr>
<tr><td>1</td><td colspan="2">你能正确分析活塞杆零件的结构工艺吗？</td><td>□ 能　□ 不能</td><td></td></tr>
<tr><td>2</td><td colspan="2">你能正确读识和应用活塞杆零件的技术要求吗？</td><td>□ 能　□ 不能</td><td></td></tr>
<tr><td>3</td><td colspan="2">你能编制出正确合理的活塞杆零件机械加工工艺吗？</td><td>□ 能　□ 不能</td><td></td></tr>
<tr><td>4</td><td colspan="2">你能编制出正确合理的数控车削加工程序吗？</td><td>□ 能　□ 不能</td><td></td></tr>
<tr><td>5</td><td colspan="2">你能正确合理地选择活塞杆零件加工的设备与工具、量具吗？</td><td>□ 能　□ 不能</td><td></td></tr>
<tr><td>6</td><td colspan="2">你能安全熟练地操作数控车床完成活塞杆零件的加工吗？</td><td>□ 能　□ 不能</td><td></td></tr>
<tr><td>7</td><td colspan="2">你能在加工过程中对活塞杆零件进行精确测量吗？</td><td>□ 能　□ 不能</td><td></td></tr>
<tr><td>8</td><td colspan="2">你能在学习过程中创造性地完成工作任务吗？</td><td>□ 能　□ 不能</td><td></td></tr>
<tr><td>9</td><td colspan="2">你能在学习过程中进行有效合作与沟通交流吗？</td><td>□ 能　□ 不能</td><td></td></tr>
<tr><td>10</td><td colspan="2">你能公正合理地评价自己和他人的学习吗？</td><td>□ 能　□ 不能</td><td></td></tr>
<tr><td rowspan="4">问题积累</td><td>存在的问题</td><td>产生原因</td><td>解决方法</td><td>解决效果</td></tr>
<tr><td></td><td></td><td></td><td></td></tr>
<tr><td></td><td></td><td></td><td></td></tr>
<tr><td></td><td></td><td></td><td></td></tr>
<tr><td>你的意见和建议</td><td colspan="4"></td></tr>
</table>

2. 活塞杆零件加工综合职业能力评价

请复制附表 5 完成活塞杆零件加工任务的综合职业能力评价。

三、接续任务布置

① 各团队分别进行任务十二的知识学习与资源准备。

② 各团队分别进行任务十二的设备工具准备工作。

任务十二　缸套支座加工

活动一　缸套支座加工任务描述和零件结构工艺性分析

一、任务描述

<table>
<tr><td>任务名称</td><td colspan="2">缸套支座加工</td><td>任务时间</td><td></td></tr>
<tr><td rowspan="3">学习目标</td><td>知识目标</td><td colspan="3">1. 能正确地进行缸套支座的结构工艺性分析
2. 能编制出正确合理的缸套支座的机械加工工艺
3. 能编制出正确合理的缸套支座的数控铣削加工程序</td></tr>
<tr><td>技能目标</td><td colspan="3">1. 能根据缸套支座的结构工艺特点合理选择加工设备及工具、夹具、量具
2. 能安全熟练地操作铣床完成合格缸套支座零件的加工
3. 能对缸套支座的加工质量进行准确检测与质量控制</td></tr>
<tr><td>职业素养</td><td colspan="3">1. 遵守劳动纪律,遵守安全规章
2. 能主动获取、筛选与应用关于缸套支座加工的有效信息
3. 能与他人合作,进行有效沟通
4. 能保质、保量、按时完成工作任务,能对学习与工作进行总结反思</td></tr>
<tr><td rowspan="2">重点难点</td><td>重点</td><td colspan="3">1. 缸套支座的机械加工工艺编制
2. 缸套支座数控加工程序编制与验证优化
3. 缸套支座的加工与质量检测</td></tr>
<tr><td>难点</td><td colspan="3">1. 缸套支座的机械加工工艺、数控加工程序编制与优化
2. 缸套支座的加工与质量检测</td></tr>
<tr><td>学习情景</td><td colspan="4">1. 地点:机加工车间或一体化教室
2. 学习设备、工具:数控铣床、磨床,计算机与网络
3. 学习资料:任务书,机械制图、机械基础、数控铣削与编程等教材,机械加工工艺手册及相关学习资源</td></tr>
<tr><td>学习方法</td><td colspan="4">1. 将缸套支座加工的知识与加工技能相结合实施一体化教学
2. 本任务以学生自主学习为主,进行资料查询、问题解决与决策、加工实施、质量检测与控制、学习效果的评价</td></tr>
</table>

二、缸套支座零件结构工艺性分析

1. 结构工艺性分析

图 3-12 所示缸套支座零件是在 50×30×60（单位：mm）的基体加工而成的，由底板及两沉孔和立板缸套安装孔及 4 个螺钉过孔组成。

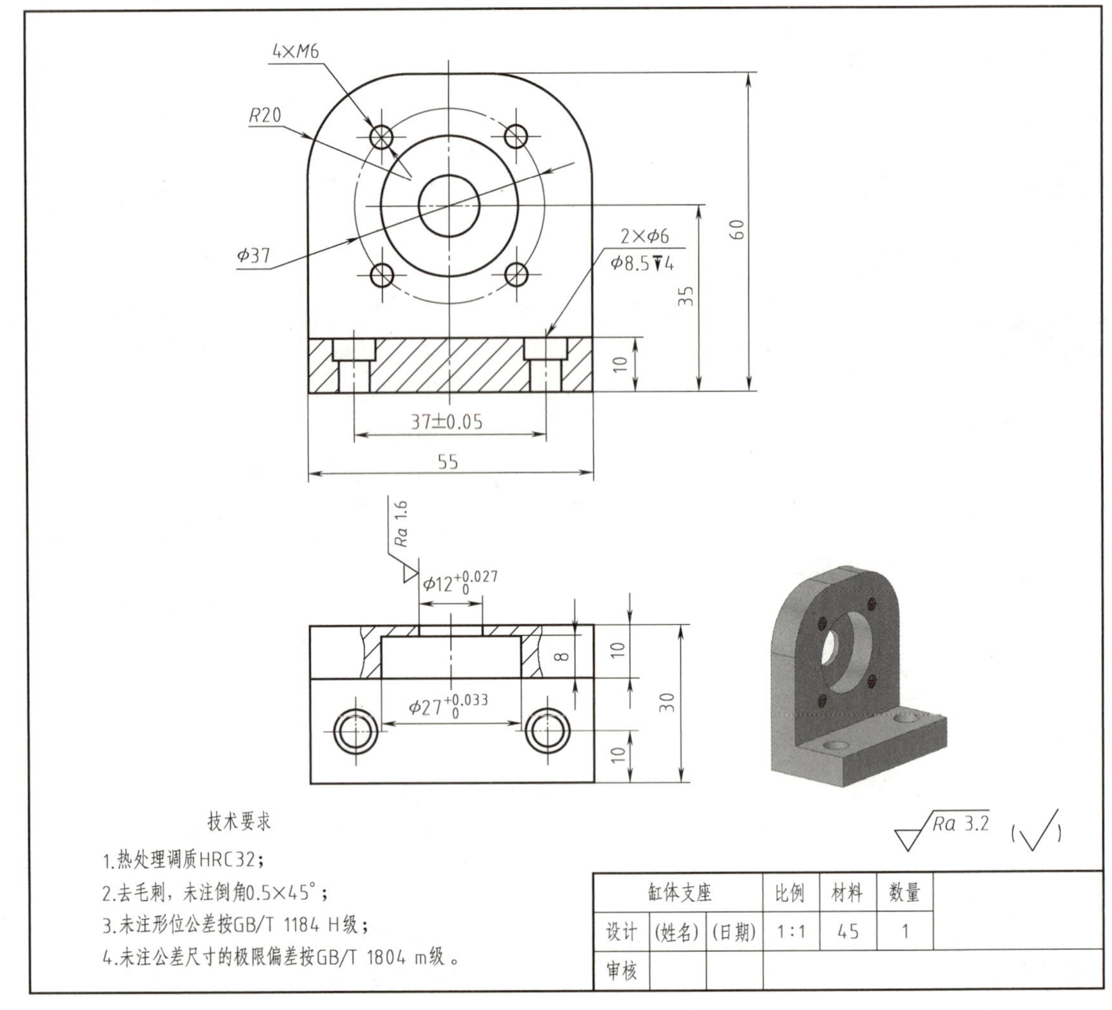

图 3-12　缸套支承座零件图与三维图

2. 毛坯选择

缸套支座零件毛坯请选择调质后的 45 优质碳素结构钢，尺寸 55×35×65（单位：mm）的型材。

活动二　编制缸套支座零件的加工工艺与加工程序

一、缸套支座零件加工技术要求分析

填写表 3-39。

二、编制缸套支座零件的机械加工工艺

1. 定位基准选择

该零件长度方向的定位基准为 35mm×25mm 的左端面（加工右侧结构及孔时）或右端面（加工螺杆时），高度方向的基准为零件的底平面，宽度方向基准为 25mm 尺寸的侧面。

表 3-39　缸套支座零件加工技术要求分析表

<table>
<tr><th>项目</th><th>技术参数</th><th colspan="2">加工、定位方案选择</th><th>备注</th></tr>
<tr><td rowspan="4">尺寸精度</td><td></td><td rowspan="7">表面加工方案</td><td rowspan="7"></td><td></td></tr>
<tr><td></td><td></td></tr>
<tr><td></td><td></td></tr>
<tr><td></td><td></td></tr>
<tr><td rowspan="3">表面粗糙度</td><td></td><td></td></tr>
<tr><td></td><td></td></tr>
<tr><td></td><td></td></tr>
<tr><td rowspan="3">形位公差</td><td></td><td rowspan="3">定位基准选择与安装</td><td rowspan="3"></td><td></td></tr>
<tr><td></td><td></td></tr>
<tr><td></td><td></td></tr>
<tr><td>热处理</td><td></td><td>热处理工序选择</td><td></td><td></td></tr>
</table>

2. 编制缸套支座加工的机械加工工艺

请复制附录表 2 编制出缸套支座零件完整的机械加工工艺。

三、编制缸套支座零件加工的数控铣削加工程序

请复制附录表 3 完成缸套支座的数控铣削加工程序编制。

① 建立并图示缸套支座 $\phi27$ 孔加工时的工件坐标系。

② 编制缸套支座数控铣削加工程序。

编制缸套支座零件六面体数控铣削加工程序。

编制缸套支座零件台阶腔数控铣削加工程序。

编制缸套支座底板孔系数控铣削加工程序。

编制缸套支座立板孔系数控铣削加工程序。

活动三　缸套支座零件加工机械加工工艺与加工程序审定

1. 交流学习

团队展示和描述活动一、二的学习过程和成果，进行交流学习。

2. 问题解决

① 在指导教师引导下发现、分析和解决工艺与程序编制过程中出现错误与问题。

② 使用数控加工模拟软件发现、分析和解决数控加工程序编制过程中出现的问题，并对加工工艺和加工程序进行优化。

3. 学习记录

复制附录表4完成缸套支座零件结构工艺分析、加工工艺和程序编制交流学习的记录。

活动四 缸套支座零件的加工及质量检测与控制

一、加工设备与工具准备

填写表3-40。

表3-40 缸套支座加工设备工具准备表

设备与工夹量具名称			型号
加工设备			
夹具			
刀具	平面加工		
	外形加工		
	铣孔加工		
	钻孔加工		
量具	长宽高测量		
	孔测量		
	圆弧测量		
	垂直度测量		
	粗糙度		

二、缸套支座零件和刀具的安装

① 描述缸套支座零件 ϕ27mm 孔加工时保证其对称度要求的方法。

② 描述缸套支座钻孔加工的对刀操作步骤与注意事项。

三、操作数控铣床完成缸套支座零件的加工和质量检测

① 描述加工程序输入与校验操作。

② 操作数控铣床完成缸套支座零件六面体加工，并描述其加工过程。

③ 操作数控铣床完成阶台加工，并描述其加工过程。

④ 操作数控铣床完成缸套支座零件孔系加工，并描述其加工过程。

⑤ 使用游标卡尺、内径千分尺、百分表完成缸套支座零件在加工过程中的质量检测与控制。

活动五　缸套支座零件加工质量检测

① 团队内部、团队之间交流学习。

② 团队内部、团队之间完成缸套支座零件的质量检测与质量评价。

填写表 3-41。

表 3-41　缸套支座零件加工检测评分表

序号	项目	检测指标/mm	评分标准	配分	检测记录		得分	
					自检	互检	项分	总分
1	尺寸精度	$\phi37$	超差 0.01 扣 2 分，扣完为止	5				
2		$R20$	超差 0.01 扣 2 分，扣完为止	5				
3		$4\times M6$	超差 0.01 扣 2 分，扣完为止	5				
4		55	超差 0.01 扣 2 分，扣完为止	5				
5		37 ± 0.05	超差 0.01 扣 2 分，扣完为止	5				
6		$\frac{2\times\phi6}{\phi8.5\downarrow4}$	超差 0.01 扣 2 分，扣完为止	5				
7		35	超差 0.01 扣 2 分，扣完为止	5				
8		60	超差 0.01 扣 2 分，扣完为止	5				
9		$\phi12^{+0.027}_{0}$	超差 0.01 扣 2 分，扣完为止	10				
10		$\phi27^{+0.033}_{0}$	超差 0.01 扣 2 分，扣完为止	10				
11		8	超差 0.01 扣 2 分，扣完为止	5				
12		10	超差 0.01 扣 2 分，扣完为止	5				
13		10	超差 0.01 扣 2 分，扣完为止	5				
14		30	超差 0.01 扣 2 分，扣完为止	5				
15	形位公差	GB/T 1184 H 级	不合格不得分	5				
16	表面粗糙度	$Ra3.2$	降级无分	5				
17	安全文明		无违章操作	10				

问题分析	产生问题	原因分析	解决方案

活动六　缸套支座零件加工考核评价

一、学习过程与成果展示

① 团队展示缸套支座零件加工整个学习过程与学习成果（含学习任务书和加工的下缸套支座零件）。

② 团队间展开交流学习。

二、缸套支座零件加工学习任务考核评价

1. 学习效能评价

见表 3-42。

表 3-42　缸套支座零件加工学习效能评价表

<table>
<tr><th>序号</th><th colspan="2">项　目</th><th>程度</th><th>不能的原因</th></tr>
<tr><td>1</td><td colspan="2">你能正确分析缸套支座零件的结构工艺吗？</td><td>□ 能　□ 不能</td><td></td></tr>
<tr><td>2</td><td colspan="2">你能正确读识和应用缸套支座零件的技术要求吗？</td><td>□ 能　□ 不能</td><td></td></tr>
<tr><td>3</td><td colspan="2">你能编制出正确合理的缸套支座零件的机械加工工艺吗？</td><td>□ 能　□ 不能</td><td></td></tr>
<tr><td>4</td><td colspan="2">你能编制出正确合理的数控铣削加工程序吗？</td><td>□ 能　□ 不能</td><td></td></tr>
<tr><td>5</td><td colspan="2">你能正确合理地选择缸套支座零件加工的设备与工具、量具吗？</td><td>□ 能　□ 不能</td><td></td></tr>
<tr><td>6</td><td colspan="2">你能安全熟练地操作数控铣床完成缸套支座零件的加工吗？</td><td>□ 能　□ 不能</td><td></td></tr>
<tr><td>7</td><td colspan="2">你能在加工过程中对缸套支座零件进行精确测量吗？</td><td>□ 能　□ 不能</td><td></td></tr>
<tr><td>8</td><td colspan="2">你能在学习过程中创造性地完成工作任务吗？</td><td>□ 能　□ 不能</td><td></td></tr>
<tr><td>9</td><td colspan="2">你能在学习过程中进行有效合作与沟通交流吗？</td><td>□ 能　□ 不能</td><td></td></tr>
<tr><td>10</td><td colspan="2">你能公正合理地评价自己和他人的学习吗？</td><td>□ 能　□ 不能</td><td></td></tr>
<tr><td rowspan="4">问题积累</td><td>存在的问题</td><td>产生原因</td><td>解决方法</td><td>解决效果</td></tr>
<tr><td></td><td></td><td></td><td></td></tr>
<tr><td></td><td></td><td></td><td></td></tr>
<tr><td></td><td></td><td></td><td></td></tr>
<tr><td>你的意见和建议</td><td colspan="4"></td></tr>
</table>

2. 缸套支座零件加工综合职业能力评价

请复制附表5完成缸套支座零件加工任务的综合职业能力评价。

三、接续任务布置

① 各团队分别进行任务十三的知识学习与资源准备。

② 各团队分别进行任务十三的设备工具准备工作。

任务十三　缸套加工

活动一　缸套加工任务描述和零件结构工艺性分析

一、任务描述

任务名称	缸套加工		任务时间	
学习目标	知识目标	1. 能正确地进行缸套的结构工艺性分析 2. 能编制出正确合理的缸套机械加工工艺 3. 能编制出正确合理的缸套数控车削加工程序		
	技能目标	1. 能根据缸套的结构工艺特点合理选择加工设备及工具、夹具、量具 2. 能安全熟练地操作车床完成合格缸套零件的加工 3. 能对缸套的加工质量进行准确检测与质量控制		
	职业素养	1. 遵守劳动纪律，遵守安全规章 2. 能主动获取、筛选与应用关于缸套加工的有效信息 3. 能与他人合作，进行有效沟通 4. 能保质、保量、按时完成工作任务，能对学习与工作进行总结反思		
重点难点	重点	1. 缸套的机械加工工艺编制 2. 缸套数控车削加工程序编制与验证优化 3. 缸套的加工与质量检测		
	难点	1. 缸套的机械加工工艺、数控加工程序编制与优化 2. 缸套的加工与质量检测		
学习情景	1. 地点：机加工车间或一体化教室 2. 学习设备、工具：数控车床、磨床，计算机与网络 3. 学习资料：任务书，机械制图、数控车削与编程、钳工技术等教材，机械加工工艺手册及相关学习资源			
学习方法	1. 将缸套加工的知识与加工技能相结合实施一体化教学 2. 本任务以学生自主学习为主，进行资料查询、问题解决与决策、加工实施、质量检测与控制、学习效果的评价			

二、缸套零件结构工艺性分析

1. 结构工艺性分析

图 3-13 所示缸套零件是由用于活塞杆安装的圆柱形缸套和用于缸套安装的法兰盘构成。

根据零件的结构特点，该零件得首先使用车削加工完成缸套的内外圆柱面加工，然后采用铣削完成法兰盘外形及其安装螺钉孔系的加工。

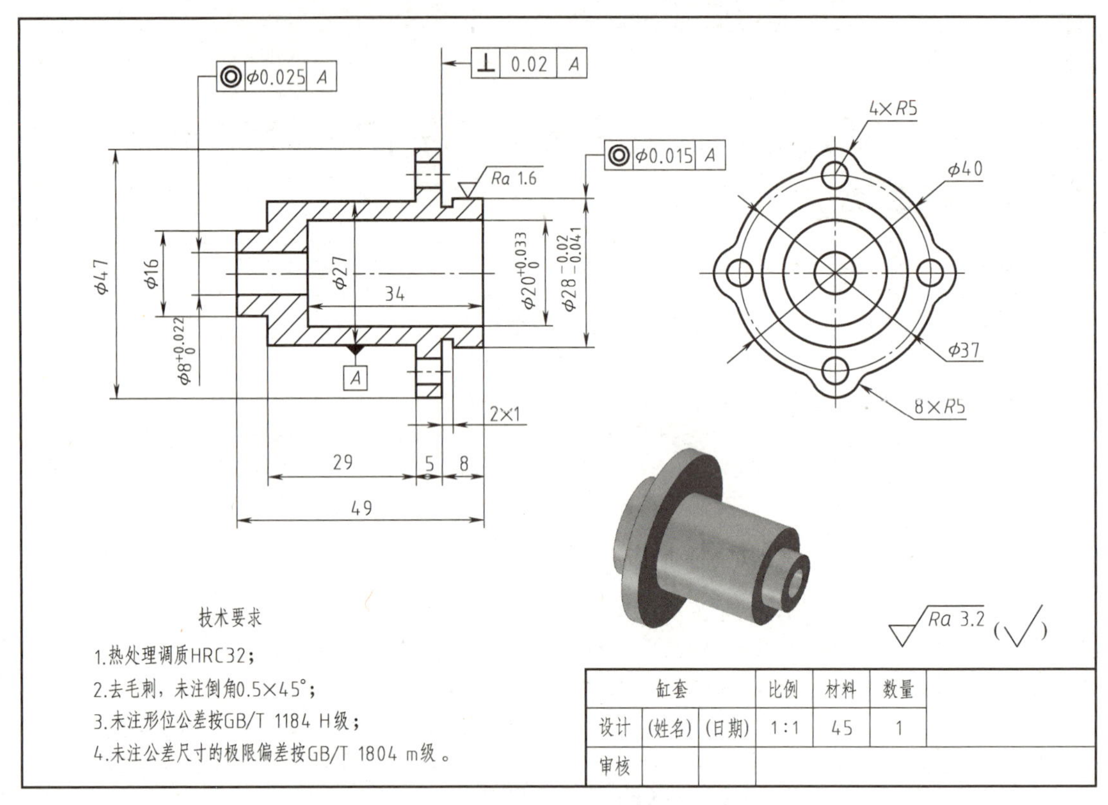

图 3-13　缸套零件图与三维图

2. 毛坯选择

缸套零件毛坯请选择调质后的 45 优质碳素结构钢，其坯料为尺寸 $\phi50\times55$（单位：mm）的棒料型材。

活动二　编制缸套零件的加工工艺与加工程序

一、缸套零件加工技术要求分析

请复制附表 1 对缸套零件进行技术要求分析，进行分析结论应用。

二、编制缸套零件的机械加工工艺

1. 定位基准选择

通过零件图读识，缸套长度方向基准是 $\phi50\text{mm}\times5\text{mm}$ 圆柱面的右端面，径向基准是缸套零件的轴线。

2. 编制缸套加工的机械加工工艺

请复制附录表 2 编制出缸套零件完整的机械加工工艺。

三、编制缸套零件加工的数控车削加工程序

请复制附录表 3 完成缸套的数控加工程序编制。

① 建立并图示缸套零件数控车（内外圆柱面）、铣（法兰盘外形及螺钉过孔）加工的工件坐标系。

② 编制缸套零件数控车削加工程序。

编制缸套零件外圆柱面的数控车削加工程序。

编制缸套零件内孔数控车削加工程序。

编制缸套零件法兰盘外形的数控铣削加工程序。

编制缸套零件螺钉过孔孔系的钻孔加工程序。

活动三 缸套零件加工机械加工工艺与加工程序审定

1. 交流学习

团队展示和描述活动一、二的学习过程和成果，进行交流学习。

2. 问题解决

① 在指导教师引导下发现、分析和解决工艺与程序编制过程中出现错误与问题。

② 使用数控车削加工模拟软件发现、分析和解决数控加工程序编制过程中出现的问题，并对加工工艺和加工程序进行优化。

3. 学习记录

复制附录表 4 完成缸套零件结构工艺分析、加工工艺和程序编制交流学习的记录。

活动四 缸套零件的加工及质量检测与控制

一、加工设备与工具准备

填写表 3-43。

二、缸套零件和刀具的安装

① 绘制零件安装示意图。

绘制缸套零件车床上加工安装的示意图。

绘制缸套法兰在铣床上加工安装的示意图。

② 描述缸套内孔车削加工对刀操作的步骤与注意事项。

③ 描述缸套法兰铣削加工对刀操作的步骤与注意事项。

表 3-43　缸套加工设备工具准备表

设备与工夹量具名称			型　　号
加工设备			
夹具			
刀具	圆柱面加工		
	内孔加工		
	法兰外形		
	螺钉过孔		
量具	外圆测量		
	内孔测量		
	法兰外形		
	同轴度		
	粗糙度		

三、缸套的加工与质量检测控制

① 描述加工程序输入与校验操作。

② 操作数控车床完成缸套零件的外圆加工和质量检测，并描述其操作过程。

③ 操作数控车床完成缸套零件内孔加工和质量检测，并描述其操作过程。

④ 操作数控铣床完成缸套零件法兰盘外形加工和质量检测，并描述操作过程。

⑤ 操作数控铣床完成缸套零件法兰盘螺钉过孔系的钻孔加工，并描述操作过程。

⑥ 使用游标卡尺、外径千分尺、内径千分尺、R 规、百分表进行缸套零件在车削加工过程中的质量检测与控制。

活动五　缸套零件加工质量检测

① 团队内部、团队之间交流学习。

② 团队内部、团队之间完成缸套零件的质量检测与质量评价。

填写表 3-44。

表 3-44　缸套零件加工检测评分表

序号	项目	检测指标/mm	评分标准	配分	检测记录		得分	
					自检	互检	项分	总分
1	尺寸精度	$\phi 47$	超差 0.01 扣 2 分，扣完为止	5				
2		$\phi 16$	超差 0.01 扣 2 分，扣完为止	5				

续表

序号	项目	检测指标/mm	评分标准	配分	检测记录		得分	
					自检	互检	项分	总分
3	尺寸精度	$\phi 27$	超差 0.01 扣 2 分,扣完为止	5				
4		$\phi 20^{+0.033}_{0}$	超差 0.01 扣 2 分,扣完为止	5				
5		$\phi 28^{-0.02}_{-0.041}$	超差 0.01 扣 2 分,扣完为止	5				
6		$\phi 8^{+0.022}_{0}$	超差 0.01 扣 2 分,扣完为止	5				
7		29	超差 0.01 扣 2 分,扣完为止	5				
8		5	超差 0.01 扣 2 分,扣完为止	5				
9		8	超差 0.01 扣 2 分,扣完为止	5				
10		49	超差 0.01 扣 2 分,扣完为止	5				
11		2×1	超差 0.01 扣 2 分,扣完为止	5				
12		4×*R*5	超差 0.01 扣 2 分,扣完为止	5				
13		$\phi 40$	超差 0.01 扣 2 分,扣完为止	5				
14		$\phi 37$	超差 0.01 扣 2 分,扣完为止	5				
15		8×*R*5	超差 0.01 扣 2 分,扣完为止	3				
16	形位公差	⊥ 0.02 A	不合格不得分	2				
17		◎ φ0.025 A	不合格不得分	3				
18		◎ φ0.015 A	不合格不得分	2				
19	表面粗糙度	*Ra*1.6	降级不得分	5				
20		*Ra*3.2	降级不得分	5				
21	安全文明		无违章操作	10				

问题分析	产生问题	原因分析	解决方案

活动六　缸套零件加工考核评价

一、学习过程与成果展示

① 团队展示缸套零件加工整个学习过程与学习成果（含学习任务书和加工

的下缸套零件)。

② 团队间展开交流学习。

二、缸套零件加工学习任务考核评价

1. 学习效能评价

见表 3-45。

表 3-45 缸套零件加工学习效能评价表

<table>
<tr><th>序号</th><th colspan="2">项　目</th><th>程度</th><th>不能的原因</th></tr>
<tr><td>1</td><td colspan="2">你能正确分析缸套零件的结构工艺吗?</td><td>□ 能 □ 不能</td><td></td></tr>
<tr><td>2</td><td colspan="2">你能正确读识和应用缸套零件的技术要求吗?</td><td>□ 能 □ 不能</td><td></td></tr>
<tr><td>3</td><td colspan="2">你能编制出正确合理的缸套零件的机械加工工艺吗?</td><td>□ 能 □ 不能</td><td></td></tr>
<tr><td>4</td><td colspan="2">你能编制出正确合理的数控车削加工程序吗?</td><td>□ 能 □ 不能</td><td></td></tr>
<tr><td>5</td><td colspan="2">你能正确合理地选择缸套零件加工的设备与工具、量具吗?</td><td>□ 能 □ 不能</td><td></td></tr>
<tr><td>6</td><td colspan="2">你能安全熟练地操作数控车床完成缸套零件的加工吗?</td><td>□ 能 □ 不能</td><td></td></tr>
<tr><td>7</td><td colspan="2">你能在加工过程中对缸套零件进行精确测量吗?</td><td>□ 能 □ 不能</td><td></td></tr>
<tr><td>8</td><td colspan="2">你能在学习过程中创造性地完成工作任务吗?</td><td>□ 能 □ 不能</td><td></td></tr>
<tr><td>9</td><td colspan="2">你能在学习过程中进行有效合作与沟通交流吗?</td><td>□ 能 □ 不能</td><td></td></tr>
<tr><td>10</td><td colspan="2">你能公正合理地评价自己和他人的学习吗?</td><td>□ 能 □ 不能</td><td></td></tr>
<tr><td rowspan="4">问题积累</td><td>存在的问题</td><td>产生原因</td><td>解决方法</td><td>解决效果</td></tr>
<tr><td></td><td></td><td></td><td></td></tr>
<tr><td></td><td></td><td></td><td></td></tr>
<tr><td></td><td></td><td></td><td></td></tr>
<tr><td>你的意见和建议</td><td colspan="4"></td></tr>
</table>

2. 缸套零件加工综合职业能力评价

请复制附表 5 完成缸套零件加工任务的综合职业能力评价。

三、接续任务布置

① 各团队分别进行任务十四的知识学习与资源准备。

② 各团队分别进行任务十四的设备工具准备工作。

任务十四　偏心导杆机构的装配

活动一　偏心导杆机构任务描述与结构、工作原理分析

一、任务描述

任务名称	偏心导杆机构的装配		任务时间	
学习目标	知识目标	1. 能正确阅读偏心导杆机构的装配图并进行装配的工艺性分析 2. 能正确分析和应用偏心导杆机构的装配技术要求 3. 能编制正确出合理的偏心导杆机构的装配工艺		
	技能目标	1. 能根据偏心导杆机构的结构工艺特点和装配要求合理选择设备及工具、夹具、量具 2. 能根据偏心导杆机构的结构工艺特点制定合理的标准件购置计划 3. 能安全正确的操作装配设备与工具完成V形弯曲的装配调试		
	职业素养	1. 遵守劳动纪律，遵守安全规章 2. 能高效获取、筛选与应用与偏心导杆机构装配的相关技术信息 3. 能与他人合作，进行有效沟通 4. 能保质、保量、按时完成工作任务，能对学习与工作进行总结反思		
重点难点	重点	1. 偏心导杆机构的结构与工作原理分析 2. 偏心导杆机构装配工艺的编制与优化 3. 偏心导杆机构的装配与调试		
	难点	1. 偏心导杆机构装配工艺编制与优化 2. 偏心导杆机构的装配调试		
学习情境	1. 地点：数控加工一体化教室 2. 学习设备、工具：钻床、钳工加工与装配工具，计算机与网络资源 3. 学习资料：任务书，机械制图、机械基础、钳工技术等教材，机械加工工艺手册及相关学习资源			
学习方法	1. 将偏心导杆机构装配的知识与装配技能相结合实施一体化教学 2. 本任务以学生自主学习为主，进行资料查询、问题解决与决策、加工实施、质量检测与控制、学习效果的评价			

偏心导杆机构装配图与三维图详见图3-1。

二、偏心导杆机构的结构与工作原理分析

如图3-1所示的偏心导杆机构由基座、支承座、传动轴、偏心套、连杆、活塞杆、缸套及基座等20个非标准和标准件组成，其功能就是将转动手柄所产生的传动轴的旋转运动转化成为活塞杆的往复直线运动。

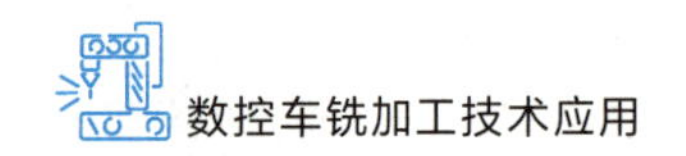

活动二 偏心导杆机构的结构与装配分析

连接关系			装配技术要求	装配方法选择
序号		连接零件		
1	尺寸配合	传动轴与轴套		
2		轴套与支承座		
3		传动轴与偏心套		
4		偏心套与连杆		
5		连杆与活塞杆		
6		缸套与缸套支承座		
7		活塞杆与缸套		
8	位置公差	传动轴与底基准面	平行度	
9		传动轴支承座前基准面	垂直度	
10		缸套与底基准面	平行度	
11		缸套与缸套支承座立基准面	垂直度	
12	运动	传动轴旋转	灵活平稳无卡顿	
13		活塞杆往复运动		

活动三 编制偏心导杆机构的装配工艺

1. 确定偏心导杆机构装配的顺序（参考）

① 传动轴、轴套 1、2 与支承座的组件装配。

② 支承座组件与基座装配。

③ 偏心套与传动轴的装配。

④ 缸套与活塞杆以及缸套支承座的组件装配。

⑤ 偏心套、连杆连接进行支承座组件与缸套组件的连接装配。

⑥ 缸套组件与基座的链接装配与运动要求调整。

⑦ 手柄、手柄连杆与传动轴的装配。

2. 编制偏心导杆机构装配的装配工艺

复制填写附录表 3。

活动四 偏心导杆机构装配工艺展示与优化

① 交流学习。

团队展示偏心导杆机构装配技术要求分析和装配工艺编制的学习成果。

发现、分析和解决装配工艺制定中出现的问题。

② 偏心导杆机构装配工艺的更正与优化。

活动五　实施偏心导杆机构的装配工作

一、偏心导杆机构装配标准件的标准件购置

<table>
<tr><th rowspan="2">序号</th><th colspan="2">标准件名称</th><th rowspan="2">标准件规格</th><th rowspan="2">标准件数量</th></tr>
<tr><th>类别</th><th>名称</th></tr>
<tr><td>1</td><td rowspan="5">紧固件</td><td></td><td></td><td></td></tr>
<tr><td>2</td><td></td><td></td><td></td></tr>
<tr><td>3</td><td></td><td></td><td></td></tr>
<tr><td>4</td><td></td><td></td><td></td></tr>
<tr><td>5</td><td></td><td></td><td></td></tr>
<tr><td>6</td><td>定位件</td><td></td><td></td><td></td></tr>
<tr><td>7</td><td>连接件</td><td></td><td></td><td></td></tr>
</table>

二、装配设备工具

<table>
<tr><th colspan="3">装配设备与工夹量具名称</th><th>型号</th></tr>
<tr><td>装配设备</td><td colspan="2"></td><td></td></tr>
<tr><td>夹具</td><td colspan="2"></td><td></td></tr>
<tr><td rowspan="2">工具、器具</td><td>配钻孔加工</td><td></td><td></td></tr>
<tr><td>清理清晰</td><td></td><td></td></tr>
<tr><td rowspan="4">量具</td><td>配合间隙</td><td></td><td></td></tr>
<tr><td>平行度</td><td></td><td></td></tr>
<tr><td>垂直度</td><td></td><td></td></tr>
<tr><td>运动质量</td><td></td><td></td></tr>
</table>

三、实施偏心导杆机构装配与装配质量检查

① 完成传动轴、轴套 1、2 与支承座的组件装配与装配质量检测。

② 完成将支承座组件与基座装配与装配质量检测。

③ 完成偏心套与传动轴的装配与装配质量检测。

④ 完成缸套与活塞杆以及缸套支承座的组件装配与装配质量检测。

⑤ 完成偏心套、连杆连接进行支承座组件与缸套组件的连接装配与装配质量检测。

⑥ 完成缸套组件与基座的链接装配和运动关系调整与装配质量检测。

⑦ 完成手柄、手柄连杆与传动轴的装配与装配质量检测。

活动六 进行偏心导杆机构装配质量检验

① 团队内部、团队之间交流学习。

② 团队内部、团队之间完成缸套零件的质量检测与质量评价。

填写表 3-46。

表 3-46 偏心导杆机构装配质量检测表

<table>
<tr><th rowspan="2">序号</th><th rowspan="2">项目</th><th rowspan="2">检测指标</th><th rowspan="2">评分标准</th><th rowspan="2">配分</th><th colspan="2">检测记录</th><th colspan="2">得分</th></tr>
<tr><th>自检</th><th>互检</th><th>项分</th><th>总分</th></tr>
<tr><td>1</td><td>配合</td><td>H8/h7 配合(7 处)</td><td>一处不合格扣 5 分</td><td>50</td><td></td><td></td><td></td><td rowspan="6"></td></tr>
<tr><td>2</td><td rowspan="2">形位公差</td><td>平行度(2 处)</td><td>一处不合格扣 2 分</td><td>10</td><td></td><td></td><td></td></tr>
<tr><td>3</td><td>垂直度(2 处)</td><td>一处不合格扣 2 分</td><td>10</td><td></td><td></td><td></td></tr>
<tr><td rowspan="2">4</td><td rowspan="2">运动质量</td><td>运动平稳性(2 处)</td><td>一处不合格扣 2 分</td><td>10</td><td></td><td></td><td></td></tr>
<tr><td>运动平稳性(2 处)</td><td>一处不合格扣 2 分</td><td>10</td><td></td><td></td><td></td></tr>
<tr><td>5</td><td>安全文明</td><td></td><td>无违章操作</td><td>10</td><td></td><td></td><td></td></tr>
</table>

<table>
<tr><td rowspan="4">问题分析</td><td>产生问题</td><td>原因分析</td><td>解决方案</td></tr>
<tr><td></td><td></td><td></td></tr>
<tr><td></td><td></td><td></td></tr>
<tr><td></td><td></td><td></td></tr>
</table>

活动七 实施偏心导杆机构装配任务评价

一、学习过程与成果展示

① 团队展示缸套零件加工整个学习过程与学习成果（含学习任务书和加工的下缸套零件）。

② 团队间展开交流学习。

二、缸套零件加工学习任务考核评价

学习效能评价见表 3-47。

表 3-47　偏心导杆机构装配学习效能评价表

序号	项　　目		程度	不能的原因
1	你能理解偏心导杆机构的结构原理吗?		□ 能　□ 不能	
2	你能正确分析和应用偏心导杆机构的技术要求吗?		□ 能　□ 不能	
3	你能编制出正确合理的偏心导杆机构的装配工艺吗?		□ 能　□ 不能	
4	你能合理选择偏心导杆机构装配的设备与工具吗?		□ 能　□ 不能	
5	你能编制偏心导杆机构装配标准件的采购计划吗?		□ 能　□ 不能	
6	你能安全熟练地使用装配设备、工夹量具完成偏心导杆机构的装配与质量检测吗?		□ 能　□ 不能	
7	你能正确分析和解决装配中出现的各种问题吗?		□ 能　□ 不能	
8	你能在学习过程中创造性地完成工作任务吗?		□ 能　□ 不能	
9	你能在学习过程中进行有效合作与沟通交流吗?		□ 能　□ 不能	
10	你能公正合理地评价自己和他人的学习吗?		□ 能　□ 不能	
问题积累	存在的问题	产生原因	解决方法	解决效果

任务十五　偏心导杆机构制造项目考核评价

活动一：团队展示偏心导杆机构制造项目所有的任务书与装配完成的产品。

活动二：团队之间交流学习。

活动三：团队内部根据各任务过程中的表现与贡献完成团队及内部成员的评价。

活动四：团队之间完成整个项目的互评。

附录表1

零件技术要求分析表

项目	技术参数	加工、定位方案选择		备注
尺寸精度		表面加工方案		
表面粗糙度				
形位公差		定位基准选择与安装		
热处理		热处理工序选择		

附录表 2

______________零件机械加工工艺表

工艺过程卡							(工艺简图)				
零件名称			机械编号		零件编号						
材料名称			坯料尺寸		件数						
工序		工种	工步	工序内容	设备	刀具	工艺参数			检验量具	评定
序号	名称						S	f	a_p		
	检测										
工艺员意见		年 月 日									
工艺合理性审定		指导教师(签章)： 年 月 日									

附录表 3

____________________零件数控（车□　铣□）加工程序表

程序名：

程序号	程序	说明

附录表 4

零件加工交流学习情况记录表

学习过程成果描述	需要表述内容	1. 对思政教育内容的理解 2. 学习过程与学习内容 (1)运用哪些已学知识解决了哪些问题? (2)合作学习、交流互动的情况如何?完成了哪些学习任务并获得了哪些学习成果? (3)学习过程中你遇到了哪些问题?是通过什么途径解决的?效果如何?
	表述过程记录	
主要知识的学习应用记录	思政学习记录	
	工艺知识	
	工艺编制	
	编程知识	
	程序编制	
创造学习	创新点 1	
	创新点 2	
审定签字	1. 加工工艺合理性认定: 2. 加工程序正确性合理性认定: 指导教师签字: 年　月　日	

附录表 5

＿＿＿＿＿＿＿＿＿＿＿＿＿＿任务综合职业能力考核评价表

任务名称		学习团队		任务时间	

评价指标			评价情况	否定评价原因	自评	互评	合评
1	学习能力	学习态度	□优秀 □良好 □一般 □差				
2		知识学习	□优 □良 □中 □差				
3		技能学习	□优 □良 □中 □差				
4		工作过程	□优化 □合理 □一般 □不合理				
5		操作方法	□正确 □大部分正确 □不正确				
6		问题解决	□及时 □较及时 □不及时				
7		产品质量	□合格 □返修 □报废				
8		完成时间	□提前 □准时 □延后 □未完成				
9		成果展示	□清晰流畅 □需要补充 □不清晰流畅				
10	职业素养	安全规范	□很好 □好 □较好 □不好				
11		规章执行	□很好 □好 □较好 □不好				
12		分工协作	□很好 □好 □较好 □不好				
13		沟通交流	□很好 □好 □较好 □不好				
14		处突能力	□从容泰然 □需要助力 □无所适从				
15		创新能力	□优秀 □良好 □一般 □不足				
16		规划掌控	□很好 □好 □较好 □不好				

团队评价	任务总结：		优点	
			缺点	
	团队自评	□优 □良 □中 □差	团队互评	□优 □良 □中 □差	团队总评	

个人评价	姓名	对应团队评价 16 项指标																总评
		1	2	3	4	5	6	7	8	9	10	11	12	13	14	15	16	

评价确认	评价委员会意见	年 月 日
	指导教师意见	年 月 日
	教务部门意见	年 月 日

说明：1. 总评分为优（单项优秀占比 95%～100%）、良（单项优秀占比 75%～90%）、中（单项良好占比 60%～75%）、差（单项良好占比 60%以下）4 个等级。

2. 互评出现评价争议时，必须由评价委员会、指导教师与当事团队或个人共同按照评价标准评议解决。

参考文献

[1] 王堂祥，王成．数控铣削加工．重庆：重庆出版社，2014．

[2] 毛兴燕，严胜利．数控车削加工．重庆：重庆出版社，2014．

[3] 翟瑞波．图解数控铣/加工中心加工工艺与编程．北京：化学工业出版社，2019．

[4] 文怀兴，李体仁，夏田，等．数控机床与加工技术．北京：化学工业出版社，2017．

[5] 张新香．数控车削编程与加工．北京：机械工业出版社，2021．

[6] 曹彦生，陈涛．数控铣削工艺与刀具应用．北京：机械工业出版社，2021．